材料科学与工程学科系列教材

材料强韧学基础

主编　王　磊　涂善东
主审　周　玉

上海交通大学出版社

内容简介

材料的强度和韧性是衡量结构材料优劣的首要指标，准确认知材料的强度、韧性与其微观组织结构状态的变化规律，科学地将其运用于工程实际，是材料设计与制造、机械设计和制造工作者之历史使命。本书将传统的金属、陶瓷、高分子等三大材料以及复合材料有机地融为一体，将材料力学行为的微细观物理本质与力学行为的宏观规律有机结合，既强调材料强度与韧性的经典理论，又介绍本学科相关的一些新成就。本书可作为高等院校材料科学与工程及相关专业教材，亦可作为材料与机械相关领域工程技术人员参考书。

图书在版编目(CIP)数据

材料强韧学基础/王磊，涂善东主编. —上海：上海交通大学出版社，2012

材料科学及工程学科教材系列

ISBN 978-7-313-08232-9

Ⅰ.①材… Ⅱ.①王…②涂… Ⅲ.①材料强度－韧性－高等学校－教材 Ⅳ.①TB301

中国版本图书馆 CIP 数据核字(2012)第 043464 号

材料强韧学基础

王 磊 涂善东 主编

上海交通大学 出版社出版发行

(上海市番禺路 951 号 邮政编码 200030)

电话：64071208 出版人：韩建民

上海亿顺印务有限公司印刷 全国新华书店经销

开本：787mm×1092mm 1/16 印张：18 字数：424 千字

2012 年 9 月第 1 版 2012 年 9 月第 1 次印刷

印数：1～3030

ISBN 978-7-313-08232-9/TB 定价：38.00 元

编委会名单

总 序

材料是当今社会物质文明进步的根本性支柱之一，是国民经济、国防及其他高新技术产业发展不可或缺的物质基础。材料科学与工程是关于材料成分、制备与加工、组织结构与性能，以及材料使用性能诸要素和他们之间相互关系的科学，是一门多学科交叉的综合性学科。材料科学的三大分支学科是材料物理与化学、材料学和材料加工工程。

材料科学与工程专业酝酿于20世纪50年代末，创建于60年代初，已历经半个世纪。半个世纪以来，材料的品种日益增多，不同效能的新材料不断涌现，原有材料的性能也更为改善与提高，力求满足多种使用要求。在材料科学发展过程中，为了改善材料的质量，提高其性能，扩大品种，研究开发新材料，必须加深对材料的认识，从理论上阐明其本质及规律，以物理、化学、力学、工程等领域学科为基础，应用现代材料科学理论和实验手段，从宏观现象到微观结构测试分析，从而使材料科学理论和实验手段迅速发展。

目前，我国从事材料科学研究的队伍规模占世界首位，论文数目居世界第一，专利数目居世界第一。虽然我国的材料科学发展迅速，但与发达国家相比，差距还较大：论文原创性成果不多，国际影响处于中等水平；对国家高技术和国民经济关键科学问题关注不够；对传统科学问题关注不够，对新的科学问题研究不深入等等。

在这一背景下，上海交通大学出版社组织召开了“材料学科学及工程学科研讨暨教材编写大会”，历时两年组建编写队伍和评审委员会，希冀以“材料科学及工程学科”系列教材的出版带动专业教育紧跟科学发展和技术进步的形势。为保证此次编写能够体现我国科学发展水平及发展趋势，丛书编写、审阅人员汇集了全国重点高校众多知名专家、学者，其中不乏德高望重的院士、长江学者等。丛书不仅涵盖传统的材料科学与工程基础、材料热力学等基础课程教材，也包括材料强化、材料设计、材料结构表征等专业方向的教材，还包括适应现代材料科学研究需要的材料动力学、合金设计的电子理论和计算材料学等。

在参与本套教材的编写的上海交通大学材料科学与工程学院教师和其他兄弟院校的公共努力下，本套教材的出版，必将促进材料专业的教学改革和教材建设事业发展，对中青年教师的成长有所助益。

林栋樑

序

材料的强度和韧性是衡量结构材料优劣的首要指标，准确认知材料的强度、韧性与其微观组织结构状态的变化规律，科学地将其运用于工程实际，是材料设计与加工、机械设计和制造工作者之历史使命；亦是实现材料高效、安全、低耗及环境友好利用的基础。作为材料科学与工程专业的必修课程教材，无论是让学生充分认知材料的强度与韧性，还是培养学生科学分析问题的能力均十分重要。王磊教授与涂善东教授主编的《材料强韧学基础》为相关教学与科研人员提供了一部高水准的教材。

该教材将传统的金属、陶瓷、高分子等三大材料以及复合材料有机地融为一体，将材料力学行为的微细观物理本质与力学行为的宏观规律有机结合，既强调材料强度与韧性的经典理论，又结合实际应用介绍本学科相关的一些新成就。这无疑对材料科学工作者或机械设计人员都大有裨益，换言之，通过本教材的学习不但可以深入了解材料的强化与韧化，而且由此开启材料设计及机械设计的材料力学行为分析方法。特别是本教材各章给出了思考题和相关的参考文献，这对于读者巩固所学知识、深入思考材料力学行为问题具有参考价值。

本教材的作者王磊教授与涂善东教授在材料的强韧化领域已经从事近三十年的研究，王磊教授在材料的强韧性评价与材料设计、制造/加工相结合的材料研究方面发表了近两百篇学术论文；涂善东教授在材料变形与断裂及结构完整性研究方面，尤其在高温结构设计与寿命预测理论、先进能源材料与装备的研发方面取得了多项重要研究成果。同时，两位教授一直在教学第一线从事材料力学行为相关的教学，积累了丰富的教学经验。两位教授倡导教学与科研互动，将自己的教学体会与科学研究成果有机结合，又吸取了全国十余所高校专家的建议，编著成此教材。可以相信，此教材的出版，对材料与机械专业的学生以及相关的工程技术人员全面理解材料的力学行为，深入了解材料强韧化的意义和方法，对于研发新的材料和充分挖掘现有材料的潜力，以及保证结构材料的使用安全均具有重要的意义。

鉴于以上理由，我深信该教材的出版将在材料与机械学科培养专门人才方面，特别是培养复合型人才方面将发挥良好的作用。本人乐为之序并向读者推荐！

中国工程院院士、哈尔滨工业大学教授

周玉　2011年7月

前言

本书是根据我国高等理工科院校的材料科学与工程专业的教学需要、根据2008年11月由教育部高等学校材料科学与工程教学指导委员会主办的材料科学与工程专业精品教材编写研讨会决议组织编写的。编写大纲经相关院校组织了多次研讨，几经修订而成。在教学计划中，材料的强韧学是一门材料科学与工程专业必修课。从学科角度讲，材料的力学性能主要研究力或力与其他外界条件共同作用下的材料的变形和断裂的本质及其基本规律。其目的在于研究各种力学性能指标的物理意义、各种条件的影响及其变化规律，从而为从材料的设计、制备出发，研制新材料、改进或创新工艺提供依据；为机械设计和制造过程中正确选择与合理使用各种材料指明方向，并为机器零件或构件的失效分析奠定一定基础。

本书是考虑到学生已修完诸如《材料科学基础》、《工程力学》等课程，为进一步加强材料科学与工程专业有关结构材料的知识而编写的。力求将材料力学行为的微细观物理本质与力学行为的宏观规律有机结合，既强调材料强度与韧性的基本概念，又尽可能介绍本学科相关的一些新成就。全本由8章构成。第1章简要介绍材料的发展史及其强韧性的重要性；第2、3章介绍材料的基本力学性能及弹性变形、塑性变形、断裂及断裂韧性的基本概念；第4章系统叙述材料的强化与韧化基本原理、方法等，这是本书的特色所在；第5、6、7章分别介绍材料在特定加载方式或外界环境下的力学行为，即材料的疲劳、高温及环境下的材料力学性能、材料的磨损和接触疲劳；第8章结合最新的研究成果，简要介绍材料强韧学的应用与未来。本书可作为40～60学时课程的教材，讲授时可依据不同专业的要求，讲授一部分，其余留给学生自学。

本书由东北大学王磊教授（第1、2、3、4、8章）、华东理工大学涂善东教授（第5、6、7章）执笔编写，思考题由东北大学刘杨博士编写。全书由王磊教授统稿，周玉院士主审。在编写中参考和引用了一些单位及作者的资料、研究成果和图片，在此谨致谢意。本书的编写得到了相关兄弟院校同行们的鼓励与支持，上海交通大学出版社有关人员为本书的出版做了大量的工作，在此一并致以谢忱。

由于编者学术水平和客观条件所限，书中存在的疏漏和不妥之处，诚恳希望读者批评指正。

作　者

2010年12月于沈阳

前言

目　录

第5章 材料的疲劳

第6章 材料的高温力学性能

第 7 章 材料的磨损

第 8 章 材料强韧学的应用及其展望

第1章 绪论

(Introduction)

本章简述材料的作用与特性、损伤与断裂的概念、材料强韧化的学科基础。

1.1 材料在人类历史中的作用及发展趋势

(Development and the effect of materials in mankind's history)

人类历史进入20世纪80年代后，在国际材料界"先进材料"或者"尖端材料"的提法逐渐成为潮流。材料领域一改由金属材料占绝对统治地位的传统，各种各样的新材料层出不穷。人们开始寻求将自然界存在的物质经过加工，以某种形式加以利用，由此获得将物质变为材料的地位。伴随科学技术的飞速发展，对各种材料的要求日趋苛刻是不可避免的。然而，将诸如陶瓷、金属间化合物以及复合材料等真的推向实用绝非轻而易举之事。当然，亦有人认为以钢铁为代表的黑色金属材料，是强度与韧性兼备，且廉价的材料，对这种材料，恐怕也不能抱有过高的期待。

图1-1给出的是材料在人类历史长河中相对重要度的粗略变化过程。在公元前2 000年，人类仅仅以石器为切削工具。那时人类并没有使用金属，而是以树枝、动物皮毛等为主要材料。直到公元1500年，人类才开始学会使用青铜。到公元1850年前后开始使用钢材，直到那时才使得金属在材料中的重要程度显著增加，可以说这种重要程度在20世纪60年代达到了顶峰。但是，这种状况在20世纪80年代出现了变化，再次出现了以传统三大材料(金属、陶瓷、高分子)以及复合材料共存的格局。

图1-2给出的是材料市场的成熟度示意图。可见，传统金属材料已经趋于饱和，而高分子材料、陶瓷材料、复合材料以及新的金属材料将在未来有较大的增幅。即使在金属材料领域，对轻量化、高强度化、高耐热性的要求愈来愈苛刻。尤其是近年，从考虑全球环境出发，环境友好材料(ecomaterials)愈来愈受注目。

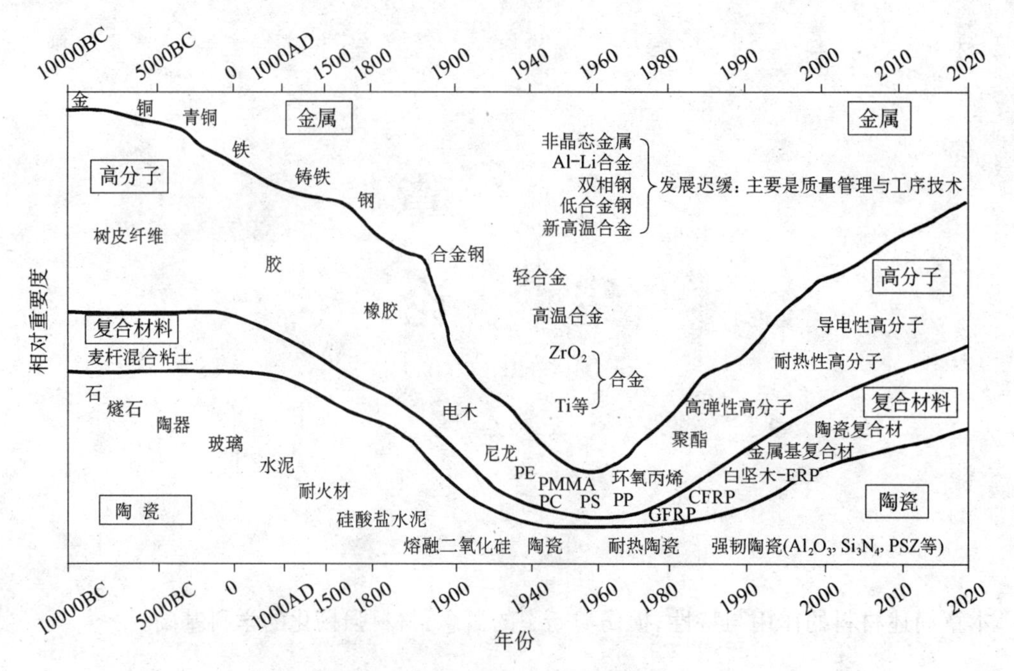

图 1-1 机械与建筑工业用材料的发展中各种材料的相对重要度变化示意图

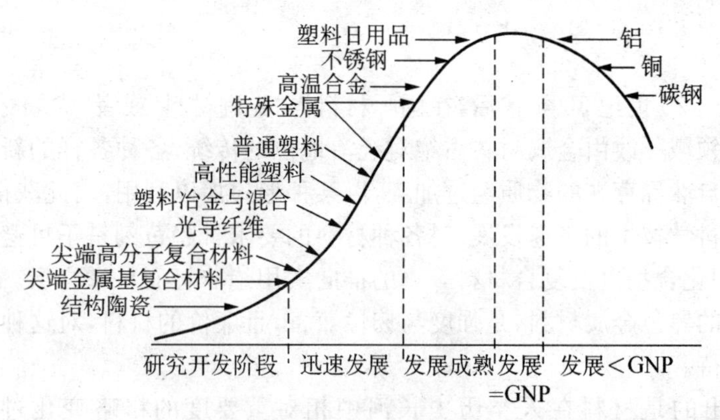

图 1-2 各种材料的成熟度与经济增长之间的关系

1.2 各种材料的特性

(Characteristics of various kinds of materials)

对于传统的三大材料，除材料组成上的区别外，更多的应该由其原子结合方式来加以区分。高分子材料主要以共价键(covalent bond)和范德华键/力(Van der Waals bond)相结合；陶瓷材料则以共价键和离子键(ionic bond)的方式相结合；金属材料则以金属键(metallic bond)构成(见图 1-3，在此，半导体材料分类没有明确)。一般说，离子键、共价键的结合能相对较大，而分子间的范德华结合能却很小。金属键的结合能与离子键和共价键的结合能大小相近，但由于其具有无方向性的结合特征，同时具有较大的配位数和密度，由此使金属呈现出优良的可加工特性。

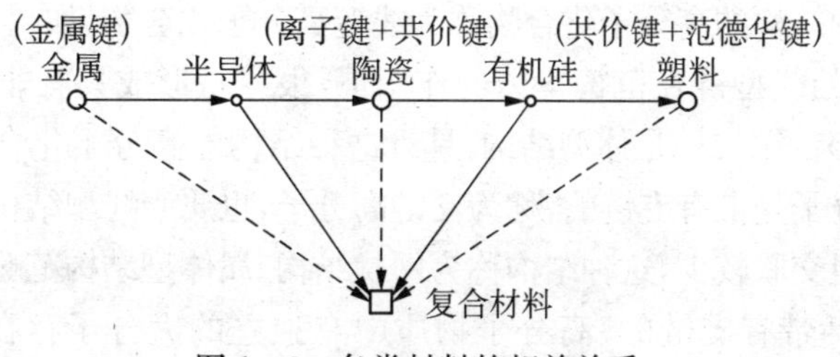

图 1-3 各类材料的相关关系

除复合材料外的三大传统材料的分类,原则上是依据原子的排列方式来区分的。如图1-4所示,金属原子尽最大可能致密充填其空间,如具有面心立方结构的金属,其原子按照ABC、ABC……的次序有序地排列在空间。具有这样原子排列的晶胞结晶后构成一个晶粒,通常的金属材料大多都是由很多这样的结构在不同方向排列的晶粒所构成,称其为多晶结构(Polycrystal)。几乎所有的金属晶体,都可以通过最密排原子面上位错的容易运动特点,使金属材料呈现良好的延展特性。

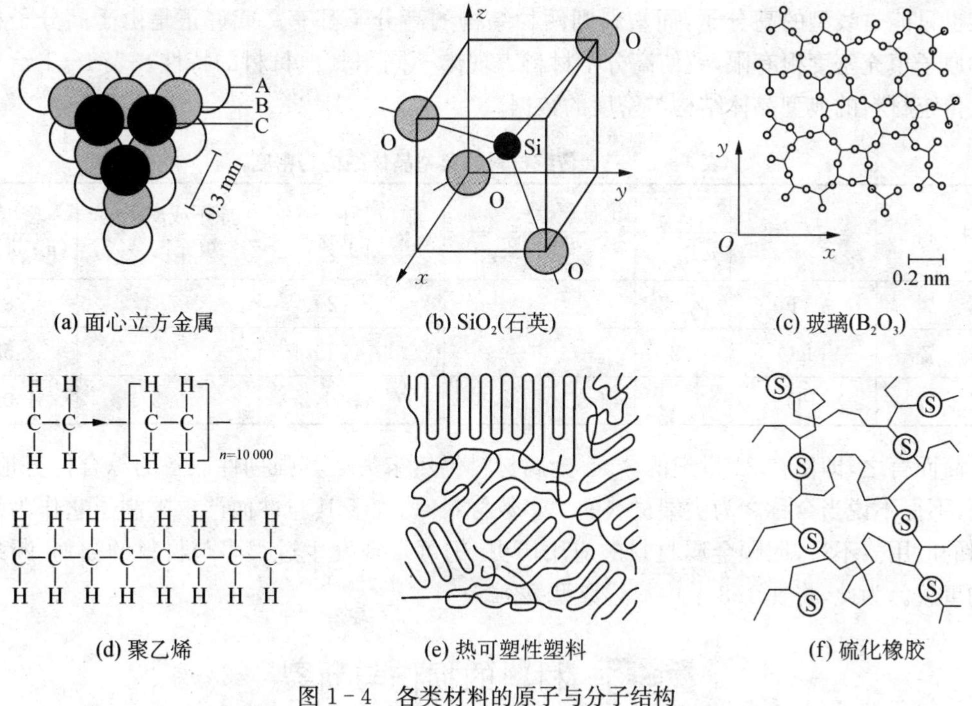

(a) 面心立方金属 (b) SiO_2(石英) (c) 玻璃(B_2O_3)

(d) 聚乙烯 (e) 热可塑性塑料 (f) 硫化橡胶

图 1-4 各类材料的原子与分子结构

陶瓷材料多为共价键与离子键共存的,其中氧化物陶瓷材料由金属与氧结合而成。如图1-4(b)所示,二氧化硅(SiO_2)陶瓷中,Si原子位于四面体的中心,各个顶角处则由O原子占据,这种排列形式在三维空间的规则重复构成了石英结构。陶瓷材料中原子未能像金属原子那样致密地充填,因此可以在空间排列成层网形式,但由熔融状态急冷后可以变成非晶结构,即转变成图1-4(c)所示的石英玻璃。

以塑料为代表的高分子材料,归根结底是以C原子与H、Cl、F、O、N等原子组成的一个巨大分子链,其原子的充填密度非常有限。高分子的分子结构可以分为两种基本类型:第一种是线型结构，具有这种结构的高分子化合物称为线型高分子化合物(如图1-4(d)所示的为简单的聚乙烯)，当然这样的线型链在范德华力的作用下，很容易形成具有非晶结构的弯折共存结构，如图1-4(e)所示)。第二种是体型结构，具有这种结构的高分子化合物称为体型高分子化合物。此外，有些高分子是带有支链的，称为支链高分子，也属于线型结构范畴。有些高分子虽然分子链间有交联，但交联较少，这种结构称为网状结构，属体型结构范畴，如图1-4(f)示意。

在线型结构(包括带有支链的)高分子物质中有独立的大分子存在，这类高聚物的溶剂中或在加热熔融状态下，大分子可以彼此分离开来。而在体形结构(分子链间大量交联的)的高分子物质中则没有独立的大分子存在，因而也没有相对分子质量的意义，只有交联度的意义。交联很少的网状结构高分子物质也可能以分离的大分子存在(犹如一张张"鱼网"仍可以分开一样)。

两种不同的结构，表现出相反的性能。线型结构(包括支链结构)高聚物由于有独立的分子存在，故具有弹性、可塑性，在溶剂中能溶解，加热能熔融，硬度和脆性较小的特点。体型结构高聚物由于没有独立大分子存在，故没有弹性和可塑性，不能溶解和熔融，只能溶胀，硬度和脆性较大。因此从结构上看，橡胶只能是线型结构或交联很少的网状结构的高分子，纤维也只能是线型的高分子，而塑料则两种结构的高分子都有。或许正是由于高分子材料中的原子填充密度很有限，致使高分子材料表现出不同于其他材料的特性。表1-1给出了三大传统材料的典型晶体结构与密度的数据。

表1-1　三大传统材料的典型晶体结构与密度

材　料	实　例	晶格常数/Å			单位晶格中的原子数	原子或离子的填充比/%	密度/($g\cdot cm^{-3}$)
		a	b	c			
金　属	α-Fe	2.87	—	—	Fe:2	67.8	7.87
陶　瓷	MgO	4.21	—	—	Mg:4，O:4	68.1	3.58
聚合物	PE	7.40	4.93	2.53	C:4，H:8	9.2	1.01

简而言之，即使在21世纪的今天，金属材料仍然未失去其强韧性兼备的综合优势地位。然而，不得不说当今称之为尖端材料的大多数材料，均由于其脆性而严重限制了它作为结构材料的应用。不过，回顾金属材料的应用历史，仍可发现发生过很多与材料的损伤、断裂相关的事故。为此，将在1.3节中简述典型案例。

1.3　材料的损伤与断裂

(Damage and fracture of materials)

在汉语里有关材料的失效有多种称呼，为了不引起歧义，在此先就材料的损伤与断裂给予适当的解释。一般认为由于材料的显微缺陷或局部屈服导致的材料功能降低称为"损伤"(Damage)，如果材料的功能丧失则称为"失效"(Failure)，如材料发生全面屈服。将在材料中由于裂纹(Crack)形核、扩展导致的材料断开称为"断裂"(Fracture)，如果材料完全分开(如一分为二)则常称为破断(Rupture)。

在过去发生的与金属材料相关的事故里，最有名的应该属第二次世界大战中发生的全焊接舰船的折断事故。据资料记载，当时美国采用全焊接紧急建造了近三千艘舰船，其中有近250艘毁于折断事故。按照当时的调查分析，舰船折断事故发生的原因是由于钢材的缺口脆性(Notch brittleness)所致。类似的事故一直到1972年时仍有所报道(见图1-5(b))，即使到了21世纪的今天，也不能说类似的事故已经完全杜绝了。过去经常发生桥梁事故，近代诸如火力发电蒸汽机、各种容器的事故也时有发生，包括运载火箭等由于某个部件的损伤导致的事故亦有报道。

(a) (b)

图1-5 材料损伤与断裂的典型案例

(a) 1941年发生的油轮折损；(b) 1972年发生的商用油船断裂照片

钢铁材料等具有体心立方(BCC)晶体结构或者具有密排六方晶体结构(HCP)的金属材料，一般均呈现低温脆性的特性。如图1-6所示，低碳钢的拉伸性能随温度而改变，在产生多个显微裂纹后，会发生瞬间断裂，有时甚至会发生瞬间的解理断裂，成为使用中的一大隐患。并且，类似的事故即使在非常严格的设计、评价之后，或大或小仍未杜绝。如:以严谨著称的日本核电站，发生了严重的液钠泄漏事故，究其原因只是单纯的设计失误(应力集中程度过大)与长期疲劳叠加所致。这与1954年发生的世界首例喷气式飞机的粉碎性坠毁事故(由于无线电天线孔造成的应力集中引起的疲劳断裂)相联系，使得人们不得不对结构件中缺口效应引起足够的重视。另一个值得注意的例子是，日本于1995年发生阪神大地震后，人们发现大型钢结构建筑在焊接等部位出现了一种脆性断裂。由此使人们重新认识到，即使在实验室的拉伸及夏比冲击试验的韧性断裂温度(如室温)下，大型建筑结构也有可能发生脆性断裂。而且，对于大型结构件来说由于缺

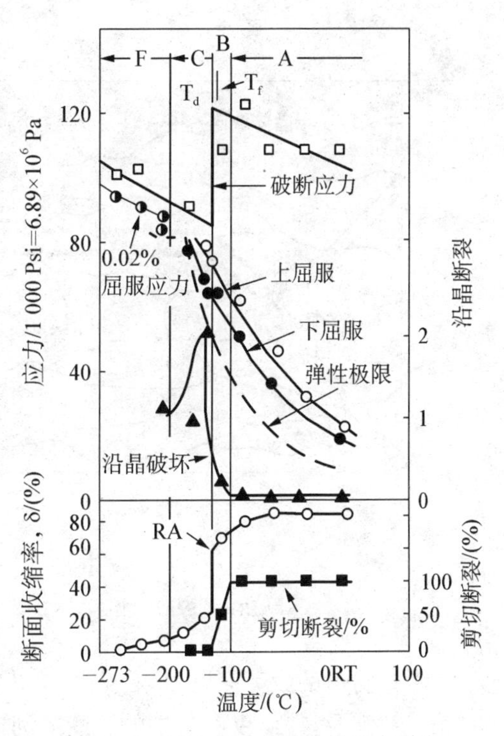

图1-6 低碳钢的力学性能及小裂纹随温度的变化曲线

陷的存在和载荷速率的增加均会导致韧脆转变温度上升，加剧脆性断裂的倾向。顺便提一下，如铝合金这样的具有面心立方晶体结构的金属，通常认为是不会出现低温脆性的，但事实上低温下经常可见到其出现沿晶断裂倾向，并且当变形受约束时变形集中在局部，就会发生剪切带断裂。

作为断裂事故分析方法，进行断口观察分析(Fractography)十分有效。韧性断裂的特征是断口以夹杂物等第二相粒子为核心形成的空洞(Void)型韧窝(Dimple)，而钢材的脆性断口则形成如图1-7所示的伴随河流花样(Rive pattern)的解理断裂，有时也会出现如图1-7中A所示的舌状(Tongue)断口。该种沿{112}形变孪晶界面形成的断裂现象，在超低温或冲击载荷条件下经常可以观察到。另一个值得注意的问题是，在发生事故原因中有八成以上是因疲劳断裂(Fatigue fracture)所致。如图1-8(a)所示，疲劳破坏大多是由表面滑移形成的挤出峰(Extrusion)、挤入谷(Intrusion)造成缺口效应构成疲劳的第一阶段；接下来在晶体学滑移面与滑移方向的作用下裂纹成核(Ⅱa阶段)，而在Ⅱb阶段形成与循环应力相对应的疲劳辉纹(Striation)，并以一定的速率增大(对应的是断裂力学中的Paris领域)，可以由此获得到断裂为止的循环次数，甚至可以以此为基础进行损伤容限设计(Mamage tolerant design)。

图1-7　低碳钢-50℃夏比冲击断口上的解理面(A为舌状部分)

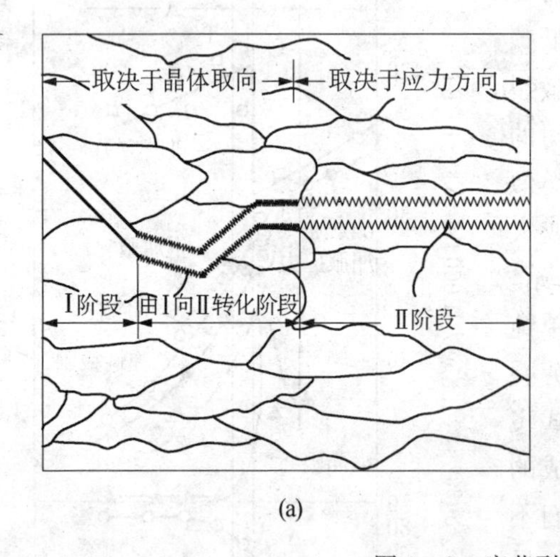

(a)

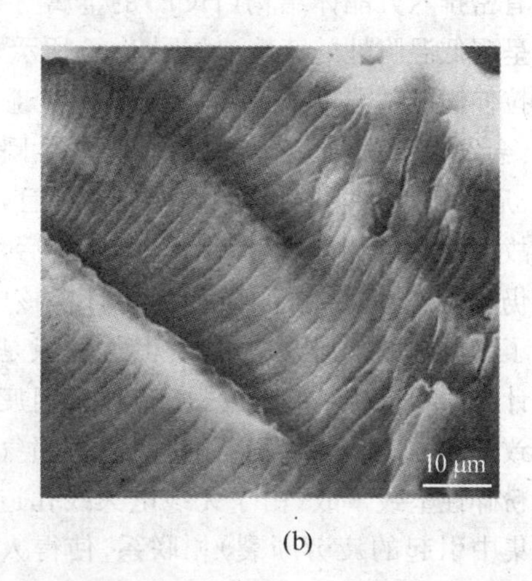

(b)

图1-8　疲劳裂纹形成示意图

(a) 疲劳断裂的各个阶段示意图；(b) 第Ⅱ阶段出现的疲劳辉纹(拉—拉载荷)

考察材料的疲劳问题时，首先考虑其强度与韧性亦十分必要。有关疲劳的详细论述将在第5章涉及，在此仅就其中的一些案例予以概述。总而言之，材料的各种疲劳断裂情况如图1-9所示。在图中，(a)～(f)为渗碳钢的普通疲劳与冲击疲劳的对比，其中，(a)～(c)为40CrMo钢在渗碳后除去表面异常层的实验结果。(a)为高周疲劳断口，裂纹起源于试样内部，呈现出所谓的表面强化材料特有鱼眼(Fish eye)；(b)为低周疲劳断口，裂纹起源于试样表面的晶界；(c)为由鱼眼部的疲劳辉纹间距测得的裂纹扩展速率，可见，冲击疲劳的裂纹扩展速率远高于普通疲劳；(d)～(f)为渗碳后未除去表面异常层时各个钢种的冲击疲劳实验结果，该条件下疲劳裂纹在表面发生(图1-9(d)、(e))，疲劳裂纹的扩展与残余应力以及残余奥氏体的应力诱发相变关系密切，图1-9(e)给出了疲劳最终断裂阶段的示意图，可见，在接近疲劳断裂韧性K_{fc}(原则上K_{fc}与断裂韧性K_{Ic}相对应，实际上K_{fc}应该略高于K_{Ic})时材料会发生瞬间断裂。图1-9(f)所示的试验结果表明，渗碳钢经过喷丸处理后，无论钢种如何其冲击疲劳寿命均得到了改善。图1-9(g)为铝合金的$S-N$曲线，从曲线可见，6061-T6铝合金较其他的铸造合金的疲劳性能优越。然而，实际上对于铸造铝合金而言，其表面有大尺

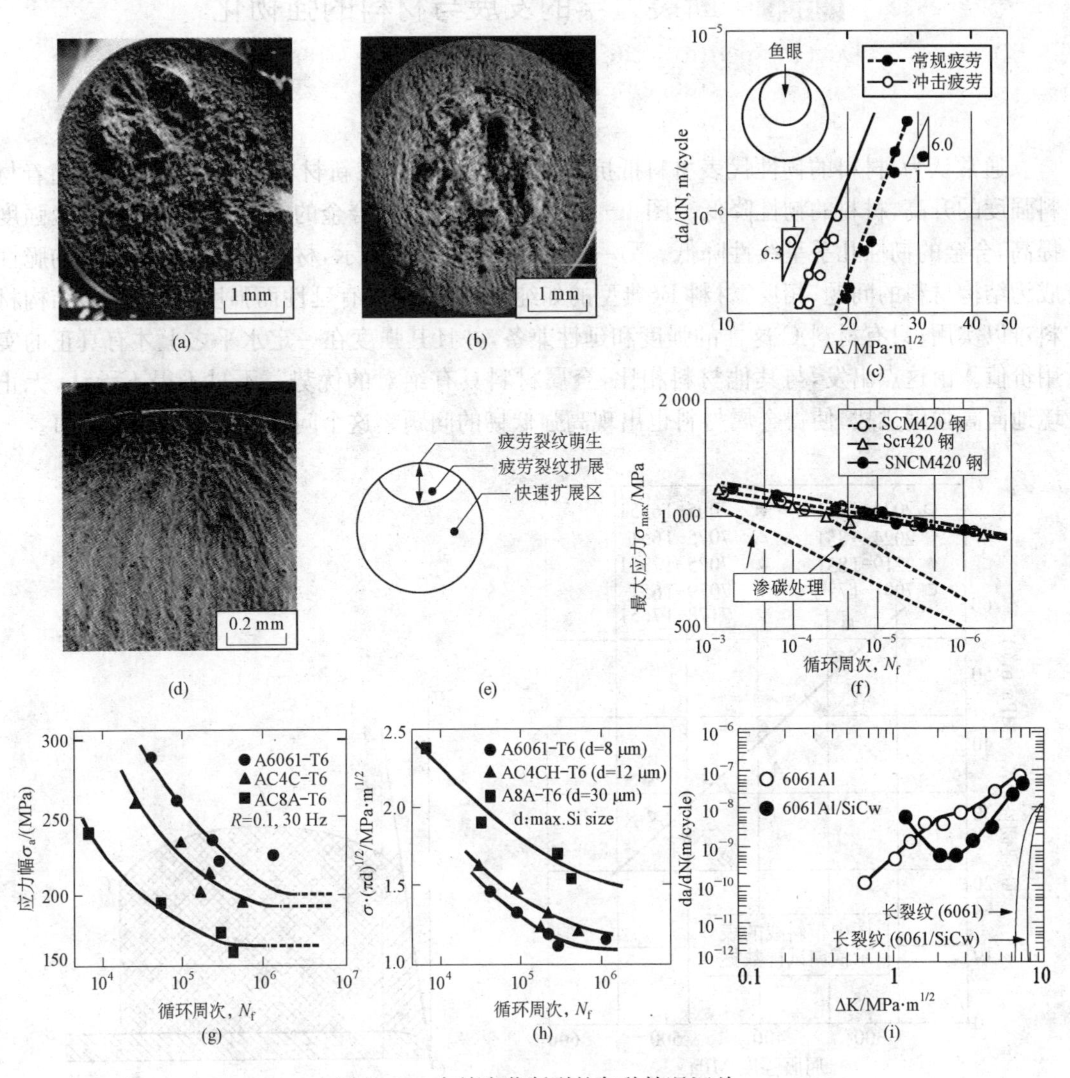

图1-9 有关疲劳断裂的各种情况汇总

(a) 渗碳淬火钢的高周疲劳断口；(b) 渗碳淬火钢的低周疲劳断口；(c) 鱼眼区普通疲劳与冲击疲劳的 $da/dN-\Delta K$ 曲线；(d) 渗碳淬火钢的高周冲击疲劳断口；(e) 冲击疲劳断口的示意图；(f) 冲击疲劳的 $S-N$ 曲线；(g) 各种铸铝的 $S-N$ 曲线；(h) 以最大尺寸 Si 为裂纹处理的 $K-N_f$ 曲线；(i) 小裂纹扩展速度与应力强度因子的关系

寸的初晶 Si 形成的凸凹。但将这样的大尺寸 Si 作为最大缺陷，参照断裂力学的 $K=\sigma\sqrt{\pi a}$（K 为应力场强度因子、σ 为应力、a 为缺陷尺寸）将其重新整理的话，就得到图 1-9(h)所示的 $K-N_f$ 曲线，按此结果可以说铸造合金在某种程度上优于锻造合金。由此可见，表面的加工状态对于合金的疲劳寿命是何等的重要。图 1-9(i)给出的是 SiCw/Al 复合材料疲劳裂纹扩展速率实验结果。一般讲，长裂纹在门槛值 ΔK_{th}（参照 5.3）以下，裂纹将停止扩展，但对于短裂纹(Short crack)即使在 ΔK_{th} 以下仍可以以较高的速率扩展，其原因可以认为是在此条件下，裂纹的闭合效应(Crack closure)已经失效所致。因此，短裂纹疲劳仍然有很多问题需要解决。

1.4 断裂力学的发展与材料的强韧化

(Development of fracture mechanics and strengthening and toughening of materials)

通常认为，材料的韧性代表材料抵抗断裂的能力，然而在新材料的开发中往往伴随着材料强度的升高，材料的韧性降低。图 1-10 给出的为各种铝合金的例子，可见，随着合金强度提高，合金的韧性几乎呈线性降低。另一方面，如图 1-11 所示，材料 A(如陶瓷材料)的脆性成为结构材料的问题；相反，材料 B(典型的如纯金属)则仅仅有延性而强度过低，作为结构材料难以实用；只有材料 C 这样的强度和延性兼备，并且其强度在一定水平之上才有真正的实用价值。由这点出发，与其他材料相比，金属材料具有绝对的优势。不过不得不承认，无止境地向高强度挑战，使得金属材料也出现高强低韧的问题。这个问题日趋成为头痛之事。

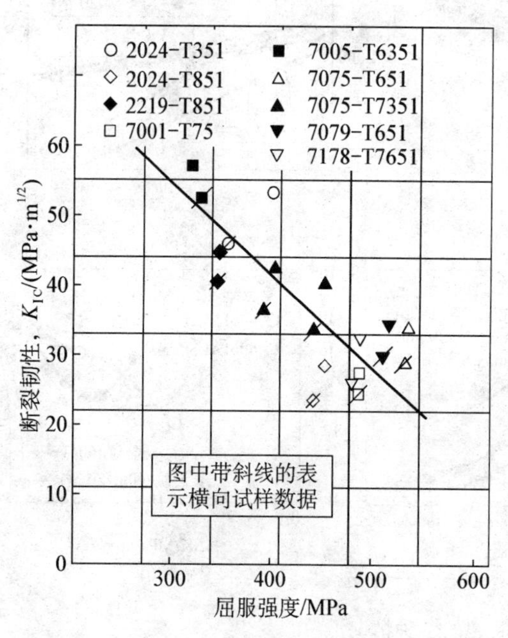

图 1-10 厚度 25～38 mm 铝合金板材的屈服强度与断裂韧性的关系

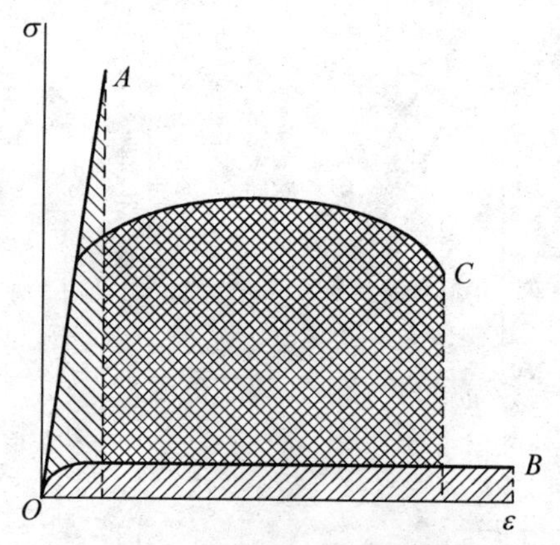

图 1-11 由应力—应变曲线描述的材料韧性示意图

(A 为高强度低韧性，B 为低强度高延性，C 为高强度高韧性)

20 世纪 50 年代，在登月计划上美国与前苏联进行了空前的竞争。这是由于关系到国家的名誉，美国经历了多起超高强度钢的脆性断裂事故，尤其以发动机壳体用的屈服强度高于 1 500 MPa 的超高强度钢相关事故最具代表性。这些事故的原因主要是此类钢不同于常规的钢种，超高强度钢没有明显的韧性-脆性转变(Ductile — brittle transition)特性，对脆性断裂难以采取相应的对策。为此，在美国成立了有关应对超高强度钢脆性断裂的专门委员会，该组织的最大成功莫过于诞生了 Irwin 的线弹性断裂力学。换言之，如在 1.3 节中所述，首次建立了材料的韧性与所受应力之关系公式，即 $K_{\mathrm{I}c}=\sigma\sqrt{\pi a}$。此后这一概念的有效性被逐渐证实。表 1-2 概略总结了断裂力学提出的各种评价指标以及与之相对应的时间，其应用已经扩展到弹塑性断裂以及蠕变断裂的范畴。

表 1-2　断裂力学参数的发展及相应的年代(20 世纪)

<table>
<tr><td rowspan="6">A. 线弹性断裂力学</td><td>1. 裂尖应力场</td><td>K</td><td>50 年代后期</td></tr>
<tr><td>2. 断裂韧性</td><td>K_{Ic}</td><td>60 年代早期</td></tr>
<tr><td>3. 疲劳裂纹扩展</td><td>$\mathrm{d}a/\mathrm{d}T$ vs ΔK</td><td>60 年代早期</td></tr>
<tr><td rowspan="2">4. 环境断裂</td><td>K_{ISCC}</td><td rowspan="2">60 年代中叶</td></tr>
<tr><td>$\mathrm{d}a/\mathrm{d}T$ vs K</td></tr>
<tr><td>5. 疲劳门槛值</td><td>ΔK_{th}</td><td>60 年代后期</td></tr>
<tr><td rowspan="5">B. 弹塑性断裂力学</td><td rowspan="3">1. 裂尖应力场</td><td>CTOD</td><td>60 年代早期</td></tr>
<tr><td>J</td><td>70 年代早期</td></tr>
<tr><td>$J-Q$</td><td>90 年代早期</td></tr>
<tr><td>2. 断裂韧性</td><td>J_{IC}</td><td>60 年代早期</td></tr>
<tr><td>3. 疲劳裂纹扩展</td><td>$\mathrm{d}a/\mathrm{d}N$ vs ΔJ</td><td>70 年代中叶</td></tr>
<tr><td rowspan="3">C. 时间依赖性</td><td rowspan="2">1. 裂尖应力场</td><td>C^*</td><td>70 年代中叶</td></tr>
<tr><td>C</td><td>80 年代早期</td></tr>
<tr><td>2. 蠕变断裂</td><td>$\mathrm{d}a/\mathrm{d}N$ vs C</td><td>70 年代中叶</td></tr>
</table>

当提及材料的断裂韧性时，人们往往首先想到的是采用 CT (Compact Tension，紧凑拉伸)实验获得的 $K_{\mathrm{I}c}$。实际上除 CT 实验外，还可以采用很多种实验方法来表征材料的断裂韧性，尤其对于弹塑性断裂韧性 $J_{\mathrm{I}c}$的评价方法就更多了。在此，需要提醒读者的是，应该充分考虑到实际服役材料所承受的载荷特点，采取与之对应的实验评价方法，如快速便捷的夏比冲击试验亦可用于评价材料的韧性(见图 1-12)，以冲击载荷代表材料强度、冲击位移代表材料的延性的话，那么由载荷—位移曲线代表的面积则可表征材料的韧性。由图 1-12 可知 TZP 和金属陶瓷这样的典型脆性断裂特点，PMMA 等高分子材料具有极低的韧性，而金属材料尤其是钢铁材料则显示出高韧性特征。

1992 年，英国剑桥大学的 Ashby 教授曾对近十万种材料的强度与韧性进行了整理、归纳，指出了材料选择按照其强度与断裂韧性可划分为数个材料群(见图 1-13)。如将在 3.5 节中详细说明的，主裂纹尖端的塑性区(屈服区)或形成的过程区(Process zone)约为 $1/\pi(K_{\mathrm{I}c}/\sigma_{\mathrm{f}})^2$，该值越大说明材料的韧性越高，图中的 $K_{\mathrm{I}c}/\sigma_{\mathrm{f}}=C$ 的虚线代表这样的意义。其

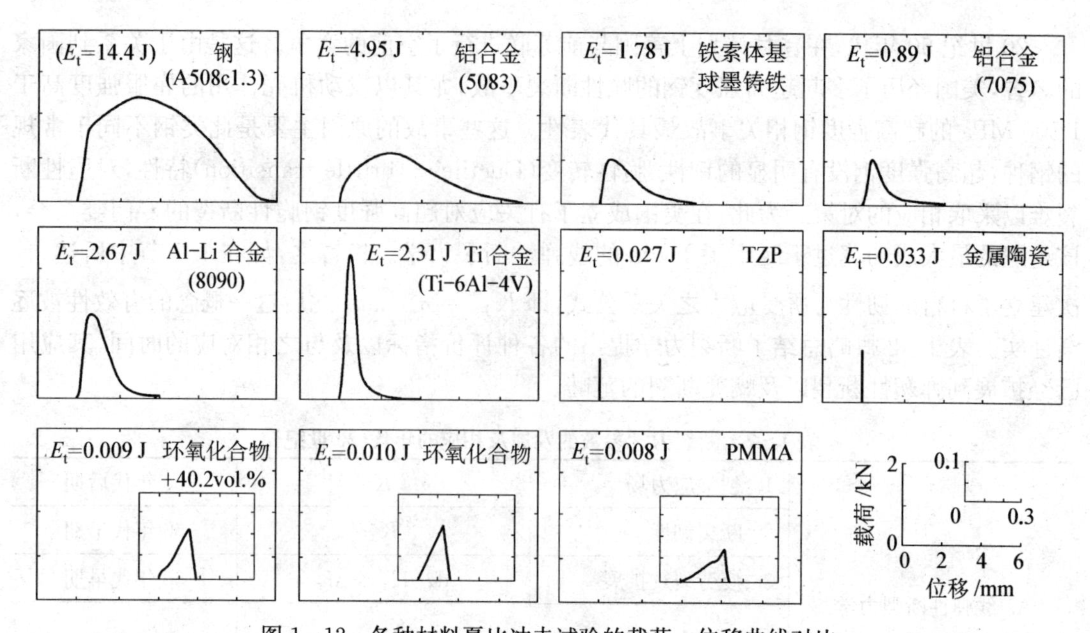

图 1-12　各种材料夏比冲击试验的载荷—位移曲线对比

（试样：4 mm×8 mm×40 mm，预制深 4 mm 宽 0.3 mm 缺口，高分子材料比例放大了）

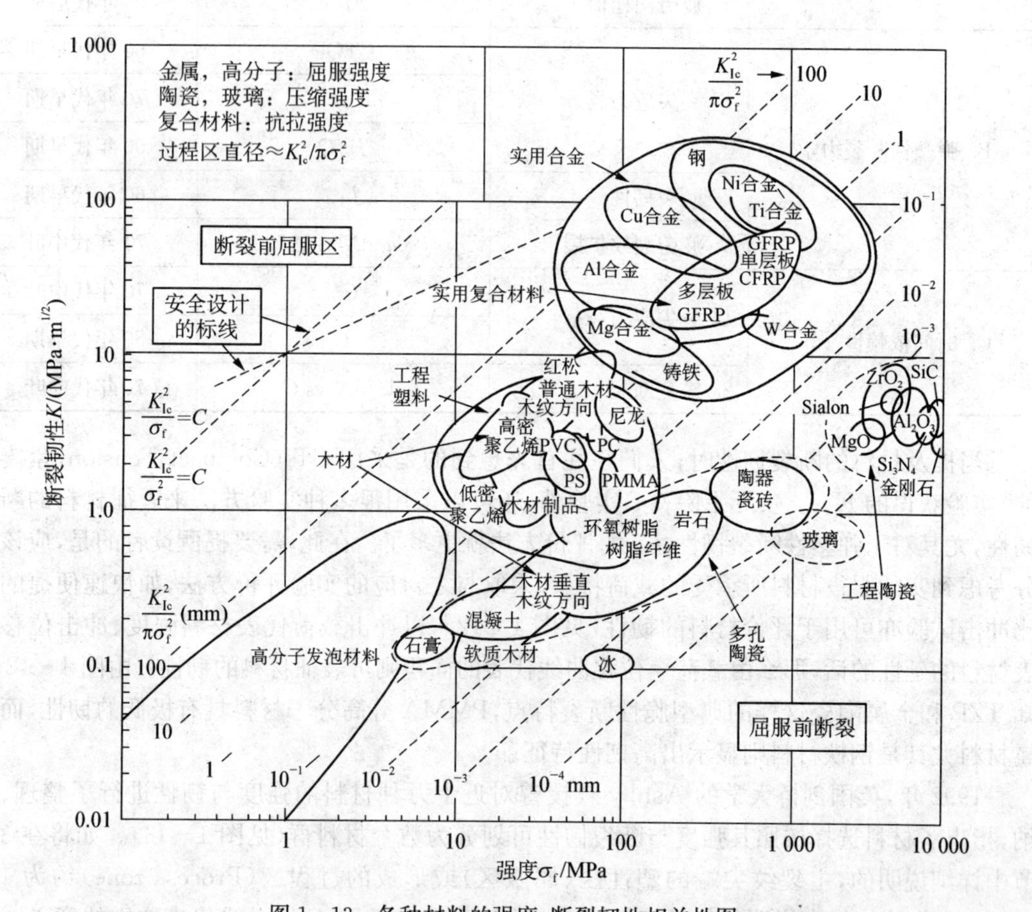

图 1-13　各种材料的强度-断裂韧性相关性图

常数 C 值由陶瓷材料的 10^{-4} mm 量级到金属材料的 100 mm 量级。可见，对于同一尺度而言，σ_f 值越高则其断裂韧性 K_{Ic}越高。在实际应用上，如在设计压力容器时，为了保证其在断裂前发生屈服来抑制毁灭性事故的发生，那么只要考虑最大缺陷尺寸 $a < 1/\pi(K_{Ic}/\sigma_f)^2$ 即可。但是，对于某些压力容器及管道来说难以实现 $a < 1/\pi(K_{Ic}/\sigma_f)^2$，为此在无危害性介质的情况下，在设计上可采用"断裂前泄漏(Leak before break)"的原则。换言之，就是前者采用的是以 $K_{Ic}/\sigma_f = C$ 为参照，后者采用的是以 $K_{Ic}{}^2/\sigma_f = C$ 为参照的设计宗旨。

诚然，传统上认为韧性是材料固有的本质，如何使材料具有更高的韧性成为摆在科技工作者面前的课题。根据用户的要求如何合理地设计、选择适宜的材料，实现安全使用之目的成为关键。这里当然包括材料本身的因素，诸如材料的成分、材料的缺陷、材料的显微组织控制等，当然亦包括材料所服役的条件(诸如温度、载荷、速率等)、环境(腐蚀介质等)，这些均会影响到材料的强韧性。为此，本书欲力求由介绍材料的宏观力学行为出发，分析影响材料力学行为的材料及环境因素，为材料工作者准确认知材料的强度、韧性与微观组织结构状态的变化规律，科学地将其运用于工程实际提供基础。

1.5 本书的构成

(The objective of this book)

本书是根据我国高等理工科院校的材料科学与工程及相关专业的教学需要编写的。从教学安排上，考虑到学生已经修完《材料科学基础》、《工程力学》等课程，需要进一步加强材料科学与工程专业有关结构材料的知识。本教材力求将传统的金属、陶瓷、高分子等三大材料以及复合材料有机地融为一体，给学生以材料强度、强化与韧性的统一认知基础，考虑到理工科学生的应用背景，在注重基础理论(如各种材料强度与韧性的物理意义与本质)的同时，强调理论的应用(如材料强度与韧性的影响因素及其变化规律)。另一方面，本教材力求将材料力学行为的微细观物理本质与力学行为的宏观规律有机结合，既强调材料强度与韧性的经典理论，又尽可能介绍本学科相关的一些新成就。为学生由材料的设计、制备出发，研制新材料、改进或创新工艺提供依据；为机械设计和制造过程中正确选择与合理使用各种材料指明方向，并为机器零件或构件的失效分析奠定一定基础。

参考文献

[1] M. F. Ashby, S. F. Bush, N. Swindells, R. Bullough, G. Ellison, Y. Lindblom, R. W. Cahn, J. F. Barnes. Technology of the 1990s: Advanced Materials and Predictive Design [J]. Phil. Trans. R. Soc. London, 1987, A322: pp. 393 - 407.

[2] E. L. Langer, ASTM News [M]. West Conshohocken, ASTM International, 1989, Dec. p. 4.

[3] G. T. Hahn, B. L. Averbach, W. S. Owen, M. Cohen, Fracture [M]. ed. by B. L. Averbach et al, Swampscott, Proc. Int. Cof. , 1959: p. 91.

[4] M. Russo, Metallographic in Failure Analysis [M]. ed. by J. L. McCall and P. M. French, New York, Plenum Press, 1977: p. 65.

[5] T. Kobayashi. Strength and toughness of materials [M]. Tokyo, Springer, 2004: p. 13.

[6] M. F. Ashby. Materials Selection in Mechanical Design [M]. New York, Pergamon, 2003: p. 393.

思考题

(1) 请例举5种以上在人类进步过程中的重要建筑用材料,并说明其使用背景及特性。

(2) 举例说明从石器时代到现代人类兵器用材料的发展历程。

(3) (a)请描述网球拍用材料所需的力学性能,并推荐球拍不同部位所需要的不同材料;(b) 请描述高尔夫球棒用材料所需的力学性能,并推荐球棒不同部位所需要的不同材料。

(4) Cu的密度是8.9 g/cm^3,相对原子质量为63.546,属FCC结构晶体。请计算其晶格常数和原子半径。

(5) 钨(BCC结构)的晶格常数为$a=0.32$ nm。请计算其密度,已知钨的相对原子质量为183.85。

(6) 已知CsCl的晶胞和NaCl有相同的晶体结构。Cs^+的半径为0.169 nm, Cl^-的半径为0.181 nm。

(a) 请计算该结构的填充因子,假设Cs^+和Cl^-离子在立方体对角线上互相接触;

(b) 请计算CsCl的密度,其中Cs的相对原子质量为132.905, Cl的相对原子质量为35.453。

(7) 锗为金刚石立方结构,晶格常数为0.245 nm,原子质量为72.6。请计算其填充因子和密度。

(8) 聚四氟乙烯(PTFE)的基本单元为C_2F_4,如果其相对分子质量为45 000,请问其聚合度为多少?

(9) 同一材料的不同多晶体具有不同的力学性能,请举例说明。

(10) 什么是智能材料? 请举例说明。

(11) 什么是玻璃陶瓷? 请说明其结构和性能特点。

(12) 以钢铁材料为例,试说明材料的微观结构是如何影响其性能的。

(13) 在立方晶系中计算下列夹角:(a)[110]和[111];(b)[111]和[112];(c)[112]和[221]。

(14) 已知铁原子的半径为0.124 nm,请计算BCC结构铁的密度。

(15) 在立方晶胞中画出以下向量:(a)[100]和[110];(b)[112];(c)[110];(d)[321]。

第2章 材料的静载力学行为

(Mechanical behavior of materials under static loading)

静态载荷(Static loading),系指加载的方式很缓慢,因此严格地应该将此称为准静态(*Quasi-static*)载荷。由于材料力学性能指标是设计结构、材料选择、工艺评价以及材料检验的主要依据,因此,静载荷方法常用于测定材料的力学性能。而在材料的力学性能测定中所说的静态载荷法,确切地是指在温度、应力状态和加载速率都固定不变的状态下,测定力学性能指标的一种方法。

2.1 材料的拉伸性能

(Tensile properties of materials)

2.1.1 拉伸曲线和应力—应变曲线 (Load-displacement curve and stress-strain curve)

静拉伸试验一般是指在常温、单向静拉伸载荷作用下,用光滑试样测定材料力学性能的试验。试验时在试样两端缓慢地施加单向载荷,使试样的工作部分(亦称标距部分,Gage length)受轴向拉力而沿轴向伸长,一般进行到拉断为止。通过拉伸试验可以获得材料的弹性、塑性、强度、应变硬化、韧性等重要而又基本的力学性能指标,这些指标的特性均称为材料的拉伸性能。

静拉伸试验可采用圆柱试样或板状试样。为确保材料确实处于单向拉伸状态,对试样形状、尺寸和加工精度均有严格的要求。如图2-1所示,拉伸试样可分为:工作部分、过渡部分和夹持部分三个部分。其中工作部分必须表面光滑,以保证试样表面处于单向拉伸;过渡部分必须有适当的台肩和圆角,以降低应力集中,保证该处不发生变形和断裂;夹持部分是指与试验机夹头连接的部分,其直径(或厚度)和长度应适当。根据不同的材料和要求,对试样的形状、尺寸和加工精度等在相应的材料实验标准中有详细的规定。

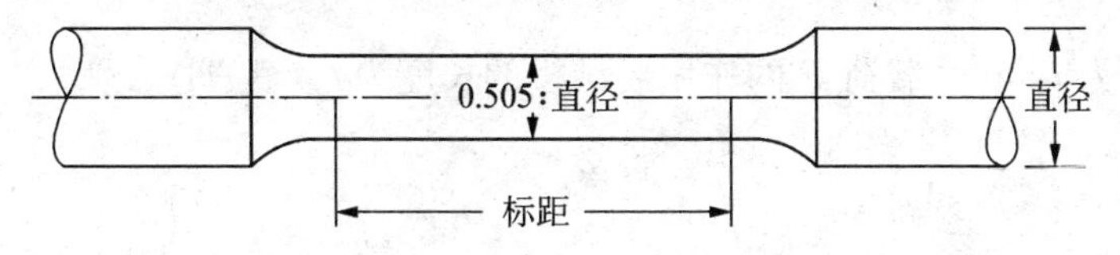

图2-1 标准静态拉伸试样(圆柱)

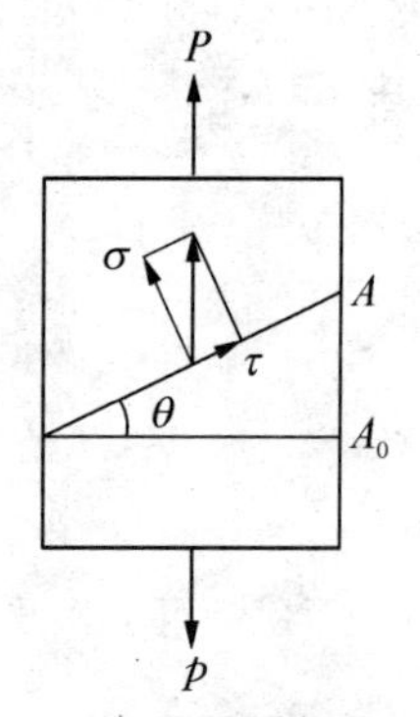

图 2-2 作用在截面 A 上的各种应力分析

2.1.1.1 应力与应变

物体受外加载荷作用时，在单位截面上所受到的力称为应力(Stress)。载荷通常并不垂直于其所作用的平面，此时可将载荷分解为垂直于作用面的法向载荷与平行于作用面的切向载荷。如图 2-2 所示，对应前者称为正应力 σ，后者称为切应力 τ，分别表示为

$$\sigma=\frac{P\cos\theta}{A}=\frac{P\cos\theta}{A_0/\cos\theta}=\frac{P}{A_0}\cos^2\theta$$

$$\tau=\frac{P\sin\theta}{A}=\frac{P\sin\theta}{A_0/\cos\theta}=\frac{P}{A_0}\sin\theta\cos\theta \tag{2-1}$$

在单向静载荷拉伸条件下，正应力 $\sigma=P/A$，其中 P 为拉伸载荷，A 为垂直拉伸轴线截面的面积，工程上规定加载过程中视截面积不变，即以原始截面积 A_0 代替 A，这样得到的应力称为工程应力(或称条件应力)，$\sigma=P/A_0$。实际上，在拉伸过程中，试样的横截面积是逐渐减小的，外加载荷除以试样某一变形瞬间的截面积称为真应力，表示为

$$S=P/A_{\mathrm{i}} \tag{2-2}$$

其中，S 为真应力，A_{i} 为瞬时截面积。根据在塑性变形前后材料体积不变的近似假定，即 $A_0 l_0=A_{\mathrm{i}} l_{\mathrm{i}}$，则

$$S=\frac{P}{A_{\mathrm{i}}}=\frac{P}{A_0}\frac{l_{\mathrm{i}}}{l_0}=\sigma\frac{l_0+\Delta l}{l_0}=\sigma\left(1+\frac{\Delta l}{l_0}\right) \tag{2-3}$$

故

$$S=\sigma(1+\varepsilon) \tag{2-4}$$

由式(2-4)可知，真应力 S 大于工程应力 σ，而且随变形量的增大两者差别越明显。

物体在外力作用下，单位长度(或面积)上的变形量称为应变(Strain)，应变是应力作用的结果。每种应力对应一种应变。与工程应力相对应的称为工程应变，表示为 $\varepsilon=\frac{l-l_0}{l_0}\times 100\%$。其中，$l_0$ 为试样原始标距的长度，l 为试样伸长后的长度。如果用面积表示，工程应变为 $\psi=\frac{A_0-A}{A_0}\times 100\%$。其中，$A_0$ 为试样的原始截面积，A 为受力后的截面积。与切应力相对应的是切应变，切应变为切向载荷所引起的切位移与相邻两截面的距离之比，或等于试样转动角度的正切值，即 $\gamma=\frac{a}{h}=\tan\theta$。其中，$\gamma$ 为切应变，a 为切位移，h 为相邻截面间距离，θ 为转动角度，如图 2-3 所示。

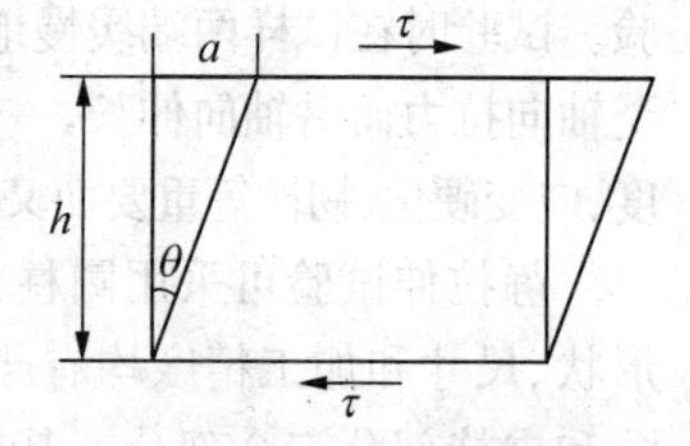

图 2-3 滑移切应变

与真应力相对应的应变为真应变，拉伸时某一瞬时试样伸长 $\mathrm{d}l$ 时，其瞬时应变 $\mathrm{d}\varepsilon=\frac{\mathrm{d}l}{l}$。若试样原始长度为 l_0，在受载荷 P 的作用后试样的长度为 l_f，其真应变为

$$e=\sum_{f=1}^{n}\mathrm{d}\varepsilon=\int_{l_0}^{l_f}\frac{\mathrm{d}l}{l}=\ln\frac{l_f}{l_0}=\ln\frac{l_0+\Delta l}{l_0}=\ln(1+\varepsilon) \tag{2-5}$$

由(2-5)式可见:真应变 e 小于工程应变 ε。这是因为每一时刻的实际应变与瞬时的标距长度 l_i 有关。如果固定位移增量为 Δl,相应的应变增量将会逐渐减小。随着每一个位移增量 Δl,瞬时标距长度 l_i 均会随之增加。在依据试样标距总长度变化来定义其应变时,有可能认为该长度变化是一步达到的,或者是任意多步达到的。现在来考虑分两步拉伸的情况,其中间经过退火处理。根据工程应变的定义,两次拉伸的应变值分别为 $\frac{l_1-l_0}{l_0}$ 和 $\frac{l_2-l_1}{l_1}$。这两个应变增量加起来并不等于最后的工程应变增量 $\frac{l_2-l_0}{l_0}$,而对于真应变,两次真应变之和便是正确的结果。即

$$\ln\frac{l_1}{l_0}+\ln\frac{l_2}{l_1}=\ln\frac{l_2}{l_0}=e_{总} \tag{2-6}$$

2.1.1.2　拉伸曲线及应力—应变曲线的比较

拉伸试样机上带有自动记录装置,可把作用在试样上的力和由受力而引起的试样伸长自动记录下来,绘出载荷 P 与伸长量 l 的关系曲线,这种曲线称为拉伸曲线或拉伸图。图2-4是退火低碳钢的拉伸曲线,图中纵坐标表示载荷 P,单位是牛[顿](N)或兆牛[顿](MN),横坐标表示试样在载荷 P 的作用下的绝对伸长量 l,单位是毫米(mm)。

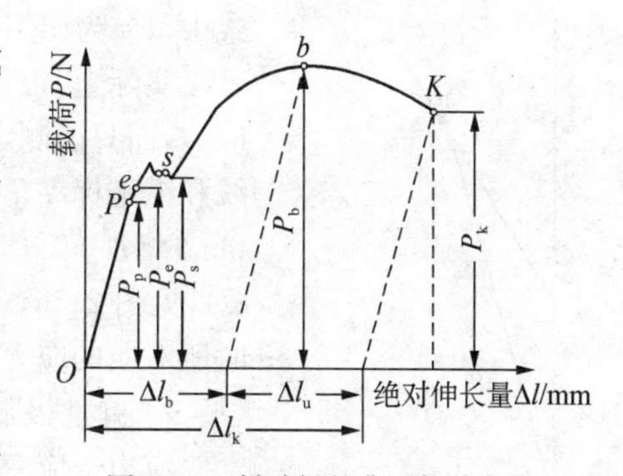

图2-4　低碳钢的典型拉伸曲线

载荷较小时,试样伸长随载荷成正比地增加,保持呈直线关系。载荷超过 P_p 后,拉伸曲线开始偏离直线。P_P 为保持直线关系的最大载荷。变形开始阶段,卸掉载荷后试样立刻恢复原来形状,这种变形为弹性变形(Elastic deformation)。当载荷大于 P_e 再卸掉载荷时,试样的伸长只能部分地恢复原来形状,而保留一部分残余变形。卸掉载荷后的残余变形称为塑性变形(Plastic deformation)。不产生塑性变形的最大载荷称为弹性极限载荷 P_e。一般说来,P_p 和 P_e 是很接近的。

载荷增加到一定值时,拉伸曲线上出现了平台或锯齿,这种在载荷不增加或减小的情况下,试样还继续伸长的现象称为屈服(Yield)。屈服后,金属开始产生明显塑性变形,试样表面出现滑移带。在屈服的最后阶段,要想使试样继续变形,必须不断增加载荷。随着塑性变形增大,变形抗力不断增加的现象称为形变强化或加工硬化。当载荷达到最大值 P_b 后,试样的某一部位截面开始急剧缩小,出现了"颈缩"(Necking,或称"缩颈"),以后的变形主要集中在颈缩附近。由于颈缩处试样截面面积急剧缩小,致使所承受载荷的能力下降。拉伸曲线上的最大载荷是强度极限载荷 P_b。当载荷达到 P_k 时,试样断裂,这个载荷称为断裂载荷。

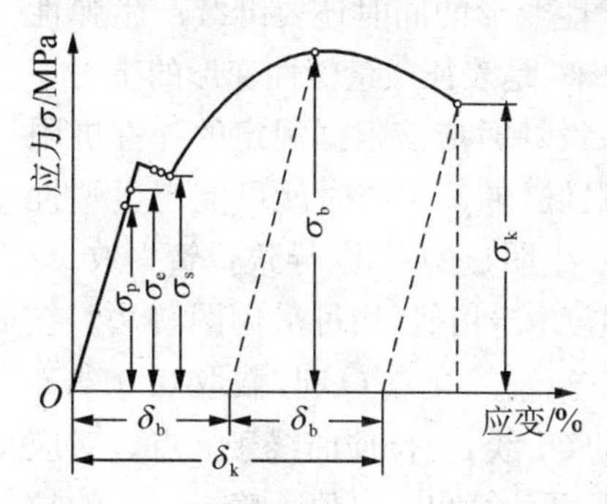

图2-5　低碳钢的应力—应变曲线

以工程应力为纵坐标、以工程应变为横坐标绘制的曲线,称为应力—应变(σ-ε)曲线(见图2-5)。比较低碳钢的拉伸曲线(见图2-4)和其应力—应变曲线(见图2-

5)，可以看出，两者具有完全相同的形状，但其横、纵坐标不同，两曲线的意义亦各异。应力—应变曲线的纵坐标表示应力，单位是牛顿/毫米²（N/mm^2），横坐标表示相对伸长，单位是百分数(%)。在应力—应变曲线上，可以直接获取材料的力学性能指标，如屈服强度 σ_s，强度极限 σ_b，伸长率(延伸率)δ_k 等。由图 2-5 应力—应变曲线可以看出，不同的曲线段反映不同的强度指标。

2.1.1.3 强度指标及其测定方法

1) 比例极限(Liner limit)σ_p

当应力比较小时，试样的伸长随应力成正比地增加，保持直线关系。当应力超过 σ_p 时，曲线开始偏离直线，因此称 σ_p 为比例极限，是应力与应变成直线关系的最大应力值，且：

$$\sigma_p = \frac{P_p}{A_0}(N/mm^2) \tag{2-7}$$

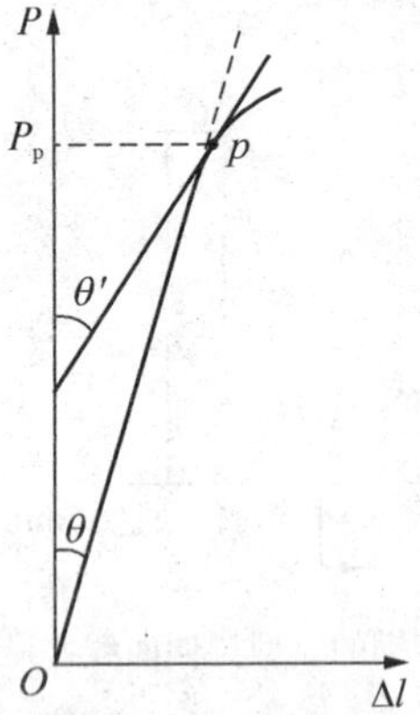

式中，P_P 为比例极限的载荷，N；A_0 为试样的原截面积，mm^2。

实际上，很难在拉伸曲线上精确地测定出开始偏离直线那一点的应力，而只能测定偏离一定值的应力。为此，一般规定曲线上某点切线和纵坐标夹角的正切值 $\tan\theta'$ 比直线部分和纵坐标夹角的正切值 $\tan\theta$ 增加 50%时，则该点对应的应力即为规定比例极限 σ_{p50}（简写为 σ_p），见图 2-6。如果要求精确时，也可规定偏离值为 25%或 10%，此时所对应的应力为 σ_{p25} 或 σ_{p10}，显然 $\sigma_p > \sigma_{p25} > \sigma_{p10}$。

图 2-6 规定比例极限曲线

2) 弹性极限(Elastic limit)σ_e

应力—应变曲线中，应力达 σ_e 时称为弹性极限，该阶段为弹性变形阶段。当应力继续增加超过 σ_e 以后，试样在继续产生弹性变形的同时，也将伴有塑性变形，因此 σ_e 是材料由弹性变形过渡到弹—塑性变形的极限应力。应力超过弹性极限以后，便开始发生塑性变形。

$$\sigma_e = \frac{P_e}{A_0}(N/mm^2) \tag{2-8}$$

式中，P_e 为弹性极限的载荷(N)。和比例极限一样，测出的弹性极限也受测量精度的影响。为了便于比较，根据材料构件的工作条件要求，规定产生一定残余变形的应力，作为“规定弹性极限”，因此，国家标准中把弹性极限称为“规定残余伸长应力”。规定以残余伸长为 0.01%的应力作为规定残余伸长应力，并以 $\sigma_{0.01}$ 表示。可见，弹性极限并不是材料对最大弹性变形的抗力，因为应力超过弹性极限之后，材料在发生塑性变形的同时还要继续产生弹性变形。所以，弹性极限是表征开始塑性变形的抗力，严格说来，是表征微量塑性变形的抗力。

在实际工作条件下，不允许零件产生微量的塑性变形，设计时应该根据规定的弹性极限数据来选材。例如，如果选用弹簧材料，其规定的弹性极限低，弹簧工作时就可能产生塑性变形，尽管每次变形可能很小，但时间长了，弹簧的尺寸将发生明显的变化，导致弹簧失效。

规定的残余伸长应力 $\sigma_{0.01}$ 的测量方法与规定的屈服强度 $\sigma_{0.2}$ 相似，均可采用图解法：在如图 2-7 所示的载荷—伸长曲线上，自弹性直线段与横坐标轴的交点 O 起，截取 $0.01\% l_0$ 一段残余伸长的距离 OC，再从 C 点作平行于弹性直线段的 C_e 线，交拉伸曲线于 e 点。对应于 e 点的载荷，便是规定残余伸长应力的载荷 $P_{0.01}$，由此即可计算出 $\sigma_{0.01}$ 值。确定 $\sigma_{0.01}$ 的拉

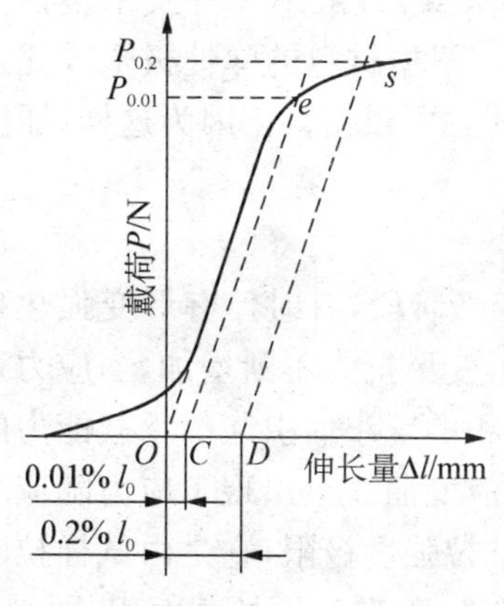

图 2-7　图解法确定 $\sigma_{0.01}$ 及 $\sigma_{0.2}$

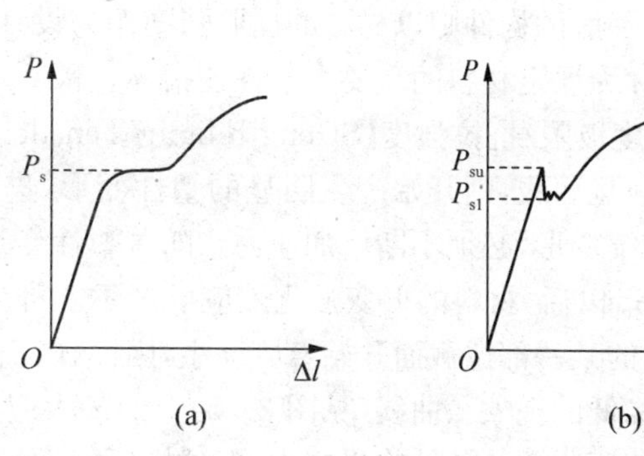

图 2-8　屈服点的定义

伸曲线，伸长坐标比例应不低于1 000倍。

3) 屈服极限(Yield limit)

在拉伸过程中，当应力达到一定值时，拉伸曲线上出现了平台或锯齿型流变(如图 2-8 所示)，在应力不增加或减小的情况下，试样还继续伸长而进入屈服阶段。屈服阶段恒定载荷 P_s(见图 2-8(a))所对应的应力，为材料的屈服点；而对于图 2-8(b)的曲线中，最大载荷 P_{su}和首次下降的最小载荷 P_{sl}所对应的应力，分别为材料的上屈服点 σ_{su}和下屈服点 σ_{sl}。上屈服点对试样上的局部应力集中极为敏感。具有上、下屈服点的材料规定用下屈服点作为材料的屈服点，并用 σ_s 表示。

$$\sigma_s = \frac{P_s}{A_0}(\text{N/mm}^2) \tag{2-9}$$

式中，P_s 是载荷在不增加或开始下降，试样还继续伸长的恒定载荷或首次下降的最小载荷，单位为牛[顿](N)。

屈服点是具有屈服现象的材料特有的强度指标。屈服点 σ_s 的载荷可借助拉伸曲线的纵坐标来确定。

除退火或热轧的低碳钢和中碳钢等少数合金有屈服现象外，大多数金属合金都没有屈服点，为此，一般规定产生 0.2%残余应变的应力，作为屈服强度，以 $\sigma_{0.2}$ 表示。

$$\sigma_{0.2} = \frac{P_{0.2}}{A_0}(\text{N/mm}^2) \tag{2-10}$$

式中，$P_{0.2}$为产生 0.2%残余应变的载荷，单位为牛[顿](N)。

屈服强度 $\sigma_{0.2}$和屈服点一样，表征材料发生明显塑性变形的抗力。弹性极限和屈服强度(屈服点)都表征材料开始塑性变形的抗力。但是从变形程度来看，弹性极限 σ_e 规定的残余变形小(0.005%～0.05%)，表示开始产生塑性变形的抗力，屈服强度 $\sigma_{0.2}$规定的残余变形略大一些，表征开始产生明显塑性变形的抗力；比例极限 σ_p 规定的残余伸长更小，在 0.001%～0.01%之间。这三个强度指标都是材料的微量塑性变形抗力指标，从工程技术上和标准中的定义来看，它们之间并无原则差别，只是规定的塑性变形大小不同而已。但是，从物理意义出发，三者是有严格的区分的，比例极限、弹性极限是具有严格的物理意义的，而屈服强度仅仅具有工程意义。对于结构件，经常因过量的塑性变形而失效，一般不允许发生塑性变形。但是要求的严格程度是不一样的，要求特别严的构件应该根据材料的弹性极限或比例极限设计，一般的构件则以材料的屈服强度作为设计和选材的主要依据。正因为这样，屈服强度多被称为评定材料的重要力学性能指标。

4) 强度极限/抗拉强度(Strength limit/Tensile strength)

材料一旦屈服，则开始产生明显的塑性变形，进入塑性变形阶段，有时伴有形变强化现象，若要继续变形，必须不断增加应力。随着塑性变形的增大，变形抗力不断增加，当应力达到最大值 σ_b 以后，材料的形变强化效应已经不能补偿横截面积的减小而引起的承载能力的降低，试样的某一部位截面开始急剧缩小，因而在工程应力—应变曲线上出现了应力随应变的增大而降低的现象。曲线(见图 2-5)上的最大应力 σ_b 为抗拉强度极限，它是由试样拉断前最大载荷所决定的条件临界应力，即试样所能承受的最大载荷 P_b 除以原始截面积，即

$$\sigma_b = \frac{P_b}{A_0}(\mathrm{N/mm^2}) \tag{2-11}$$

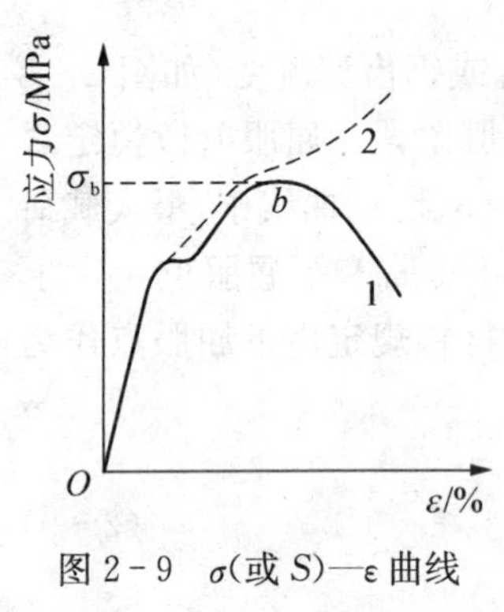

图 2-9　σ(或 S)—ε 曲线

1-公称应力；2-真应力

对塑性材料来说，在 P_b 以前试样为均匀变形，试样标距中各部分的伸长基本上是一样的；在 P_b 以后，变形将集中于试样的某一部分，发生集中变形，试样上出现颈缩，由于颈缩处截面积急剧减小，试样能承受的载荷降低，所以按试样原始截面积 A_0 计算出来的公称应力也随之降低，如图 2-9 中曲线 1 所示。在 P_b 以后，如果改用瞬时载荷除以颈缩处的瞬时截面积 A_i，得到的真应力 S 亦随变形度增加而增大的。如图 2-9 中曲线 2 所示。这说明产生颈缩以后，变形抗力将继续增加，进一步产生形变强化。

尽管如此，强度极限 σ_b 仍是很重要的，它的物理意义是表征材料对最大均匀变形的抗力，代表材料在拉伸条件下所能承受的最大载荷的应力值，工程上通常称为抗力强度，它是设计和选材的主要依据之一，也是材料的重要力学性能指标。

5) 断裂强度 σ_k(Fracture strength)

断裂强度 σ_k 是试样拉断时的真实应力，它等于拉断时的载荷 P_k 除以断裂后颈缩处截面积 A_k。

$$\sigma_k = \frac{P_k}{A_k}(\mathrm{N/mm^2}) \tag{2-12}$$

断裂强度表征材料对断裂的抗力。但是，对塑性材料来说，它在工程上意义不大，因为产生颈缩后，试样所能承受的外力不但不增加，反而减少，故国家标准中没有规定断裂强度。对于脆性材料一般不产生颈缩，拉断前的最大载荷 P_b 就是断裂时的载荷 P_k，并且由于塑性变形量甚微，试样截面积变化不大，$A_k \leqq A_0$，因此抗拉强度 σ_b 就是断裂强度 σ_k。在这种情况下，抗拉强度 σ_b 几乎可以表征材料的断裂抗力。

2.1.1.4　拉伸塑性指标及其测定

在拉伸试验中，除可以获得强度指标外，还可以测得塑性指标。材料断裂前发生永久塑性变形的能力叫做塑性(Plasticity)。塑性指标常用材料断裂时的最大相对塑性变形来表示，

如拉伸时的断裂延伸率 δ 和断面收缩率 ψ。

1) 断裂延伸率(Fracture elongation)δ(或 δ_k)。

断裂延伸率(通常简称为延伸率)是断裂后试样标距长度的相对伸长值,它等于标距的绝对伸长 $\Delta l_k = l_k - l_0$ 除以试样的原标距长度 l_0,用百分数(%)表示。

$$\delta_k = \frac{l_k - l_0}{l_0} \times 100\% \tag{2-13}$$

式中,l_0 为试样的原始标距长度,单位为毫米(mm);

l_k 为试样断裂后的标距长度,单位为毫米(mm);

Δl_k 的意义为断裂后试样的绝对伸长,单位为毫米(mm)。

通常,可将延伸率 δ_k 简单地用 δ 来表示,但此时必须注意,延伸率 δ 与相对伸长率有不同含义。这是由于在颈缩开始前,试样发生的是均匀变形,伸长量为 Δl_b;颈缩开始后,塑性变形集中在颈缩区,由颈缩区的不均匀塑性变形而引起的伸长量 Δl_u;则总的伸长量 $\Delta l_k = \Delta l_b + \Delta l_u$。

大量的实验研究表明,

$$\Delta l_b = m l_0,\ \Delta l_k = n\sqrt{A_0} \tag{2-14}$$

式中,m 和 n 均为仅与材料相状态有关的常数,不同材料对应一个定值,所以

$$\delta = \delta_k = \frac{\Delta l_b + \Delta l_u}{l_0} = \delta_b + \delta_u = \frac{m l_0 + n\sqrt{A_0}}{l_0} = m + n\frac{\sqrt{A_0}}{l_0} \tag{2-15}$$

由此可见,延伸率除取决于 m 和 n 外,还受试样尺寸的影响,随着 $\frac{\sqrt{A_0}}{l_0}$ 的增大而增大。为了使具有不同尺寸的同一种材料得到同样的延伸率,必须取 $\frac{\sqrt{A_0}}{l_0}$ 为常数。即试样必须按比例地增大或减小其长度或截面积。为此,选定 $\frac{l_0}{\sqrt{A_0}} = 11.3$ 或 5.65。对于圆柱形拉伸试样,$\frac{l_0}{\sqrt{A_0}} = 5.65$ 对应 $\frac{l_0}{d_0} = 5$,称为短试样;而 $\frac{l_0}{\sqrt{A_0}} = 11.3$ 对应 $\frac{l_0}{d_0} = 10$,则称为长试样。用 $l_0 = 5d_0$ 试样测得的延伸率记作 δ_5,用 $l_0 = 10d_0$ 试样测得的延伸率记做 δ_{10} 或 δ。按照上述两种比例关系制作的拉伸试样称为比例试样。标距长度与原截面积间不满足上述两种关系的试样称为非比例试样。非比例试样所测得的延伸率结果不能与 δ_5 或 δ_{10} 相比较。另外,由式(2-14)$\delta = m + n\frac{\sqrt{A_0}}{l_0}$ 可知,由于 m、n 为常数,δ 值则取决于 $\frac{\sqrt{A_0}}{l_0}$;短试样的 $\frac{\sqrt{A_0}}{l_0} = \frac{1}{5.65}$,而长试样的 $\frac{\sqrt{A_0}}{l_0} = \frac{1}{11.3}$,短试样的 $\frac{\sqrt{A_0}}{l_0}$ 数值比长试样的大一倍,所以 $\delta_5 > \delta_{10}$。统计发现 $\delta_5 = (1.2 \sim 1.5)\delta_{10}$。由于短试样可以节约原材料且加工较方便,目前大多优先选用短试样来测延伸率。

2) 断面收缩率(Reduction of fracture surface)ψ。

断面收缩率 ψ 是断裂后试样截面的相对收缩值,它等于截面的绝对收缩 $\Delta A_k = A_0 - A_k$

除以试样的原始截面积 A_0，用百分数(%)表示。

$$\psi=\frac{A_0-A_k}{A_0}\times 100\% \tag{2-16}$$

式中，A_k 为试样断裂后的最小截面积。

对于圆柱形试样，ψ 的测定比较简单，将断后的试样对接起来，测出它的直径 d_k(从相互垂直方向测两次，再取平均值)后，即可求出 ψ 值。另外，由式(2-15)可知，该值和试样的尺寸无关。

事实上，每种材料因其具有不同的化学成分和微观组织结构，即使在相同的实验条件下也会显示出不同的应力—应变响应。图 2-10 给出了除图 2-5(低碳钢)之外的几种典型应力—应变曲线。

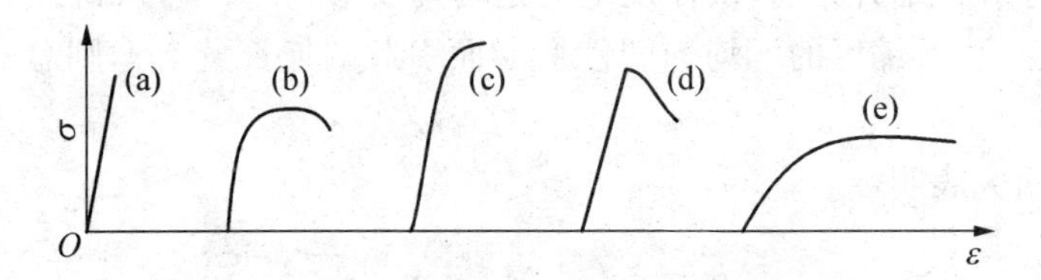

图 2-10 几种典型的应力—应变曲线

在材料拉伸性能测试中，按照材料在拉伸断裂前是否发生塑性变形将材料分为脆性材料和塑性材料两大类。脆性材料在拉伸断裂前不产生或只发生极少量的塑性变形，而塑性材料在拉伸断裂前不仅产生均匀伸长，而且发生颈缩现象。

2.1.2 脆性材料的拉伸性能 (Tensile properties of brittle materials)

脆性材料在拉伸变形时只产生弹性变形，一般不产生或产生很微量的塑性变形，其应力—应变曲线如图 2-10(a)所示。这类曲线常出现于玻璃、岩石、陶瓷、淬火高碳钢及铸铁等材料中。在弹性变形阶段，应力与应变成正比关系。

$$\text{拉伸}\ \sigma=E\varepsilon \tag{2-17}$$

$$\text{剪切}\ \tau=G\gamma \tag{2-18}$$

式中，E 和 G 分别为正弹性模量和切弹性模量，单位为 MPa，弹性模量(Elastic modulus)又称为杨氏模量(Yong's modulus)。弹性模量是度量材料刚度的系数或是表征材料对弹性变形的抗力。其值越大，则在相同应力下产生的弹性变形就越小。

在拉伸时，试样在发生纵向伸长的同时也发生横向的收缩，把纵向应变 ε_l 与横向应变 ε_r 的比值的负值用 ν 来表示：

$$\nu=-\frac{\varepsilon_l}{\varepsilon_r} \tag{2-19}$$

ν 称为泊松比(Poisson Ratio)。它也是材料的弹性常数。常用工程材料的弹性性能如表 2-1。

表 2-1 常用工程材料的弹性性能

材 料	E/GPa	ν	G/GPa	材 料	E/GPa	ν	G/GPa
铝(Al)	70.3	0.345	26.1	氧化铝(致密)	~415.0	—	—
镉(Cd)	49.9	0.300	19.2	金刚石	~965.0	—	—
铬(Cr)	279.1	0.210	115.4	铅玻璃	80.1	0.27	31.5
铜(Cu)	129.8	0.343	48.3	尼龙 66	1.2~2.2	—	—
金(Au)	78.0	0.440	27.0	聚碳酸酯	2.4	—	—
铁(Fe)	211.4	0.293	81.6	聚乙烯(高密)	0.4~1.3	—	—
镁(Mg)	44.7	0.291	17.3	有机玻璃(聚甲基丙燃酸甲酯)	2.4~3.4	—	—
镍(Ni)	199.5	0.312	76.0				
铌(Nb)	104.9	0.367	37.5	聚丙烯	1.1~1.6	—	—
银(Ag)	82.7	0.367	30.3	聚苯乙烯	2.7~4.2	—	—
钽(Ta)	185.7	0.342	69.2	水晶(熔凝石英)	73.1	0.17	31.2
钛(Ti)	115.7	0.321	43.8	碳化硅	~470.0	—	—
钨(W)	411.0	0.280	160.6	碳化钨	534.4	0.22	219.0
钒(V)	127.6	0.366	46.7				

由于纯脆性材料的应力—应变曲线只有线性阶段,故可以完全用虎克定律(Hooke's Law) $\sigma = E\varepsilon$ 来描述,因此表征脆性材料力学特征的主要参量有两个:弹性模量 E 和应力的最大值——断裂强度 σ_k。不难想像,脆性材料的断裂强度等于、甚至低于弹性极限,因此断裂前不发生塑性变形,其抗力强度比较低,但是这种材料的抗压强度比较高。一般情况下,脆性材料的抗压强度比抗拉强度大好几倍,理论上可以达到抗拉强度的8倍,因此,在工程上脆性材料被大量地应用于受压载荷的构件上,比如车床的床身一般由铸铁制造,建筑上用的混凝土被广泛地用于受压状态下,如果需要承受拉伸载荷,则用钢筋、纤维等抗拉材料进行增强。

工程上实际使用的脆性材料,其实并非都属于纯脆性。尤其是金属材料,绝大多数或多或少有些塑性,在拉伸变形后,即便是脆性材料也会产生一些塑性变形,这些材料的应力—应变曲线如图 2-10(c)所示。受力后首先产生弹性变形,接着产生均匀的塑性变形,之后是脆性断裂,工程上多将断裂延伸率低于5%的材料称为脆性材料。属于这种类型的材料一般强度、硬度比较高,但塑性差,如高强度钢、高锰钢,还有铝青铜、锰青铜等。

2.1.3 塑性材料的拉伸性能 (Tensile properties of ductile materials)

实际应用的绝大多数工程材料,如有色金属、中低温回火结构钢等均属于塑性材料,其拉伸变形的应力—应变曲线如图 2-11(a)所示。曲线可分为弹性变形、塑性变形和断裂三个阶段。当应力较低时,材料处于弹性变形阶段,此时应力与应变成正比,变形量的大小与弹性模量 E 有关。弹性变形之后是均匀塑性变形过程,曲线亦呈光滑连续的,且呈上升趋势,这是由于随着塑性变形的不断进行,位错的增殖与运动使材料产生不断的硬化,变形抗力不断增加，曲线继续上升，直至达到最大的工程应力。此时，材料的形变强化已经不能补偿由于横截面积的减小而引起承载能力的降低，因而在工程应力—应变曲线上，出现随应变增大而应力降低的现象。应力最高点也对应于非均匀塑性变形的开始点，变形集中在某局部区域，宏观上出现了颈缩现象，进一步变形在细颈处断裂。在弹性变形阶段，由于应变较小（一般低于1%），并且横向收缩较小，所以真应力—应变曲线与工程应力—应变曲线基本重合。从塑性变形开始到应力最大的b点，即均匀塑性变形阶段，真应力高于工程应力，并随应变的增大，两者之差增大，但真应变小于工程应变。颈缩开始后，塑性变形集中在颈缩区，试样的横截面面积急剧减小，虽然工程应力随应变增加而减少，但真应力仍然增大，因而真应力—应变曲线显示出与工程应力—应变曲线不同的变化趋势。从使用观点来看，希望材料在局部颈缩前的均匀伸长范围越大越好，这样表示材料形变强化的能力强，抵抗变形的能力也强。可以证明，均匀应变的大小与应变硬化指数的值有关。由于颈缩发生在最大载荷点，根据体积不变原理，可以证明在颈缩失稳处的塑性真应变在数值上等于形变硬化指数。

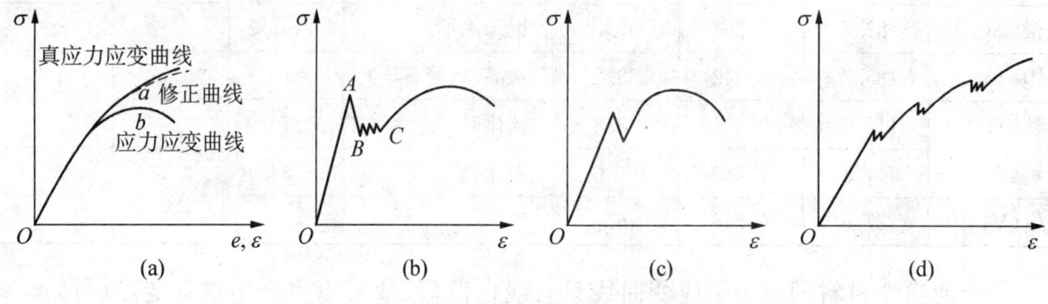

图 2-11　塑性材料的工程应力—应变曲线

在实际使用的塑性材料中，除图 2-11(a)描述的连续过渡型应力—应变曲线之外，还有几种不连续型应力—应变曲线，如图 2-11(b)～(d)所示。这些曲线的特点是弹性变形后，出现明显的屈服现象，而且有一段锯齿型屈服平台之后发生均匀塑性变形，比较典型的出现这类曲线的材料是退火低碳钢，此外还有些低合金高强度钢以及有色合金材料也出现这种类型的曲线。试样受力后首先产生弹性变形，加载到A点时，材料突然发生塑性变形（A点称为上屈服点）之后，可以看到在材料上出现与拉力呈45°的局部变形带，即吕德斯(Lüders)带。由于吕德斯带而突然产生的塑性变形，使得原来的载荷急剧下降至B点（称为下屈服点）。图 2-11(c)为均匀屈服型应力—应变曲线，试样受力产生弹性变形后，出现了明显的上、下屈服点，屈服降落的落差与晶体中不可动位错的增殖和位错滑移速度与应力的关系有关。研究发现，均匀屈服现象在α-Fe单晶中是常见的。此外，在多晶的纯铁和半导体材料硅、金属锗中也出现明显的均匀屈服现象。图 1-12(d)为在正常的弹性变形之后，有一系列的锯齿叠加于抛物线型的塑性流变曲线上。这类材料的特性是由于材料内部不均匀的变形造成的。这类曲线仅仅出现在某些特殊的材料（如面心立方金属）和实验条件（如低温和高应变速率）下。详细说明请参照2.5节中的内容。

2.1.4　高分子材料的拉伸性能 (Tensile property of polymers)

高分子材料（又称高聚物材料）是具有大分子链结构的聚合体，它是由许多重复的单元组成的巨型分子，这就决定了它具有与低分子材料不同的物理性态。高分子材料变形时最大的特点是具有高弹性和粘弹性，在外力和能量的作用下，对于温度和载荷作用时间等因素比金属材料要敏感得多，尤其是随温度变化其物理状态发生改变，因此，高分子材料的力学性能变化幅度较大，这里主要讨论线性非晶态高分子材料与结晶高分子材料在室温下的拉伸应力—应变特征。

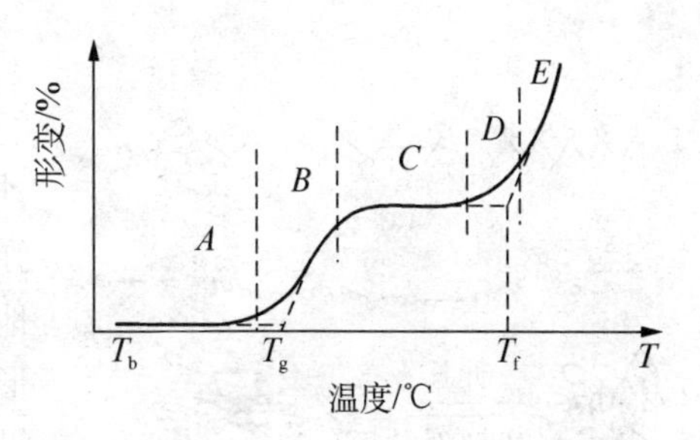

图 2-12　高分子材料在定应变速率和定载荷作用下的变形—温度曲线

A—玻璃态；B、D—过渡态；C—高弹态；E—黏流态；T_b—脆化温度；T_g—玻璃化温度；T_f—黏流温度

如图 2-12 所示，线性非晶态高分子材料是指结构上无交联、聚集态无结晶的高分子材料，随所处的温度不同，其所处的物理状态分为玻璃态、高弹态和黏流态。在这三种状态下，分子间的排列处于无序状态。之所以将高分子材料分为三态，是依据其变形能力、弹性模量的差异而分。

1）玻璃态

当温度低于高分子材料的玻璃化温度 T_g（Glass transformer temperature）时，高分子材料的内部结构类似于玻璃，所以称为玻璃态。室温下处于玻璃态的高分子材料称为塑料，其力学行为随测试方法和条件的不同而异。玻璃态高分子材料拉伸时，其强度的变化趋势如图 2-13 所示。当温度低于 T_g 时，材料处于硬玻璃状态，在此温度范围内拉伸，材料发生脆性断裂，其应力—应变曲线如图 2-14 中的曲线 a，故此，将图 2-13 中的 T_b 称为塑料的脆化温度（Brittle temperature）。如聚苯乙烯在室温下即处于硬玻璃态，拉伸试验时，其试样的延伸率很小，断口与拉力方向垂直；弹性模量比其他状态下的弹性模量都要大，无弹性滞后，弹性变形量很小。

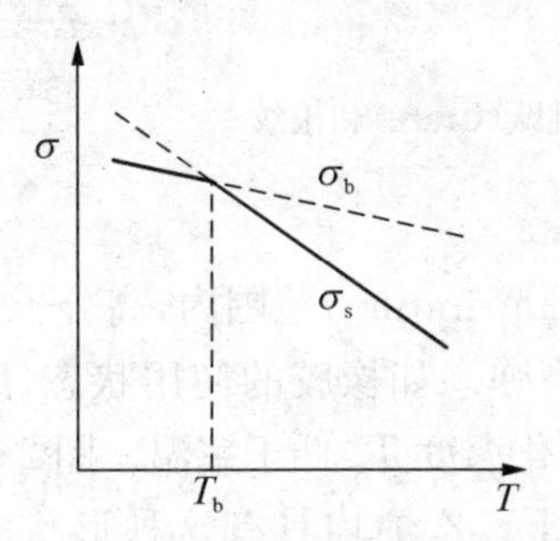

图 2-13　脆化温度 T_b 示意图

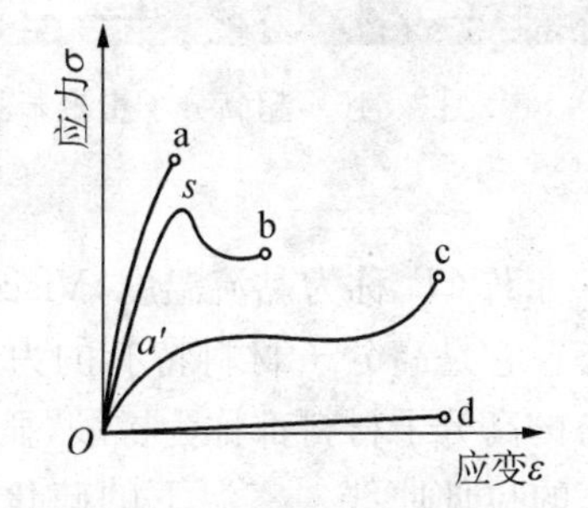

图 2-14　线性无定型高分子材料在不同温度下的 σ—ε 曲线（$T_a < T_b < T_c < T_d$）

在 $T_b < T < T_g$ 之间，高分子材料处于软玻璃状态。图 2-14 中的曲线 b 为软玻璃态高分子材料的应力—应变曲线。室温下 ABS 塑料和聚碳酸酯都属于此类。在图 2-14 中的曲线 b 中，a' 点以下为普弹性变形；普弹性变形后的 $a's$ 段所产生的变形为受迫高弹性变形，在外力去除后，受迫高弹性变形被保留下来，成为“永久变形”，其数值可达 300%～1 000%，这种变形在本质上是可逆的，但只有加热到 T_g 以上变形才可能恢复，这是与橡胶弹性的重要区别。屈服后外力一般会有所下降，原因之一是试样横截面积的减小。屈服后的变形是塑性变形，分子链沿外力方向取向。由于塑性变形是外力驱使本来不可运动的链段进行运动产生的，因而称为“冷流”。大分子链呈取向后，拉伸曲线复又上升，直至断裂。

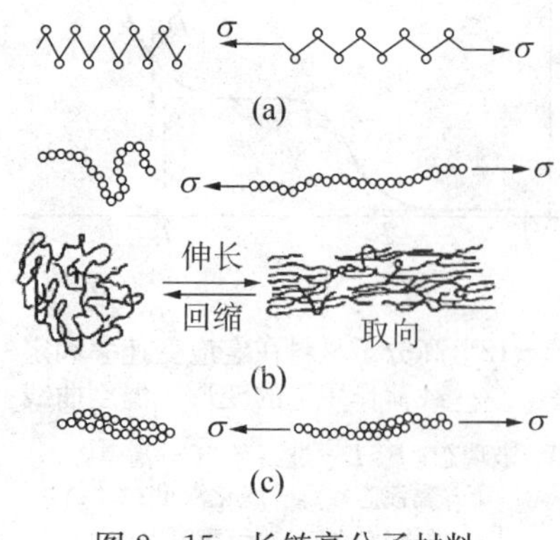

图 2-15　长链高分子材料变形方式示意图

玻璃态的温度较低，分子热运动能力低，处于所谓的“冻结”状态，除链段和链节的热振动、键长和键角的变化外，链段不能做其他形式的运动。因此，受力时产生的普弹性变形来源于键长及键角的改变。图 2-15(a)示意地表示主键受拉伸时产生弹性变形。而在受迫高弹性变形时，外力强迫本来不可运动的链段发生运动，导致分子沿受力方向取向。

某些在玻璃态的高分子材料在拉伸载荷作用下，会产生垂直于应力方向的跳跃与银纹(龟裂)(见图 2-16)。这种银纹实际上是垂直于应力的椭圆型空穴，用显微镜可以看到有些取向的微丝(微纤维)充填其中。银纹因其易于沿垂直于应力方向扩展，而对材料强度有一定的影响。

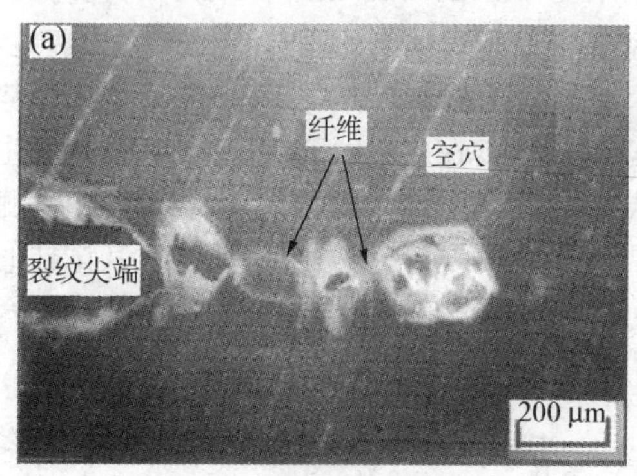

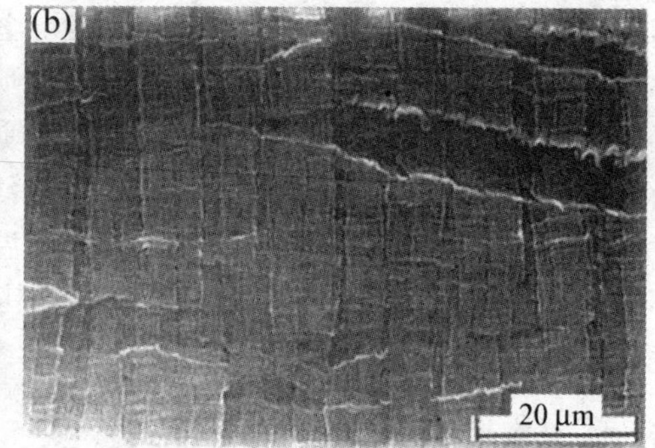

图 2-16　超高分子量聚苯乙烯板中的跳跃(Craze)和银纹

2) 高弹态

在 $T_g < T < T_f$ (T_f 称为黏流温度，Viscous flow temperature)范围内，高分子材料处于高弹态或橡胶态。它是高分子材料特有的力学状态。高弹态如橡胶的使用状态，所有在室温下处于高弹态的高分子材料都称为橡胶，显然，其玻璃化温度 T_g 低于室温。图 2-14 中的曲线 c 为橡胶态的拉伸曲线。室温下的硫化橡胶和高压聚乙烯均具有这种形状的拉伸应力—应变特征。在高弹态，高分子材料的弹性模量随温度升高而增加，这与金属的弹性模量随温度的变化趋势相反。

高弹态的高弹性来源于高分子链段的热运动。当 $T > T_g$ 时，分子链动能增加，同时因膨胀造成链间未被分子占据的体积增大。在这种情况下，链段得以运动。大分子链间的空间形象称为构象。在高弹态受外力时，分子链通过链段调整构象，使原来卷曲的链沿受力方向伸展，宏观上表现为很大的变形，如图 2-15(b)所示。应当指出，高弹性变形时，分子链的质量中心并未产生移动，因为无规则缠结在一起的大量分子链间有许多结合点(分子间的作用和交联点)，当除去外力后，通过链段变短，链段活动性(柔性)降低，使弹性下降，以至于消失，而且弹性模量和硬度增加。此时，$T_g = T_f$。这种如酚醛树脂等高分子材料，几乎与其他低分子材料没有明显的区别。

3）黏流态

温度高于 T_f 时，高分子材料成为黏态溶体（黏度很大的液体）。此时，大分子链的热运动是以整链作为运动单元的。溶体的强度很低，稍一受力即可产生缓慢的变形，链段沿外力方向运动，而且还引起分子间的滑动。溶体的黏性变形是大分子链质量中心移动产生的。这种变形是不可逆的永久变形。

塑性和黏性都具有流动性，其结果都产生不可逆的永久变形。通常把无屈服应力出现的流动变形称为黏性（Viscosity），黏流态的永久变形称为黏性变形。图 2－14 中的曲线 d 为粘流温度附近处于半固态和黏流态的拉伸应力—应变曲线。由该图可见，当外力很小时，即可产生很大的变形。因此，高分子材料的加工成型常在黏流态下进行。加载速率高时，黏流态可显示出部分的弹性。这是由于卷曲的分子可暂时伸长，卸载后复又卷曲之故。

图 2－17 给出了线性非晶态高分子材料（聚甲基丙烯酸甲脂）在不同温度下的拉伸应力—应变曲线。该材料的玻璃化温度 T_g 约为 100℃，在 86℃以下，变形是弹性的，在 104℃开始有屈服现象出现。可以看出，随温度的下降，出现了突然的韧性到脆性的转变，转变温度大致与 T_g 相同。与多数金属材料的力学性能随温度的变化相似，随温度下降材料强化和脆化，而且高分子材料的弹性模量也有明显的变化，这点与金属材料有所不同。

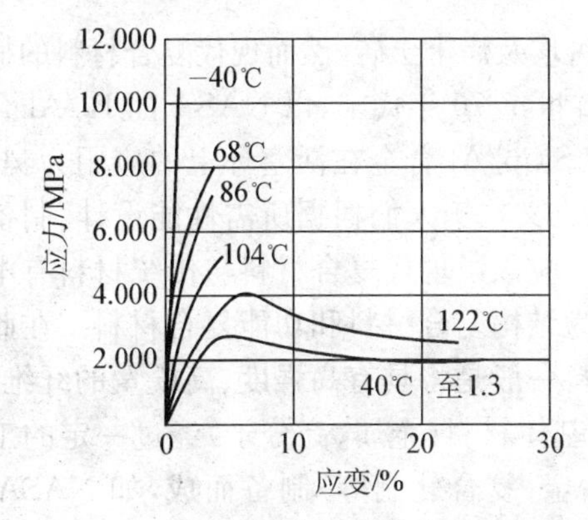

图 2－17　不同温度下非晶高分子 PMMA（聚甲基丙烯酸甲酯）的应力—应变曲线

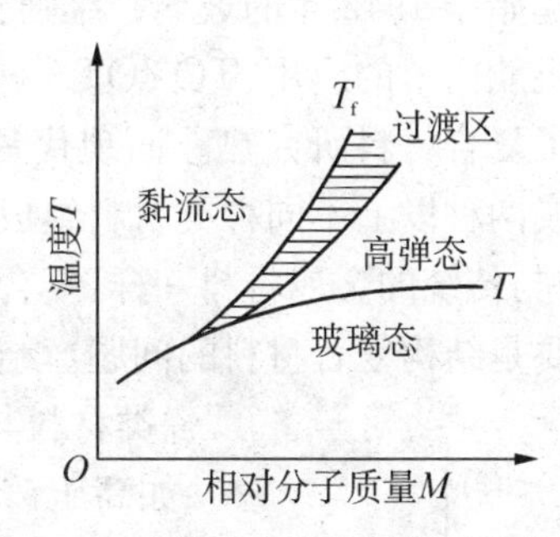

图 2－18　非晶态高分子材料的力学状态与分子量和温度的关系

线性非晶态高分子材料的力学三态不仅与温度有关，还与分子量有关（见图 2－18），由图 2－18 可见，随分子量增大，T_g 升高，$T_g - T_f$ 也增大。

高分子材料一般是由各种结构单元组成的复合物。在一定条件下，高分子材料可以形成结晶，此时，其变形规律和低分子晶体材料相似。片状结晶高分子材料的应力—应变曲线如图 2－19 所示。整个曲线可分为三个阶段，弹性变形阶段（曲线 OA 部分）、不均匀塑性变形阶段（曲线 AB 部分）和均匀塑性变形阶段（曲线 BC 部分）。

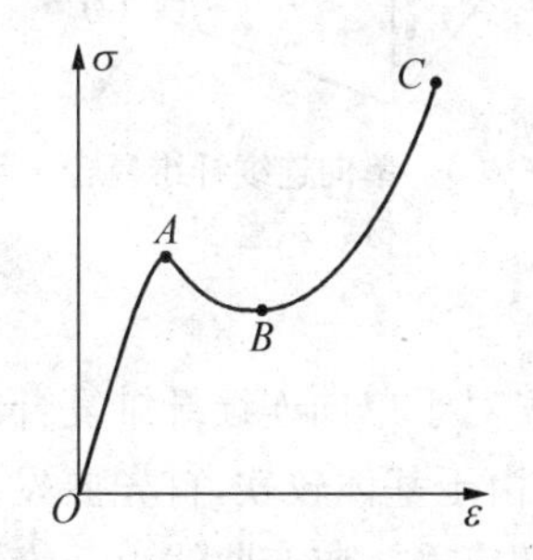

图 2－19　片状结晶高分子材料的应力—应变曲线

由图 2－19 可以看出，曲线上有一个明显的上屈服点（A 点），因为结晶高分子材料的基本结构单元是晶片，晶片的取向相对于试样的轴线是无规则的。但是，必定有一部分晶片的取向平行于试样的轴线(连续晶片的折叠分子链与试样轴线相垂直)。当试样作用于轴向拉伸载荷后,该部分晶片受到的应力较其他晶片所受的应力要大。因此,当试样上承受的应力达到应力—应变曲线上 A 点的应力值时,与试样轴线相平行的晶片首先发生碎裂,产生无数晶片散块。晶片的碎裂并未引起晶片内分子链的断开,散块中分子链仍然保持折叠形状,散块之间有分子链连接着。结晶高分子材料内因晶片的碎裂而出现屈服,塑性变形开始,试样拉伸变形增大,作用应力下降,应力—应变曲线由 A 点缓慢下降到 B 点。作用在试样上的应力超过应力—应变曲线上 B 点的应力值后,试样出现了颈缩,颈缩向两旁发展,使试样均匀变细,在此期间,应力保持恒定,在变形剧烈处,试样泛白。此时原始结构已经被破坏。

如果在颈缩开始后未立即发生破坏,那么在变形过程中,分子排列重新调整,晶片散块开始转向,晶片散块的晶面逐渐转向与试样轴线相垂直,并由分子链将无数散块连成一串,形成高度取向的坚固单元,且随变形量的不断增大而增多,因而提高了高分子材料的抗变形能力。试样继续变形须增加应力,此时,应力—应变曲线又转为逐渐上升的趋势,直至 C 点后断裂。试样在拉伸过程中观察到的局部"泛白"(Whitening)现象,表明高分子材料内晶片散裂开始,试样变形增大。当观察到拉伸试样原先"泛白"的区域重新变成清晰透明而最后断裂。这表明晶片散块形成高度取向单元重排过程,该过程称为高分子材料的"冷拉"。

2.1.5 复合材料的拉伸性能 (Tensile properties of composite materials)

复合材料的历史可以追溯到公元前 1 万年的古埃及烤干土砖,然而现代复合材料的概念普遍认为起始于 1942 年的玻璃纤维强化聚酯。20 世纪 70 年代末,以 NASA 的 B_f/Al 合金在航天飞机舱门上的应用、TOYOTA 汽车公司的 SiCp/Al 合金在活塞环上的应用为契机,再度掀起了复合材料研究热。而现代复合材料的意义在于人们根据所需性能设计、制备出的由两种或两种以上不同种类材料组成的新材料。应该说现代复合材料与传统材料有本质的区别,但与传统的金属材料一样,复合材料也分为结构复合材料和功能复合材料。在此所述及的主要是结构复合材料的问题。结构复合材料一般是将具有高强度、高模量的纤维/陶瓷类材料与韧性好的基体材料(金属、高分子)经过一定的工艺(如高压铸造、粉末冶金、复合轧制等)制备而成,如 NASA 的 B_f/Al 合金复合材料,既是将具有高强度、高弹性模量的 B 纤维添加到高塑性的 Al 合金中,从而大大提高了 Al 合金的强度。正是因为如此,复合材料的比强度、比刚度、耐热性、减振性及抗疲劳性等方面都远远优于组成其的基体材料。因此,有人称复合材料是一种很有前途的新型结构材料。为简化起见,本章只讨论金属基体与纤维组成的复合材料,并假定基体与纤维材料都是连续、均匀的,纤维与基体结合得良好,其性能与未复合前相同,其他类型的复合材料请读者参阅相关的专业书籍。该类复合材料复合后的结构如图 2-20 所示。

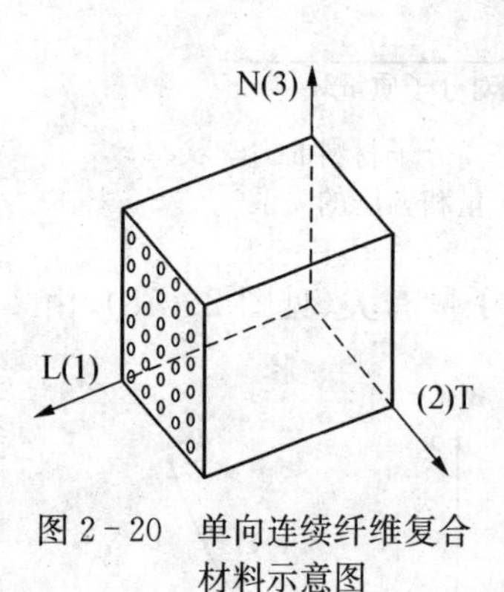

图 2-20 单向连续纤维复合材料示意图

对于单向连续纤维复合材料宏观上是均匀的,受力作用后外力同时作用在基体和纤维上,由于基体较软,首先要发生塑性变形,这时作用在基体上的力将转嫁到纤维上。复合材料的应力—应变曲线由纤维和基体的应力—应变曲线复合而成,曲线的形状与纤维和基体的力学性能以及体积分数有关,如果纤维的体积分数比较高,复合材料的应力—应变曲线则接近基体的应力—应变曲线。基体、纤维及复合材料的应力—应变曲线如图 2-21 所示。

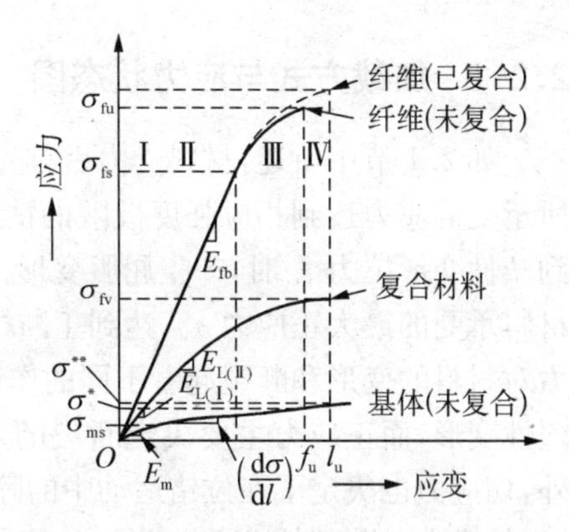

图 2-21　单向连续纤维复合材料及其基体纤维应力—应变曲线示意图

复合材料的应力—应变曲线按其变形过程分为四个阶段:①纤维和基体都处于弹性变形;②基体发生塑性变形,纤维仍是弹性变形;③纤维随基体一起塑性变形;④断裂。

第Ⅰ阶段,变形刚开始,材料完全属于弹性变形。弹性模量为

$$E_c = E_F V_F + E_M V_M \tag{2-19}$$

式中,E_c 是复合材料的弹性模量,E_F 是纤维弹性模量,E_M 是基体弹性模量,V_F 是纤维体积比,V_M 是基体的体积比,且 $V_F + V_M = 1$。

第Ⅱ阶段,纤维是弹性变形,基体是塑性变形。第Ⅱ阶段和第Ⅰ阶段间有一个拐点。一般来说 $E_F \gg E_M$,所以,该点基本上对应于基体应力—应变曲线的拐点,即该拐点相当于基体发生屈服时的应力。若基体的整个应力—应变曲线是线性变化时,则不出现拐点,此时,复合材料的弹性模量为

$$E_c = E_F V_F + \left(\frac{d\sigma_M}{d\varepsilon_M}\right) \tag{2-20}$$

式中,$\frac{d\sigma_M}{d\varepsilon_M}$表示基体 σ—ε 曲线的斜率,为基体有效硬化系数。如去掉外力,纤维仍保留部分弹性伸长,但基体受到压力。

第Ⅲ阶段塑性变形阶段(基体和纤维都呈现塑性变形),此阶段应该从纤维出现非弹性变形时开始。对于脆性纤维,观察不到第Ⅲ阶段,对于韧性纤维,拉伸出现颈缩时,基体对韧性纤维施加了阻止颈缩倾向约束,使颈缩的发生推迟进行。

第Ⅳ阶段,断裂阶段,由于纤维的强度高,但塑性差,一般情况下断裂从纤维开始,所以,此阶段实质是高强度纤维的断裂。当然,上述的过程均基于复合材料的界面处于理想状态,换言之,在增强材料与基体的界面上不出现剥离等界面问题。如果出现界面问题,上述的分析则会发生变化,而且根据界面结合强度的不同,图 2-21 所示曲线形状会发生较大的变化,对此请参阅相关专著,请读者注意。

2.2　材料在其他静载荷下的力学性能

(Mechanical properties of materials under other type static loading)

以上主要介绍了材料在单向静载荷作用下的应力状态、变形方式及其力学性能。在工程实际应用中,绝大多数构件的受力状态并非为单向静态的,相反,绝大多数状态很复杂。然而受力方式不同,反映出的材料的应力状态即力学性能亦各异。为了解材料在不同应力状态下的力学性能,本节主要介绍材料在其他静载荷如扭转、弯曲、压缩、剪切等不同加载方式下的试验方法及其性能指标。

2.2.1 加载方式与应力状态图 (Loading type and stress condition map)

如2.1节中所述,材料受力后首先发生弹性变形、塑性变形,然后发生断裂,它们是材料所承受的应力达到相应强度极限的情况下而产生的。即当材料所承受的最大切应力 τ_{max} 达到塑性变形抗力 τ_s 时,产生屈服变形;当 τ_{max} 达到切断抗力 τ_k 时,产生剪切型断裂。同样,当材料承受的最大正应力 σ_{max} 达到正断抗力 σ_k 时,产生正断型断裂。由此可见,切应力和正应力对材料的变形和断裂起着不同的作用,切应力是位错运动的推动力,只有切应力才能引起塑性变形,而正应力主要决定断裂的发展过程,因为只有拉应力才能促使裂纹的扩展。此外,切应力也决定了在位错运动中的障碍物前最终可能导致裂纹萌生的位错塞积的数目,所以,切应力对断裂的发生和发展也有一定的影响,详细内容将在2.3节中阐述。对于同一种材料,尽管其塑性变形抗力 τ_s、切断抗力 τ_k 和正断抗力 σ_k 的大小是固有的,但在一定承载条件下会以何种方式失效,还与加载方式和应力状态有关。不同的加载方式决定了不同的应力状态,不同的应力状态对材料的变形和断裂性质产生不同的影响。为此,首先应分析不同的静加载方式下试样所承受的最大切应力 τ_{max} 和最大正应力 σ_{max}。

由材料力学可知,任何复杂的应力状态都可用 σ_1、σ_2 和 σ_3 ($\sigma_1 > \sigma_2 > \sigma_3$)三个主应力来表示。由"最大切应力理论"和"最大正应力理论"可知:

$$\tau_{max} = \frac{1}{2}(\sigma_1 - \sigma_2) \tag{2-21}$$

$$\sigma_{max} = \sigma_1 - \nu(\sigma_2 + \sigma_3) \tag{2-22}$$

式(2-22)中的 ν 为泊松比。

由式(2-21)和(2-22)可计算出最大切应力 τ_{max} 和最大正应力 σ_{max},τ_{max} 与 σ_{max} 的比值,以此表示它们的相对大小,这一数值被称为应力状态软性系数,记做 α,且:

$$\alpha = \frac{\tau_{max}}{\sigma_{max}} \tag{2-23}$$

将式(2-21)和(2-22)代入式(2-23),可得:

$$\alpha = \frac{\sigma_1 - \sigma_3}{2\sigma_1 - 2\nu(\sigma_2 + \sigma_3)} \tag{2-24}$$

对于金属材料,一般取 $\nu = 0.25$,则 α 值为

$$\alpha = \frac{\sigma_1 - \sigma_3}{2\sigma_1 - 0.5(\sigma_2 + \sigma_3)} \tag{2-25}$$

金属材料在变形和断裂过程中,正应力和切应力的作用是不同的,只有切应力才能引起塑性变形和韧性断裂,而正应力一般只引起脆性断裂。因此,可以根据金属所受应力状态 α 值来分析判断金属材料塑性变形和断裂的情况,α 值越大,最大切应力分量越大,金属越易先发生塑性变形,从而最终发生韧性断裂。反之,则金属易脆断。

在不同静载荷试验方法下,材料所处应力状态不同。α 值代表应力状态的一种标志,$\alpha >$ 1表示软的应力状态,$\alpha < 1$ 表示硬的应力状态。材料的加载方式不同、应力状态不同,则产生的断裂方式也不同。对于低塑性和脆性材料来说,单向拉伸试验难以测得其塑性和强度

指标，需要选用α较大的加载试验来评定。比如灰铸铁，在做布氏硬度试验时(相当于侧压应力状态，$\alpha > 2$)，可以压出一个很大的压痕坑，表现出比较好的塑性变形，在单向压缩时，也可表现出切断式的韧性断裂，但在单向拉伸时却表现出典型的脆性材料特征(正断式脆性断裂)。由此可以说在某种意义上材料并不存在本质上是绝对脆性或绝对塑性之区别，任何材料都可能产生韧性断裂，亦可能产生脆性断裂，这与材料的试验条件和加载方式即受力状态有关。又如，淬火高碳钢等脆性材料，在单向静拉伸状态下，一般产生正断式断裂，很难反映这类材料的塑性指标，但如果在扭转、压缩等应力状态较软的加载方式下试验，则可通过塑性变形量测得塑性指标。反过来，如果对同一种应力状态但不同种类的材料，必然也会产生不同的变形和断裂，这主要取决于材料本身的性质和应力状态的相对关系。

为了区分不同应力状态给材料试验带来的差异，应该选择与应力状态相适应的试验方法，才能准确获得材料的各种性能。弗里德曼考虑了材料在不同应力状态下的极限条件和失效方式，提出了应力状态图，用图解的方法把试验方法与受力状态间的关系做了很好的概括，如图2-22所示。图中横坐标代表正应力σ，纵坐标代表切应力τ。对于一定的材料在一定的试验条件下，可以把材料的塑性变形抗力指标(切变屈服强度)τ_s、切变断裂强度指标(切断强度)τ_k和材料的正断抗力指标(抗拉强度)τ_k都看做常数(分别见图中两条水平线和一条垂直线)，这三条线上各点分别表示材料要发生屈服、切断和正断所需的极限应力。其中，$\sigma_k = \sigma_s$或σ_b线在τ_s以下画成与纵轴平行，超过τ_s后是斜线，这表示σ_k在弹性状态时不受应力状态的影响，而在大于τ_s后，则随塑性变形的发展而增大。图2-22中τ_s线和τ_k线都与应力状态无关。三条直线又划出了表示材料力学性能的四个重要区域，即在τ_s线以下而在σ_k线以左的区域是弹性变形区；在τ_s和τ_k线之间而又在σ_k线以左的区域是弹塑性变形区域；τ_k线以上是发生切断的区域；在σ_k线以右发生正断。从原点出发具有不同斜率的几条虚线分别代表不同的受力状态。$\alpha < 0.5$代表三向不等拉伸；$\alpha = 0.25$代表单向拉伸；$\alpha = 0.8$代表扭转；$\alpha = 2$代表单向压缩；$\alpha > 2$代表侧压。

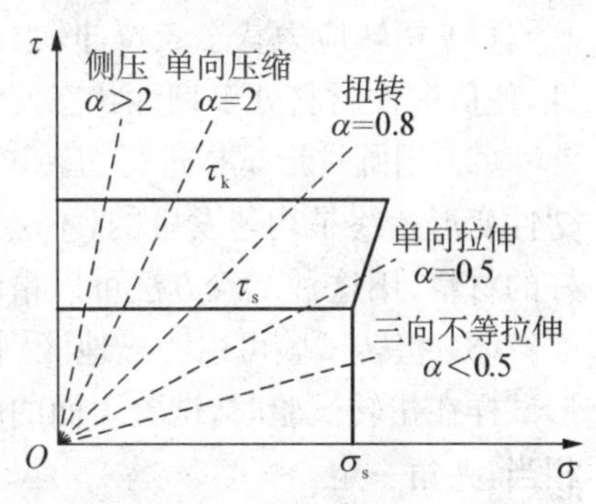

图2-22 典型材料的应力状态图

根据力学状态图上标出的材料变形抗力和断裂抗力指标，以及相应于不同加载方式下的各种应力状态，可以判断该材料在各种应力状态下所处的状态和失效行为。例如，三向不等拉伸($\alpha < 0.5$)，随应力不断增加，代表应力状态的射线与预想的σ_k线相交，即发生正断，由于与τ_s线不相交，所以没有发生塑性变形，属于脆性断裂。如果是单向拉伸($\alpha = 0.5$)，则射线先与τ_s线相交，即先发生塑性变形，然后再与σ_k线相交，发生正断，这种断裂属于正断型的韧性断裂。如果是扭转($\alpha = 0.8$)，则发现射线首先与τ_s相交，然后又与τ_k线相交，这样的断裂是切断型的韧性断裂。

由应力状态图可知，对于不同的材料，其力学性能指标τ_s、τ_k和σ_k也各不相同，只有选择与应力状态相适应的试验方法进行试验时，才能显示出不同材料性能上的特点。如图2-23所示的A、B、C三种材料，材料A除了在侧压(相当于压入法硬度试验时的应力状态)时表现为切断型的韧性断裂外，在其他加载方式下都表现为正断型的脆性断裂，显然，对这种材料进行拉伸、弯曲、扭转等试验时，除了得到一个断裂强度值外，其他性能数据是无法得知

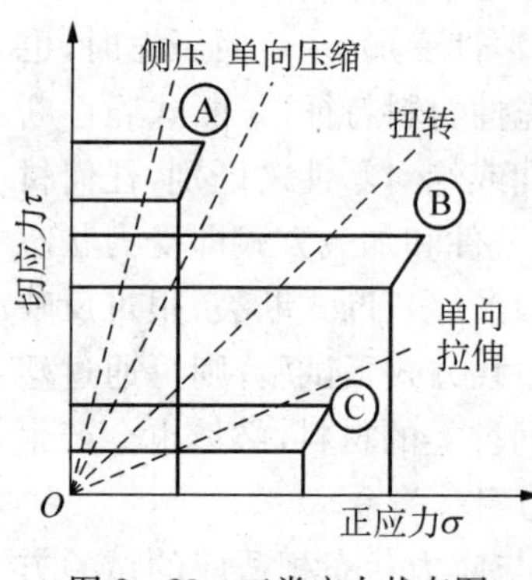

图 2-23　三类应力状态图

的。普通灰铸铁、淬火高碳钢属于这类材料；材料 B 除了在单向拉伸时表现为正断型的脆性断裂外，在其他较“软”的应力状态下都表现为切断型的韧性断裂，显然，对于这类材料，要获得其断裂强度以外的其他力学性能指标，就应该进行扭转试验，而不能单纯进行拉伸试验，淬火＋低温回火的高碳钢和某些结构钢属于这类材料；材料 C 在所有加载方式下，包括单向拉伸时，都表现为切断型的韧性断裂，当然对这种材料，只要进行单向拉伸试验，就可以获得强度、塑性等性能指标。生产上大部分退火、正火、调质处理的碳结构钢和某些低合金结构钢都属于这种情况。这也正是单向拉伸试验在生产上得到广泛应用的原因。

除拉伸之外，下面分别介绍在静载荷作用下的扭转、弯曲和压缩试验的试验方法及性能指标的测定。

2.2.2　扭转（Torsion）

静扭转试验具有如下的特点：

(1) 扭转应力状态较拉伸软（$\alpha = 0.8$），可以测定那些在拉伸时表现为脆性的材料的特性，使低塑性材料处于韧性状态便于测定它们的强度和塑性。

(2) 用圆柱形试样进行扭转试验时，从试验开始直到试样破坏为止，试样沿整个长度的塑性变形始终是均匀发生的，不会出现静拉伸时所出现的颈缩现象，因此，对于那些塑性很好的材料，用这种试验方法可以精确地测定其应力和应变关系。

(3) 扭转试验可以明显地区别材料的断裂方式是正断还是切断。由材料力学可知，圆柱形试样在扭转试验时，试验表面的应力状态如图 2-24 所示，最大切应力和正应力的绝对值相当，夹角一定。

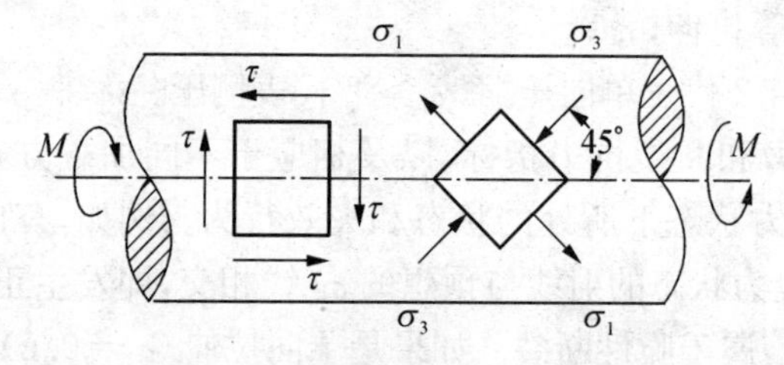

图 2-24　扭转试样表面应力状态

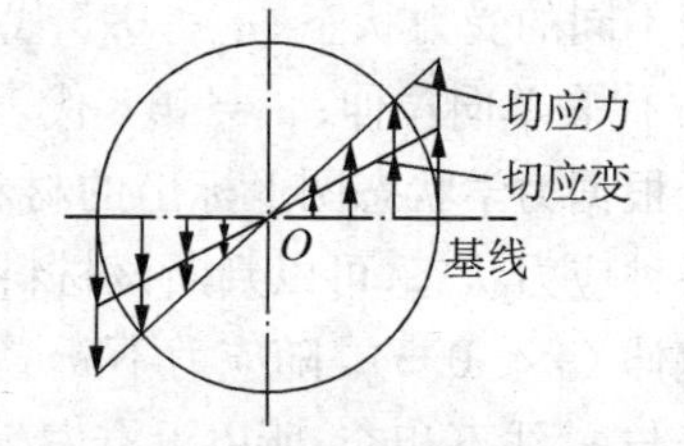

图 2-25　扭转弹性变形时断面切应力和应变分布情况

(4) 扭转试验时，试样横截面上沿直径方向的切应力和切应变的分布是不均匀的，如图 2-25 所示，表面的应力和应变最大。因此，扭转可以灵敏地反映材料的表面缺陷，如金属工具钢的表面淬火微裂纹。还可以用扭转试验的这种特点对表面淬火、化学热处理等表面强化工艺进行研究。

(5) 扭转试验的缺点是：截面上的应力分布不均匀，在表面处最大，越往心部越小。对显示材料体积性缺陷，特别是靠近心部的材质缺陷不敏感。

可见,扭转试验无论对于塑性材料还是脆性材料都可进行强度和塑性的测定,是一种较为理想的力学性能试验方法,尤其对承受扭矩的构件。

扭转试验一般常用圆柱形试样在扭转试验机上进行。扭转试验过程中,根据每一时刻加于试样上的扭矩 M 和扭转角 ϕ(在试样标距 l_0 上的两个截面间的相对扭转角)绘制成 $M-\phi$ 曲线,称为扭转图。图 2-26 为退火低碳钢的扭转图。利用材料力学公式可以求出材料的扭转强度、切变弹性模量及剪切应变。

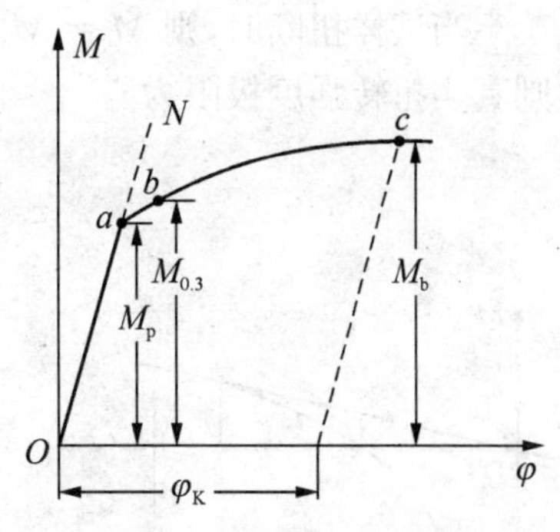

图 2-26　退火低碳钢的扭转图

用扭转曲线开始偏离直线 ON 的扭矩作为 M_p(通常以曲线上某一点对 M 轴的正切值,超过直线部分 ON 正切值的 50%时,则此点的扭矩作为 M_p),扭转比例极限 τ_p(见图 2-26),按下式计算:

$$\tau_p = \frac{M_p}{W}(\mathrm{N/mm^2}) \tag{2-26}$$

式中,W 为试样断面系数,圆柱试样为 $\pi d_0^3/16(\mathrm{mm^3})$; d_0 为试样直径($\mathrm{mm^2}$)。

扭转屈服强度 $\tau_{0.3}$:用残余扭转切应变为 0.3%(类似于拉伸残余应变 0.2%的 $\sigma_{0.2}$)的扭矩作为 $M_{0.3}$,按下式计算:

$$\tau_{0.3} = \frac{M_{0.3}}{W}(\mathrm{N/mm^2}) \tag{2-27}$$

扭转条件强度极限 τ_b:用断裂前的最大扭矩作为 M_b,按下式计算:

$$\tau_b = \frac{M_b}{W}(\mathrm{N/mm^2}) \tag{2-28}$$

扭转条件强度极限常称为抗剪强度。

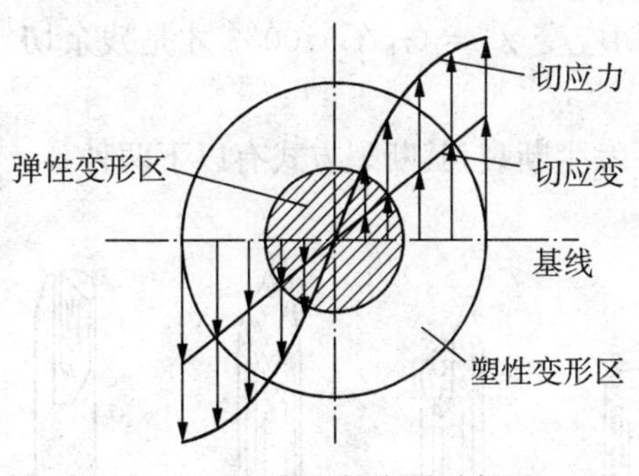

图 2-27　扭转塑性变形时断面应力、应变的分布情况

上式中的 τ_b 是采用弹性力学公式计算的,在弹性阶段,扭转试样横截面上的切应力和切应变沿半径方向的分布都是直线关系的,如图 2-25 所示。若考虑到塑性变形的影响,切应变虽保持直线分布,但切应力就不再是直线关系分布了,如图 2-27 所示。由于试样表面层的塑性变形,使其切应力重新分布,并有所降低,这是因为形变强化模量 D 较弹性模量 G 小,使应力曲线下降的结果。所以,用公式(2-28)计算出来的 τ_b 值与真实情况不完全符合,故称 τ_b 为条件强度极限。

在塑性理论中用真实切应力的公式计算:

$$\tau_{max} = \frac{4}{\pi d_0^3}\left(3M + \varphi\frac{\mathrm{d}M}{\mathrm{d}\varphi}\right) \tag{2-29}$$

式中,τ_{max}为试样横截面上半径为 r_0 处的最大真实切应力($\mathrm{N/mm^2}$); M 为作用在试样上的扭矩(N·mm)；ϕ 为试样标距 l_0 上的两个截面间的相对扭转角(Radian)；$\mathrm{d}M/\mathrm{d}\phi$ 为 M—ϕ 扭转曲线上该点的切线相对于 ϕ 轴夹角的正切(N·mm/Rad.)；d_0 为试样直径(mm)。

当试样扭断时，则 $M = M_k$，$\phi = \phi_k$

则真实扭转强度极限为

$$\tau_k = \tau_{max} = \frac{4}{\pi d_0^3}\left[3M_k + \phi_k\left(\frac{\mathrm{d}M}{\mathrm{d}\phi}\right)_k\right] \tag{2-30}$$

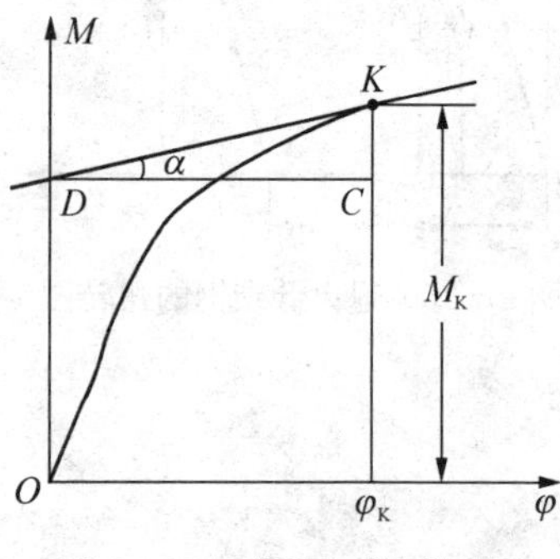

图 2-28　$\mathrm{d}M/\mathrm{d}\phi$ 的图解法

由图解法可求出 $\mathrm{d}M/\mathrm{d}\phi$ 值，如图 2-28 所示。

$$\left(\frac{\mathrm{d}M}{\mathrm{d}\phi}\right)_k = \tan\alpha = \frac{KC}{DC} \tag{2-31}$$

式中，$(\mathrm{d}M/\mathrm{d}\phi)_k$ 为扭转曲线上 K 点 $(M = M_k)$ 的斜率。

从式(2-30)可以看出：

当 $(\mathrm{d}M/d\phi_k) = 0$ 时，$\tau_k = 12M_k/\pi d_0^3$.

这是在完全理想的塑性条件下的表达式。而式(2-30)中的第二项，则是代表在弹性变形和形变强化情况下应有的校正。

切变弹性模量 G 用弹性阶段的扭矩和相对扭转角计算：

$$G = \frac{32Ml_0}{\pi\phi d_0^4}(\mathrm{N/mm^2})$$

扭转切应变 γ_k，可用断裂时的长度和相对扭转角 ϕ_k 计算：

$$\gamma_k = \frac{\phi_k d_0}{2l_0} \times 100\% \tag{2-32}$$

对于塑性材料，因为塑性变形很小，弹性切应变可以忽略不计，可将式(2-32)中求出的总切应变看做残余切应变。对于脆性材料和低塑性材料，因为塑性变形很小，弹性变形不能忽略，必须从式(2-32)中所得的总切应变值减去弹性切应变 $\gamma_r = (\tau_b/G)100\%$ 才是残余切应变。

对于塑性材料和脆性材料来说，都可在扭转载荷下发生断裂，其断裂方式有以下两种：图 2-29 中：

(a) 切断断口：沿着与试样轴线垂直的截面破断，断口平整，有经过塑性变形后的痕迹(通常表现为回旋状的塑性变形痕迹)，这是由于切应力作用而造成的切断，塑性材料常为这种断口。

(b) 正断断口：沿着与试样轴线成 45°破断，断口呈螺旋状或斜劈形状，这是由于正应力造成的正断，脆性材料常为这种断口。

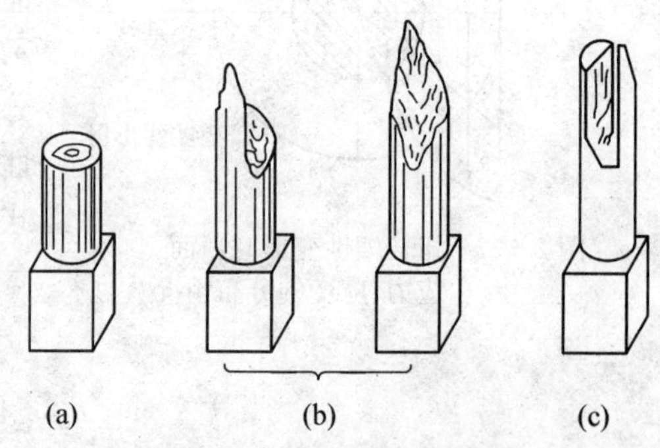

图 2-29　扭转试样断口的宏观特征

(a) 切断断口；(b) 正断断口；(c) 木纹状断口。

(c) 木纹状断口：扭转时也可能出现呈层状或木片状断口。对于金属材料，一般认为这是由于锻造或轧制过程中使夹杂或偏析物沿轴向分布，降低了轴向切断抗力 τ_k，形成纵向和横向的组合切断断口。这样可以根据试样破断后的断口形状特征来判断产生破断的原因。

2.2.3 弯曲 (Bending)

现实应用的零部件中，有相当一部分处于弯曲载荷状态下服役，如各种承重梁均处于弯曲载荷作用下。因此，需要采用静弯曲试验评价或模拟这种零部件的性能。弯曲试验具有如下特点：①弯曲加载的应力状态，从受拉应力一侧考虑，基本上和静拉伸时的应力状态相同；②弯曲试验不受试样偏斜的影响，可以稳定地测定脆性和低塑性材料的抗弯强度，同时用挠度表示塑性，能明显地显示脆性或低塑性材料的塑性。所以这种试验很适于评定脆性和低塑性材料的性能；③由于弯曲试验难以使塑性很好的材料破坏，不能测定其断裂弯曲强度。但是，亦可用于比较一定弯曲条件下材料的塑性，如进行弯曲工艺性能试验；④弯曲试验时，试验断面上的应力分布是不均匀的，表面应力最大，可以较灵敏地反映材料的表面缺陷情况，用来检查材料的表面质量。

静弯曲试验一般采用矩形截面试样或圆截面试样，在万能试验机上进行，将试样放在一定跨度的支座上，加载方式一般有两种，图 2-30(a)所示为三点弯曲加载，最大弯矩为 $M_{max}=PL/4$；图 2-30(b)为四点弯曲加载，L 段为等弯矩，最大弯矩为 $M_{max}=P_K/2$。

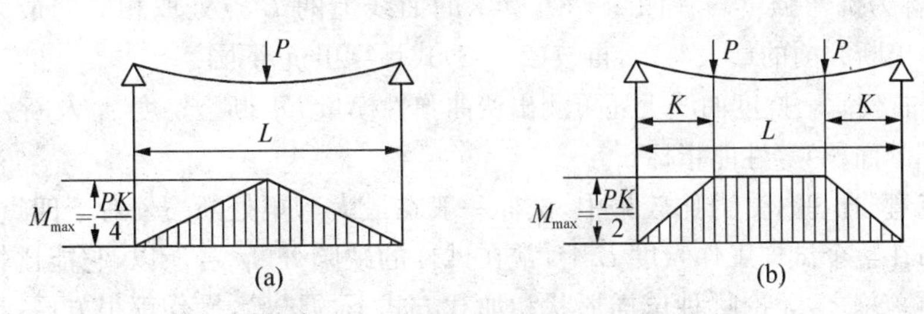

图 2-30　弯曲加载方式与弯矩图

(a) 三点弯曲；(b) 四点弯曲

根据弯矩 M 值，借助材料力学公式求弯曲强度。对于脆性材料只求断裂时的抗弯强度：

$$\sigma_{bb}=\frac{M_b}{W}(\mathrm{N/mm^2}) \tag{2-33}$$

式中，M_b 为试样断裂弯矩，根据断裂时的弯曲载荷 P_b，按照图 2-30(a)计算：

$$M_b=\frac{P_bL}{4}(\mathrm{N\cdot mm}) \tag{2-34}$$

W 为试样截面系数，对于直径为 d_0 的圆柱试样：$W=d_0^3/32(\mathrm{mm^3})$；对于宽度为 b、高度为 h 的矩形试样：$W=bh^2/6(\mathrm{mm^3})$。

弯曲挠度用 f 表示，可用百分表或挠度计直接读出。将弯曲载荷 P 与试样弯曲挠度 f 的关系在直角坐标上用曲线表示出来，称为弯曲曲线或弯曲图，如图 2-31 所示。根据它可确定下面材料力学性能指标。

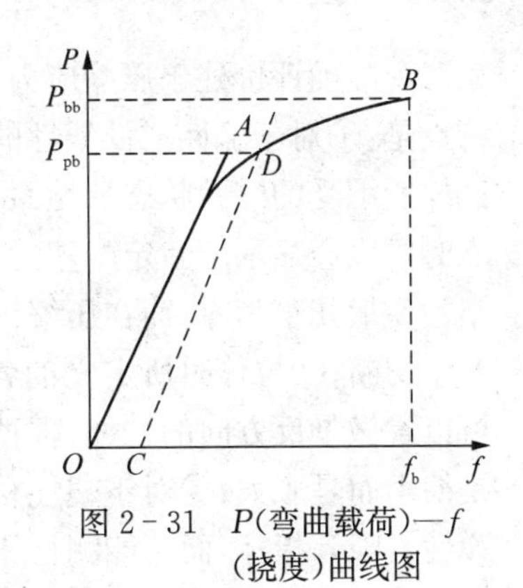

图 2-31　P(弯曲载荷)—f(挠度)曲线图

通过弯曲试验可以获得如下力学性能指标：

(1) 规定非比例弯曲应力 σ_{pb}。试样弯曲时，外侧表面上的非比例弯曲应变 ε_{pb} 达到规定值时，按照弹性弯曲应力公式计算的最大弯曲应力，称为规定非比例弯曲应力。例如，规定非比例弯曲应变 ε_{pb} 为 0.01%或 0.02%时的弯曲应力，分别记为 $\sigma_{pb0.01}$ 或 $\sigma_{pb0.02}$。

在图 2-31 所示的弯曲载荷—挠度曲线上，过 D 点截取相应于规定非比例弯曲应变的线段 OC，其长度按下式计算：

$$\text{对于三点弯曲试样}\quad OC = \frac{nL^2}{12Y}\varepsilon_{pb} \tag{2-35}$$

$$\text{对于四点弯曲试样}\quad OC = \frac{n(23L^2 - 4L^2)}{24Y}\varepsilon_{pb} \tag{2-36}$$

式中，n 为挠度放大倍数；Y 为圆柱试样的横截面半径($d_0/2$)或矩形试样的截面半高($h/2$)。过 C 点作弹性直线的平行线 CA 交曲线于 A 点，A 点所对应的力为所测的规定的非比例弯曲力 P_{pb}，然后根据试样形状计算出断裂前的最大弯矩，再按式(2-33)计算出规定非比例弯曲应力。

(2) 抗弯强度。在试样弯曲至断裂前达到最大弯曲载荷，按照弹性弯曲公式计算出的最大弯曲应力，称为抗弯强度。在图 2-31 所示的曲线上的 B 点处取相应的最大弯曲载荷 P_{bb}，然后计算出断裂前的最大弯矩，再按(2-33)式计算出抗弯强度。

(3) 从弯曲载荷—挠度曲线上还可测出弯曲弹性模量 E_b、断裂挠度 f_b 及断裂能力 U(曲线下面所包围的面积)等性能指标。

对于三点弯曲试验，受力比较集中，试样一般在最大弯矩处断裂。对于四点弯曲试验，弯矩均匀分布在整个试样工作长度 L 上，常在试样的缺陷处断裂，所以，它能比较好地反映出材料的性质。总之，无论哪种试样形状和加载方式下的试验，操作都很方便，且试样表面上受的应力最大，这样，试样表面上若存在缺陷，其反应就更灵敏，因此，可以测定材料的表面性能，这是弯曲试验的两个主要特点。根据这两个特点，试验主要用来测定硬度高、塑性差、难以加工成形的材料，如铸铁、工具钢、陶瓷、硬质合金等又硬又脆的材料。同时，由于试验对表面缺陷的敏感性，它又用于测定或检验材料的表面性能，比如钢的渗碳层或表面淬火层的质量与性能以及复合材料等的表面质量。

2.2.4 压缩 (Compression)

为准确评价处于压缩应力状态下服役的零部件的安全性，通常采用的是静压缩试验，其特点是：①对于脆性或低塑性的材料，为了解其塑性指标，可以采用压缩试验。单向压缩时，试样所承受的应力状态软性系数比较大 ($\alpha = 2$)，因此在拉伸载荷下呈脆性断裂的材料，压缩时候也会显示出一定的塑性。例如，灰铸铁在拉伸试验时表现为垂直于载荷轴线的正断，塑性变形几乎为零，而在压缩试验时，则能产生一定的塑性变形，并能沿与轴线呈 45°的方向产生切断；②拉伸时所定义的各个性能指标和相应的计算公式在压缩试验中仍适用。压缩可以看做是反方向的拉伸，但两者间有差别，压缩试验时试样不是伸长而是压缩，横截面不是缩小而是胀大；③对于塑性材料，只能压扁不能压断，试验只是测得弹性模量、比例极限和弹性极限等指标，而不能测得压缩强度极限。

静压缩试验多采用圆柱形试样，图 2-32(a)为短圆柱形试样（$d_0 = 10 \sim 25$ mm，$h_0 = 1 \sim 3d_0$），做破坏试验用；图 2-32(b)为长圆柱形试样（$d_0 = 25$ mm），测弹性性能和微量塑性变形抗力用。试样端面加工要求很高，两端面平行并和轴线垂直，表面粗糙度必须达到相应标准的要求。

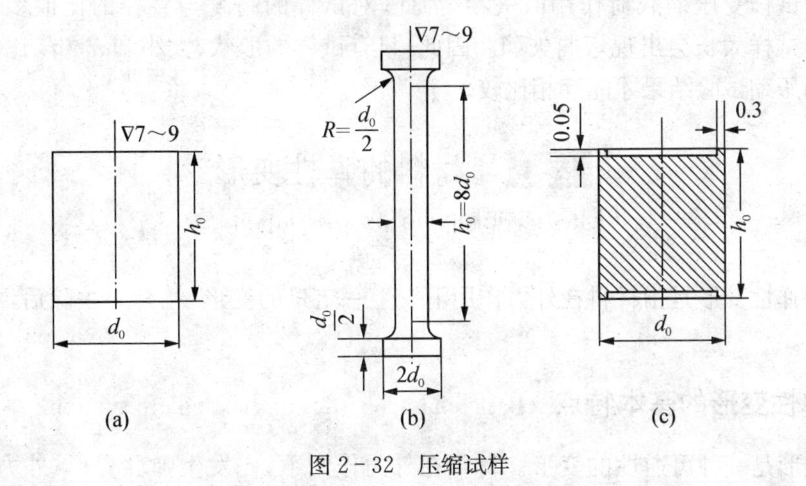

图 2-32　压缩试样

压缩试验时，材料抵抗外力变形和破坏情况的也可用压力和变形的关系曲线来表示，称为压缩曲线，如图 2-33 所示。曲线 1 说明塑性材料只能压缩变形不能压缩破坏。由压缩曲线可以求出压缩强度指标和塑性指标。而对于曲线 2 所示的脆性材料，一般只求压缩强度极限(抗压强度)σ_{bc}和压缩塑性指标。

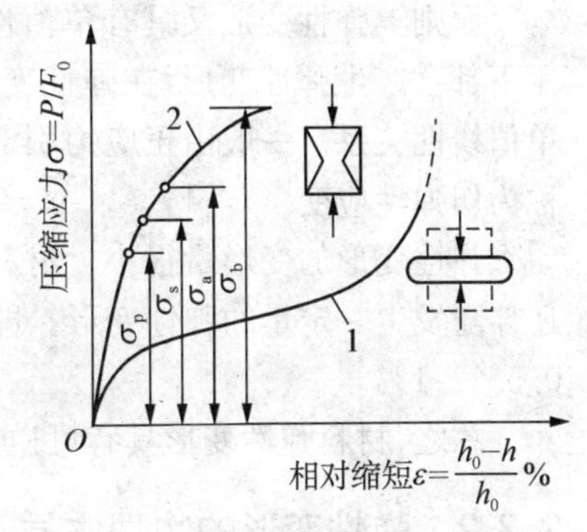

图 2-33　压缩载荷—变形曲线

1—塑性材料；2—脆性材料

$$抗压强度\ \sigma_{bc} = \frac{P_{bc}}{A_0}(\text{N/mm}^2) \tag{2-37}$$

$$相对压缩率\ \varepsilon_c = \frac{h_0 - h_k}{h_0} \times 100\% \tag{2-38}$$

$$相对断面扩展率\ \Psi_c = \frac{A_k - A_0}{A_0} \times 100\% \tag{2-39}$$

式中，P_{bc}为压缩断裂载荷(N)；A_0、A_k 为试样原始和破坏时的断面面积(mm^2)；h_0、h_k 为试样原始和破坏时的高度(mm)。

由式(2-37)可以看出，σ_{bc}是按试样原始横截面面积 A_0 求出的，故称为条件压缩强度极限。如果考虑横截面变化的影响，可用压缩强度极限 S_{bc}来表示：

$$S_{bc} = \frac{P_{bc}}{A_k}(\text{N/mm}^2) \tag{2-40}$$

显然，$\sigma_{bc} \geqslant S_{bc}$，如静态拉伸一样可推导出两者的关系：

$$\sigma_{bc} = (1 + \Psi_c)S_{bc} \tag{2-41}$$

或

$$S_{bc} = (1 - \varepsilon_c)\sigma_{bc} \tag{2-42}$$

实施压缩试验时,应该特别注意试样端部摩擦力及试样长径比对试验结果的影响。为减少发生在上下压头与试样端面之间的摩擦力的影响,试样断面必须光滑平整,并涂上润滑油或石墨粉等以尽量减少摩擦力,也可以采用如图 2-32(c)所示的储油槽端面试样,或采用特殊设计的压头,使端面的摩擦力减到最小程度。对试样长径比的要求主要是为了防止在压缩试验时试样受压缩载荷作用时失稳,为此,对试样的高度与直径的比值多取 $h_0/d_0=1.5\sim2.0$,试样太长会出现弯曲失稳。因此,只有试样的形状、大小和 h_0/d_0 比值相同的情况下得到的压缩试验结果才能互相比较。

2.3 材料的弹性变形
(Elastic deformation of materials)

材料的弹性变形是指材料在外力作用下发生一定量的变形,当外力去除后,材料能够恢复原来形状。

2.3.1 弹性变形的基本特点 (Basic characteristics of elastic deformation)

弹性变形是一种可逆性的变形。材料在外力作用下,先发生弹性变形,外力去除后,变形完全消失,从而表现为弹性变形的可逆性特点。

原则上弹性变形又具有单值性的特点。材料在受拉伸、压缩、扭转、剪切和弯曲载荷作用下都会产生弹性变形,在弹性变形过程中,无论是加载还是卸载,其应力和应变间都保持单值线性关系。一般由正应力引起的弹性变形称为正弹性应变,由切应力引起的弹性变形称为切弹性应变。

弹性变形的变形量很小。材料弹性变形主要发生在弹性变形阶段,但在塑性变形阶段还伴随发生一定量的弹性变形。即使这样,两个变形阶段的弹性变形量也很小,一般不超过 0.5%~1%。

总之,材料弹性变形具有可逆性、单值性和变形量小等特点。

2.3.2 弹性变形的物理本质 (Physical nature of elastic deformation)

组成材料的相邻原子间存在一定的作用力,材料的弹性行为起源于晶体点阵中原子间的相互作用,弹性变形就是外力克服原子间作用力,使原子间距发生变化的结果;而恢复弹性变形则是在外力去除后,原子间作用力迫使原子恢复原来位置的结果。为简便起见,可借用双原子模型来进行分析。

如图 2-34 和 2-35 所示,相邻两原子在一定范围内,其间存在相互作用力,包括相互引力和相互斥力。一般认为:引力是由材料正离子和自由电子间的库仑引力所产生的;斥力是由正离子和正离子,电子和电子间的斥力所产生的。其中,引力和斥力是互相矛盾的,前者力图使两个原子 N_1 和 N_2 尽量靠近,而后者又力图使两个原子尽量分开。图 2-35 中曲线 1 表示引力随原子间距离 r 的变化情况,曲线 2 表示斥力随 r 的变化情况,曲线 3 表示引力和斥力的合力。当没有外力作用时,原子 N_2 在 $r=r_0$ 处引力和斥力平衡,合力为零,所以 r_0 是两原子平衡间距,也就是正常的晶格原子间距。图 2-35 所示的原子间势能曲线在 r_0 处势能最低,处于稳定状态。当外力作用迫使两原子靠近 ($r<r_0$) 或分开($r>r_0$) 时,必须分别

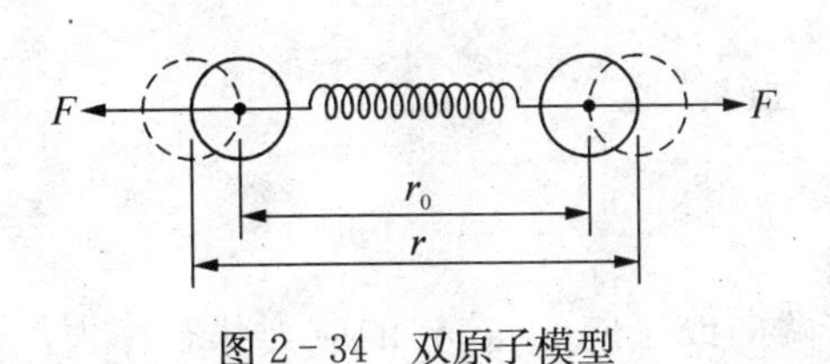

图 2-34 双原子模型

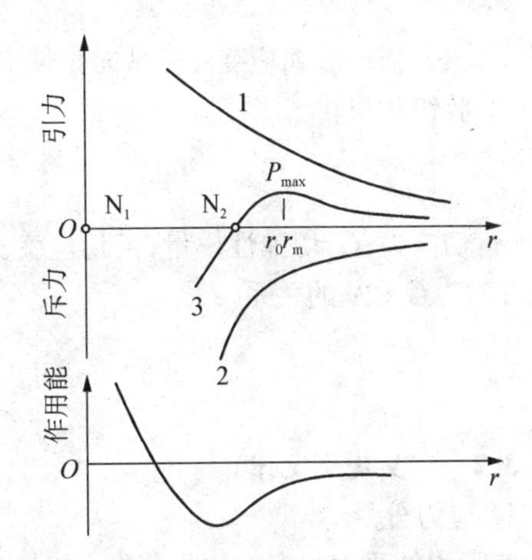

图 2-35 原子间引力和斥力相互作用示意图

克服相应的斥力或引力，才能使原子 N_2 达到新的平衡位置，产生原子间距变化，即所谓的变形。当外力去除后，因原子间力(合力线 3)的作用，原子又回到原来平衡位置（$r=r_0$），即恢复变形。这就是弹性变形的物理过程，也是弹性变形具有可逆性特点的原因。

理论分析表明，两个原子间的作用力 P 和间距 r 之间的关系可表示为

$$P=\frac{A}{r^2}-\frac{Ar_0^2}{r^4} \tag{2-43}$$

上式第一项表示引力，第二项表示斥力。当两原子靠近（$r<r_0$）时，斥力比引力变化快，因而合力 3 表现为相斥；而当 $r>r_0$ 时，引力起主导作用，合力 3 表现为相互吸引。同时式(2-43)还说明合力 P 和 r 的关系是曲线关系。

合力曲线 3 虽然是两原子间的作用力曲线，但也表示出材料弹性变形时载荷和变形关系曲线。因此，材料弹性变形似乎不服从虎克定律，但是，由于实际金属弹性变形量极小，在这样小的 Δr 区间内，$P—r$ 曲线可以近似看做直线，虎克定律仍然适用。两原子受外力作用时，其间距 r 的变化和去除外力时 r 的变化都沿 $P—r$ 曲线进行，表现为应力—应变关系的单值性。

从曲线 3 还可以看出，r_m 为最大弹性伸长变形，表示理论的最大弹性变形能力。P_{max} 为相应的最大弹性变形抗力，也就是材料的最大拉断抗力，表示理论拉断抗力。理论分析表明，$r\approx 1.25r_0$，即最大相对弹性变形可达 25%，远远超过实际数值。由于实际材料中存在有位错和其他缺陷，在外加载荷的作用下，当外力还未达到 P_{max} 时，位错早已运动而产生塑性变形，或因其他缺陷的作用而提前断裂，所以实际弹性变形量很小。由此就不难理解弹性变形的第三个特点。

2.3.3 虎克定律 (Hooke's law)

2.3.3.1 简单应力状态的虎克定律

1) 单向拉伸

$$\varepsilon_x=\varepsilon_z=-\nu\varepsilon_y=-\nu\frac{\sigma_y}{E}$$

$$\varepsilon_y=\frac{\sigma_y}{E} \tag{2-44}$$

式中，ε_x、ε_z：横向收缩应变；ε_y：纵向拉伸应变；E：正弹性模量；ν：泊松比；σ_y：拉应力。

2）剪切和扭转

$$\tau = G\gamma \tag{2-45}$$

式中，τ：切应力；G：切弹性模量；γ：切应变。

3）E、G 和 ν 的关系

$$G = \frac{E}{2(1-\nu)} \tag{2-46}$$

2.3.3.2 广义虎克定律

1）应力分量

实际构件受力状态都比较复杂，应力往往是两向或三向的，这样的应力状态称为复杂应力状态。一个构件上任意一点的受力状态，可用其单元体上的 9 个应力分量表示（如图 2-36 所示）。其张量表示式为

$$(\sigma) = \begin{bmatrix} \sigma_x & \tau_{xy} & \tau_{xz} \\ \tau_{yx} & \sigma_y & \tau_{yz} \\ \tau_{xz} & \tau_{zy} & \sigma_z \end{bmatrix} \tag{2-47}$$

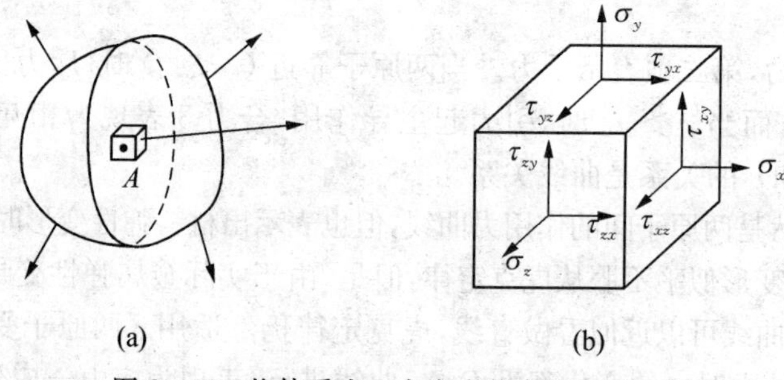

图 2-36 物体受力一点应力状态的表示方法

(a) 物体受力情况；(b) A 点单元体的应力分量

根据切应力互等原理

$$\tau_{xy} = \tau_{yx}, \ \tau_{yz} = \tau_{zy}, \ \tau_{zx} = \tau_{xz} \tag{2-48}$$

这样，实际上一点的应力状态只有 6 个独立应力分量：σ_x、σ_y、σ_z、τ_{xy}、τ_{yz}、τ_{zx}。其中，前三个为正应力，后三个为切应力。切应力的脚标，第一个表示力所作用平面的法线方向，第二个表示力作用的方向。

2）应变分量

复杂应力状态下任一点的应变也可借用单元体的 9 个应变分量表示。其张量表示式为

$$(\varepsilon) = \begin{bmatrix} \varepsilon_x & \gamma_{xy} & \gamma_{xz} \\ \gamma_{yx} & \varepsilon_y & \gamma_{yz} \\ \gamma_{zx} & \gamma_{zy} & \varepsilon_z \end{bmatrix} \tag{2-49}$$

实际上也只有 6 个独立分量：ε_x、ε_y、ε_z、γ_{xy}、γ_{yz}、γ_{zx}。其中，前三个是正应变，后三个是

切应变。

3）广义虎克定律

将上述 6 个应力分量和应变分量用弹性系数联系起来，就构成了广义虎克定律，其表达式为

$$
\begin{cases}
\varepsilon_x = \dfrac{1}{E}[\sigma_x - \nu(\sigma_y + \sigma_z)] \\
\varepsilon_y = \dfrac{1}{E}[\sigma_y - \nu(\sigma_z + \sigma_x)] \\
\varepsilon_z = \dfrac{1}{E}[\sigma_z - \nu(\sigma_x + \sigma_y)] \\
\gamma_{xy} = \dfrac{\tau_{xy}}{G} \\
\gamma_{yz} = \dfrac{\tau_{yz}}{G} \\
\gamma_{zx} = \dfrac{\tau_{zx}}{G}
\end{cases}
\tag{2-50}
$$

上述 6 个应力分量随单元体的取向不同而变化，但是总的应力效果即 σ 是不变的，所以可以任意去取单元体的方位。设想取这样一种方位的单元体，其上只有三个正应力分量而无切应力分量，这样的单元体叫做主应力单元体，其上的三个正应力分量称为主应力 σ_1、σ_2、σ_3。其中 σ_1 最大，称为第一主应力；σ_2 次之，称为第二主应力，σ_3 最小，称为第三主应力。此时应力的张量表示式为

$$
(\sigma) = \begin{bmatrix} \sigma_1 & 0 & 0 \\ 0 & \sigma_2 & 0 \\ 0 & 0 & \sigma_3 \end{bmatrix}
\tag{2-51}
$$

显然，主单元体上也只有三个主应变 ε_1、ε_2、ε_3，其应变张量表示式为

$$
(\varepsilon) = \begin{bmatrix} \varepsilon_1 & 0 & 0 \\ 0 & \varepsilon_2 & 0 \\ 0 & 0 & \varepsilon_3 \end{bmatrix}
\tag{2-52}
$$

可见，这种单元体的应力和应变分量最少，处理起来比较简单。此时的广义虎克定律表达式也比较简单：

$$
\begin{cases}
\varepsilon_1 = \dfrac{1}{E}[\sigma_1 - \nu(\sigma_2 + \sigma_3)] \\
\varepsilon_2 = \dfrac{1}{E}[\sigma_2 - \nu(\sigma_3 + \sigma_1)] \\
\varepsilon_3 = \dfrac{1}{E}[\sigma_3 - \nu(\sigma_1 + \sigma_2)]
\end{cases}
\tag{2-53}
$$

2.3.4 弹性模量的意义（Significance of elastic modulus）

由式(2-53)可见，弹性模量 E 越大，在相同的应力作用下材料的弹性变形就越小。因

此，弹性模量表征了材料对弹性变形的抗力，即材料发生弹性变形的程度，代表了材料的刚度。对于按照刚度要求设计的构件，应选用弹性模量值高的材料。因为用弹性模量高的材料制成的构件，受到外力作用时，保持其固有尺寸和形状的能力强，即构件的刚度高。从原子间相互作用力角度来看，弹性模量也是表征原子间结合力强弱的一个物理量，其值的大小反映了原子间结合力的大小。

对于单晶体材料来说，不同晶向原子结合力不同，其弹性模量也不同，表现为弹性各向异性。常见的体心立方金属和合金材料，其〈111〉晶向的弹性模量 E_{111} 最大，而〈100〉晶向的弹性模量 E_{100} 最小，其他晶向的弹性模量介于两者之间。多晶体金属材料各晶粒取向是任意的，其弹性模量应该是各个晶向弹性模量的统计平均值。

2.3.5 弹性模量的影响因素 (Effect factors on the elastic modulus)

材料的弹性模量值主要取决于材料的本性，与晶格类型和原子间距密切相关，通常表示为 $E = k/m$，其中 k 和 m 均为材料的常数。

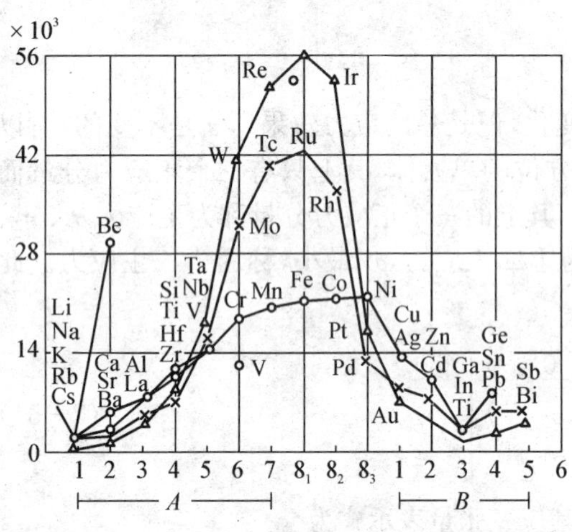

图 2-37 金属元素弹性模量的周期变化

室温下金属弹性模量 E 是原子序数的周期函数(见图 2-37)。同一周期的元素如 Na、Mg、Al、Si 等，E 值随原子序数增加而增大，这与元素价电子增多及原于半径减小有关。同族的元素，如 Be、Mg、Ca、Sr、Ba 等，E 值随原于序数增加而减小，这与原子半径增大有关，但是对于过渡金属来说并不适用，由图 2-37 可知，过渡族金属的弹性模数最高，可能和它们的 d 层电子未被填满而引起的原子间结合力增大有关。常用的过渡族金属如 Fe、Ni、Mo、W、Mn、Co 等，其弹性模量都很大，显然这也是这些金属被广泛应用的原因之一。

固溶的溶质元素虽可改变合金的晶格常数，但对于常用钢铁合金来说，合金化对晶格常数引起的变化并不大，因而对弹性模量影响很小。例如各种低合金钢和碳钢相比，其 E 值相当接近。所以若仅考虑构件刚度问题时，选用碳钢可以满足要求。

热处理是改变材料组织的方法，可以强化金属材料，但对材料的弹性模量值却影响不大，如晶粒大小对 E 值无影响，第二相大小和分布对 E 值影响也很小，淬火后稍有下降，但回火后又恢复至退火状态的 E 值。冷塑性变形使 E 值稍有降低，一般降低 4%～6%，但当变形量很大时，因形变织构而使其出现各向异性，沿变形方向 E 值最大。温度升高，原子间距增大，使 E 值降低。对于钢铁材料来说，每加热 100℃，其弹性模量 E 值就下降 3%～5%。但在−50℃到 50℃范围内，钢的 E 值变化不大，可以不考虑温度的影响。加载速度对弹性模量也没有大的影响。这是因为弹性变形极快，其弹性变形速度与弹性介质中声的传播速度相等。总之，弹性模量是一个对组织不敏感的力学性能指标，其大小主要决定于材料的本质和晶体结构，而和显微组织关系不大。因此，对于金属材料来说，热处理、合金化和冷变形等三大强化手段对其作用都很小。

2.3.6 弹性比功 (Elastic strain energy ratio)

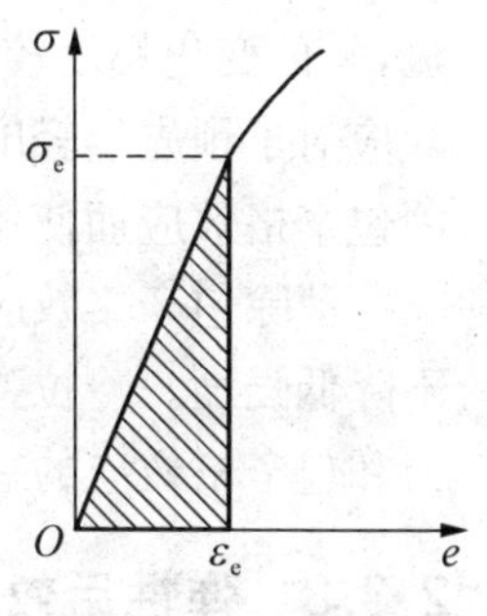

图 2-38 弹性比功的计算示意图

弹性比功又称弹性应变能密度，指材料吸收变形功而又不发生永久变形的能力，它标志着在开始塑性变形前，材料单位体积所吸收的最大弹性变形功。它是一个韧性指标。图2-38中阴影线所示面积代表这一变形功的大小。表示为

$$W = \frac{1}{2}\sigma_e \varepsilon_e = \frac{\sigma_e^2}{2E} \tag{2-54}$$

由式(2-54)可知，弹性和弹性比功都是决定材料 E 和 σ_e 的性能指标，可用提高 σ_e 或降低 E 的方法来提高它。

弹簧是典型的弹性构件，主要起减振和储能驱动作用。因此，弹簧应具有较高的弹性和弹性比功，常用的弹簧钢因弹性模量很难改变，只好用提高弹性极限的方法来提高弹性，对于金属弹簧一般用合金化热处理和冷变形强化等方法来提高其弹性和弹性比功。例如，硅锰弹簧钢含碳量为 0.5%～0.7%，形成足够数量的第二相碳化物，加入 Si、Mn 以强化铁素体基体，并经淬火加中温回火获得回火屈氏体组织，这些都可以有效地提高 σ_e。

必须强调指出，弹性与刚度的概念是不同的。弹性表征材料弹性变形的能力，刚度表征材料弹性变形的抗力。对它们的差别举例说明如下：汽车弹簧可能出现这样两种情况：一种是汽车没有满载，弹簧变形已达到最大，卸载后，弹簧完全恢复到原来的状态，这是由于弹簧的刚度不足所造成的。由于弹性模量具有对成分、组织不敏感的性能，因此，解决这一问题，要从加大弹簧尺寸和改进弹簧结构着手。另一种情况是使用一段时间后，发现弹簧的弓形越来越小，即产生了塑性变形，这是弹簧弹性不足之故，是由于材料的弹性极限低造成的。可以用改变材料成分、对材料进行热处理等手段，从而提高钢的弹性极限的办法来解决。

理想的弹性变形应该是单值性的可逆变形，加载时立即变形，卸载后又立即恢复原状，变形和时间无关，加载线和卸载线重合一致。但是由于实际使用的材料往往是多晶体材料，有各种缺陷存在，弹性变形时，并不是完整弹性变形，这些统称为弹性变形不完整性(Imperfection of elastic deformation)，或称为包辛格效应、弹性后效和弹性滞后等。

2.3.7 包辛格效应 (Bauschinger effect)

材料经过预先加载产生微量塑性变形，然后再同向加载，使弹性极限升高；反向加载产生变形则弹性极限降低，这种现象称为包辛格效应，是多晶体材料所普遍具有的现象。

包辛格效应一般可用第二类内应力的作用来进行解释。在一定拉力 $P \approx P_e$ 作用下，多晶体材料由于各晶粒取向不同，只在软取向晶粒上产生塑性变形，而相邻的硬取向的晶粒处于弹性状态，或者只发生较小的塑性变形。当外力去除后，硬取向晶粒力图恢复弹性变形，但因软取向晶粒塑性伸长的限制，而不能完全恢复，于是就对软取向晶粒产生了附加残余拉应力。当第二次反向压缩加载时，软取向晶粒因有残余压应力的作用，开始压缩形变的外力降低，表现为 σ_e 的下降。当第二次正向拉伸加载时，必须增加外力以克服软取向晶粒上的残余压应力，才能使其开始塑性变形，表现为 σ_e 的升高。

一般地，高温回火处理钢如果预先经 1%～4%的微量塑性变形，其包辛格效应比较明

显，σ_e 的变化幅度较大；而中低温回火钢则 σ_e 变化幅度较小，只有 15%～30%。显然，包辛格效应对于预先经轻度塑性变形，而后又反向加载的构件十分有害。如产生过载应变疲劳，则因包辛格效应而使材料逐步弱化。

消除包辛格效应的方法，一般是采用 300～400℃回火，这样，既消除了第二类内应力，又不降低强度。冷拉弹簧钢丝卷制作的弹簧的定型回火（300～400℃），正是消除第二类内应力和包辛格效应的一道热处理工序。

2.3.8 弹性后效（Aftereffect of elasticity）

图 2-39 是弹性后效的示意图。实际金属材料在外力作用下开始产生弹性变形时，是沿 OA 变化的，产生瞬时弹性应变 Oa 之后，在载荷不变的条件下，随时间延长变形慢慢增加，产生附加的弹性应变 aH。这一现象叫做正弹性后效，或弹性蠕变。卸载时，立即沿 Bc 变化，部分弹性应变 Hc 消失，之后随时间延长，变形才缓慢消失至零。这一现象称为反弹性后效。

这种弹性应变落后于外加应力，并和时间有关的弹性变形称为弹性后效或滞弹性。随时间延长而产生的附加弹性应变称为滞弹性应变。滞弹性应变随时间的变化情况如图 2-39 下半部分所示。正弹性后效 ab 段和反弹性后效 ed 段都是时间的函数，而瞬时弹性应变 Oa 和 be 则和时间无关。

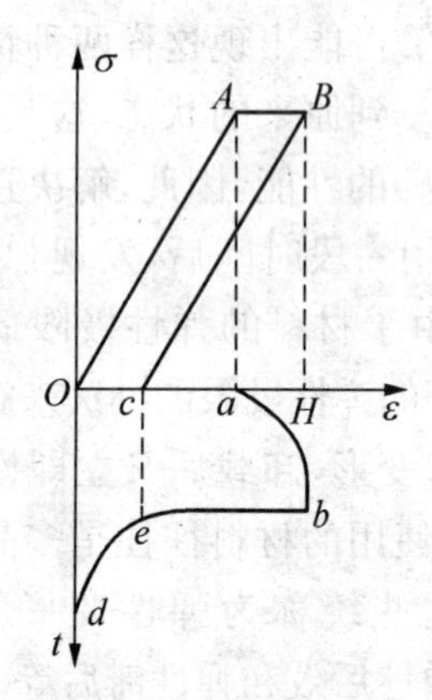

图 2-39 弹性后效示意图

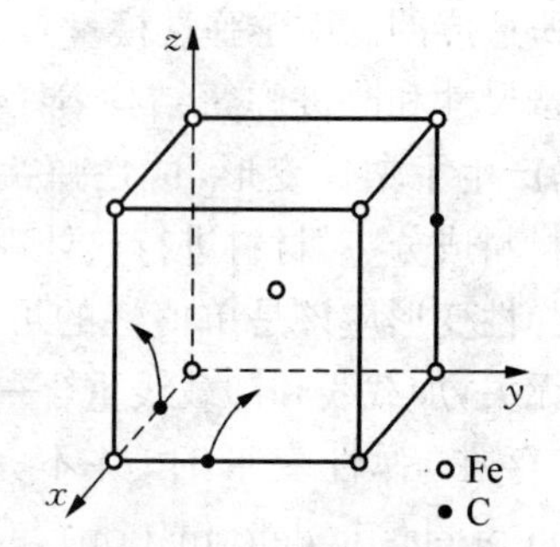

图 2-40 碳在 α-Fe 中的扩散移动示意图

产生弹性后效的原因有多种，都与金属中的某些松弛过程有关。例如，α-Fe 中碳原子因应力作用而发生的定向扩散就是一例。如图 2-40 所示，碳在 α-Fe 中处于八面体空隙及等效位置上，在 z 向拉应力作用下，x、y 轴上的碳原子就会向 z 轴扩散移动，使 z 方向继续伸长变形，于是就产生了附加弹性变形。因扩散需要时间，所以附加应变为滞弹性应变。卸载后 z 轴多余的碳原子又会扩散回到原来的 x、y 轴上，使滞弹性应变消失。

仪表和精密机械中一些重要的传感元件，如长期承受载荷的测力弹簧、薄膜传感件所用材料，就应该考虑弹性后效问题，否则测量结果就会出现误差。生产上消除弹性后效的办法也是采用长期回火，使第二类内应力尽量消除，使组织结构稳定化。

2.3.9 弹性滞后环（Hysteresis loop of elasticity）

从上述的材料弹性后效现象可见，在弹性变形范围内，材料变形时因应变滞后于外加应力，使加载线和卸载线不重合而形成的回线，称为弹性滞后环，如图2-41所示。这个滞后环的出现说明加载时消耗于材料上的变形功大于卸载时材料所放出的变形功，因此在材料内部消耗了一部分功。这部分功称为内耗，其大小可用环线面积表示。

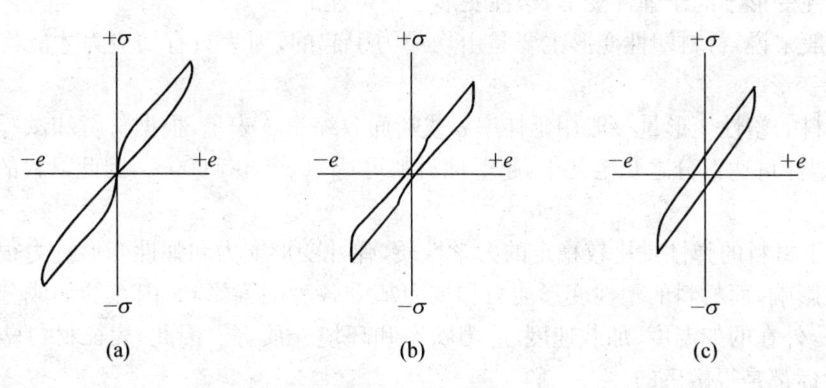

图2-41　弹性滞后环

如果所加的不是单向的循环载荷，而是交变的循环载荷，并且加载速度比较慢，弹性后效来得及显现，就出现如图2-41(a)所示的两个对称的弹性滞后环；如果加载速度比较快，弹性后效来不及表现，则出现如图2-41(b)、(c)所示的弹性滞后环，其环线面积表示在一个应力循环中材料的内耗，也可称为循环韧性。

循环韧性也是材料的一个性能，一般用振动试样中自由振动振幅的衰减来表示循环韧性的大小。如图2-42所示，设 T_k 和 T_{k+1} 为自由振动相邻振幅的大小，则循环韧性可表示为

$$\delta = \ln\frac{T_k}{T_{k+1}} = \ln\frac{T+\Delta T}{T} \approx \frac{\Delta T}{T} \tag{2-55}$$

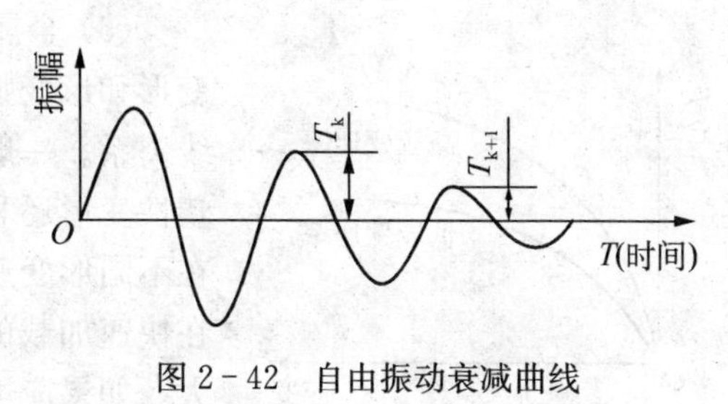

图2-42　自由振动衰减曲线

循环韧性表示材料的消振能力。循环韧性大的材料其消振能力强。对于承受交变应力而易振动的构件，常希望材料有良好的消振性能，如汽轮机叶片常用1Cr13钢制造，其原因除了这种钢耐热强度高外，还因它有较高的循环韧性 δ，消振性能好。

但是另一方面，对有些零件又希望材料的循环韧性越小越好，尽量选择 δ 低的材料。如仪表上的传感元件的材料其 δ 越小，传感灵敏度越高，乐器所用的金属材料 δ 越小，音色越美。

2.4　材料的塑性变形

(Plastic deformation of materials)

当材料变形超过弹性极限后就开始出现塑性变形。随外力的增加塑性变形量也增加，当达到断裂时，塑性变形量达到一个极限值，一般将这个相对塑性变形极限值叫做极限塑性，简称塑性。塑性就是指材料得到不可逆的永久变形而又不会被破坏的能力。

2.4.1 塑性变形的基本特点（Basic characteristics of plastic deformation）

与弹性变形相对比，材料的塑性变形具有以下基本特点：

(1) 塑性变形不同于弹性变形，塑性变形是不可逆的。

(2) 一般来说，材料塑性变形主要是由切应力引起的，因为只有切应力才能使晶体产生滑移或孪生变形。

(3) 材料的塑性变形量一般用延伸率 δ 或断面收缩率 ψ 表示，根据材料和试验条件的不同，材料的塑性可达百分之几至几十，超塑性材料可达 100%～1 000%，因此材料的塑性远远大于弹性。

(4) 由于材料的弹性是比较稳定的力学性质，弹性变形能力和弹性变形抗力很少受外在和内在因素影响，而材料的塑性变形能力和抗力却受各种因素影响，内在的如成分、组织、结构敏感性等，外在的如温度、加载速度、应力状态和环境介质等。因此，表征材料塑性变形的力学性能指标都是很敏感的。

(5) 在弹性变形过程中，随着形变的发展，材料内部除原子间的距离改变外，很少发生其他变化，而在塑性变形过程中，在一定条件下随着形变的发展却可能发生形变硬化、时效、残余内应力、回复、再结晶、蠕变、应力松弛等各种内在变化，以至可能导致断裂的裂纹生成和裂纹扩展。材料的塑性变形还可能带来物理性质如密度降低、电阻增加、磁矫顽力的增加或化学性质的变化。

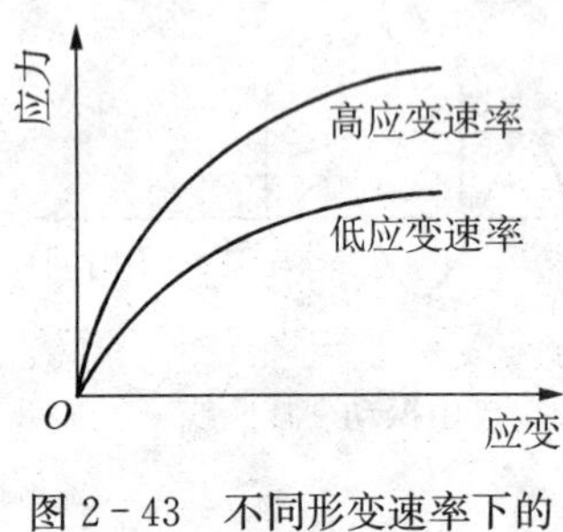

图 2-43 不同形变速率下的应力—应变曲线

(6) 金属塑性变形阶段除了塑性变形本身外，还伴有弹性变形和形变强化的发生，因此应力—应变关系不再是简单的直线关系。一般温度下，塑性变形主要取决于应力，但在高温下塑性变形还和温度及时间(形变速率)有关。图 2-43 为金属在不同形变速率下的应力—应变曲线。慢速加载的变形曲线在快速加载的曲线下面，说明时间长(慢速加载)塑性变形量大。如果应力不变，塑性变形随时间的增加而增加，这就是高温蠕变；应变一定，应力随时间的增长而下降，这就是高温应力松弛。因此塑性变形是应力、应变和时间(形变速率、形变时间)的函数。

综上所述，塑性变形行为非常复杂，具有变形不可逆、变形曲线非线性、变形度较大，只有切应力才可能引起塑性变形等许多特点。

2.4.2 塑性变形的物理过程（Physical process of plastic deformation）

塑性变形的方式主要有滑移、孪生、晶界滑移和扩散性蠕变等四种。

(1) 滑移变形：滑移是材料塑性变形的主要方式。滑移是材料在切应力作用下沿着一定的晶面和一定的晶向进行的切变过程。这种晶面和晶向分别称为材料的滑移面和滑移方向，它们常常是晶体中原子排列最密的晶面和晶向，每个滑移面和其上的一个滑移方向的组合叫滑移系，它表示材料在滑移时可能采取的一个空间取向。晶体的滑移面和滑移方向取决于晶体的结构类型，常见金属材料的三种晶体结构，其滑移面、滑移方向和滑移系如表 2-2 所示。通常，材料晶体中的滑移系愈多，这种材料的塑性就可能愈好。但这不是唯一的决定因素，还与滑移面原子排列的密度及原子在滑移方向上的排列数目有关。例如：α - Fe 虽有 48 个滑移系，比面心立方金属滑移系多，但因其滑移面上的原子密度和滑移方向数目，均低于面心立方金属，因而滑移阻力大，塑性劣于面心立方金属。

表 2-2　常见金属晶体的滑移面、滑移方向和滑移系

晶体结构	金属举例	滑移面	滑移方向	滑移系
面心立方	Cu、Al	{111}	〈110〉	12
体心立方	α - Fe	{110}{112}{123}	〈111〉	48
密排六方	Mg	$(0001)(10\bar{1}0)$	$\langle 11\bar{2}0\rangle$	3

根据位错理论可知，滑移是通过滑移面上的位错运动来实现的。滑移面上的位错其柏氏矢量 $\boldsymbol{b}$ 根据柏氏回路来确定，其模数 $|\boldsymbol{b}|$ 表征位错的强度，它与滑移晶向的原子间距有关。面心立方金属 $|\boldsymbol{b}| = \frac{a}{2}\langle 110\rangle$；体心立方金属 $|\boldsymbol{b}| = \frac{a}{2}\langle 111\rangle$；密排六方金属 $|\boldsymbol{b}| = \frac{a}{3}\langle 11\bar{2}0\rangle$。由于位错是一种点阵畸变原子组态，具有畸变能，其 $\boldsymbol{b}$ 值越小畸变能也越小，位错越稳定。在晶体中，位错一般总是分布于滑移面上，而且它只能在滑移面上滑动。实际上，由于位错在晶体中并不都分布于一个滑移面上，而是分布于相互交叉的很多晶面上，于是就构成一个空间位错网。这样，每段位错在自己滑移面上运动时将会受到两端结点的钉扎作用。如果外加切应力足够大，便可使这段线向外弯曲扩展，一个接一个的放出 n 个位错环，如果移出晶体表面就造成 $n\boldsymbol{b}$ 的滑移量。这就是位错的增殖机构，叫做弗兰克-瑞德源（F-R 源）。这段弯曲扩展的位错线段称为位错源。根据这种位错增殖滑移机构，可以理解塑性变形量大的原因。

在滑移面上使晶体滑移所需的切应力必须达到一定值后，晶体才能进行滑移。晶体沿滑移面开始滑移的切应力叫做临界切应力 τ_c。它反映了晶体滑移的阻力，实际是位错运动的阻力。因此 τ_c 是晶体的一个性能，表示晶体滑移的切变抗力。

对于单晶体试样的单向拉伸来说，其屈服强度 σ_s 随滑移面取向不同而变化（见图 2-44）。由图 2-44 可得出：

$$\sigma_s = \tau_c / \cos\phi\cos\lambda \tag{2-56}$$

式中，ϕ 为滑移面法向和载荷 P 的夹角；λ 为滑移方向和 P 的夹角；$\cos\phi\cos\lambda$ 为滑移取向因子。

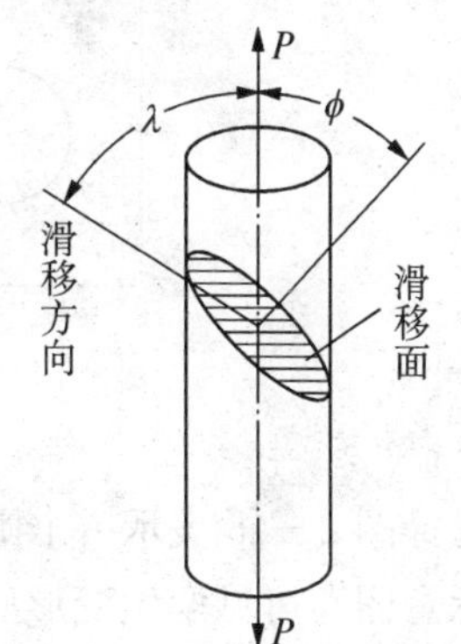

图 2-44　单晶体拉伸时应力分析图

由图 2-44 和式(2-56)可见，滑移面取向 $\phi = 45^\circ$ 和 $\lambda = 45^\circ$ 时，滑移所需轴向应力最小，为 $\sigma_s = 2\tau_c$。其他取向的 σ_s 都大；当 $\phi = 0^\circ$ 或 $\phi = 90^\circ$ 时，$\sigma_s \to \infty$。这说明 $\phi = 45^\circ$ 为滑移面的软取向，所需轴向应力最小，即最易滑移；而在 $\phi = 0^\circ$ 或 $\phi = 90^\circ$ 时，不能滑移。

(2) 孪生变形：除滑移之外，塑性变形的另一种重要变形方式是孪生变形。滑移变形的产物是滑移线和滑移带，而孪生变形的产物则是孪晶。当晶体的一部分与另一部分呈镜像时，称为孪晶，对称面称为孪晶面。图 2-45 为面心立方（FCC）晶体中形成孪晶时原子移动的示意图。与滑移相仿，孪生也是晶体学要素。除了孪晶面以外，原子也是沿着一定的晶体学方向移动并平行于孪晶界，成为切变方向。

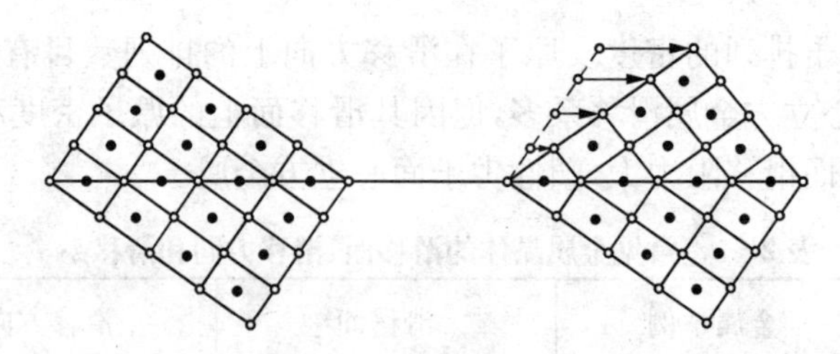

图 2-45　面心立方(FCC)晶体产生孪晶时原子的移动情况

作为晶体塑性变形的一种变形方式，孪生变形具有以下特点。首先孪生多发生在较高的变形速度下。一般滑移较孪生容易，所以大多数金属先产生滑移，但对密排六方(HCP)晶体由于其滑移系较少，有时可能一开始就会形成孪晶。对大多数晶体来说，在高变形条件下，尤其在低温高速下，易形成孪晶。其次，孪生所产生变形量很小，例如金属 Cd 单纯依靠孪生变形最大只能获得 7.39%的变形量，而滑移可达到 300%的变形量。再者，孪生具有一定的可逆性。实验观察发现，还有一些金属晶体在孪生变形的初期所形成的孪晶是弹性的。在孪晶变形尚未贯穿整个晶体断面之前，若去掉外力，则孪晶变小甚至消失。相反，若再次施加外力，则孪晶重新长大变厚。当然若外力达到一定值后，变形孪晶穿过整个试样即形成塑性孪晶，此时即使去除全部外力，这个孪晶也不能消失。

孪生与滑移均是晶体切变塑性变形的方式，但两者还是有着本质区别的。第一、在晶体取向上，孪生变形产生孪晶，形成的是镜像对称晶体，晶体的取向发生了改变，而滑移之后沿滑移面两侧的晶体在取向上没有发生任何变化。滑移线或滑移带是在材料表面上出现的，经抛光可去掉，而孪晶则呈薄片状或透镜状存在于晶体中，抛光后腐蚀仍可见到。第二、切变情况不同。滑移是一种不均匀的切变，其变形主要集中在某些晶面上进行，而另一些晶面之间则不发生滑移。孪生是一种均匀的切变，每个晶面位移量与其到孪晶面的距离成正比(见图 2-46)。

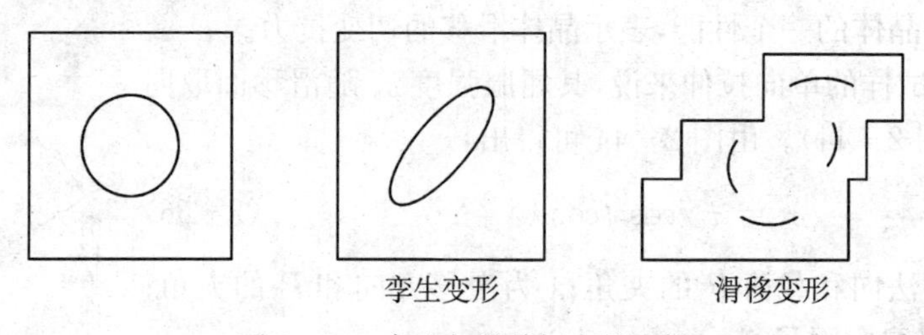

图 2-46　孪生与滑移切变的比较

图 2-46 表示一个圆在滑移与孪生变形之后，由于切变情况的不同所形成的不同形状的示意图。可见孪生变形后圆变成了椭圆，而滑移的结果成了四段(或若干段)弧，由此可见滑移的切变是均匀的。第三、变形量不同。如前所述的孪生的变形量很小，并且很易受阻而引起裂纹。滑移的变形量可达百分之百乃至数千。值得注意的是孪生变形量虽然小，但是对材料塑性变形的贡献是不可低估的。这是由于一旦滑移变形受阻，晶体可以通过孪生使滑移转向，转到有利于滑移继续进行的方向上来，从而使滑移得以继续进行。因此说孪生对滑移有协调作用。

(3) 晶界滑动和扩散蠕变：高温下多晶体金属材料因晶界性质弱化，变形将集中于晶界进行。变形时可以使晶界切变滑动，也可以借助于晶界上空穴和间隙原子定向扩散迁移来实现。

无论哪种方式的变形，都是不可逆的，而且变形度都很大。除了高温下的晶界缺陷定向迁移外，其他变形都是切应力引起的。这就可以解释塑性变形的许多宏观特征。

2.4.3 单晶体与多晶体材料塑性变形的特点（Characteristics of plastic deformation for both single crystal and polycrystal materials）

不同晶体材料在不同条件下变形可能以不同方式或以多种方式进行。但常见的晶体材料在一般条件下，其塑性变形均以滑移与孪生方式为主发生，并且滑移方式多为优先方式。因此，在分析晶体特点时也以此为主线。

2.4.3.1 单晶体材料塑性变形的特点

(1) 引起塑性变形的外力在滑移面上的分切应力，必须大于晶体在该面上的临界分切应力时滑移才能开始。

(2) 晶体的临界分切应力是各向异性的。以沿着原子排列得最为密集的面及其方向上的临界分切应力为最小。这种切应力最小的面称为最易滑移面，面上原子排列得最为密集的方向称为最易滑移方向。

(3) 对于制备好后从未受过任何形变的晶体，其最易滑移的面和最易滑移的方向上的临界分切应力都很小。不过，在这些方向上，随着塑性形变的发展紧跟着就迅速“硬化”，如外力不再增加，变形即停止。欲使变形继续，则需继续增加外力，这就是所谓的形变硬化现象。受过原始形变作用后的晶体(即形变硬化过的晶体)的临界分切应力可以增加到每平方毫米若干牛顿。

(4) 形变硬化并不是绝对稳固的特性，这种特性将随着时间的增长而渐渐消失，而且温度越高消失得越快。这就是所谓的“硬化回复”现象，这一现象发生的全过程称之为“回复”。

(5) 如果认为形变硬化是由于塑性变形时晶体点阵结构的规则性遭到破坏所引起的(如某些原子离开点阵的正规位置，或移到点阵间隙中去)，那么回复可认为是由于晶体点阵结构的规则性又获得恢复(如因原子返回到原来位置，或移到新的点阵上)。若从这一点来看，则在恒定的外在条件下，单晶体的塑性变形将是由一连串的破坏过程和一连串的“回复”过程所组成的。

2.4.3.2 多晶体塑性变形的特点

(1) 多晶体塑性变形的第一个特点是形变的不均一性。形变不均一性不仅表现在各个晶粒之间，而且表现在同一个晶粒的内部，显然这种形变的不均一性是由于不同晶粒在空间取向上的不同所带来的直接和间接结果。直接结果是：不同取向使得每一个晶粒具有不同的变形程度，间接结果是：由于形变时各晶粒变形程度不同，各晶粒间相互牵制，造成每一个单独晶粒内部的变形也是不均匀的。这一特点所造成的结果是：某些晶粒已经开始塑性变形，而其他一些晶粒仍处于弹性变形阶段；其次是塑性变形引起多晶体材料内部产生第一类和第二类内应力。

(2) 各晶粒变形的不同时性。多晶体由于各晶粒的取向不同，在外加拉应力作用下，由式(2-56)可知，当某晶粒滑移取向因子 $\cos\phi\cos\lambda=0.5$ 时该晶粒为软取向晶粒，先开始滑移变形，而其他相邻晶粒因 $\cos\phi\cos\lambda$ 小，所需 σ_s 大，只能在增加应力后才能开始滑移变形。

因此，多晶体塑性变形时，各晶粒不是同时开始的，而是分先后相继进行的。

(3) 由于各晶体的无规则取向，塑性变形首先在那些滑移面对外作用力来说具有最适宜取向的晶粒中开始，但它们的形变受到临近具有不同取向的滑移面晶粒的牵制。反过来，它们的形变又对周围邻近晶粒施加压力，结果使它们处在一种复杂的应力状态中，阻碍了形变的发展。所以多晶体的形变抗力通常较单晶体为高，这是多晶体塑性变形的另一个特点。

(4) 多晶体各晶粒变形的相互配合性。多晶体作为一个整体，变形时要求各晶粒间能够相互协调，否则将造成晶界开裂。如前所述，任何应变都可用 6 个应变分量来表示，即 ε_x、ε_y、ε_z、γ_{xy}、γ_{yz}、γ_{zx}。当体积不变时(即 $\Delta V=\varepsilon_x+\varepsilon_y+\varepsilon_z=0$)，只要有 5 个应变分量即可满足任何方向的应变要求。因此，多晶体各晶粒要实现协调变形，每个晶粒必须具有 5 个以上的应变分量，即每个晶粒必须有 5 个以上能够开动的滑移系。由此可见，多晶体能否产生塑性变形关键在于材料本身的滑移系。立方系晶体滑移系都在 12 以上，这些材料的多晶体具有较好的塑性。密排六方晶体滑移系较少，只有 3 个，不能满足上述要求，所以其多晶体塑性极差。金属化合物滑移系更少、表现为更脆。

(5) 多晶体塑性变形的另一个特点是晶界所表现的行为，一般规律是：在较低温度下晶界具有比晶粒内部大的形变阻力，因此塑性变形总是先从晶粒内部开始。而在较高温度下，塑性变形可表现为沿着晶粒间分界面相对滑移，即晶界的形变阻力此时并不比晶粒内部大。

多晶体塑性变形在性质上所表现的特点和单晶体比较是有重大差别的，这些差别的根源在于多晶体各晶粒本身空间取向的不一致和晶界的存在。

2.4.4 形变织构和各向异性 (Deformation texture and Anisotropy)

随着塑性变形程度的增加，各个晶粒的滑移方向逐渐向主形变方向转动，使多晶体中原来取向互不相同的各个晶粒在空间取向上逐渐趋向一致，这一现象称为择优取向；材料变形过程中的这种组织状态称为形变织构。例如，冷态拉丝时形成的织构，其特点是各个晶粒的某一晶向大致与拉丝方向平行，而冷轧板材则是各个晶粒的某一晶面与轧制面平行而某一晶向与轧制主形变方向平行。一般，当材料的形变量达到 10%～20%时，择优取向现象就可显现出来。随着形变织构的形成，多晶体的各向异性也逐渐显现。当形变量达到 80%～90%时，多晶体就呈现明显的各向异性。形变织构现象对于工业生产有时可加以利用，有时则需避免。例如，沿板材的轧制方向有较高的强度和塑性，而横向则较低，因而在零件的设计和制造时，应使轧制方向与零件的最大主应力方向平行。而在用这种具有形变织构的板材冲制杯状零件时，由于不同方向的形变抗力与形变能力不同，冲制的工件边缘不齐，壁厚不均，产生波浪形裙边，这种情况要设法防止。

2.5 屈　服
(Yielding)

在拉伸试验中，当外力不增加(或保持恒定)时试样仍然能够伸长或外力增加到一定数值时突然下降，然后在外力不增加或上下波动时试样继续伸长变形，这种现象叫屈服。

2.5.1 屈服现象及唯象理论 (Yielding phenomenon and phenomenological theory)

材料在拉伸过程中出现的屈服现象是材料开始产生宏观塑性变形的一种标志。材料在实际应用中，一般要求在弹性状态下工作，不允许发生塑性变形。在设计构件时，把开始塑性变形的屈服视为失效。因此，研究屈服现象的本质和规律，对于提高材料的屈服强度，避免材料失效和研究新材料具有重要意义。屈服现象不仅在退火、正火、调质的中、低碳钢、低合金钢和其他一些金属和合金中出现，也可在其他材料中被观察到，最常见的是含微量间隙原子的体心立方金属（如碳、氮溶于钼、铌、钽中）和密排六方金属（如氮溶于镉和锌中），以及含溶质浓度较高的面心立方金属置换固溶体（如三七黄铜）。这说明屈服现象具有一定的普遍性。同时，它又可反映材料内部的某种物理过程，故可称为物理屈服。

在进行拉伸试验时，当出现屈服现象时，在试样表面有时可以观察到与拉伸方向约成45°角的细滑线，称为吕德斯(Lüders)线，或称屈服线。屈服线在试样表面是逐步出现的，开始只在试样局部区域出现，其余部分仍处于弹性状态，随后，已屈服的部分应变不再增加，未屈服的部分陆续产生滑移线，由此说明屈服变形的不均匀性和不同时性。当整个试样均屈服之后，开始进入均匀塑性变形阶段，并伴随有形变强化。

某种条件下，物理屈服现象还具有时效效应。如果在屈服后一定塑性变形处卸载，随即再拉伸加载，则屈服现象不再出现。关于物理屈服现象及动态应变时效效应的柯氏气团及位错增殖理论，将在第4章中详细阐述。

现在由于在共价键晶体硅、锗、以及无位错的铜晶须中也观察到物理屈服现象，因而目前都用位错增殖理论来解释。根据这一理论，要出现明显的屈服必须满足两个条件：材料中原始的可动位错密度和应力敏感系数 m 要小。金属材料塑性应变速率 $\dot{\varepsilon}$ 与可动位错密度 ρ、位错运动速率 ν 及柏氏矢量 $\boldsymbol{b}$ 的关系式为

$$\dot{\varepsilon} = \boldsymbol{b}\rho\nu \tag{2-57}$$

由此可见，变形前的材料中可动位错很少。为了适应一定的宏观变形速率（取决于试验机夹头运动速率）的要求，必须增大位错运动速率。而位错运动速率又决定于应力的大小，其关系式为

$$\nu = (\tau/\tau_0)^m \tag{2-58}$$

式中，τ 为沿滑移面的切应力；τ_0 为产生单位位错滑移速度所须的应力；m 为位错运动速率应力敏感系数。

综上所知，要增大位错运动速率，就必须有较高的外应力，因而就出现了上屈服点。接着发生塑性变形，位错大量增殖，ρ 增大，为适应原先的形变速率 $\dot{\varepsilon}$，位错运动速率必须大大降低，相应的应力也就突然降低，出现了屈服降落现象。m 值越小，为使位错运动速率变化所需的应力变化越大，屈服现象越明显，体心立方金属的 m 小于20，而面心立方金属的 m 大于100～200，因此前者屈服现象显著，后者屈服不明显。

2.5.2 屈服强度及其影响因素 (Yielding strength and its effect factors)

2.5.2.1 屈服强度

既然屈服现象是材料开始塑性变形的标志，而各种构件在实际服役过程中大都处于弹性变形状态，屈服标志着失效。为了防止构件产生这种失效，要求人们在设计或选材中提出一个衡量屈服失效的力学性能指标，即屈服强度。屈服强度标志着材料对起始塑性变形的抗力。对单晶体来说它是第一条滑移线开始出现的抗力。如用切应力表示，即滑移临界切

应力 τ_c。由式(2-56)可知,σ_s 与 τ_c 两者相差一个位向因子。对于多晶体来说,由于第一条滑移线无法观察,所以不能用出现滑移线的方法,而是用产生微量塑性变形的应力定义为屈服强度。对于拉伸时出现屈服平台的材料,由于下屈服点再现性较好,故以下屈服应力作为材料的屈服强度,可记为 σ_s。

$$\sigma_s = P_s/A_0 \tag{2-59}$$

式中,P_s 为屈服载荷;A_0 为试样标距部分原始截面积。

但是,更多的材料在拉伸时看不到屈服平台,因而人为地规定当试件发生一定残余塑性变形量时的应力,作为失效的条件屈服强度。允许的残余变形量可因构件的服役条件而异。最常见的条件屈服强度为 $\sigma_{0.2}$,表示残余变形量为0.2%时的强度值。

$$\sigma_{0.2} = P_{0.2}/A_0 \tag{2-60}$$

式中,$P_{0.2}$为产生0.2%残余伸长时的载荷。

这对于一般的机器构件已经可以满足。而对于一些特殊机件如高压容器,为保持严格气密性,其紧固螺栓不允许有些微残余伸长,要采用 $\sigma_{0.01}$ 甚至 $\sigma_{0.001}$ 作为条件屈服强度。

2.5.2.2 影响屈服强度的因素及提高屈服强度的方法

对于金属材料来说,一般是多晶体,往往具有多相组织,因此讨论影响屈服强度的因素必须注意以下三点:第一、金属材料的屈服变形是位错增殖和运动的结果,凡是影响位错增殖和运动的各种因素,必然要影响金属材料的屈服强度;第二、实际金属材料中单个晶粒的力学行为并不能决定整个材料的力学行为;要考虑晶界、相邻晶粒的约束、材料的化学成分以及第二相的影响;第三、各种外界因素通过影响位错运动而影响屈服强度。下面我们将从内、外两个方面来进行讨论。

1) 影响屈服强度的内在因素(以金属材料为例)

(1) 金属本质及晶格类型。一般,多相合金的塑性变形主要在基体相中进行,这表明位错主要分布在基体相中。位错的运动首先决定于基体相的各种阻力。而金属临界切应力与其切变弹性模数 G 有关;G 值越高其临界切应力越大。过渡族金属 Fe、Ni 等,G 值较高,其临界切应力也高,因而屈服强度也高。同时,临界切应力还与晶体类型有关。金属滑移方向的原子间距 $\boldsymbol{b}$(柏氏矢量)越大,临界切应力越大;反之,则临界切应力越小。如密排面心立方金属 Cu、Al 和六方金属 Mg、Zn 等,因 $\boldsymbol{b}$ 小,其临界切应力都很低。而体心立方金属 α-Fe、Cr 等,其临界切应力因 $\boldsymbol{b}$ 大都较高。因此,α-Fe、Cr 等的屈服强度都较 Cu、Al、Mg、Zn 高。换言之,以 α-Fe 为基的钢的屈服强度比以 γ-Fe 为基的钢的屈服强度高。

一般多相合金的塑性变形主要在基体相中进行,这表明位错主要分布在基体相中。如果不计合金成分的影响,那么一个基体相就相当于纯金属单晶体。纯金属单晶体的屈服强度从理论上来说是使位错开始运动的临界切应力,其值由位错运动所受的各种阻力决定。这些阻力有晶格阻力、位错间交互作用产生的阻力等。不同的金属及晶格类型,位错运动所受的各种阻力并不相同。

晶格阻力即派纳力 τ_{P-N}是在理想晶体中存在的一个位错运动时所需克服的阻力。τ_{P-N}与位错密度及柏氏矢量有关,两者又都与晶体结构有关:

$$\tau_{\text{P-N}} \approx \frac{2G}{1-\nu} e^{-\frac{2\pi \cdot a}{b(1-\nu)}} = \frac{2G}{1-\nu} e^{-\frac{4\pi\zeta}{b}} \tag{2-61}$$

式中,G 为切变模量;ν 为泊松比;a 为滑移面的晶面间距;$\boldsymbol{b}$ 为柏氏矢量的模;ζ 为位错宽度的一半,即 $2\zeta = a/(1-\nu)$。

由式(2-61)可见,位错密度大时,因位错周围的原子偏离平衡位置不大,晶格畸变小,位错易于移动,故 $\tau_{\text{P-N}}$小,如面心立方金属;而体心立方金属,其 $\tau_{\text{P-N}}$较大。上式也说明,$\tau_{\text{P-N}}$还受晶面和晶向原子间距的影响。滑移面的面间距最大,滑移方向上原子间距最小,所以其 $\tau_{\text{P-N}}$小,位错最易运动。不同的金属材料,其滑移面的晶面间距与滑移方向上的原子间距是不同的,所以 $\tau_{\text{P-N}}$不同。此外,$\tau_{\text{P-N}}$还与切变弹性模量 G 值有关。

晶体中的位错是呈空间网状分布的,其中每段位错线在自己的滑移面上运动时,需要开动 F-R 位错源,这除了克服派纳力 $\tau_{\text{P-N}}$之外,还必须克服位错线弯曲的线张力,即 $T = G\boldsymbol{b}^2/2$。为了克服位错线弯曲所增加的线张力,其所需的切应力除了决定于 T 之外,还和位错弯曲的曲率半径有关。

$$\tau = \frac{T}{\boldsymbol{b}r}$$

如果 F-R 源位错线段长为 L,则其弯曲时最小的曲率半径 $r = \frac{L}{2}$,所以所需的极限切应力为

$$\tau = \frac{G\boldsymbol{b}}{2r} = \frac{G\boldsymbol{b}}{L} \tag{2-62}$$

这个切应力就是 F-R 源开动的最大阻力,其值除了正比于 $G\boldsymbol{b}$ 之外,主要决定于位错线长度。在一种材料中,位错线 L 越小,F-R 源开动阻力就越大。

由于位错本身具有自己的弹性应力场,所以当位错运动和其他平行位错接近时,将遇到弹性交互阻力。此外,晶体中的位错呈空间网状分布,对于某一个位错线来讲,其滑移面和其他一些位错线是相交的,则这些相交叉的位错线称为林位错。当位错线运动通过林位错时,由于位错的截割作用,将形成位错割阶,因而要消耗能量,增大位错运动阻力。这个阻力和位错的结构类型、性质及间距有关。和位错源开动阻力一样,均正比于 $G\boldsymbol{b}$ 而反比于位错间距离 L,即可以用式(2-63)表示:

$$\tau = \frac{\alpha G\boldsymbol{b}}{L} \tag{2-63}$$

式中,α 为比例系数。因为位错密度 ρ 与 $1/L^2$ 成正比,故式(2-63)又可写为

$$\tau = \alpha G\boldsymbol{b}\rho^{\frac{1}{2}} \tag{2-64}$$

在平行位错情况下,ρ 为主滑移面中位错的密度;在林位错情况下,ρ 为林位错的密度。α 值与晶体本性、位错结构及分布有关,如对于面心立方金属,$\alpha \approx 0.2$;对于体心立方金属,$\alpha \approx 0.4$。

由式(2-64)可见,ρ 增加,$\tau_{\text{P-N}}$也增加,所以屈服强度也随之提高。

总之,实际晶体的切变强度(即临界切应力)是由位错运动的多种阻力所决定的,除了弹

性阻力和 F－R 源开动阻力之外，其他阻力都对温度敏感，因此材料的屈服强度随温度的变化是和这几种阻力有关的。

(2) 晶粒尺寸和亚结构。晶粒尺寸的作用是晶界影响的反映，因为晶界是位错运动的障碍，在一个晶粒内部，必须塞积足够数量的位错才能提供必要的应力，使相邻晶粒中的位错源开动，并产生宏观可见的塑性变形。由此，减小晶粒尺寸将增加位错运动障碍的数目，减少晶粒内位错塞积群的长度，使屈服强度提高。许多金属与合金的屈服强度与晶粒大小的关系符合霍尔-派奇(Hall-Petch)关系(该式的推导请参见 4.1.3 节)，即

$$\sigma_s = \sigma_0 + K_y d^{-1/2} \tag{2-65}$$

式中，σ_0 为位错在基体金属中运动的总阻力，亦称为摩擦阻力，取决于晶体结构和位错密度；K_y 为度量晶界对强化贡献大小的钉扎常数，或表示滑移带前端部的应力集中系数；d 为晶粒平均直径。式(2－64)中的 σ_0 和 K_y，在一定的试验温度和应变速率下均为材料常数。

对于铁素体为基的钢而言，晶粒大小在 0.3～400 μm 之间都符合这一关系。奥氏体钢也适用这个关系，但其 K_y 值较铁素体的小 1/2，这是因为奥氏体钢中位错的钉扎作用较小所致。因为体心立方金属较面心立方和密排六方金属的 K_y 值都高，所以体心立方金属细晶强化效果最好，而面心立方和密排六方金属则较差。

用细化晶粒提高金属屈服强度的方法叫做细晶强化，它不仅可以提高强度，而且还可以提高脆断抗力及塑性和韧性，所以细化晶粒是金属强韧化的一种有效手段。

亚晶界的作用与晶界类似，也阻碍位错的运动。实验发现，霍尔-派奇公式也完全适用于亚晶粒，但式(2－65)中的 K_y 值不同，将有亚晶的多晶材料与无亚晶的同一材料相比，至少低 1/2～4/5，且 d 为亚晶粒的直径。另外，在亚晶界上产生屈服变形所需的应力对亚晶间的取向差不是很敏感。

相界也阻碍位错运动，因为相界两侧材料具有不同的取向和不同的柏氏矢量，还可能具有不同的晶体结构和不同的性能。因此，多相合金中的第二相的大小将影响屈服强度，但第二相的分布、形状等因素也有重要影响。

(3) 溶质元素。在纯金属中加入溶质元素(间隙型或置换型)形成固溶合金(或多相合金中的基体相)，将显著提高屈服强度，这就是固溶强化。通常，间隙固溶体的强化效果大于置换固溶体。在固溶合金中，由于溶质原子和溶剂原子直径不同，在溶质原子周围形成了晶格畸变应力场，该应力场和位错应力场产生交互作用，使位错运动受阻，从而使屈服强度提高。溶质原子与位错交互作用能是溶质原子浓度的函数，因而固溶强化受单向固溶合金(或多相合金中的基体相)中溶质的量所限制。溶质原子与位错弹性交互作用只是固溶强化的原因之一，它们之间的电学交互作用、化学交互作用和有序化作用等对其也有影响。有关固溶强化机理的讨论请见 4.1.1 节及 4.1.2 节。

固溶合金的屈服强度高于纯金属，其流变曲线也高于纯金属。这表明，溶质原子不仅提高了位错在晶格中运动的摩擦阻力，而且增强了对位错的钉扎作用。

空位引起的晶格局部畸变类似于由置换型原子所引起的晶格畸变。因此，任何合金若其中含有过量的淬火空位或辐照空位，将比具有平衡浓度空位的合金屈服强度高，这一点在原子能工程上是必须考虑的，因为材料在服役过程中空位浓度不断增加，屈服强度显著提

高，将导致材料塑性降低。

(4) 第二相。工程用金属材料，特别是高强度合金，其显微组织一般是多相的。除了基体产生固溶强化外，第二相对屈服强度也有影响。现在已经确认，第二相质点的强化效果与质点本身在金属材料屈服变形过程中能否变形有很大关系。据此可将第二相质点分为不可变形的(如钢中的碳化物与氮化物)和可变形的(如时效铝合金中 GP 区的共格相及粗大的碳化物)两类。这些第二相质点都比较小，有的可用粉末冶金的方法获得(由此产生的强化叫弥散强化)，有的则可用固溶处理和随后的沉淀析出来获得(由此产生的强化称为沉淀强化)。有关第二相强化机理请参阅 4.1.5 节。

2) 影响屈服强度的外在因素

(1) 温度的影响。温度升高，屈服强度降低，但其变化趋势因不同晶格类型而异。图 2-47 是三种常见晶格类型金属的临界分切应力随温度变化的示意图。体心立方金属对温度很敏感，特别在低温区域，如 Fe，由室温降到−196℃，屈服强度提高 4 倍。面心立方金属对温度不太敏感，如 Ni，由室温降到−196℃，屈服强度仅提高0.4倍。密排六方金属介于两者之间。这可能是派纳力起主要作用的结果，因为 τ_{P-N} 对温度十分敏感。绝大多数结构钢是以体心立方铁素体为基体，其屈服强度也有强烈的温度效应，这是钢低温变脆的原因之一。

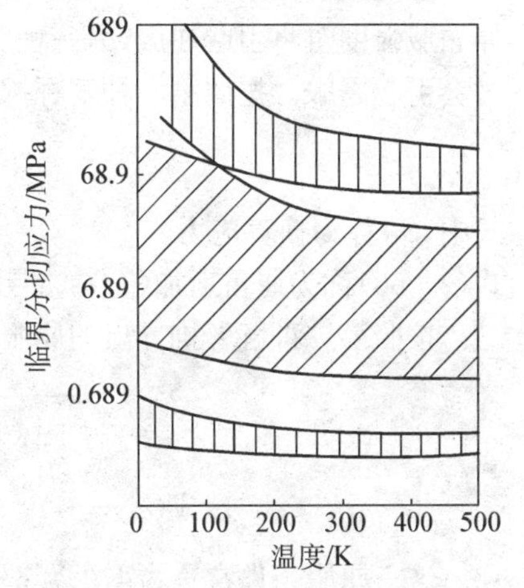

图 2-47　三种常见晶格的临界切应力与温度的关系

(2) 加载速率(变形速率)的影响。加载速率增加，金属材料的屈服强度增高，但屈服强度的增高远比抗拉强度的增高明显(见图 2-48)，因此在测定材料的屈服强度时，应当按照相应标准(如国标 GB228)的规定进行。从加载速率对 A3 钢屈服强度的影响(见图 2-49)可以看到，当加载速率超过 2 kgf/mm² · s(1 kgf/mm² · s 为 9.8 MPa/s)时，屈服强度显著增加。

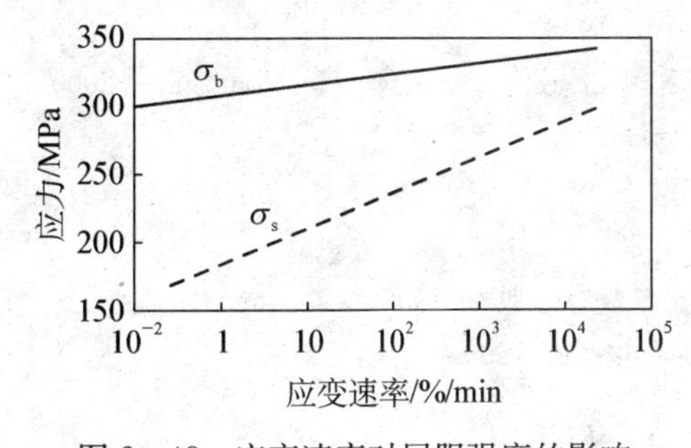

图 2-48　应变速率对屈服强度的影响

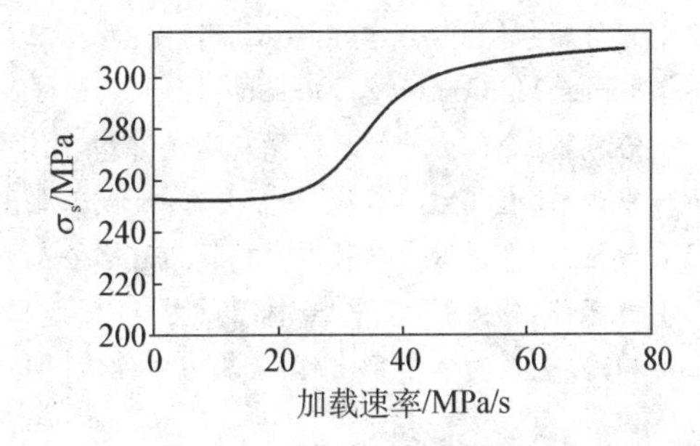

图 2-49　加载速率对 A3 钢屈服强度的影响

(3) 应力状态的影响。同一材料在不同加载方式下，屈服强度不同。因为只有切应力才会使材料发生塑性变形，而不同应力状态下，材料中某一点所受的切应力分量与正应力分量的比例不尽相同，切应力分量越大，越有利于塑性变形，屈服强度则越低，所以扭转比拉伸的屈服强度低，拉伸比弯曲的屈服强度低，三向不等拉伸下的屈服强度为最高。但是，材料在不同应力状态下的屈服强度不同，并不是由材料性质决定的，而是由于材料在不同条件下表现的力学行为不同而已。

总之，屈服强度是一个组织结构敏感的性能指标，只要材料的组织结构稍有变化，就会影响位错的运动，从而影响屈服强度。所以生产上常利用合金化、热处理和冷变形等方法，来改变材料的组织结构，通过增加位错运动阻碍，达到提高屈服强度的目的。

2.5.3 屈服判据 (Criterion for yielding)

在复杂应力条件下材料屈服的原因有两种解释。一种认为：当最大切应力达到材料拉伸屈服强度时将引起屈服，另一种认为：形状改变比能达到单向拉伸屈服时的形状改变比能时会引起屈服。按照第一种解释推导出的屈服条件为

$$S_{\mathrm{III}} = \sigma_1 - \sigma_3 \geqslant \sigma_s \tag{2-66}$$

式中，S_{III} 称为换算应力。

式(2-66)称为屈雷斯加(Tresca)判据或第三强度理论。

按照第二种解释推导出的屈服条件为

$$S_{\mathrm{IV}} = \sqrt{\frac{1}{2}[(\sigma_1-\sigma_2)^2+(\sigma_2-\sigma_3)^2+(\sigma_3-\sigma_1)^2]} \geqslant \sigma_s$$

$$\text{或}(\sigma_1-\sigma_2)^2+(\sigma_2-\sigma_3)^2+(\sigma_3-\sigma_1)^2 \geqslant 2\sigma_s^2 \tag{2-67}$$

这一屈服条件常称为冯米赛斯(Von Mises)判据，或称第四强度理论。S_{IV} 是第四强度理论的换算应力。

这两种屈服条件都是在一定的假设条件下推导出来的，因此都有些误差。第四强度理论较接近实际，但第三强度理论比较简单，便于工程上应用。

参考文献

[1] 赖祖涵. 金属晶体缺陷与力学性能[M]. 北京：冶金工业出版社，1988.
[2] 郑修麟. 材料的力学性能[M]. 西安：西北工业大学出版社，1996.
[3] Tomas H. Courtney, Mechanical Behavior of Materials [M]. 2nd ed., McGraw-Hill Companies, 2000.
[4] 哈宽富. 金属力学性质的微观理论[M]. 北京：科学出版社，1983.
[5] 束德林. 金属力学性能[M]. 北京：机械工业出版社，1987.
[6] 何肇基. 金属的力学性质[M]. 北京：冶金工业出版社，1982.
[7] 匡震邦，顾海澄，李中华. 材料的力学行为[M]. 北京：高等教育出版社，1998.
[8] 冯端. 金属物理学第三卷：金属力学性质[M]. 北京：科学出版社，1999.

思考题

(1) 对两个原始长度为 5 cm 的橡胶试样分别进行压缩和拉伸试验，如果他们的工程应变分别是 −1.5 和 +1.5，那么两个试样的最终长度分别是多少？其真应变分别是多少？为什么两个结果会有数值差异？

(2) 将一个铝多晶试样进行平面塑性压缩，如果沿着压缩方向的真应变是 -2×10^{-4}，那么其他两个纵向应变是多少？

(3) 利用 E 和 γ 确定多晶铌、钛和铁的 K、λ 和 G。

(4) 某一材料的应力状态为：$\sigma_{11}=250\ \text{MPa}$，$\sigma_{12}=70\ \text{MPa}$，$\sigma_{22}=310\ \text{MPa}$。请确定主应力，最大剪应力以及它们与参考系的夹角。

(5) 在钢制压力容器外表面的引伸计测定显示，沿着纵向和横向的应变分别为 $\varepsilon_t=0.002$，$\varepsilon_t=0.005$，请确定相应的应力。如果不考虑泊松比的话会出现什么错误？

(6) 计算铁单晶体沿着[100]，[110]和[111]方向的杨氏模量和剪切模量。

(7) 一个银单晶沿着[100]方向拉伸。请确定其杨氏模量、剪切模量以及泊松比。

(8) 在一个钢试样上施加如下矩阵形式的弹性应力 $\sigma_{ij}=\begin{pmatrix}2 & -3 & 1\\ -3 & 4 & 5\\ 1 & 5 & -1\end{pmatrix}\text{MPa}$。已知 $E=200\ \text{GPa}$，$\nu=0.3$，计算相应的应变。

(9) 使用超声设备确定一个密度为 7.8 g/cm^3 的金属试样的纵向和切向声速。得到的数据为：$V_e=5\,300\ \text{m/s}$，$V_s=3\,300\ \text{m/s}$。请确定这种材料的杨氏模量、剪切模量以及泊松比。

(10) 在管状试样上施加一个扭矩 $T=600\ \text{Nm}$。如果材料(铝)的剪切模量是 26.1 GPa，长度为 1 m，那么总的偏转角为多少？已知管的直径为 5 cm，管壁厚 0.5 cm。假设这个过程为塑性变形。

(11) 一个多晶体金属材料有服从 Hollomon 方程($\sigma=K\varepsilon^n$)的弹性应力—应变曲线。已知这种材料在塑性变形为 2%和 10%时的流动应力分别是 175 MPa 和 185 MPa，请确定 n。

(12) 试想，你坐飞机去旅行，很巧这个飞机的设计师就坐在你的旁边。他告诉你，机翼是用 Von Mises 准则设计的。如果他告诉你使用的是 Tresca 准则的话你会不会觉得更加安全一些呢？为什么？

(13) 一种材料处于这种应力状态：$\sigma_1=3\sigma_2=2\sigma_3$。当 $\sigma_2=140\ \text{MPa}$ 的时候它开始塑性变形。那么，单向拉伸的流变应力是多少？如果这种材料是在 $\sigma_1=-\sigma_3$，并且 $\sigma_2=0$ 的条件下使用，根据 Tresca 和 Von Mises 准则，在 σ_3 为多少数值时它才开始流动？

(14) 对屈服强度为 300 MPa 的钢进行压力状态为 $\sigma_2=\sigma_1/2$ 和 $\sigma_3=0$ 的测试。在以下假设条件下屈服发生时的应力为多少：使用最大正应力准则；使用最大切应力准则；使用扭曲能量准则。

(15) 用三种流变准则确定一个圆柱形气缸能承受的最大压力。使用如下信息：材料：AISI304 不锈钢，$\sigma_0=205\ \text{MPa}$；厚度：25 mm；直径：500 mm；长度：1 mm。提示：用截断法确定纵向和圆周方向的应力。

(16) 确定在两个平行板间被压缩的各向同性的立方体的泊松比。

(17) 一个高度为 50 mm，直径为 100 mm 的低碳钢圆柱体在 1 200℃下以 1 m/s 的速度被锻造至高度为 15 mm。假设效率为 60%，并且假设在此应变速率下的流变应力为 80 MPa，确定锻造试样所需的力。

(18) 退火 AISI1018 钢试样中的塑性流动失稳的开始是通过载荷的降低和滑移带的出现来判定的。原始应变速率为 $10^{-4}\ \text{s}^{-1}$，试样长度为 5 cm，当应变为 0.1 时滑移沿平面扩展。已知每个滑移带的完整运动能产生 0.02 的应变，请确定：穿过试样的滑移带的个数；滑移带的速度，假设每次只存在一个滑移带。

(19) 用万能试验机在横截面积为 2 cm^2，长度为 10 cm 的钢试样上进行刚度为 20 MN/m 的拉伸测试。如果原始应变速率为 $10^{-3}\ \text{s}^{-1}$，确定在塑性范围内载荷—延伸曲线的斜率($E=210\ \text{GN/m}^2$)。

(20) 已知试样原始横截面积为 4 cm^2，十字头(试验机横梁)速度为 3 mm/s，标准长度为 10 cm，最终横截面积为 2 cm^2，颈缩处的曲率半径为 1 cm。请确定右图中加载曲线(对于圆柱试样)中应力—应变曲线的所有常数。

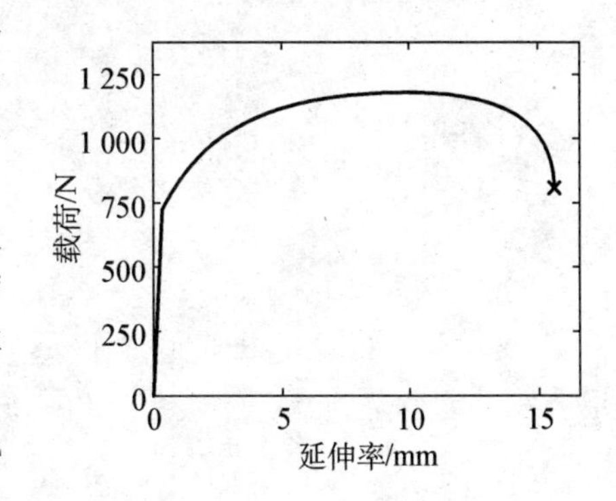

(21) 利用上题的曲线画出工程应力—应变和真应力—应变曲线(给出分别在考虑和不考虑布里奇曼校正的情况下的结果。)

(22) 根据下图,试求应变为 0.02 和 0.05 时,AISI1040 钢的应变速率敏感度是多少?

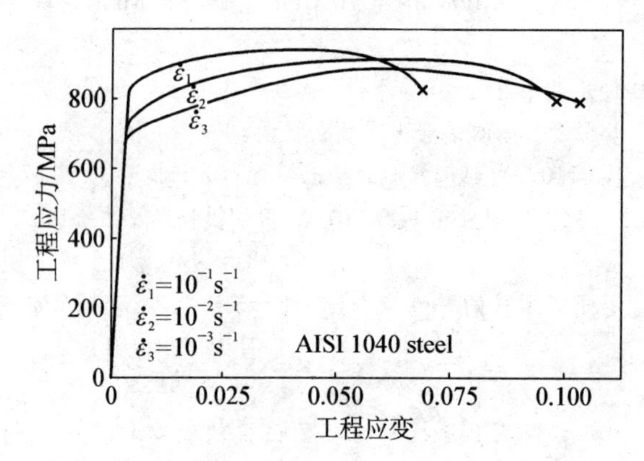

(23) 根据下图中的加载曲线画出真应力—应变曲线。

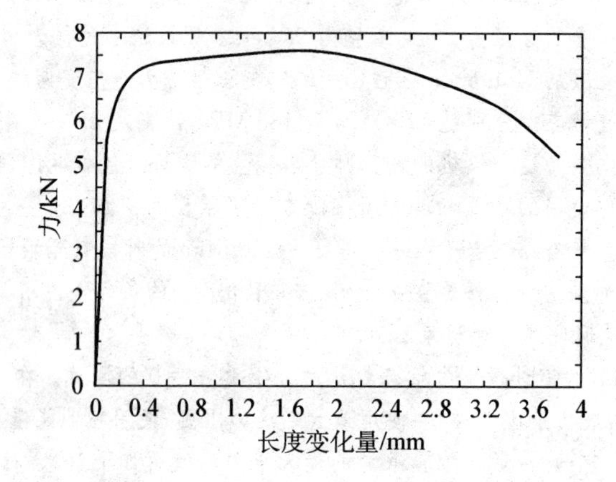

第3章 断裂与断裂力学基础知识

(Foundation of fracture and fracture mechanics)

由第1、2章可知,材料在外载荷的作用下一般由弹性变形发展到塑性变形,当塑性变形达到一定程度时,则会出现塑性变形难以维持,最终出现断裂。断裂是材料和机件主要的失效形式之一,其危害性极大,特别是脆性断裂,由于断裂前没有明显的预兆,往往会带来灾难性的后果。工程上断裂事故的出现及其危害性使得人们对断裂问题非常重视。研究材料的断裂机理、断裂发生的力学条件以及影响材料断裂的因素,对于机械工程设计、断裂失效分析、材料开发研究等具有重要意义。

断裂是一个物理过程,在不同的力学、物理和化学环境下会有不同的断裂形式,如疲劳断裂、蠕变断裂、腐蚀断裂等。断裂之后断口的宏观和微观特征与断裂的机理紧密相关。本章将从断裂的分类及断口特征入手,介绍材料断裂的一般机理。与断裂过程相关的缺口效应、冲击韧性等内容也放在本章中讨论,而特殊条件下的断裂过程如疲劳断裂、蠕变断裂等将在后续相关章节中介绍。

3.1 材料的断裂

(Fracture of materials)

3.1.1 断裂的分类

3.1.1.1 韧性断裂与脆性断裂 (Ductile fracture, brittle fracture)

根据材料断裂前塑性变形的程度可将材料的断裂分成韧性断裂和脆性断裂,前者是指材料断裂前产生明显宏观塑性变形的断裂。这种断裂有一个缓慢的撕裂过程,在裂纹扩展过程中需要不断地消耗能量。由于韧性断裂前已经发生了明显的塑性变形,有一定的预警,所以其危害性不大。但是研究韧性断裂对于正确制订材料加工工艺(如挤压、深压等)规范还是很重要的,因为在这些加工工艺中材料要产生较大的塑性变形,并且不允许产生断裂。

脆性断裂是突发性的断裂,断裂前基本上不发生塑性变形,没有明显征兆,因而危害性很大。脆性断裂的断裂面一般与正应力垂直,断口平齐而光亮,常呈放射状或结晶状。通常，脆断前也可产生微量塑性变形。一般规定光滑拉伸试样的断面收缩率小于5%者为脆性断裂，该材料即称为脆性材料；反之，大于5%者则为韧性材料。由此可见，材料的韧性与脆性是根据一定条件下的塑性变形量来规定的。一旦条件改变，材料的韧性与脆性行为也随之变化，具体内容请参照3.4.4节及3.4.5节的相关内容。

3.1.1.2 穿晶断裂和沿晶断裂 (Transgranlar fracture, intergranlar fracture)

多晶体材料断裂时，根据裂纹扩展的路径可以分为穿晶断裂和沿晶断裂。穿晶断裂裂纹穿过晶内，沿晶断裂裂纹沿晶界扩展，如图3-1所示。从宏观上看，穿晶断裂可以是韧性材料(如室温下的穿晶断裂)，也可以是脆性断裂(低温下的穿晶断裂)，而沿晶断裂则多数是脆性断裂。沿晶断裂一般是晶界被弱化造成的断裂。相变时产生的领先相如脆性的碳化物、很软的铁素体等沿晶界分布可以使晶界弱化；杂质元素磷、硫等向晶界偏聚也可以引起晶界弱化。应力腐蚀、氢脆、回火脆性、淬火裂纹、磨削裂纹等都是沿晶断裂。

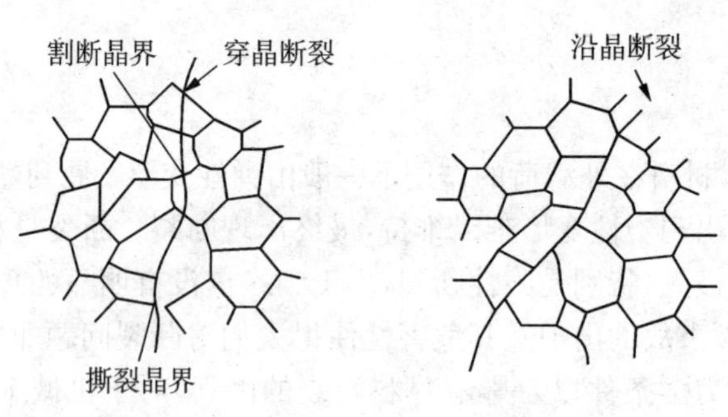

图3-1 多晶体金属的穿晶断裂和沿晶断裂

3.1.1.3 解理断裂、纯剪切断裂和显微空穴聚集型断裂 (Cleavage fracture, pear shear fracture, microvoids nucleation fracture)

这是按断裂的晶体学特征进行分类的一种方法。解理断裂是材料(晶体)在一定条件下(如低温)，当外加正应力达到一定数值后，以极快速率沿一定晶体学平面产生的穿晶断裂。由于其与大理石断裂类似，故称此种晶体学平面为解理面。解理面一般是低指数晶面或表面能最低的晶面。典型金属单晶体的解理面如表3-1所示

表3-1 典型金属单晶体的解理面

晶体结构	材料	主解理面	次解理面
bcc	Fe, W, Mo	{001}	{112}
hcp	Zn, Cd, Mg	(0001), (1100)	(1124)

由表3-1可见，只有bcc和hcp晶体才产生解理断裂，fcc晶体不发生解理断裂。这是因为只有当滑移带很窄时，塞积位错才能在其端部造成很大应力集中而使裂纹成核，而fcc晶体易产生多系滑移使滑移带破碎，致使其尖端钝化，应力集中度下降。所以，从理论上讲，fcc晶体不存在解理断裂。但实际上在非常苛刻的环境条件下，fcc晶体也可能产生解理破坏。

通常，解理断裂总是脆性断裂，但有时在解理断裂前也显示一定的塑性变形，所以解理断裂与脆性断裂不是同义词，前者指断裂机理而言，后者则指断裂的宏观形态。

剪切断裂是材料在切应力作用下，沿滑移面分离而造成的滑移面分离断裂，其中又分滑断(纯剪切断裂)和显微空穴聚集型断裂。纯金属尤其是单晶体金属常产生纯剪切断裂，其断口呈锋利的楔形(单晶体金属)或刀尖形(多晶体金属的完全韧性断裂)。这是纯粹由滑移流变所造成的断裂。

显微空穴聚集断裂，是通过显微空穴形核长大聚合而导致材料分离的。由于实际材料中常同时形成许多显微空穴，通过显微空穴长大互相连接而最终导致断裂，故常用的金属材料一般均产生这类性质的断裂，如低碳钢在室温下的拉伸断裂。

3.1.1.4　正断和切断 (Cleavage/intergranular fracture, shear fracture)

按断裂面的取向可以将断裂分为正断和切断。正断型断裂的断口与最大正应力相垂直，常见于解理断裂或约束较大的塑性变形的场合。切断型断裂的宏观断口的取向与最大切应力方向平行，而与主应力约成45°。切断常发生于塑性变形不受约束或约束较小的情况，如拉伸断口上的剪切唇等。

表3-2　断裂的分类及特征

分类方法	名称	断裂示意图	特　征
根据断裂前塑性变形大小分类	脆性断裂	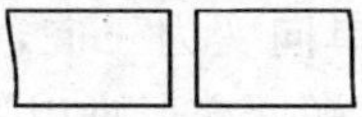	断裂前没有明显的塑性变形，断口形貌是光亮的结晶状
	韧性断裂		断裂前产生明显塑性变形，断口形貌是暗灰色纤维状
根据断裂面的取向分类	正断	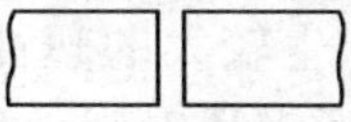	断裂的宏观表面垂直于 σ_{max} 方向
	切断	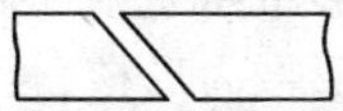	断裂的宏观表面平行于 τ_{max} 方向
根据裂纹扩展的途径分类	穿晶断裂		裂纹穿过晶粒内部
	沿晶断裂	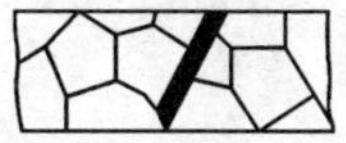	裂纹沿晶界扩展
根据断裂机理分类	解理断裂	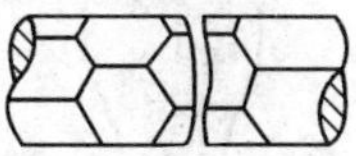	无明显塑性变形 沿解理面分离，穿晶断裂
	微孔聚集型断裂	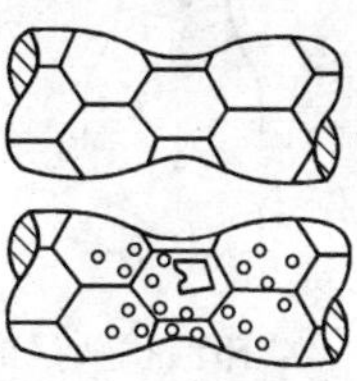	沿晶界微孔聚合，沿晶断裂 在晶内微孔聚合，穿晶断裂
根据断裂机理分类	纯剪切断裂	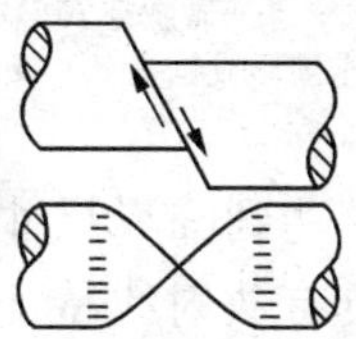	沿滑移面分离剪切断裂(单晶体) 通过缩颈导致最终断裂(多晶体、高纯金属)

表 3-2 列出了不同断裂类型的示意图及其特征。除了表中所列的断裂分类方法之外，根据部件的受力状态和周围环境介质的不同，又可以将断裂分为静载断裂、冲击断裂、疲劳断裂、冷脆断裂、蠕变断裂、应力腐蚀断裂和氢脆断裂等。

3.1.2 断口的宏观特征 (Macro-characteristics of fracture surface)

材料或构件受力断裂后的自然表面称为断口。断口可以分为宏观断口和微观断口。宏观断口指用肉眼或 20 倍以下的放大镜可以观察的断口，它反映了断口的全貌；微观断口是指用光学显微镜或扫描电镜可以观察的断口，通过对断口微观特征的分析可以揭示材料断裂的本质。在进行断口分析时，常常采用宏观和微观相结合的方法。

宏观断口分析是一种既简便又实用的分析方法，在断裂事故的分析中首先要进行宏观分析，掌握断口宏观形貌特征是机件断裂失效分析的有效途径之一。

光滑圆柱拉伸试样的宏观韧性断口呈杯锥形，由纤维区、放射区和剪切唇三个区域组成(见图 3-2)，又称为断口特征的三要素。这种断口的形成过程如图 3-3 所示。当光滑圆柱拉伸试样受拉伸载荷作用，在载荷达到拉伸曲线最高点时，便在试样局部地区产生颈缩。同时，试样的应力状态也由单向变为三向，且中心轴向应力最大。在中心三向拉应力作用下，塑性变形难以进行，致使中心部分的夹杂物或第二相质点本身碎裂，或使夹杂物质点与基体界面脱离而形成显微空穴。显微空穴不断长大和聚合就形成显微裂纹。早期形成的显微裂纹，其端部产生较大的塑性变形，且集中于极窄的高变形带内。这些剪切变形带从宏观上看大致与横向呈 50°～60°。新的显微空穴就在变形带内形核、长大和聚合，当其与裂纹连接时，裂纹便向前扩展一段距离。这样的过程重复进行就形成锯齿形的纤维区。纤维区所在平面(即裂纹扩展的宏观平面)垂直于拉伸应力方向。

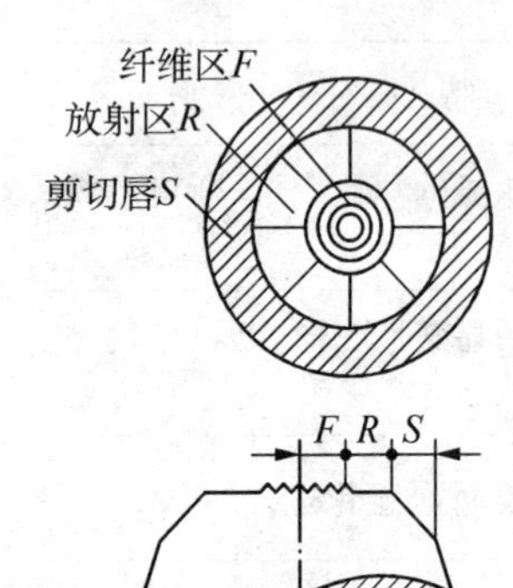

图 3-2 典型拉伸断口的三个区域

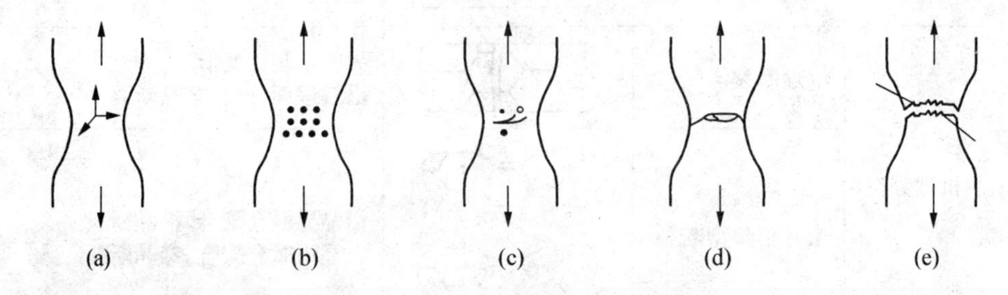

图 3-3 杯锥状断口的形成

(a) 颈缩导致三向应力；(b) 显微空穴形成；(c) 显微空穴长大；(d) 显微空穴连接形成锯齿状；(e) 边缘剪切断裂

纤维区中裂纹扩展速率很小，当其达到临界尺寸后就快速扩展而形成放射区。放射区是由裂纹做快速低能量撕裂形成的，具有放射线特征。放射线平行于裂纹扩展方向而垂直于裂纹前端(每一瞬间)的轮廓线，并逆指向裂纹源。撕裂时塑性变形量越大，则放射线越粗。因而，随着温度降低或材料强度增加，由于塑性降低，放射线由粗变细乃至消失。对于几乎不产生塑性变形的脆性材料，难以观察到放射线。

试样拉伸断裂的最后阶段形成杯状或锥状的剪切唇。剪切唇表面光滑，与拉伸轴呈45°，是典型的切断型断裂。

韧性断裂的宏观断口同时具有上述三个区域，而脆性断口纤维区很小，剪切唇几乎没有。当然，断口三区域的形态、大小和相对位置，会因试样形状、尺寸和材料的性能，以及试验温度、加载速率和受力状态不同而变化。一般来说，材料强度提高，塑性降低，则放射区比例增大；试样尺寸加大，放射区增大明显，而纤维区变化不大；试样表面存在缺口不仅改变各区域所占比例，而且裂纹将在表面形核。

3.1.3　晶体的理论断裂强度（Theoretical fracture strength of crystal）

晶体的理论断裂强度是指将晶体原子分离开所需的最大应力，它与晶体的弹性模量有一定关系。弹性模量表示原子间结合力的大小，即表示不同晶体产生一定量变形所需力的大小，晶体的理论断裂强度就是这个应力的最大值。

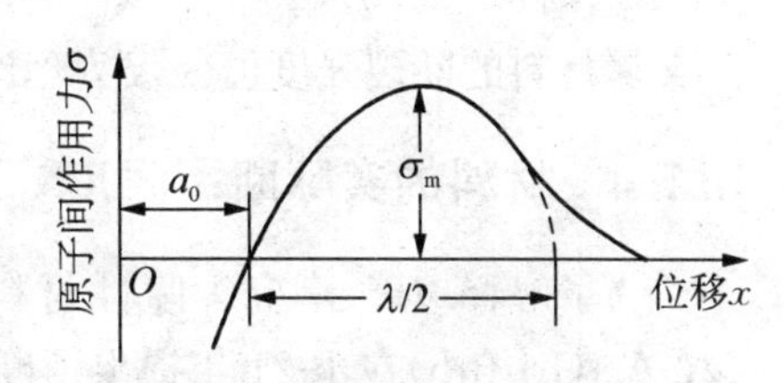

图3-4　原子间结合力随原子间距的变化示意图

假设一完整晶体受拉应力作用后，原子间结合力与原子间位移的关系曲线如图3-4所示，则曲线上的最大值σ_m即为晶体在弹性状态下的最大结合力——理论断裂强度。作为一级近似，该曲线可用正弦曲线来表示：

$$\sigma = \sigma_m \sin(2\pi x/\lambda) \tag{3-1}$$

式中，λ为正弦曲线的波长；x为原子间位移。

如果原子位移很小，则$\sin(2\pi x/\lambda) \approx (2\pi x/\lambda)$，于是

$$\sigma = \sigma_m (2\pi x/\lambda) \tag{3-2}$$

考虑到弹性状态下晶体的破坏，则根据虎克定律（如果位移很小）可得

$$\sigma = E\varepsilon = Ex/a_0 \tag{3-3}$$

式中，ε为弹性应变；a_0为原子间平衡距离。

合并上述两式，消去x得

$$\sigma_m = \lambda E / 2\pi a_0 \tag{3-4}$$

另一方面，晶体脆性断裂时所消耗的功用来供给形成两个新表面所需的表面能。若裂纹面上单位面积的表面能为γ_s，则形成单位裂纹表面外力所作的功应为$\sigma-x$曲线下所包围的面积，即

$$U_0 = \int_0^{\lambda/2} \sigma_m \sin\frac{2\pi x}{\lambda} \mathrm{d}x = \frac{\lambda \sigma_m}{\pi} \tag{3-5}$$

这个功应等于表面能γ_s的两倍（断裂时形成两个新表面），即

$$\frac{\lambda\sigma_m}{\pi}=2\gamma_s$$

或

$$\lambda=\frac{2\pi\gamma_s}{\sigma_m} \tag{3-6}$$

将式(3-6)代入式(3-4),消去λ得

$$\sigma_m=\left(\frac{E\gamma_s}{a_0}\right)^{\frac{1}{2}} \tag{3-7}$$

式(3-7)的σ_m就是理想晶体脆性(解理)断裂的理论断裂强度。可见,在E, a_0一定时,σ_m与γ_s有关,解理面的γ_s低,所以σ_m小而易发生解理。如果将E, a_0和γ_s的典型值带入(3-7)式,则可以获得σ_m的实际值。如铁的$E=2\times10^5$ MPa, $a_0=2.5\times10^{-10}$ m, $\gamma_s=2$ J/m^2,则$\sigma_m=4.0\times10^4$ MPa。若用E的百分数表示,则$\sigma_m=E/5.5$。通常,$\sigma_m=E/10$。实际金属材料的断裂强度值仅仅为理论断裂强度σ_m值的1/10~1/1 000。

3.1.4 材料的实际断裂强度 (Real fracture strength of materials)

为了解释玻璃、陶瓷等脆性材料理论断裂强度和实际断裂强度的巨大差别,格雷菲斯(A. A. Griffith)在1921年提出了断裂强度的裂纹理论。这一理论的基本观点是认为实际材料中已经存在裂纹,当平均应力还很低时,局部应力集中已达到很高数值(达到σ_m),从而使裂纹快速扩展并导致脆性断裂。根据能量平衡原理,由于存在裂纹,系统弹性能降低应该与因存在裂纹而增加的表面能相平衡。如果弹性能降低足以支付表面能增加之需要时,裂纹就会失稳扩展引起脆性破坏。

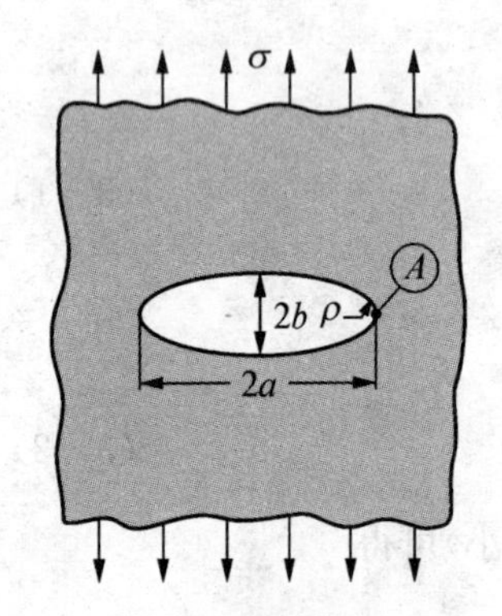

图3-5 无限宽板中的中心穿透裂纹及裂纹顶端应力集中示意图

假设有一单位厚度的无限宽薄板,对之施加一拉应力,而后使其固定以隔绝外界能源(见图3-5)。用无限宽板是为了消除板的自由边界的约束。这样,在垂直板表面的方向上可以自由位移,$\sigma_z=0$,板处于平面应力状态。

板内单位体积储存的弹性能为$\sigma^2/2E$。因为是单位厚度,故$\sigma^2/2E$实际上亦代表单位面积的弹性能。如果在这个板的中心割开一个垂直于应力为σ、长度为$2a$的裂纹,则原来由弹性拉紧的平板就要释放弹性能。根据弹性理论计算,释放的弹性能为

$$U_e=-\frac{\pi\sigma^2a^2}{E} \tag{3-8}$$

裂纹形成时产生新表面需做表面功,设裂纹面的比表面能为γ_s,则表面功为

$$W=4a\gamma_s \tag{3-9}$$

于是,整个系统的能量相互消长关系为

$$U_e+W=-\frac{\pi\sigma^2a^2}{E}+4a\gamma_s \tag{3-10}$$

由于 γ_s 及 σ 是一定的，则系统总能量变化及每一项能量均与裂纹半长有关(见图 3-6)。可见，在平衡点处，系统总能量对裂纹半长 a 的一级偏导数应等于 0，即

$$\partial\left(-\frac{\pi\sigma^2 a^2}{E}+4a\gamma_s\right)/\partial a=0 \tag{3-11}$$

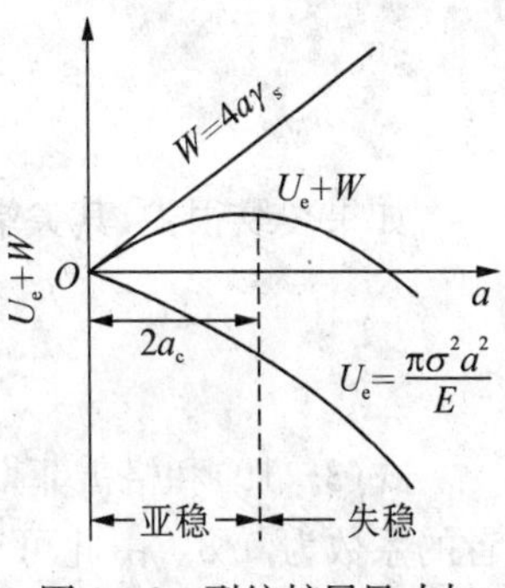

图 3-6　裂纹扩展尺寸与能量变化关系

于是，裂纹失稳扩展的临界应力为

$$\sigma_c=\left(\frac{2E\gamma_s}{\pi a_c}\right)^{\frac{1}{2}} \tag{3-12}$$

σ_c 即为有裂纹物体的实际断裂强度，它表明，在脆性材料中，裂纹扩展所需应力为裂纹尺寸之函数，并且，σ_c 反比于裂纹半长 a_c 的平方根。如物体所受之外加应力 σ 达到 σ_c，则裂纹产生失稳扩展。如外加应力不变，而裂纹在物体服役时不断长大，则当裂纹长大到某一尺寸 a_c 时，也可达到失稳扩展的临界状态

$$a_c=\frac{2E\lambda_s}{\pi\sigma^2} \tag{3-13}$$

式(3-20)和式(3-21)适用于薄板情况。对于厚板，由于 $\sigma_z\neq 0$，故处于平面应变状态。此时，$U_e=-\left(\frac{\pi\sigma^2 a^2}{E}\right)(1-\nu^2)$

故

$$\sigma_c=\left[\frac{2E\gamma_s}{\pi(1-\nu^2)a}\right]^{\frac{1}{2}} \tag{3-14}$$

$$a_c=\frac{2E\gamma_s}{\pi(1-\nu^2)\sigma^2} \tag{3-15}$$

式中，ν 泊松比。a_c 为在一定应力水平下的裂纹扩展的临界尺寸，即前面所讨论的解理裂纹扩展三个条件中的“临界尺寸”。当裂纹长度超过临界尺寸时，就自动扩展。裂纹的临界尺寸与所加应力的平方成反比。当应力较高时，即使裂纹很小也会自动扩展而导致断裂。

具有临界尺寸的裂纹亦称格雷菲斯裂纹。格雷菲斯裂纹是根据热力学原理得出的断裂发生的必要条件，但这并不意味着事实上一定会断裂。裂纹自动扩展的充分条件是其尖端应力要等于或大于理论断裂强度 σ_m。设图 3-5 中裂纹尖端曲率半径为 ρ，根据弹性应力集中系数计算式，在此条件下裂纹尖端的最大应力为

$$\sigma_{max}=\sigma\left[1+2\left(\frac{a}{\rho}\right)^{\frac{1}{2}}\right]\approx 2\sigma\left(\frac{a}{\rho}\right)^{\frac{1}{2}} \tag{3-16}$$

式中 σ 为名义拉应力。

由上式可见，σ_{max} 随外加名义应力增大而增大，当 σ_{max} 达到 σ_m 时，断裂开始(裂纹扩展)。此时 $\sigma_{max}=\sigma_m$，

$$2\sigma\left(\frac{a}{\rho}\right)^{\frac{1}{2}}=\left(\frac{E\gamma_s}{a_0}\right)^{\frac{1}{2}} \tag{3-17}$$

由此，断裂时的名义断裂应力或实际断裂强度为

$$\sigma_c = \left(\frac{E\gamma_s\rho}{4aa_0}\right)^{\frac{1}{2}} \tag{3-18}$$

如果裂纹很尖,其尖端曲率半径小到原子面间距 a_0 那样的尺寸,则上式成为

$$\sigma_c = \left(\frac{E\gamma_s}{4a}\right)^{\frac{1}{2}} \tag{3-19}$$

式(3-19)和格雷菲斯公式(3-12)基本相似,只是系数不同而已:前者的系数为 0.5,后者的系数为 0.8。由此可见,满足了格雷菲斯能量条件,同时也满足了应力判据规定的充分条件。但如果裂纹尖端曲率半径远比原子面间距大,则两个条件不一定能同时得到满足。

格雷菲斯公式只适用于脆性固体,如玻璃、金刚石、超高强度钢等。换言之,只适用于那些裂纹尖端塑性变形可以忽略的情况(有关裂纹尖端塑性变形对裂纹尖端应力场的影响,请参阅 3.5.3 节的相关内容)。格雷菲斯缺口强度理论有效地解决了实际强度和理论强度之间的巨大差异。

3.1.5 脆性断裂机理 (Mechanism of brittle fracture)

解理断裂和沿晶断裂是脆性断裂的两种主要形式。沿晶断裂是晶界弱化造成的,而解理断裂则与塑性变形有关。金属材料的塑性变形是位错运动的反映,所以解理裂纹的形成与位错运动有关。这就是裂纹形成的位错理论考虑问题的出发点,本节将简要介绍几种裂纹的形成理论。

3.1.5.1 甄纳-斯特罗位错塞积理论

该理论是甄纳(G. Zener)1948 年首先提出的,其模型如图 3-7 所示。在滑移面上的切应力作用下,刃型位错互相靠近,当切应力达到某一临界值时,塞积尖端的位错互相挤紧聚合而成为一高为 nd 长为 r 的楔形裂纹(或孔洞位错)。斯特罗(A. N. Stroh)指出,如果塞积尖端的应力集中不能为塑性变形所松弛,则塞积尖端的最大拉应力,能够等于理论断裂强度而形成裂纹。

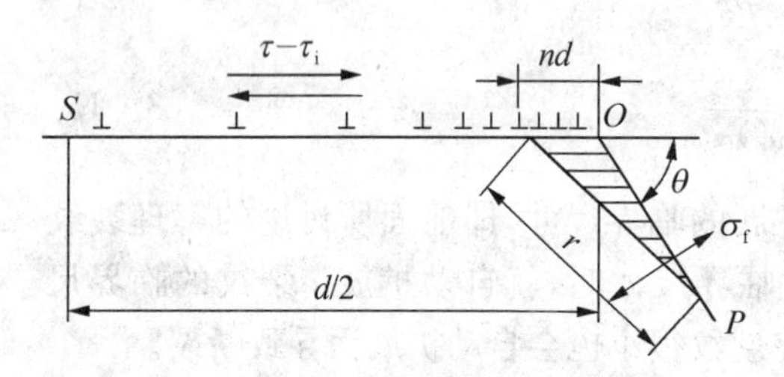

图 3-7 由位错塞积形成裂纹模型

塞积前端处的拉应力在与滑移面方向呈 $\theta = 70.5^\circ$ 时达到最大值,且近似为

$$\sigma_{max} = (\tau - \tau_i)\left(\frac{d/2}{r}\right)^{\frac{1}{2}} \tag{3-20}$$

式中,$\tau - \tau_i$ 为滑移面上的有效切应力;$d/2$ 为位错源到塞积尖端之距离,亦即滑移面的距离;r 为自位错塞积尖端到裂纹形成点之距离。

由此可以推导出,理论断裂强度为 $\left(\frac{E\gamma_s}{a_0}\right)^{\frac{1}{2}}$,其中 γ_s 为表面能,a_0 为原子晶面间距,E 为弹性模数。所以,形成裂纹的力学条件为

$$(\tau_f - \tau_i)\left(\frac{d}{2r}\right)^{\frac{1}{2}} \geqslant \left(\frac{E\gamma_s}{a_0}\right)^{\frac{1}{2}}$$

$$\tau_f = \tau_i + \sqrt{\frac{2Er\gamma_s}{da_0}} \tag{3-21}$$

式中，τ_f 为形成裂纹所需的切应力。

如 r 与晶面间距 a_0 相当，且 $E = 2G(1+\nu)$，ν 为泊松比，则上式可写为

$$\tau_f = \tau_i + [4G\gamma_s(1+\nu)]^{\frac{1}{2}} d^{-\frac{1}{2}} \tag{3-22}$$

有第二相质点的合金，d 实际上代表质点间距，d 愈小，则材料的断裂应力越高。以上所述主要涉及解理裂纹的形成，并不意味着由此形成的裂纹将迅速扩展而导致金属材料完全断裂。解理断裂过程包括：通过塑性变形形成裂纹；裂纹在同一晶粒内初期长大；裂纹越过晶界向相邻晶粒扩展三个阶段（见图 3-8），它和多晶体金属的塑性变形过程十分相似。

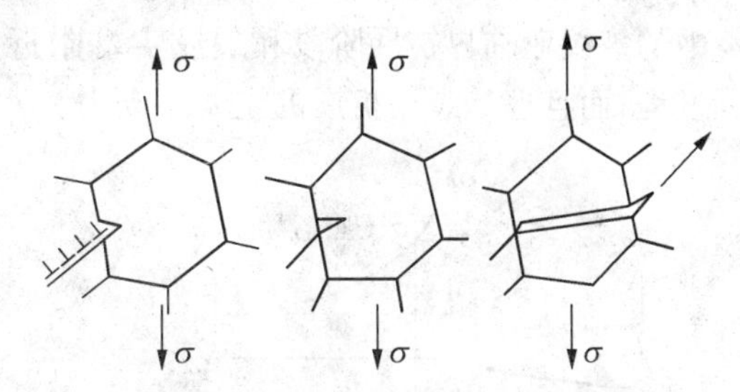

图 3-8　解理裂纹扩展过程示意图

解理裂纹扩展需要具备三个条件：第一，存在拉应力。第二，表面能较低，其值接近原子面开始分离时的数值。可以估计到，在裂纹扩展期内，因诱发位错运动产生塑性变形会使有效表面能增加。第三，为使裂纹通过基体扩展，其长度应大于“临界尺寸”。柯垂尔能量分析法推导出解理裂纹扩展的条件为

$$\sigma n\boldsymbol{b} = 2\gamma_s \tag{3-23}$$

即为了产生解理裂纹，裂纹扩展时外加正应力所作的功必须等于产生裂纹新表面的表面能。如图 3-7 所示，裂纹底部边长即为切变位移 $n\boldsymbol{b}$（n 为塞积的位错数，$\boldsymbol{b}$ 为位错柏氏矢量的模），它是有效切应力 $\tau-\tau_i$ 作用的结果。假定滑移带穿过直径为 d 的晶粒，则原来分布在滑移带上的弹性剪切位移为$(\tau-\tau_i)d/G$，滑移带上的切应力因出现塑性位移 $n\boldsymbol{b}$ 而被松弛，故弹性剪切位移应等于塑性位移，即

$$\frac{\tau-\tau_i}{G} \times d = n\boldsymbol{b} \tag{3-24}$$

将式(3-24)代入式(3-23)，得

$$\sigma(\tau-\tau_i)d = 2\gamma_s G \tag{3-25}$$

由于屈服时（$\tau=\tau_s$）裂纹已经形成，而 τ_s 又与晶粒直径之间存在 Hall-Petch 关系，即 $\tau_s-\tau_i = k_y d^{-\frac{1}{2}}$，代入式(3-25)，得

$$\sigma_c = \frac{2G\gamma_S}{k_Y\sqrt{d}} \tag{3-26}$$

σ_c 即表示长度相当于直径 d 的裂纹扩展所需之应力，式(3-26)也就是屈服时产生解理断裂的判据。可见，晶粒直径 d 减少，σ_c 提高。

晶粒大小对断裂应力的影响已为许多金属材料的试验结果所证实：细化晶粒，断裂应力提高，材料的脆性减小。

解理裂纹可以通过两种基本方式扩展导致宏观脆性断裂。第一种是解理方式，裂纹扩展速度较快，如脆性材料在低温下试验就是这种状况，其过程模型如图 3-9 所示。第二种方式是在裂纹前沿先形成一些微裂纹或显微空穴，而后通过塑性撕裂方式互相连接（见图 3-10），开始时裂纹扩展速度比较缓慢，但到达临界状态时也会迅速扩展而产生脆性断裂，显然，在这种断裂情况下，微观上是韧性的，宏观上则是脆性的。大型中、低强度钢机件的断裂往往就是这种情况。裂纹在达到临界状态前的缓慢扩展阶段，称为亚临界扩展阶段。金属中的裂纹亚临界扩展阶段和裂纹尖端附近产生塑性变形有关，塑性变形不仅控制裂纹扩展过程，而且也是裂纹扩展的主要驱动力。

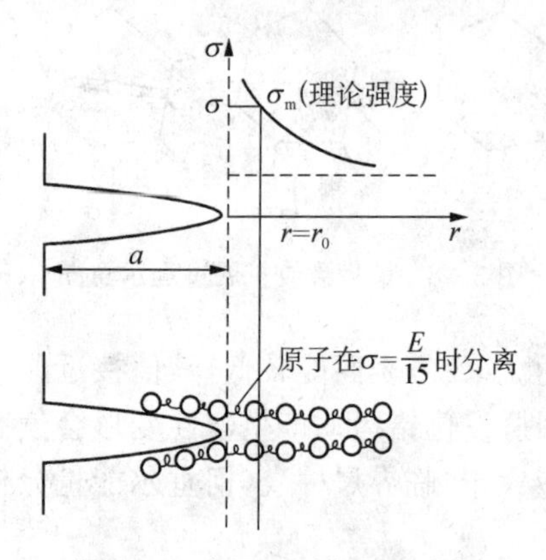

图 3-9　解理裂纹扩展示意图

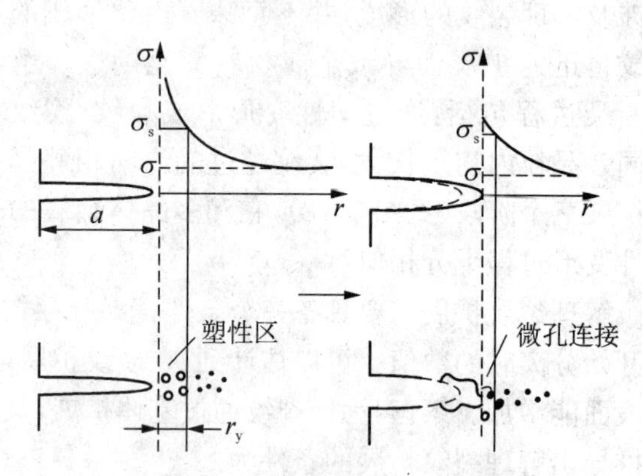

图 3-10　韧性撕裂裂纹扩展模型

甄纳-斯特罗理论存在的问题是，在如此多的位错塞积下，将同时产生很大的切应力集中，完全可以使相邻晶粒内的位错源开动，产生塑性变形而将应力松弛，使裂纹难以形成。按此模型的计算结果是，裂纹扩展所要求的条件比形核条件低，而形核又主要取决于切应力，与静水压力无关。这与实际现象有出入。事实上静水张力促进材料变脆，而静水压力则有助于塑性变形发展。

3.1.5.2　柯垂尔位错反应理论

该理论是柯垂尔（A. H. Cottrell）为了解释晶内解理与 bcc 晶体中的解理而提出的。如图 3-11 的在 bcc 晶体中，有两个相交滑移面$(10\bar{1})$和(101)，与解理面(001)相交，三面之交线为[010]。现沿(101)面有一柏氏矢量为$\frac{a}{2}[\bar{1}\bar{1}1]$的刃型位错，而沿$(10\bar{1})$面有一柏氏矢量为$\frac{a}{2}[111]$的刃型位错，两者于[010]轴相遇，并产生下列反应：

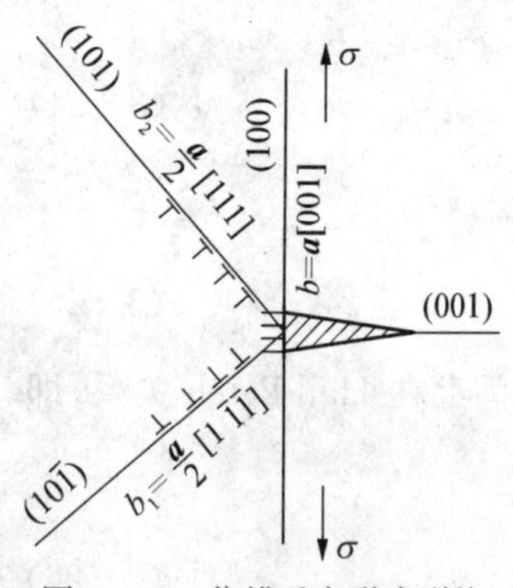

图 3-11　位错反应形成裂纹

$$\frac{\boldsymbol{a}}{2}[\bar{1}\bar{1}1]+\frac{\boldsymbol{a}}{2}[111]\rightarrow \boldsymbol{a}[001] \qquad (3-27)$$

新形成的位错线在解理面(001)内，其柏氏矢量 $\boldsymbol{a}[001]$与(001)垂直。因为(001)面不是 bcc 晶体的固有滑移面，故 $\boldsymbol{a}[001]$为不动位错。结果两相交滑移面上的位错群就在该不动位错附近产生塞积。当塞积位错较多时，其多余半原子面如同楔子一样插入解理面中间形成高度为 $n\boldsymbol{b}$ 的裂纹。

柯垂尔提出的位错反应是降低能量的过程，因而裂纹成核是自动进行的。fcc金属虽有类似的位错反应，但不是降低能量的过程，故fcc金属不可能具有这样的裂纹成核机理。

3.1.5.3　史密斯碳化物开裂模型

柯垂尔模型强调拉应力的作用，但未考虑显微组织不均匀对解理裂纹形核扩展的影响，因而不适用于晶界上碳化物开裂产生解理裂纹的情况。史密斯(E・Smith)提出了低碳钢中通过铁素体塑性变形在晶界碳化物处形成解理裂纹的模型(见图3-12)。铁素体中的位错源在切应力作用下开动，位错运动至晶界碳化物处受阻而形成塞积，在塞积头处拉应力作用下使碳化物开裂。

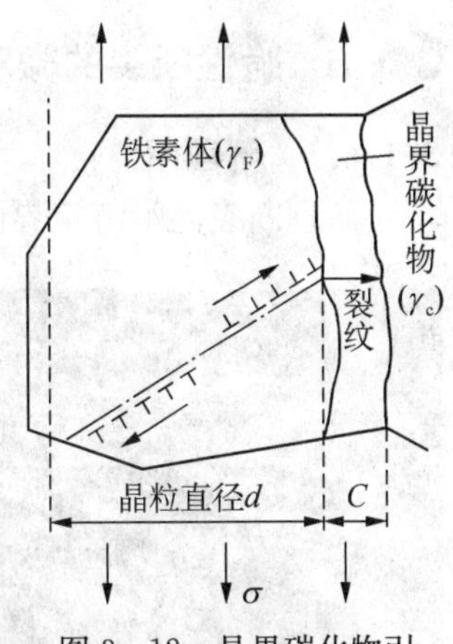

图3-12　晶界碳化物引起的开裂模型

按斯特罗理论，碳化物开裂的力学条件为

$$\tau_f - \tau_i \geqslant \left[\frac{4E\gamma_c}{\pi(1-\nu^2)d}\right]^{\frac{1}{2}} \tag{3-28}$$

式中，$\tau_f - \tau_i$为碳化物开裂时的临界有效切应力；γ_c为碳化物的表面能；E为弹性模数；ν为泊松比；d为铁素体晶粒直径。

由于铁素体的表面能γ_F远大于碳化物的表面能γ_c，所以碳化物裂纹能否通过解理方式向相邻铁素体晶粒内扩展，就取决于裂纹扩展时的能量变化。就是说，只有系统所提供的能量超过$\gamma_F+\gamma_c$，碳化物裂纹才能向相邻铁素体中扩展。如此，碳化物裂纹扩展的力学条件为

$$\tau_c - \tau_i \geqslant \left[\frac{4E(\gamma_F+\gamma_c)}{\pi(1-\nu^2)d}\right]^{\frac{1}{2}} \tag{3-29}$$

式中，τ_c为碳化物裂纹形成并得以扩展的切应力；其余同式(3-28)。

如能满足上式条件，则当材料一旦屈服，碳化物裂纹就会形成并能立即扩展至断裂。这是断裂过程为裂纹形成控制的判据。如果断裂过程为裂纹扩展所控制，则采用类似柯垂尔的能量分析方法并忽略位错的贡献，可以获得相应的扩展力学条件为

$$\sigma_c \geqslant \left[\frac{4E(\gamma_F+\gamma_c)}{\pi(1-\nu^2)C_0}\right]^{\frac{1}{2}} \tag{3-30}$$

式中，C_0为碳化物的厚度。C_0愈大，σ_c愈低，即碳化物厚度是控制断裂的主要组织参数。通常，晶粒愈细，碳化物层片也愈薄。

对于经热处理获得球状碳化物的中、低碳钢，裂纹是在球状碳化物上形成的，故呈圆片状。此时，有学者计算出裂纹扩展的力学条件为

$$\sigma_c = \left[\frac{\pi E(\gamma_F+\gamma_c)}{2C_0}\right]^{\frac{1}{2}} \tag{3-31}$$

式中，C_0亦可视为碳化物直径。

比较式(3-31)和式(3-30)可见，平板状裂纹核变为圆片状裂纹核时，σ_c几乎增加了1.6倍。

上述几种裂纹形成模型的共同之处是，裂纹形核前均需有塑性变形；位错运动在界面受

阻，在一定条件下便会形成裂纹。实验证实，裂纹往往在晶界、亚晶界、孪晶交叉处出现，如bcc金属在低温和高应变速率下，常因孪晶与晶界或和其他孪晶相交，导致较多位错塞积而形成解理裂纹。通过孪生形成解理裂纹只有在晶粒尺寸较大时才会发生。

3.1.6 脆性断裂的微观特征（Micro-characteristics of brittle fracture）

3.1.6.1 解理断裂

解理断裂是沿特定界面发生的脆性穿晶断裂，其微观特征应该是极平坦的镜面。但是，实际的解理断裂断口是由许多大致相当于晶粒大小的解理面集合而成的。这种大致以晶粒大小为单位的解理面称为解理刻面。在解理刻面内部只从一个解理面发生解理破坏实际上是很少的。在多数情况下，裂纹要跨越若干相互平行的而且位于不同高度的解理面，从而在同一刻面内部出现解理台阶和河流花样，后者实际上是解理台阶的一种标志。解理台阶，河流花样，还有舌状花样是解理断裂的基本微观特征。图3-13为河流花样的照片。

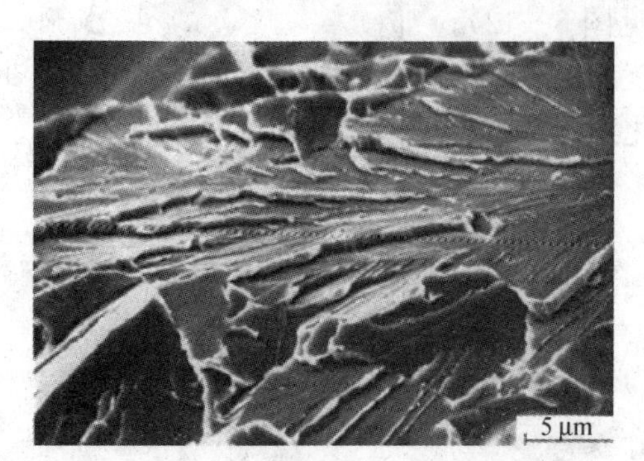

图3-13　扫描电镜下的河流花样

解理台阶是沿两个高度不同的平行解理面上扩展的解理裂纹相交时形成的。设晶体内有一螺型位错，并设想解理裂纹为一刃型位错。当解理裂纹与螺型位错相遇时，便形成一个高度为b的台阶（见图3-14）。裂纹继续向前扩展，与许多螺型位错相交截便形成为数众多的台阶。它们沿裂纹前端滑动而相互汇合，同号台阶相互汇合长大，异号台阶汇合则相互抵毁，当汇合台阶高度足够大时便成为在电镜下可以观察到的河流花样。河流花样是判断是否为解理裂纹的重要微观依据。“河流”的流向与裂纹扩展方向一致，所以可以根据“河流”流向确定在微观范围内解理裂纹的扩展方向，而按“河流”反方向去寻找断裂源（见图3-15）。解理台阶也可以通过二次解理或撕裂方式形成。二次解理是在解理裂纹扩展的两个相互平行解理面间距较少时产生的，但若解理裂纹的上下间距远大于一个原子间距时，两解理裂纹之间的金属会产生较大的塑性变形，结果借塑性撕裂而形成台阶。如此形成的台阶称为撕裂棱。

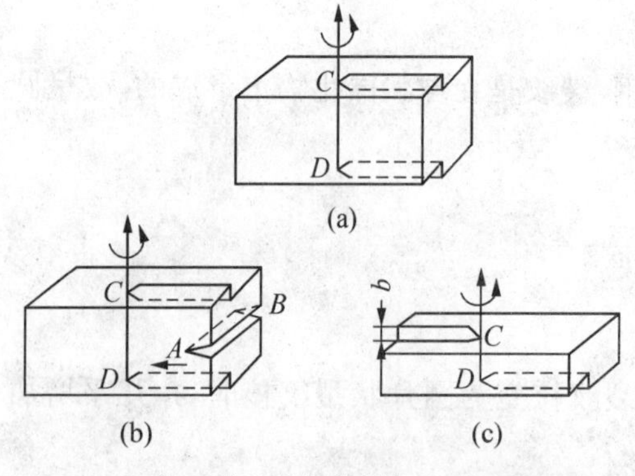

图3-14　解理裂纹与螺位错相交形成解理台阶

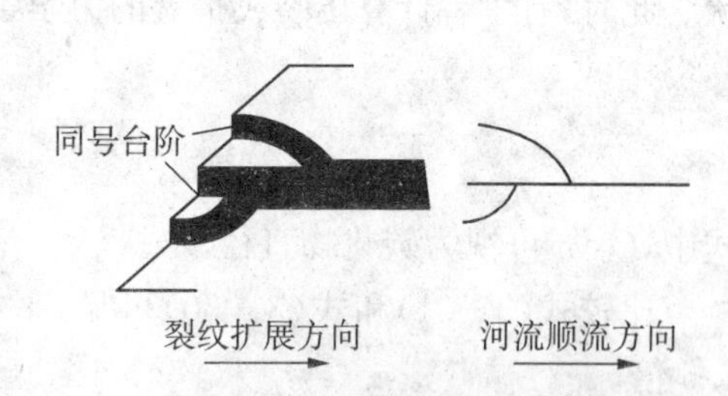

图3-15　河流花样形成示意图

解理断裂的另一微观特征是存在舌状花样，因其在电子显微镜下类似于人舌而得名。图3-16为典型的舌形花样照片(A为“舌头”)，它是由于解理裂纹沿孪晶界扩展留下的舌头状凹坑或凸台，故在匹配断口上“舌头”为黑白相对应。

图3-16　舌形花样

3.1.6.2　准解理

准解理不是一种独立的断裂机制，而是解理断裂的变异。在许多淬火回火钢中，在回火产物中有弥散细小的碳化物，它们影响裂纹形成和扩展。当裂纹在晶粒内扩展时，难以严格地沿一定晶体学平面扩展。断裂路径不再与晶粒位向有关，而主要与细小碳化物质点有关。其微观形态特征，似解理河流但又非真正解理，故称准解理。准解理与解理的共同点是：都是穿晶断裂；也有小解理刻面；也有台阶或撕裂棱及河流花样。其不同点是：准解理小刻面不是晶体学解理面。真正解理裂纹常源于晶界(位错运动在晶界处塞积)，而准解理则常源于晶内硬质点，形成从晶内某点发源的放射状河流花样。

图3-17　冰糖状断口

3.1.6.3　沿晶断裂

晶界上有脆性第二相薄膜或杂质元素偏聚均可产生沿晶脆性断裂，它的最基本微观特征是具有晶界刻面的冰糖状形貌，如图3-17所示。在脆性第二相引起沿晶断裂的情况下，断裂可以从第二相与基体界面上开始，也可能通过第二相解理来进行。此时，在晶界上可以见到网状脆性第二相或第二相质点。在杂质元素偏聚引起晶界破坏的情况下，晶界是光滑的，看不到特殊的花样。

3.2　韧性断裂
(Ductile fracture)

3.2.1　韧性断裂机理（Mechanism of ductile fracture）

3.2.1.1　纯剪切断裂

剪切断裂是材料在切应力作用下，沿滑移面分离而造成的滑移面分离断裂。高纯金属在韧性断裂过程中，试样内部不产生孔洞，无新界面产生，位错无法从金属内部放出，只能从试样表面放出，断裂靠试样横截面积减到零为止，所以产生的断口都呈尖锥状。

在这种纯的滑移过程中或延伸过程中，将产生极大的塑性变形。断面收缩率几乎达到100%。工业用钢高温拉伸时，由于基体屈服强度极低，不易产生孔洞，而会产生接近高纯金属的高延性效果，断面收缩率可达90%以上，断口形状接近于锥尖。

3.2.1.2 显微空穴聚集型韧性断裂

显微空穴聚集型韧性断裂包括显微空穴形核、长大、聚合、断裂等过程。

显微空穴是通过第二相(或夹杂物)质点本身碎裂,或第二相(或夹杂物)与基体界面脱离而形核的,它们是金属材料在断裂前塑性变形进行到一定程度时产生的。在第二相质点处显微空穴形核的原因是:位错引起的应力集中,或在高应变条件下因第二相与基体塑性变形不协调而产生分离。

显微空穴形核的位错模型如图 3-18 所示。当位错线运动遇到第二相质点时往往按绕过机制在其周围形成位错环(见图 3-18(a)),这些位错环在外加应力作用下于第二相质点处堆积起来(见图 3-18(b))。当位错环移向质点与基体界面时,界面立即沿滑移面分离而形成显微空穴(见图 3-18(c))。由于显微空穴形核后,后面的位错所受排斥力大大下降而被迅速推向显微空穴,并使位错源重新被激活起来,不断放出新位错。新的位错连续进入显微空穴,遂使显微空穴长大(见图 3-18(d),(e))。如果考虑到位错可以在不同滑移面上运动和堆积,则显微空穴可因一个或几个滑移面上位错运动而形成,并借其他滑移面上的位错,向该显微空穴运动而使其长大(见图 3-18(f),(g))。

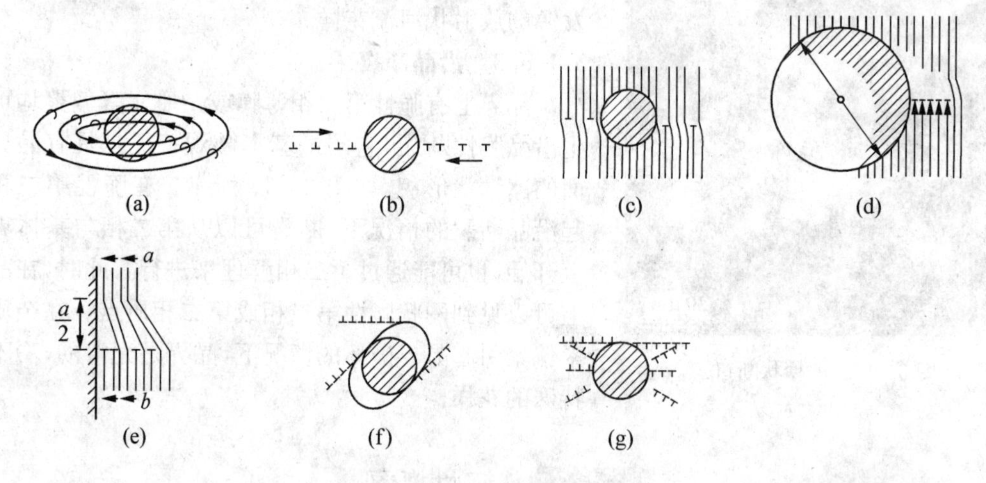

图 3-18 显微空穴形核长大示意图

在显微空穴长大的同时,几个相邻显微空穴之间的基体的横截面积不断缩小。基体被显微空穴分割成无数个小单元,每个小单元可看成为一个小拉伸试样。它们在外力作用下,可能借塑性流变方式产生颈缩(内颈缩)而断裂,使显微空穴连接(聚合)形成微裂纹。随后,因在裂纹尖端附近存在三向拉应力区和集中塑性变形区,在该区又形成新的显微空穴。新的显微空穴借内颈缩与裂纹连通,使裂纹向前推进一定长度,如此不断进行下去直至最终断裂。

布朗(L. M. Brown)和埃布雷(J. F. Embury)认为,显微空穴形成后即借塑性延伸而长大(见图 3-19(a))。当其长成椭圆状且相邻显微空穴之间的距离等于显微空穴长度时(见图 3-19(b)),两显微空穴之间的基体将产生显著的局部塑性变形,韧性裂纹便形成了(见图 3-19(c))。

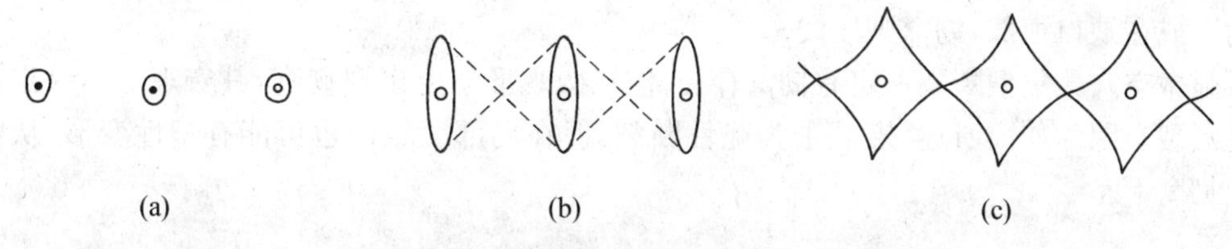

图 3-19　显微空穴长大和聚合示意图

3.2.2　韧性断裂的微观特征 (Micro-characteristics of ductile fracture)

显微空穴形核长大和聚合是韧性断裂的主要过程。显微空穴形核长大和聚合在断口上留下的痕迹，就是在电子显微镜下观察到的大小不等的圆形或椭圆形韧窝(Dimple)。韧窝是韧性断裂的基本特征。

韧窝形状视应力状态不同而异，有下列三类：等轴韧窝、拉长韧窝和撕裂韧窝(见图3-20)，如果正应力垂直于显微空穴的平面，使显微空穴在垂直于正应力的平面上各个方向长大倾向相同，便形成等轴韧窝。拉伸试样中心纤维区内就是等轴韧窝(见图 3-20(a))。在扭转载荷或受双向不等拉伸条件下，因切应力作用形成拉长韧窝。在拉长韧窝配对的断口上，韧窝方向恰巧相反(见图 3-20(b))；拉伸试验中产生的剪切唇部分是抛物线的拉长韧窝。

如在显微空穴周围的应力状态为拉、弯联合作用，显微空穴在拉长，长大同时还要被弯曲，形成在两个相配断口上方向相同的撕裂韧窝(图 3-20(c))。三点弯曲断裂韧性试样中，裂纹在平面应变条件下扩展时出现的韧窝为撕裂韧窝。

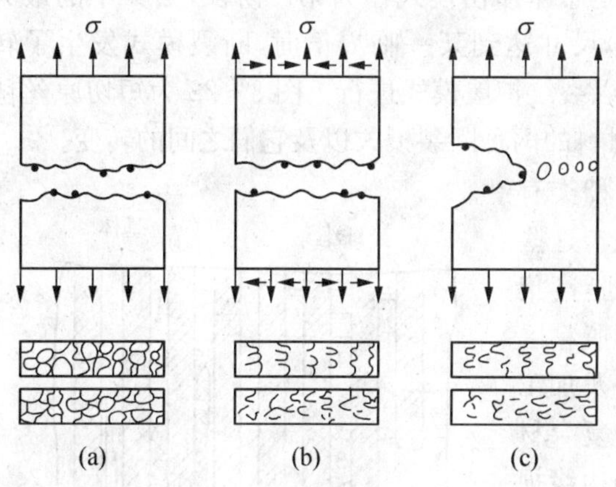

图 3-20　三种应力状态下的韧窝形态

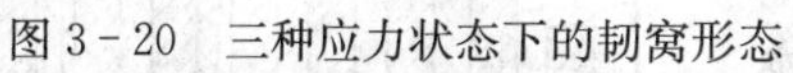
(a) 等轴韧窝；(b) 拉长韧窝；(c) 撕裂韧窝

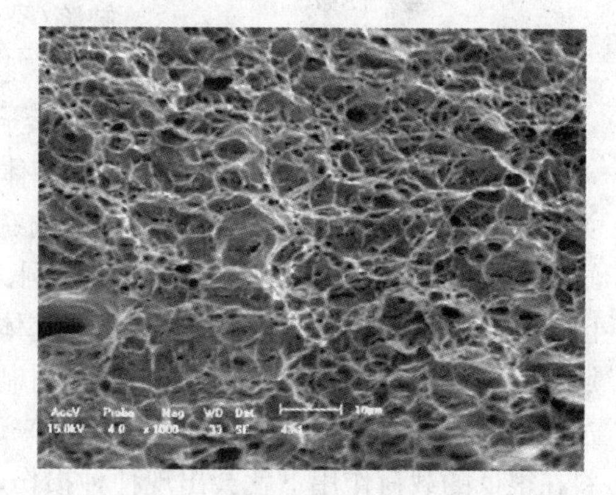

图 3-21　扫描电镜下的等轴韧窝形态

图 3-21 为扫描电镜下观察到的在拉伸试样中心的等轴韧窝形态。

韧窝的大小(直径和深度)取决于第二相质点的大小和深度、基体材料的塑性变形能力和形变强化指数以及外加应力的大小和状态等。第二相质点密度增大或其间距减少，则显微空穴尺寸减少。金属材料的塑性变形能力及其形变强化指数大小，直接影响着已长成一定尺寸的显微空穴的连接和聚合方式。形变强化指数数值越大的材料，越难于发生内颈缩，故显微空穴尺寸变小。应力大小和状态改变实际上是通过影响材料塑性变形能力而间接影响韧窝深度的。在高的静水压力之下，内颈缩易于产生，故韧窝深度增加；相反，在多向拉伸应力下或在缺口根部，韧窝则较浅。

显微空穴聚集型断裂一定有韧窝存在，但在微观形态上出现韧窝，其宏观上不一定就是韧性断裂。因为如前所述，宏观上为脆性断裂，但在局部区域内也可能有塑性变形，从而显示出韧窝形态。

3.3 复合材料的断裂

(Fracture of composite materials)

由于复合材料的组分系统与结构各异，影响断裂行为的因素也很多，因此，各类复合材料的断裂行为与性能差别很大，在断裂过程中所表现出来的特点与金属材料有极大的差别。复合材料的断裂常因其内在缺陷尺寸不同而表现出不同的断裂模式。这些断裂模式大致可以分为两种：一种叫做"总体损伤模式"，这种断裂模式的特点是材料固有缺陷尺寸较小，随着外加应力的增大，缺陷尺寸有一定程度的增大，但更为重要的是引发了更多的缺陷，使之在较大范围内产生较为密集的缺陷分布，这些缺陷导致了材料的总体破坏；另一种叫做"裂纹扩展模式"，这种断裂模式的特点是材料固有缺陷尺寸较大，应力集中的存在造成缺陷（往往是裂纹）的扩大，进而导致材料的破坏。

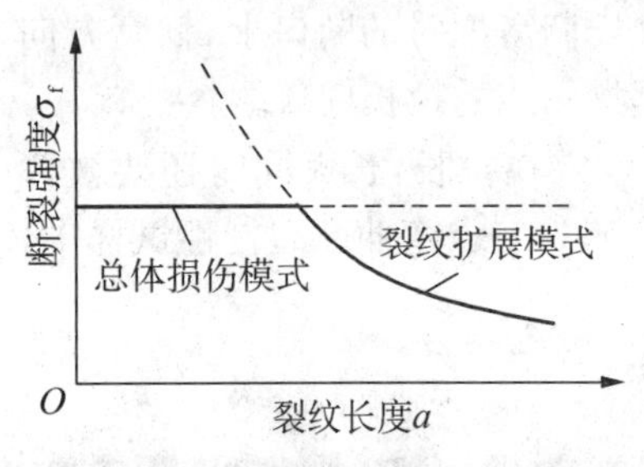

图 3-22　短切原丝毡增强复合材料的断裂模式

在材料的整个断裂过程中，有可能是一种模式起绝对的主导作用，也有可能是两种模式同时出现。对于后一种情况，往往是总体损伤模式作为第一阶段，当其中的最大缺陷（裂纹）尺寸达到某一临界值时，断裂模式发生了转变，断裂将以裂纹扩展模式进行。图 3-22 为短切原丝毡增强复合材料的两种断裂模式以及它们之间的转变。

复合材料的破坏模式除与纤维和基体的种类有关之外，还受材料内部缺陷及损伤的影响有关。这些缺陷可能是气泡、夹杂物、树脂中的孔洞、树脂富集区、杂乱而过密排列的纤维以及纤维与基体的脱粘区域等。这些缺陷的多少，往往取决于材料制备及加工过程中的工艺质量及原材料质量。一般来说，复合材料在很低的载荷作用下就会出现种种损伤，如边缘损伤、冲击引起的分层、脱胶等使用损伤，此外还有纤维断裂、树脂中的孔洞扩大等。随着载荷增加，纤维断头越来越多，与树脂中的孔洞逐渐汇合，最后导致大尺度的界面深入，直至断裂。图 3-23 给出了发生于复合材料断裂过程中的各种断裂形式。其中 1 是脆性纤维与脆性基体作为整体的断裂，称为脆性断裂；2 是纤维被拉断以后，由于界面结合较弱，纤维断头从基体内拔出，这种形式称为抽丝；3 是主裂纹跨进纤维传播而纤维不受损伤，形成"裂纹断桥"的

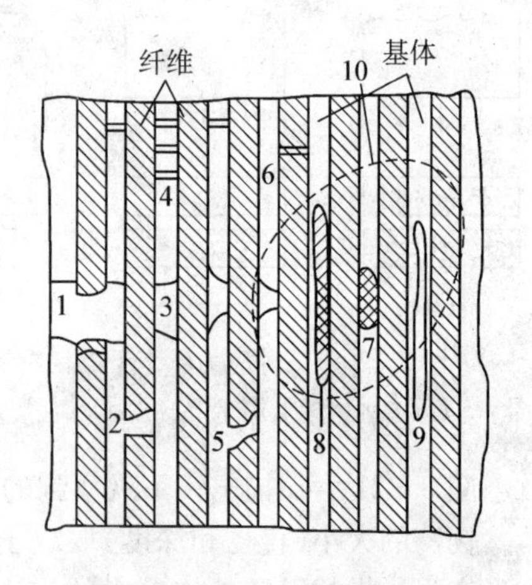

图 3-23　复合材料微观断裂模式

1—脆性断裂；2—抽丝；3—裂纹桥；4—微裂纹；5—纤维韧性断裂；6—纤维在缺陷处开裂；7—主裂纹顶端基体塑性区；8—引起界面破坏的剪应变分布；9—在 σ_x 作用下纵向裂纹；10—层间剪切破坏区

断裂形式，这种情况多发生于纤维的断裂应变大于基体应变的断裂情况下；4 是基体内部的微裂纹跨过纤维，构成微小“裂纹桥”，形成微裂纹；5 是纤维的韧性断裂，纤维的断口毛糙；6 是纤维在某缺陷处断开使基体产生微小的银纹（或称塑性应变分布）的断裂方式；7 给出了主裂纹顶端基体由 σ_y 引起的塑性变形区，这种塑性变形区将导致材料的破坏；8 给出了裂纹顶端剪应力引起的基体塑性变形分布；9 是由于主裂纹顶端在 σ_x 作用下基体内或界面内形成纵向裂纹的情况；10 是层间破坏区，由虚线表示，这一区域位于主裂纹顶端，由应力集中导致的损伤最为严重，变形也最大，这样与邻层之间将产生一个层间剪切破坏区。

上述断裂形式并非在所有的断裂过程中都存在。对于某一特定的复合材料，其占主导地位的断裂形式仅是其中的一种或几种。下面介绍一下在拉伸条件下单相复合材料的断裂模式。

3.3.1　纵向拉伸破坏

单向复合材料的破坏起源于材料固有的缺陷。这些缺陷包括破坏的纤维、基体中的裂纹以及界面脱胶等。如图 3－24 所示，单向复合材料在纤维方向受到拉伸载荷作用时，至少有三种破坏模式：即脆性断裂；伴有纤维拔出的脆性断裂；伴有纤维拔出、界面基体剪切或脱胶破坏的脆性断裂。

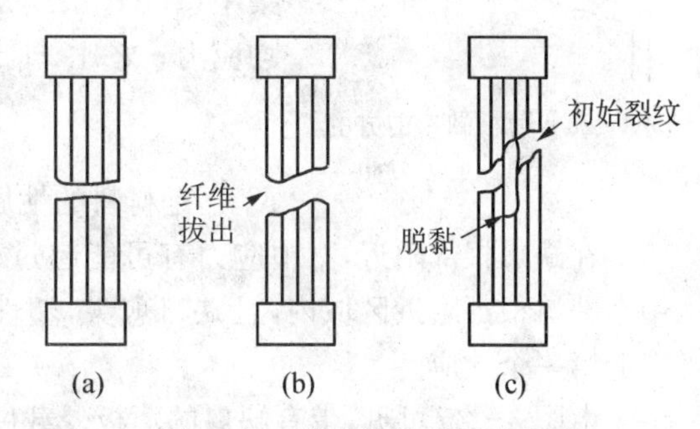

图 3－24　纵向拉伸破坏示意图

纤维体积含量对复合材料的断裂模式也有很大影响。以单向玻璃复合材料为例，当纤维含量较低（$V_f<40\%$）时，主要是脆性破坏；纤维含量适中（$40\%<V_f<65\%$）时，常表现为伴有纤维拔出的脆性断裂；如果纤维含量较高，则多出现伴有纤维拔出和脱胶或基体剪切破坏的脆性断裂；碳纤维复合材料常出现脆性断裂和伴有纤维拔出的脆性断裂。

3.3.2　横向拉伸破坏

单向复合材料在横向即垂直于纤维方向受拉时，在基体和界面上会产生应力集中。所以受横向拉伸载荷作用时单向复合材料的破坏，起源于基体或界面的拉伸破坏。在某些场合，也有可能出现因纤维横向拉伸性能差而导致复合材料的破坏。发生横向拉伸破坏的模式通常有两种：其一是基体拉伸破坏，其二是脱胶产生的纤维横向断裂。

由于纤维的强度远高于基体材料和界面的强度，故当裂纹遇到纤维与基体的界面时，往往是界面先破坏而使得裂纹改变了扩展方向，转向沿界面的方向扩展。因此，对于长纤维增强的复合材料，除了极少数是平行纤维裂纹和层间纤维裂纹等特殊裂纹外，裂纹的扩展过程绝大多数是非共线扩展，是复合型的扩展过程。

对于 0°/90°正交铺的层合板，裂纹首先在 90°层内出现，随着载荷增大，90°层内的裂纹数由少到多，由稀到密，接着出现 0°层内顺着纤维方向的开裂，最后以纤维断裂而破坏。对于角铺设层合板，其从开裂到破坏的过程更复杂。

3.4 缺口与温度效应

（Notch and temperature effects）

3.4.1 缺口对应力分布的影响（Notch effects on the stress distribution）

3.4.1.1 弹性状态下的应力分布

考察一有缺口薄板，当板所受拉应力低于材料的弹性极限时，其缺口截面上的应力分布如图 3-25 所示。缺口截面上应力分布是不均匀的，轴向应力 σ_y 在缺口根部最高。随距离根部的距离增大，σ_y 不断下降，即在根部产生应力集中。集中应力的大小取决于缺口几何参数（形状、深度、角度及根部曲率半径）。其中，以根部曲率半径影响最大，缺口越尖，集中应力越大。缺口引起的应力集中程度，通常用理论应力集中系数 K_t 表示。K_t 定义为缺口净截面上的最大应力 σ_{max} 与平均应力 σ 之比，即

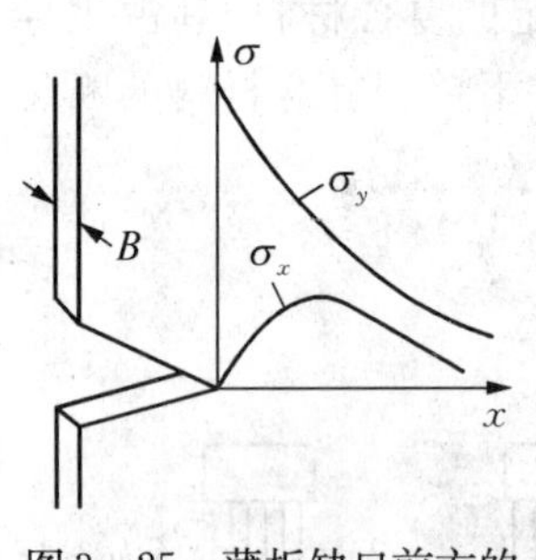

图 3-25　薄板缺口前方的弹性应力分布

$$K_t = \sigma_{max}/\sigma \tag{3-32}$$

K_t 不是材料的性质，其值只与缺口的几何形状有关。

在缺口根部附近，集中应力有可能超过材料的屈服强度而产生塑性变形。塑性变形集中在缺口根部附近区域内，且缺口愈尖，塑性变形区愈小。缺口造成应力应变集中，这是缺口的第一个效应。

由图 3-25 可见，带有缺口的薄板受载后，缺口根部内侧还出现了横向拉应力 σ_x，它是由于材料横向收缩所引起的。设想沿 x 方向将薄板等分成一些很小的拉伸试样，每一个试样都能自变形。根据小试样所处位置不同，它们所受的 σ_y 大小也不一样。愈近缺口根部，σ_y 越大，相应的纵向应变 ε_y 也越大。依据变形的泊松比关系，对应于每一 ε_y，每个小试样会发生相应的横向应变 ε_x，且 $\varepsilon_z = -\nu\varepsilon_y$（$\nu$ 为泊松比）。如果这样自由收缩，则每个小试样彼此就要分离开来。但是薄板是连续的，不允许横向收缩分离。由于有此种约束，于是在垂直于相邻试样界面方向上必然要产生拉应力 σ_x，以阻止横向收缩分离。因此，σ_x 的出现是变形连续性要求的结果。在缺口界面上 σ_x 分布是先增后减，这是由于 x 较大时，σ_y 逐渐减少，相邻试样间的纵向应力差减少，于是 σ_x 下降。对于薄板，在垂直于板面方向可以自由变形，于是 $\sigma_z = 0$。这样，薄板中心是两向拉伸的平面应力状态。但在缺口根部（$x=0$ 处），拉伸小试样能自由横向收缩，$\sigma_x = 0$，故仍为单向拉伸应力状态。

如果是厚板，在垂直于板厚方向的变形受到约束，$\varepsilon_z = 0$，故 $\sigma_z \neq 0$，$\sigma_z = \nu(\sigma_x + \sigma_y)$。在厚板下的弹性应力分布见图 3-26。可见，在缺口根部为两向应力状态，缺口内侧为三向应力状态，且 $\sigma_y > \sigma_x > \sigma_z$。这种三向应力状态是缺口试样或有缺口的机件、构件早期脆断的主要原因。

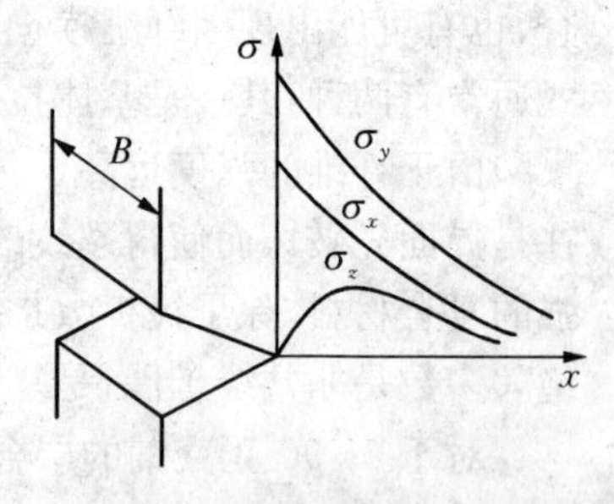

图 3-26　厚板弹性应力分布

可见，缺口的第二个效应是改变了缺口前方的应力状态，

使平板中材料所受的应力由原来的单向拉伸改变为两向或三向拉伸，也就是出现了 σ_x 平面应力或 σ_x 与 σ_z（平面应变），视板厚而定。

3.4.1.2　塑性状态下的应力分布

对于塑性金属材料，若缺口前方产生塑性变形，应力将重新分布，并且随着载荷增加塑性区逐渐扩大，直至整个截面上都产生塑性变形。

现以厚板为例来讨论缺口截面上的应力重新分布状况。根据2.5节中式(2-65)的屈雷斯加判据，在缺口根部，$\sigma_x=0$，故 $S_{\mathrm{II}}=\sigma_y-\sigma_x=\sigma_y=\sigma_s$。因此，当外加载荷增加时，$\sigma_y$ 也随之增加，缺口根部应最先满足 $S_{\mathrm{II}}=\sigma_y=\sigma_s$ 要求而开始屈服。一旦根部屈服，则 σ_y 即松弛而降低到材料的 σ_s 值。但在缺口内侧，因 $\sigma_x\neq0$，故要满足屈雷斯加判据要求，必需增加纵向应力 σ_y，即心部屈服要在 σ_y 不断增加的情况下才能产生。如果满足这一条件，则塑性变形将自表面向心部扩展。与此同时，σ_y，σ_z 随 σ_x 快速增加而增加（因 $\sigma_y=\sigma_x+\sigma_s$，$\sigma_z=\nu(\sigma_x+\sigma_y)$，且塑性变形时，$\sigma_y$ 引起的横向收缩约比弹性变形时大一倍，需要较高的 σ_x 值才能维持连续变形，一直增加到塑性区与弹性区交界处为止（见图3-27）。因此，当缺口前方产生了塑性变形后，最大应力已不在缺口根部，而在其前方一定距离处，该处的 σ_x 最大，所以 σ_y、σ_s 也最大。越过交界后，弹性区内的应力分布与上面所述的弹性变形阶段的应力分布稍有区别，σ_x 是连续下降的。显然，随塑性变形逐步向内转移，各应力峰值越来越高，它们的位置也逐步移向中心。可以推断，在试样中心区，σ_y 最大。

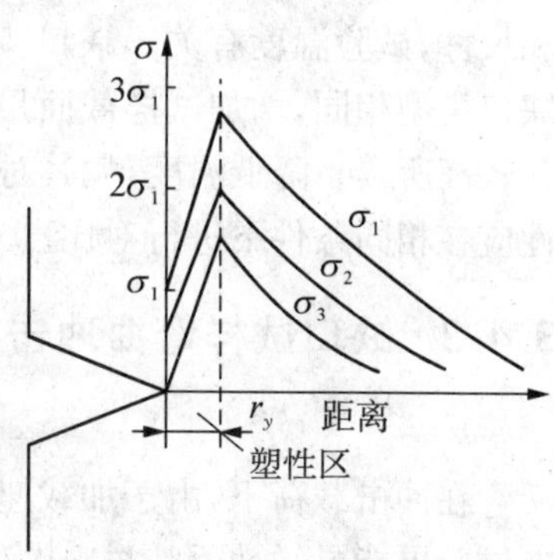

图3-27　缺口尖端局部屈服后的应力分布

有缺口时，由于出现了三向应力，试样的屈服应力比单向拉伸时高，产生了所谓“缺口强化”现象。由于此时材料本身的 σ_s 值（注意 σ_s 是用光滑试样测得的拉伸屈服极限）未变，故“缺口强化”纯粹是由于三向应力约束了塑性变形所致，如同颈缩造成的几何强化一样。因而不能把“缺口强化”看做是强化金属材料的手段。缺口强化只有在相同净截面的光滑试样中才能观察到。有缺口时，塑性材料的强度极限也因塑性变形受约束而增加。

虽然缺口提高塑性材料的屈服强度，但因缺口约束塑性变形，故缺口使塑性降低。脆性材料或低塑性材料缺口试样拉伸时常常是直接由弹性状态过渡到断裂，很难通过缺口前方极有限的塑性变形使应力重新分布。所以脆性材料缺口试样的强度比光滑试样的低。缺口使塑性材料得到强化，这是缺口的第三个效应。

3.4.2　缺口敏感性及其表示方法 (Notch sensitivity and evaluation method)

对于金属材料来说，缺口总是降低塑性、增大脆性。金属材料存在缺口而造成三向应力状态和应力应变集中，由此使材料产生变脆的倾向，这种效应称为缺口敏感性。一般采用缺口试样力学性能试验来评价材料的缺口敏感性。常用的缺口试样力学性能试验方法，有缺口静拉伸和缺口偏斜拉伸、缺口静弯曲等。

缺口试样静拉伸试验用于测定拉伸条件下金属材料对缺口的敏感性。试验时常用缺口试样的抗拉强度 σ_{bN} 与等截面尺寸光滑试样的抗拉强度 σ_b 的比值作为材料的缺口敏感性指

标，并称为缺口敏感度，用 q_e 或 NSR (Notch Sensitivity Ratio)表示

$$q_e = \sigma_{bN}/\sigma_b \tag{3-33}$$

比值 q_e 越大，缺口敏感性越小。脆性材料的 q_e 永远小于 1，表明缺口处尚未发生明显塑性变形时就已经脆性断裂。高强度材料 q_e 一般也小于 1。对于塑性材料，若缺口不太尖有可能产生塑性变形时，q_e 总大于 1。

缺口弯曲试验也可以显示材料的缺口敏感性。由于缺口和弯曲引起的不均匀性叠加，所以缺口弯曲较缺口拉伸应力应变分布不均匀性要大。这种方法一般根据断裂时的残余挠度或弯曲破断点(裂纹出现)的位置评定材料的缺口敏感性。

金属材料的缺口敏感性除和材料本身性能、应力状态(加载方式)有关外，尚与缺口形状和尺寸，试验温度有关。缺口尖端曲率半径越小，缺口越深，材料对缺口的敏感性也越大。缺口类型相同，增加试样截面尺寸，缺口敏感性也增加，这是由于尺寸较大试样的弹性能储存较高所致。降低温度，尤其对 bcc 金属，缺口敏感性急剧增大。因此，不同材料的缺口敏感性应在相同条件下进行对比。

3.4.3 缺口试样弯曲冲击及冲击韧性 (Impact bending of notched sample and impact toughness)

在冲击载荷下，由于加载速率大，变形条件更为苛刻，塑性变形得不到充分发展，所以冲击试验更能灵敏地反映材料的变脆倾向。常用的缺口试样冲击试验是冲击弯曲。

摆锤冲击弯曲试验方法与原理见图 3-28 和图 3-29。

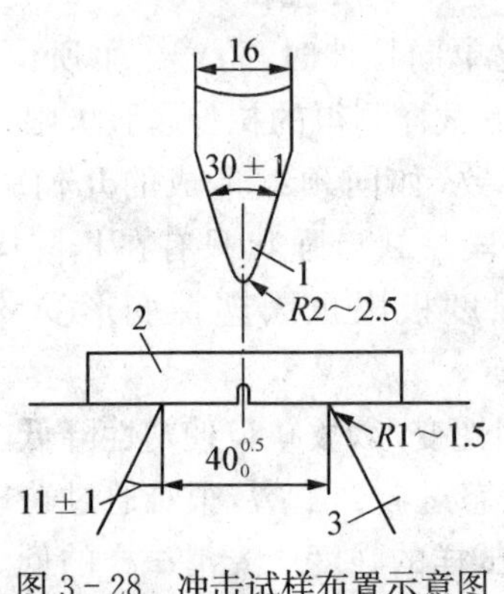

图 3-28 冲击试样布置示意图
1—摆锤；2—试样；3—机座

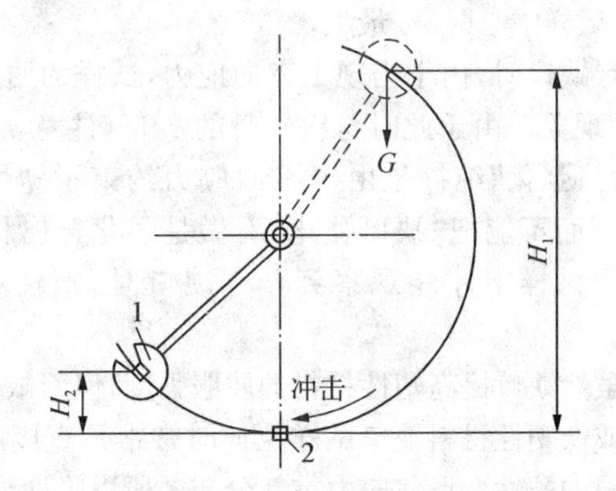

图 3-29 摆锤冲击试验原理
1—摆锤；2—试样

试验是在摆锤式冲击试验机上进行的。将试样水平放在试验机支座上，缺口位于冲击相背方向，并用样板使缺口位于支座中间。然后将具有一定重量的摆锤举至一定高度 H_1，使其获得一定位能 GH_1。释放摆锤冲断试样，摆锤的剩余能量为 GH_2，则摆锤冲断试样失去的位能为 $GH_1 - GH_2$，此即为试样变形和断裂所消耗的功，称为冲击吸收功。根据试样缺口形状不同，冲击吸收功分别为 A_{kV} 和 A_{kU}。$A_{kV}(A_{kU}) = G(H_1 - H_2)$，单位为 J。$A_{kV}$ 亦有用 CVN 或 C_V 表示的。

用试样缺口处截面积 $F_N(cm^2)$ 去除 $A_{kV}(A_{kU})$，即得到冲击韧性或冲击吸收功 $a_{kV}(a_{kU})$，

即：$a_{kV}(a_{kU})=A_{kV}(A_{kU})/F_N$。通常$a_{kV}(a_{kU})$的单位为$J/cm^2$。国家标准规定冲击试验标准试样分为U型缺口和V型缺口两种，习惯上前者又简称为梅氏试样，后者称为夏氏试样。$a_{kV}(a_{kU})$是一个综合性的材料力学性能指标，与材料的强度和塑性有关。

$A_{kV}(A_{kU})$也可以表示材料的变脆倾向，但$A_{kV}(A_{kU})$并非完全用于试样变形和破坏，其中有一部分消耗于试样掷出、机身振动、空气阻力以及轴承与测量机构中的摩擦消耗等。材料在一般摆锤冲击试验机上试验时，这些功是忽略不计的。但当摆锤轴线与缺口中心线不一致时，上述功耗比较大。所以，在不同试验机上测定的$A_{kV}(A_{kU})$值彼此可能相差较大。此外，根据断裂理论，断裂类型取决于断裂扩展过程中所消耗的功。消耗功大，则断裂表现为韧性的，反之则为脆性的。

在摆锤冲击试验机上附加一套示波装置，利用粘贴在测力刀口两侧的电阻应变片作为载荷感受元件，可以记录材料在冲击载荷下的载荷—扭度(或载荷—时间)曲线，在曲线所包围的面积中只有断裂区的面积才表示裂纹扩展所消耗的功，表征材料的韧性性质(见图1.12中的各类典型材料的夏比冲击载荷—位移曲线)。但$A_{kV}(A_{kU})$相同的材料，断裂区的面积并不一定相同。可见，$A_{kV}(A_{kU})$的大小也不能真正反应材料的变脆倾向。

除了摆锤试验法之外，落锤试验法也是目前应用较多的测试材料动态性能的试验方法。落锤试验法一般用于测试一些厚钢板构件的冲击性能，试验采用比标准冲击试样尺寸大一些的试样，由于冲击功大的关系，所以需要用落锤试验法。对于一些在特殊环境下使用的材料有时还采用撕裂试验法进行低温韧性的评定。

3.4.4　材料的低温脆性现象 (Brittleness phenomenon of materials at low-temperature)

体心立方晶体金属及合金或某些密排六方晶体金属及合金，尤其是工程上常用的中、低强度结构钢经常会碰到这种低温变脆现象。当试验温度低于某一温度T_k时，材料由韧性状态变为脆性状态，冲击值明显下降，断口特征由纤维状变为结晶状，断裂机理由显微空穴聚集型变为穿晶解理，这就是材料的低温脆性，转变温度T_k称为韧脆转变温度或脆性转变临界温度，也称为冷脆转变温度。面心立方晶体金属及其合金一般没有低温脆性现象，但有实验证明，在20～4.2 K的极低温度下，奥氏体钢及铝合金等也有脆性。高强度的体心立方合金(如高强度钢及超高强度钢)在很宽温度范围内冲击值均较低，故韧脆转变不明显。低温脆性对压力容器、桥梁和船舶结构以及在低温下服役的机件安全是非常重要的。

任何金属材料都有两个强度指标，屈服强度和断裂强度。断裂强度σ_c随温度变化很小，因为热激活对裂纹扩展的力学条件没有显著作用。但屈服强度σ_s却对温度变化十分敏感，如图3-30所示。温度降低，屈服强度急剧升高，故两曲线相交于一点，交点对应的温度即为T_k。高于T_k时，$\sigma_c>\sigma_s$，材料受载后先屈服再断裂，为韧性断裂；低于T_k时外加应力先达到σ_c，材料表现为脆性断裂。这里我们把σ_c解释为裂纹扩展的临界应力，显然是以材料中有预存裂纹为前提的。倘若材料中没有预存裂纹，则外加应力达到σ_c还不致引起脆性断裂。只有当外力继续增加直到材料中局部产生滑移，通过滑移形成裂纹才会立即引起脆性断裂。但若

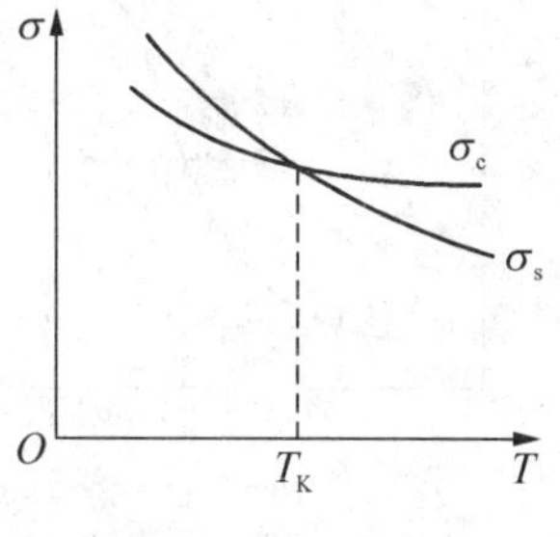

图3-30　σ_s和σ_c随温度变化示意图

局部滑移形成的裂纹尺寸，不满足一定应力下裂纹扩展的临界尺寸，还可能要继续提高应力，直到外加应力达到 σ_s，材料在屈服应力下才立即脆断。韧脆转变温度实际上不是一个温度而是一个温度区间。金属材料的低温变脆倾向通常是根据测量韧脆转变温度 T_k 来评定的，由常用低温系列冲击试验测定。

3.4.5 材料的韧脆转变温度及其影响因素 (Ductile-brittle transition and it's influence factors)

韧性是材料塑性变形和断裂全过程吸收能量的能力，它是强度和塑性的综合表现。根据试样断裂过程消耗的功，及断裂后塑性变形的大小均可以确定 T_k。断口形貌反映材料的断裂本质，也可用来表示韧性，观察分析不同温度下的断口形貌也可以求得 T_k。目前，尚无简单的判据求得韧脆转变温度 T_k。通常，根据能量、塑性变形和断口形貌随温度的变化定义 T_k。为此，需要在不同温度下进行冲击弯曲试验，依据试验结果做出冲击功—温度曲线、断口形貌中各区所占面积和温度的关系曲线、试样断裂后塑性变形量和温度的关系曲线，根据这些曲线求 T_k。

按能量法定义 T_k 的方法有如下几种

(1) 以 A_{kv}(CVN)＝20.3 J(15 英尺磅)对应的温度作为 T_k，并记为 V_{15}TT。这个规定是根据大量实践经验总结出来的。实践发现，低碳船用钢板服役时，若韧性大于 20.3 J 或在 V_{15}TT 以上工作，就不会发生脆性破坏。

(2) 当低于某一温度时，金属材料吸收能量基本不随温度而变化，形成一平台，该能量称为“低阶能”。以低阶能开始上升的温度定义为 T_k，并记为 NDT (Nil Ductility Temperature)，称为无塑性或零塑性转变温度。在 NDT 以下，断口由 100%结晶区(解理区)组成。

(3) 高于某一温度，材料吸收能量也基本不变，出现一个上平台，称为高阶能。以高阶能对应的温度为 T_k，记为 FTP (Fracture Transition Plastic)。高于 FTP 下的断裂，将得到 100%纤维状断口(零解理断口)。

除此之外，还有以低阶能和高阶能平均值对应的温度 FTE (Fracture Transition Elastic)定义 T_k 的。

各种韧脆转变温度判据如图 3-31 所示。

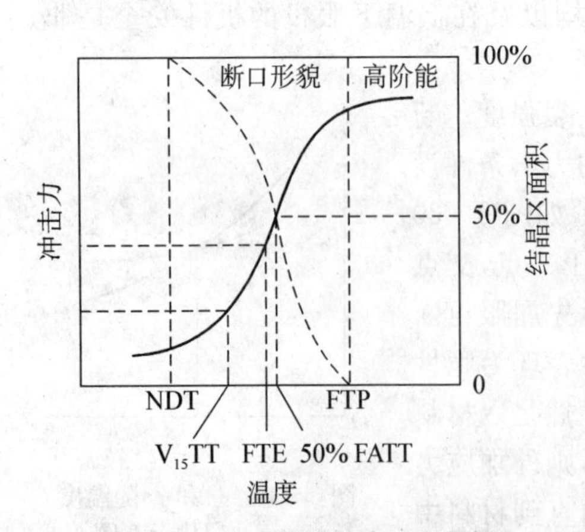

图 3-31 各种韧脆转变温度判据

如同拉伸试样一样，冲击试样断口也有纤维区、放射区(结晶区)与剪切唇之分。有时在断口上还会看到有两个纤维区，而放射区位于纤维区之间。出现两个纤维区的原因为试样冲击时，缺口一侧受拉伸作用，裂纹首先在缺口处形成，而后向厚度两侧及深度方向扩展。由于缺口处是平面应力状态，若试验材料具有一定韧性，则在裂纹扩展过程中便形成纤维区。当裂纹扩展到一定深度时，出现平面应变状态，且裂纹达到格雷菲斯裂纹临界尺寸时，裂纹快速扩展而形成结晶区。到了压缩区之后，由于应力状态发生变化，裂纹扩展速率再次减少，于是又出现了纤维区。

试验证明，在不同试验温度下，纤维区、放射区与剪切唇三者之间的相对面积（或线尺寸）是不同的。温度下降，纤维区面积突然减少，而放射区面积突然增大，材料由韧变脆。通常取结晶区面积占整个断口面积50%时的温度为T_k，并记为50% FATT或FATT50。50% FATT反应了裂纹扩展变化特征，可以定性地评定材料在裂纹扩展过程中吸收能量的能力。研究发现，50% FATT与断裂韧性开始急速增加的温度有较好的对应关系，故得到广泛应用。但以此种方法评定各区所占面积受人为因素影响较大，要求测试人员有较丰富的经验。

影响材料韧脆转变温度的主要因素有如下几方面：

（1）化学成分。间隙溶质元素含量增加，高阶能下降，韧脆转变温度提高。间隙溶质元素溶入铁素体基体中，因与位错有交互作用而偏聚于位错线附近形成柯氏气团，既增加Hall-Petch关系式中σ_0，又使K_y增加，致使σ_s升高，所以钢的脆性增大。

置换型溶质元素对韧性影响不明显。钢中加入置换型溶质元素一般也降低高阶能，提高韧脆转变温度，但Ni和一定量Mn例外。置换型溶质元素对韧脆转变温度的影响和σ_0，K_y及γ_s的变化有关。Ni减少低温时的σ_0和K_y，故韧性提高。另外，Ni还能增加层错能，促进低温时螺位错交滑移，使裂纹扩展消耗功增加，也就是韧性增加。但如置换型溶质元素降低层错，能促进位错扩展或形成孪晶，使螺位错交滑移困难，则钢的韧性下降。

杂质元素S、P、As、Sn、Sb等使钢的韧性下降。这是由于其偏聚于晶界，降低晶界表面能，产生沿晶脆性断裂，同时降低脆断应力所致。

（2）显微组织。细化晶粒使材料韧性增加。铁素体晶粒直径和韧脆转变温度之间存在一定的关系，这一关系可用下述Petch方程描述：

$$BT_k = \ln B - \ln C - \ln d^{\frac{1}{2}} \tag{3-34}$$

式中，β、C为常数，β与σ_0有关，C为裂纹扩展阻力的度量；B为常数；d为铁素体晶粒直径。式(3-32)也适用于低碳铁素体—珠光体钢、低合金高强度钢。研究发现，不仅铁素体晶粒大小和韧脆转变温度之间呈线性关系，而且马氏体板条束宽度、上贝氏体铁素体板条束、原始奥氏体晶粒尺寸和韧脆转变温度之间也呈线性关系。通过细化金属材料的晶粒提高韧性的原因有：晶界是裂纹扩展的阻力；晶界前塞积的位错数减少，有利于降低应力集中；晶界总面积增加，使晶界上杂质浓度减少，避免产生沿晶脆性断裂，详细说明请参见4.1.3节。

低强度水平钢材中（如经高温回火），强度相同（水平）而组织不同的钢，其冲击值和韧脆转变温度以马氏体高温回火（回火屈氏体）为最佳，贝氏体回火组织次之，片状珠光体组织最差，尤其有自由铁素体存在时，因为自由铁素体是珠光体钢中解理裂纹易于扩展的通道。球化处理可以大幅度改善钢的韧性。

高强度水平钢材中，如中、高碳钢在较低等温温度下获得下贝氏体组织，则其冲击值和韧脆转变温度优于同强度的淬火并回火的组织。在相同强度水平下，典型上贝氏体的韧脆转变温度高于下贝氏体。例如在Cr-Mo-B贝氏体钢中，上贝氏体的σ_b=924 MPa，韧脆转变温度为75℃；下贝氏体的σ_b=1 000 MPa，韧脆转变温度为20℃。但低碳钢低温上贝氏体的韧脆却高于回火马氏体，这是由于在低温上贝氏体中渗碳体沿奥氏体晶界的析出受到抑制，减少了晶界裂纹所致。

在低碳合金钢中，经不完全等温处理获得贝氏体(低温上贝氏体或下贝氏体)和马氏体混合组织，其韧性比单一马氏体或单一贝氏体组织好。这是由于贝氏体先于马氏体形成，事先将奥氏体分割成几个部分，使随后形成的马氏体限制在较小范围内，从而获得了组织单元极为细小的混合组织。裂纹在此种组织内扩展要多次改变方向，消耗能量大，故钢的韧性较高。关于中碳合金钢中马氏体-贝氏体混合组织的韧性，有人认为需视钢在奥氏体化后的冷却过程中贝氏体和马氏体的形成顺序而定，若贝氏体先于马氏体形成，韧性可以改善；反之韧性就不会改善。在某些铁素体和马氏体钢中存在奥氏体能抑制解理断裂，如在马氏体钢中含有稳定的残余奥氏体将显著改善钢的韧性。马氏体板条间的残余奥氏体膜也有类似的作用。

钢中夹杂物、碳化物等第二相质点对钢的脆性有重要影响，影响的程度与第二相质点的大小、形状、分布、第二相性质及其与基体的结合力等因素有关。无论第二相分布于晶界上还是独立在基体中，当其尺寸增大时均使材料的韧性下降，韧脆转变温度升高。按史密斯解理裂纹成核模型，晶界上碳化物厚度或直径增加，解理裂纹既易于形成又易于扩展，故使脆性增加。分布于基体中的粗大碳化物，可因本身裂开或因其与基体界面上脱离形成显微空穴，显微空穴连接长大形成裂纹，最后导致断裂。

第二相形状对钢的脆性也有一定影响。球状碳化物的韧性较好，拉长的硫化物又比片状硫化物好。

(3) 外部因素：

(a) 温度　结构钢在某些温度范围内，冲击韧性急剧下降。碳钢和某些合金钢在230～370℃范围内拉伸时，强度升高、塑性降低。因为在该温度范围内加热钢的氧化色为蓝色，故此现象称为蓝脆。在静载荷与冲击载荷下都可以看到钢的蓝脆现象。在冲击载荷下，蓝脆最严重的温度范围为525～550℃。

蓝脆是形变时效加速进行的结果。当温度升高到某一适当温度时，碳、氮原子扩散速率增加，易于在位错附近偏聚形成柯氏气团。这一过程使塑性变形中较早产生形变时效，使材料强度提高塑性下降。在冲击载荷下，形变速率较高，碳、氮原子必须在较高温度下才能获得足够的激活能以形成气团。

(b) 加载速率　提高加载速率如同降低温度，使金属材料脆性增大，韧脆转变温度提高。加载速率对钢脆性的影响和钢的强度水平有关。一般，中、低强度钢的韧脆转变温度对加载速率比较敏感，而高强度钢、超高强度钢的韧脆转变温度对加载速率的敏感性较小。在常用冲击速率范围内(4～6 m/s)，改变加载速率对韧脆转变温度影响不大。

(c) 试样尺寸和形状　当不改变缺口尺寸而增加试样宽度(或厚度)时，T_k 升高。若试样各部分尺寸按比例增加时，T_k 也升高。缺口尖锐度增加，T_k 也显著升高，因此，V型缺口试样的 T_k 高于U型试样的 T_k。试样尺寸增加，应力状态变硬，且缺陷几率增大，故脆性增大。

3.5 材料的断裂韧性

(Fracture toughness of materials)

随着工业生产的不断发展，对材料的要求也越来越高，高强度材料构件日趋增多，如高压容器、火箭发动机壳体、飞机结构、电站设备、机车和桥梁等都使用高强度材料。这些材料在长期的使用中，虽然有足够的强度能保证构件不发生塑性变形及随后的韧性断裂，但却难以防止材料的脆性破坏断裂。而且这种脆性断裂大多是在远低于屈服强度的状态下突然发生的，事先没有任何征兆，一旦发生便造成巨大的损失。

工作应力低于屈服强度时产生的脆性断裂称为低应力脆性断裂，简称为低应力脆断。低应力脆断的发生冲击了传统的设计思想——安全系数（$\sigma_{工作} \leqslant \sigma_{许用} = \sigma_s/n$，此处的 n 称为安全系数）法，人们不得不开始研究工程构件为什么会突然断裂？又应该如何防止。大量的断裂事例分析表明，工程上出现的脆性断裂事故总是从构件内部存在的宏观缺陷或裂纹处开始的。这种裂纹源在远低于屈服应力的作用下，因疲劳、应力腐蚀等原因而逐渐扩大，最后导致构件突然脆断；载荷的突然增加，环境、温度的变化，也会使裂纹源迅速扩展而导致构件断裂。此外，裂纹的存在可能是由于材料内部缺陷，也可能是在加工过程中产生的，或者是在使用过程中形成的，因而裂纹的存在是难以避免的。

断裂力学就是以构件中存在宏观缺陷为理论问题的出发点，它与 Griffith 理论的前提是一致的。它运用连续介质力学的弹（塑）性理论，研究材料和构件中裂纹扩展的规律，建立材料的力学性能、裂纹尺寸和工作应力之间的关系，确定反映材料抗裂性能的指标及其测试方法，以控制和防止构件的断裂。

在断裂力学基础上建立起来的材料抵抗裂纹扩展断裂的韧性性能称为断裂韧性。断裂韧性与其他韧性性能一样，综合地反映了材料的强度和塑性，在为防止低应力脆断而选用材料时，应根据材料的断裂韧性指标，对构件允许的工作应力和裂纹尺寸进行定量计算，因此，断裂韧性是断裂力学认为能反映材料抵抗裂纹失稳扩展能力的性能指标，对构件的强度设计具有十分重要的意义。在此简要介绍裂纹尖端应力分析的结果，主要讨论断裂韧性的物理意义以及提高断裂韧性的途径。

3.5.1　断裂韧性的基本概念（Basic concept of fracture toughness）

1）断裂强度与裂纹长度

由于工程上的低应力脆断事故一般都与材料内部的裂纹存在有关，而且材料内部的裂纹往往又是不可避免的，这样研究裂纹对断裂强度的影响很有必要。为了弄清这个问题，在高强度材料的试样上，预制出不同深度的表面裂纹，进行拉伸试验，测得裂纹深度与实验断裂强度间的关系，如图 3-32 所示。通过实验得出，断裂强度 σ_c 与裂纹深度 a 的平方根成反比，即

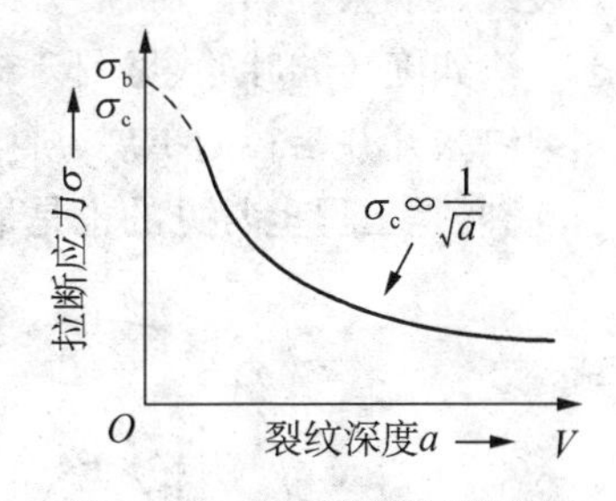

图 3-32　裂纹深度与断裂强度的实验关系曲线

$$\sigma_c \propto \frac{1}{\sqrt{a}} \tag{3-35}$$

上式又可写成：

$$\sigma_c = \frac{K}{\sqrt{a}} \tag{3-36}$$

或

$$K = \sigma_c \sqrt{a} \tag{3-37}$$

式中，σ_c 为断裂强度，a 为裂纹深度，K 为常数。

由式(3-35)可知：①对应于一定的裂纹深度 a，就存在一个临界的应力值 σ_c，只有当外界作用应力大于此临界应力时，裂纹才能扩展，造成破断，小于此应力值，裂纹将是稳定的，不会扩展，构件也不会产生断裂。②对应于一定的应力值时，存在着一个临界的裂纹深度 a_c，当裂纹深度小于此值时裂纹是稳定的，裂纹深度大于此值时就不稳定了，要发生裂纹失稳扩展，导致构件的断裂。③裂纹愈深，材料的临界断裂应力愈低，或者作用于试样上的应力愈大，裂纹的临界尺寸愈小。④若 a 一定时，K 值越大，σ_c 越大，表示使裂纹扩展的断裂应力越大。不同的材料，K 值不同。因此，常数 K 不是一般的比例常数，它表达了裂纹前端的力学因素，是反映材料抵抗脆性破断能力的一个断裂力学指标。

2) 裂纹体的三种位移方式

实际构件和试样中的裂纹，在断裂过程中，裂纹表面要发生位移，即裂纹两侧的断裂面，在其断裂过程中要发生相对的运动，根据受力条件不同有三种基本方式如图 3-33 所示。

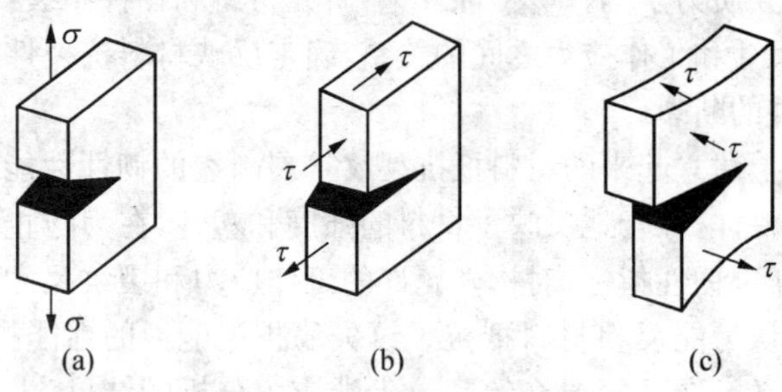

图 3-33　三种裂纹位移方式

(a) 张开型；(b) 滑开型；(c) 撕开型

(1) 张开型裂纹(Ⅰ型)。如图 3-33(a)所示，外加正应力 σ 和裂纹面垂直，在 σ 作用下裂纹尖端张开，并且扩展方向和 σ 垂直，这种裂纹称为张开型裂纹，也称为Ⅰ型裂纹。

如旋转的叶轮(见图 3-34)，当存在一个径向裂纹时，在旋转体产生的径向力 σ_θ 作用下，裂纹张开并沿径向扩展，所以称为张开型裂纹。这种型式的断裂，常见的有疲劳断裂和脆性断裂，是工程上常见的也是最危险的断裂类型。

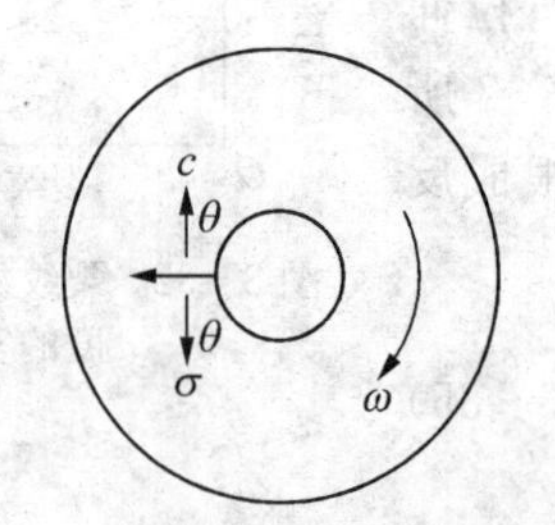

图 3-34　叶轮中的Ⅰ型裂纹

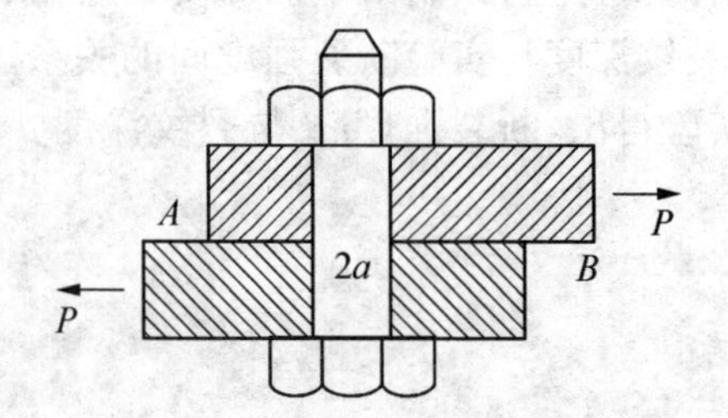

图 3-35　连接螺栓中的Ⅱ型裂纹

(2) 滑开型裂纹(Ⅱ型)。如图 3-33(b)所示，在平行裂纹面的剪应力作用下，裂纹滑开扩展，称为滑开型裂纹。如两块厚板用大螺栓连接起来(见图 3-35)，当板受拉力 P 时，在接触面上作用有一对剪应力 τ，如螺栓内部 AB 面上有裂纹，则在剪应力 τ 的作用下形成的裂纹属于Ⅱ型裂纹。

(3) 撕开型裂纹(Ⅲ型)。如图3-33(c)所示,在剪应力τ的作用下,裂纹面上下错开,裂纹沿原来的方向向前扩展,像用剪子剪开一个口,然后撕开就是一个Ⅲ型裂纹。如一传动轴工作时受扭转力矩的作用,即存在一个剪应力,若轴上有一环向裂纹,它就属于Ⅲ型。

如果物体内裂纹同时受正应力和剪应力的作用,或裂纹面和正应力成一角度,这时就同时存在Ⅰ型和Ⅱ型(或Ⅰ型和Ⅲ型)裂纹,这样的裂纹称为复合裂纹。在工程构件内部,张开型(Ⅰ型)裂纹是最危险的,容易引起低应力脆断。所以,在实际构件内部,即使存在的是复合型裂纹,也往往把它作为张开型来处理,这样考虑问题更安全。

3) 平面应力和平面应变

一块带有缺口或裂纹的板试样,如图3-36所示,在拉应力作用下,在缺口或裂纹端部因有应力集中而使形变受到约束,由此将产生复杂的应力状态。而且因板的厚度不同,受拉伸时板内的应力状态也不同,当为薄板时,将出现平面应力状态,当板很厚时,则出现平面应变状态。

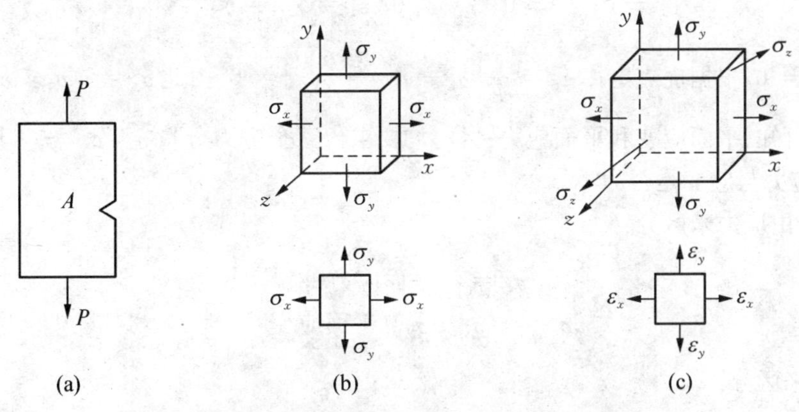

图3-36　缺口或裂纹前端应力状态示意图

(a) 带缺口的拉伸试样;(b) 平面应力状态;(c) 平面应变状态

对于一有缺口或裂纹的薄板,在裂纹前端A附近区域,沿Z方向的变形基本不受约束,因为前后板面与空气接触,在该方向上没有应力作用,板面上的内应力分量σ_z,τ_{zx},τ_{zy}全部为零,但ε_z不为零,此时裂纹前端区域仅在板宽、板长方向上受σ_z、σ_y、τ_{xy}的作用,应力状态是二维平面型的,此种状态称为平面应力状态,可表示为

$$\sigma_x \neq 0;\ \sigma_y \neq 0;\ \tau_{xy} \neq 0;\ \sigma_z = \tau_{yz} = \tau_{zx} = 0 \tag{3-38}$$

在平面应力状态下,z方向将发生收缩变形,其应变$\varepsilon_z = \frac{\nu}{E}(\sigma_x + \sigma_y)$。所以在平面应力状态下,三个方向的应变分量均不为零。

当板足够厚时,其裂纹尖端即处于平面应变状态。因为离裂纹尖端较远处的材料变形很小,它将约束裂纹尖端区沿z方向收缩,这就相当于沿z方向被固定,裂纹尖端区沿z方向不发生变形,故厚板裂纹前端处于平面应变状态。如一个很长的拦河坝,坝两端筑在山上,当坝受河水压力而发生变形时,因坝身很长,沿长度方向认为不能产生位移,取出一个垂直于坝长方向(设为z轴)的单元平面xy,其变形方式如图3-37所示。

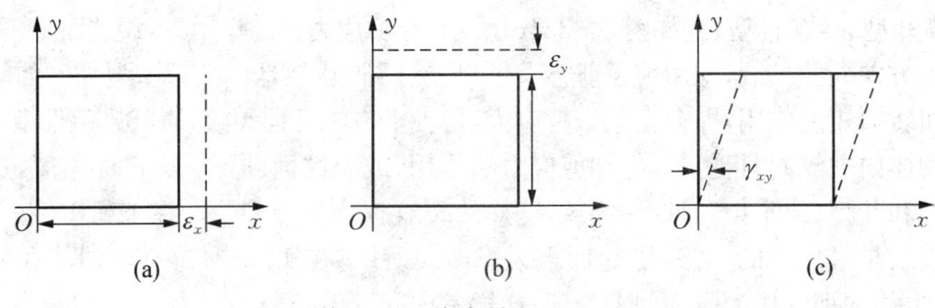

图 3-37　应变量 ε_x, ε_y, γ_{xy}

在 xy 平面内存在三个应变分量:沿 x 方向的法向应变 ε_x(见图 3-37(a)),沿 y 方向的法向量 ε_y(见图 3-37(b))和剪应变 γ_{xy}(见图 3-37(c)),这样,在物体内只产生三个应变分量,并且都在一个平面内的称为平面应变状态。由于在 z 方向没有变形产生,即 $\varepsilon_z=0$,在 xy, yz 平面上也没有剪切应变。因此,平面应变状态可表示为

$$\varepsilon_x \neq 0;\ \varepsilon_y \neq 0;\ \gamma_{xy} \neq 0;\ \varepsilon_z = \gamma_{xz} = \gamma_{yz} = 0 \tag{3-39}$$

由于 $\varepsilon_z = 0$,根据虎克定律 $\varepsilon_z = \dfrac{1}{E}[\sigma_z - \nu(\sigma_x + \sigma_y)] = 0$,由此 $\sigma_z = \nu(\sigma_x + \sigma_y)$。

由上述可知,平面应变和平面应力一样,均要求出三个应力分量 σ_x, σ_y, τ_{xy},其区别在于 z 轴方向的应力与应变是否为零。

具体的,由应力来区分:

$$\begin{aligned}&\sigma_z = 0(\text{平面应力});\\&\sigma_z = \nu(\sigma_x + \sigma_y)(\text{平面应变})\end{aligned} \tag{3-40}$$

由应变来区分:

$$\begin{aligned}&\varepsilon_z = \frac{\nu}{E}(\sigma_x + \sigma_y)(\text{平面应力});\\&\varepsilon_z = 0(\text{平面应变})\end{aligned} \tag{3-41}$$

一般来说,当试样厚度足够大时就可认为整个试样或构件处于平面应变状态。裂纹前端所处的应力状态不同将显著影响裂纹的扩展过程和构件的抗断裂能力。如若为平面应力状态,则裂纹扩展的抗力较高;如为平面应变状态,则裂纹扩展力较低,易发生脆断。其原因将在 3.5.3 节中详述。

4) 断裂韧性和应力场强度因子

由图 3-32 所示的实验结果可知,含裂纹试样的断裂应力(σ_c)与试样内部裂纹尺寸(a)有密切关系,试样中的裂纹愈长(a 愈大),则裂纹前端应力集中愈大,使裂纹失稳扩展的外加应力(即断裂应力,σ_c)愈小,所以 $\sigma_c \propto \dfrac{1}{\sqrt{a}\cdot y}$。另外,实验研究表明:断裂应力亦与裂纹形状、加载方式有关。即在 $\sigma_c \propto \dfrac{1}{\sqrt{a}\cdot y}$ 中,y 是一个和裂纹形状和加载方式有关的量,对每一种特定工艺状态下的材料,$\sigma_c \cdot \sqrt{a} \cdot y=$常数,它与裂纹大小、几何形状及加载方式无关,换言之,和诸如 σ_b、a_k 等一样,此常数是材料的一种性能,将其称为断裂韧性,用 $K_{\mathrm{I}c}$表示。即

$$K_{\mathrm{I}c} = \sigma_c \cdot \sqrt{a} \cdot y \tag{3-42}$$

上式表明，对一个含裂纹试样（如试样中的裂纹 a 已知，y 也已知）做实验，测出裂纹失稳扩展所对应的应力 σ_c，代入上式就可测出此材料的 $K_{\mathrm{I}c}$值。此值就是实际含裂纹构件抵抗裂纹失稳扩展的断裂韧性（$K_{\mathrm{I}c}$）值。因此，当构件中含有的裂纹形状和大小一定时（即$\sqrt{a} \cdot y$ 一定），测得的此材料的断裂韧性 $K_{\mathrm{I}c}$值愈大，则使裂纹快速扩展从而导致构件脆断所需要的应力 σ_c 也就愈高，即构件愈不容易发生低应力脆断。反之，如果构件在工作应力下的脆断值 $\sigma_f = \sigma_c$，则这时构件内的裂纹长度必须大于或等于式（3-40）所确定的临界值 $a_c = (K_{\mathrm{I}c}/\sqrt{a} \cdot y)^2$。显然，材料的 $K_{\mathrm{I}c}$值愈高，在相同的工作应力 σ 作用下，导致构件脆断的临界值 a_c 就愈大，即可容许构件中存在更长的裂纹。总之，构件材料的 $K_{\mathrm{I}c}$值愈高，则此构件阻止裂纹失稳扩展的能力就愈大，即 $K_{\mathrm{I}c}$是材料抵抗裂纹失稳扩展能力的一个度量，是材料抵抗低应力脆性破坏的韧性参数，故称之为断裂韧性。

3.5.2　裂纹尖端附近的应力场（Stress intensity near the tip of crack）

应用弹性力学理论，研究含有裂纹材料的应力应变状态和裂纹扩展规律，就构成了所谓的“线弹性断裂力学（Liner Elastic Fracture Mechanics）”。线弹性断裂力学认为，材料在脆性断裂前基本上是弹性变形，其应力应变符合线性关系。

如图 3-38 所示，在一无限宽板内有一条长为 $2a$ 的中心贯穿裂纹，在无限远处受均匀拉应力的作用。当板很薄时，是平面应力问题，当板很厚时，是平面应变问题，在裂纹前端存在着应力集中。利用弹性力学方法可解出裂纹尖端附近各点（坐标为 r 和 θ）的应力分量和位移分量：

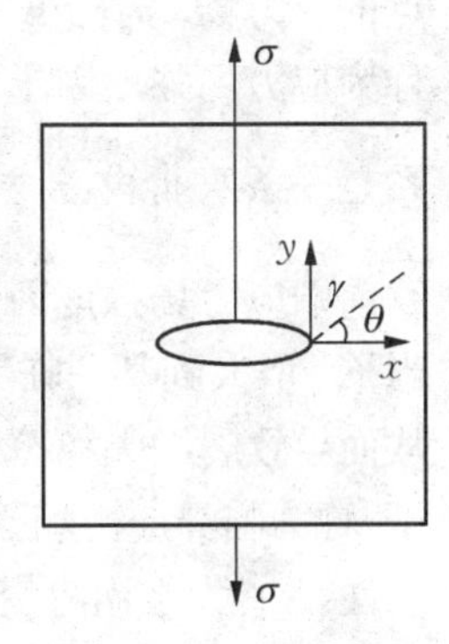

图 3-38　裂纹尖端附近应力场

$$\sigma_x = \frac{K_{\mathrm{I}}}{\sqrt{2\pi r}} \cos\frac{\theta}{2}\left(1 - \sin\frac{\theta}{2}\sin\frac{3\theta}{2}\right)$$

$$\sigma_y = \frac{K_{\mathrm{I}}}{\sqrt{2\pi r}} \cos\frac{\theta}{2}\left(1 + \sin\frac{\theta}{2}\sin\frac{3\theta}{2}\right)$$

$$\sigma_z = \nu(\sigma_x + \sigma_y)$$

$$\tau_{xy} = \frac{K_{\mathrm{I}}}{\sqrt{2\pi r}} \sin\frac{\theta}{2} \cdot \cos\frac{\theta}{2} \cdot \cos\frac{3\theta}{2} \tag{3-43}$$

$$\varepsilon_x = \frac{1}{2G(1+\nu')} \frac{K_{\mathrm{I}}}{\sqrt{2\pi r}} \cos\frac{\theta}{2}\left[(1-\nu') - (1+\nu')\sin\frac{\theta}{2}\sin\frac{3\theta}{2}\right]$$

$$\varepsilon_y = \frac{1}{2G(1+\nu')} \frac{K_{\mathrm{I}}}{\sqrt{2\pi r}} \cos\frac{\theta}{2}\left[(1-\nu') + (1+\nu')\sin\frac{\theta}{2}\sin\frac{3\theta}{2}\right]$$

$$\gamma_{xy} = \frac{1}{2G} \frac{K_{\mathrm{I}}}{\sqrt{2\pi r}} \cos\frac{\theta}{2}\cos\frac{3\theta}{2}\sin\frac{\theta}{2}$$

$$\mu = \frac{K_{\mathrm{I}}}{G(1+\nu')} \sqrt{\frac{r}{2\pi}} \cos\frac{\theta}{2}\left[(1-\nu') + (1+\nu')\sin^2\frac{\theta}{2}\right]$$

$$s=\frac{K_{\mathrm{I}}}{G(1+\nu')}\sqrt{\frac{r}{2\pi}}\sin\frac{\theta}{2}\left[2-(1+\nu')\cdot\cos^{2}\frac{\theta}{2}\right] \tag{3-44}$$

$$K_{\mathrm{I}}=\sigma\cdot\sqrt{\pi\alpha} \tag{3-45}$$

式中,E 为正弹性模量,G 为切变模量,ν 为泊松比。式(3-43)是裂纹尖端附近应力场的近似表达式,并且愈接近裂纹尖端,表达式的精确度愈高,换言之,式(3-43)适用于 $r\ll a$ 的情况。

由式(3-43)可知,在裂纹延长线上(即 x 轴上),$\theta=0$, $\sin\theta=0$,所以式(3-43)可改写成

$$\sigma_y=\sigma_x=\frac{K_{\mathrm{I}}}{\sqrt{2\pi r}},\ r\ll a \tag{3-46}$$

即在该平面上切应力为零,拉伸正应力最大,故裂纹容易沿该平面扩展。

对于裂纹尖端任意一点 D,其坐标 r 是已知的,故由式(3-44)可知,该点的内应力场 σ_y 的大小就完全由 K_{I} 来决定了:K_{I} 大时,裂纹前端各点的应力场就大;K_{I} 小时,裂纹前端各点的应力场就小。K_{I} 控制了裂纹尖端附近的应力场,是决定应力场强度的主要因素,故 K_{I} 称为应力场强度因子。当 K_{I} 一定时(外应力 σ 和裂纹长度 a 一定),σ_y 和 r(点的位置)的关系是一条双曲线:$\sigma_y\propto\frac{1}{\sqrt{r}}$,即愈接近裂纹尖端($r$ 愈小),则 σ_y 就愈大。随着外应力 σ 增大,裂纹前端应力场强度因子 K_{I} 不断增大,而裂纹前端各点的内应力场 σ_y 则随 K_{I} 增大而增大。当 K_{I} 增大到某一临界值时,就能使裂纹前端某一区域内的内应力 σ_y 大到足以使材料分离,从而导致裂纹失稳扩展,直至试样断裂。裂纹失稳扩展的临界状态所对应的应力场强度因子,称为临界应力场强度因子,用 K_c 或 $K_{\mathrm{I}c}$ 表示,称为断裂韧性。K_c 为平面应力条件下断裂韧性,$K_{\mathrm{I}c}$ 为平面应变条件下的断裂韧性。因为断裂韧性 $K_{\mathrm{I}c}$ 是应力场强度因子 K_{I} 的临界值,故两者存在密切的联系,但其物理意义却完全不同。K_{I} 是裂纹前端内应力场强度的度量,它和裂纹大小、形状以及外加应力都有关。而断裂韧性 $K_{\mathrm{I}c}$ 是材料阻止宏观裂纹失稳扩展能力的度量,它和裂纹本身的大小、形状无关,也与外加应力大小无关。$K_{\mathrm{I}c}$ 是材料的特性,只与材料的成分、热处理工艺及加工工艺有关。

3.5.3 裂纹尖端塑性区的大小及其修正 (Size and plastic zone correction in the crack tip)

由弹性应力场的公式(3-44)可知,在接近裂纹尖端时,即 $r\to0$ 时,$\sigma_y\to\infty$。这就是说裂纹尖端处的应力为无穷大。但实际上对于延性材料不可能出现这种情况,因为当应力超过材料的屈服极限时,材料将屈服而发生塑性变形,从而使裂纹尖端处的应力松弛。所以 σ_y 不可能无限大。材料发生塑性变形以后,在塑性区内的应力—应变关系已不遵循线弹性力学规律。但如果塑性区很小,经过必要的修正,线弹性力学仍可有效,要解决这一问题,首先要计算出塑性区的大小,然后寻求修正的办法。

1) 裂纹前端屈服区的大小

对于单向拉伸,当外加应力 σ_y 等于材料的屈服极限 σ_s 时,材料便发生屈服,产生宏观塑性变形。但对于含裂纹的构件,即使受单向拉伸,裂纹附近也可能存在二向或三向应力,如薄板在平面应力条件下受 σ_x、σ_y 二向应力,厚板在平面应变条件下受 σ_x、σ_y、σ_z 三向应力。

根据材料力学理论，受复杂应力的构件，材料的屈服条件(Von Mises 判据)为

$$(\sigma_1 - \sigma_2)^2 + (\sigma_2 - \sigma_3)^2 + (\sigma_3 - \sigma_1)^2 = 2\sigma_s^2 \tag{3-47}$$

式中，σ_1、σ_2、σ_3 为三个主应力，σ_s 为单向拉伸时材料的屈服强度。

主应力和应力分量 σ_x、σ_y、τ_{xy} 有如下关系：

$$\sigma_1 = \frac{1}{2}(\sigma_x + \sigma_y) + \sqrt{\left(\frac{\sigma_x - \sigma_y}{2}\right)^2 + \tau_{xy}^2}$$

$$\sigma_2 = \frac{1}{2}(\sigma_x + \sigma_y) - \sqrt{\left(\frac{\sigma_x - \sigma_y}{2}\right)^2 + \tau_{xy}^2}$$

$$\sigma_3 = \begin{cases} 0 & (\text{平面应力}) \\ \nu(\sigma_1 + \sigma_3) & (\text{平面应变}) \end{cases} \tag{3-48}$$

把裂纹尖端附近的应力分量 σ_x、σ_y、τ_{xy} 代入式(3-46)可得到主应力为

$$\sigma_1 = \frac{K_\mathrm{I}}{\sqrt{2\pi r}}\cos\frac{\theta}{2}\left(1 + \sin\frac{\theta}{2}\right)$$

$$\sigma_2 = \frac{K_\mathrm{I}}{\sqrt{2\pi r}}\cos\frac{\theta}{2}\left(1 - \sin\frac{\theta}{2}\right) \tag{3-49}$$

由式(3-47)可知，在裂纹延长线上(即 x 轴上)，$\theta=0$，$\sigma_1=\sigma_2=K_\mathrm{I}\sqrt{2\pi r}$，则

$$\sigma_3 = 0(\text{平面应力});$$

$$\sigma_3 = 2\mu\sigma_1(\text{平面应变}) \tag{3-50}$$

规定塑性屈服区中的最大主应力 σ_1 为有效屈服应力，用 σ_{ys} 来表示。并且在平面应力条件下：$\sigma_{ys} = \sigma_s$；在平面应变条件下：$\sigma_{ys} = \sigma_s/(1-2\nu)$。

在裂纹延长线上最大主应力 $\sigma_1 = \dfrac{K_\mathrm{I}}{\sqrt{2\pi r}}$，也等于 σ_y，其值随坐标 r 而变化，愈接近裂纹尖端(r 愈小)，其值愈高。当 $r\to 0$ 时，$\sigma_y\to\infty$，实际上，σ_y 趋于一定值(屈服应力)时，材料就会发生屈服，产生塑性变形，这样，裂纹尖端就会出现一个塑性区。

将得到的 σ_1、σ_2 值代入 Von Mises 判据式(3-45)，在平面应力状态下，$\sigma_3=0$，则

$$\left[\frac{K_\mathrm{I}}{\sqrt{2\pi r}}\cos\frac{\theta}{2}\left(1+\sin\frac{\theta}{2}\right) - \frac{K_\mathrm{I}}{\sqrt{2\pi r}}\cos\frac{\theta}{2}\left(1-\sin\frac{\theta}{2}\right)\right]^2 +$$

$$\left[\frac{K_\mathrm{I}}{\sqrt{2\pi r}}\cos\frac{\theta}{2}\left(1-\sin\frac{\theta}{2}\right) - 0\right]^2 + \left[\theta - \frac{K_\mathrm{I}}{\sqrt{2\pi r}}\cos\frac{\theta}{2}\cdot\left(1+\sin\frac{\theta}{2}\right)\right]^2 = 2\sigma_s^2$$

整理得

$$\frac{K_\mathrm{I}^2}{2\pi r}\cos^2\frac{\theta}{2}\left(1 + 3\sin^2\frac{\theta}{2}\right) = \sigma_x^2 \tag{3-51}$$

由上式可得到塑性区边界各点的向量 $\boldsymbol{r}$ 为

$$r = \frac{1}{2\pi}\left(\frac{K_\mathrm{I}}{\sigma_s}\right)^2\cos^2\frac{\theta}{2}\left(1 + 3\sin^2\frac{\theta}{2}\right) \tag{3-52}$$

式(3-40)决定了塑性区的形状和大小，把不同的值代入上式就可得到塑性区边界。设该塑

性区边界在 Ox 轴上的截距为 r_0，由式(3-50)可得，当 $\theta=0$ 时：

$$r_0=\frac{1}{2\pi}\left(\frac{K_{\mathrm{I}}}{\sigma_s}\right)^2\text{（平面应力）} \tag{3-53}$$

裂纹尖端塑性区的形状如图 3-39 所示。

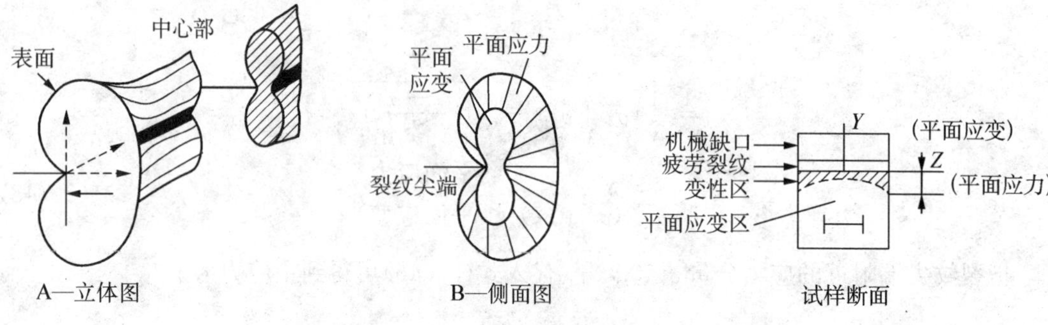

图 3-39　裂纹尖端塑性区的形状

若讨论平面应力问题，这时主应力将 σ_1、σ_2 与平面应力状态相同，而 $\sigma_3=\nu(\sigma_1+\sigma_2)$，将 σ_1、σ_2 代入上式，得到：

$$\sigma_3=\frac{K_{\mathrm{I}}}{\sqrt{2\pi r}}\cdot 2\nu\cos\frac{\theta}{2} \tag{3-54}$$

将式(3-47)、式(3-52)代入 Von Mises 判据式(3-45)，得到：

$$r_0=\frac{K_{\mathrm{I}}^2}{q\pi\sigma_s^2}\cos^2\frac{\theta}{2}\left[(1-2\nu)^2+3\sin^2\frac{\theta}{2}\right] \tag{3-55}$$

同样，选取不同角度的 θ 值代入式(3-53)，即可得到平面应变状态下的塑性区边界，见图 3-39 中的虚线。当 $\theta=0°$ 时，即在 Ox 轴上，则

$$r_0=\frac{K_{\mathrm{I}}^2}{2\pi\sigma_s}(1-2\nu)^2 \tag{3-56}$$

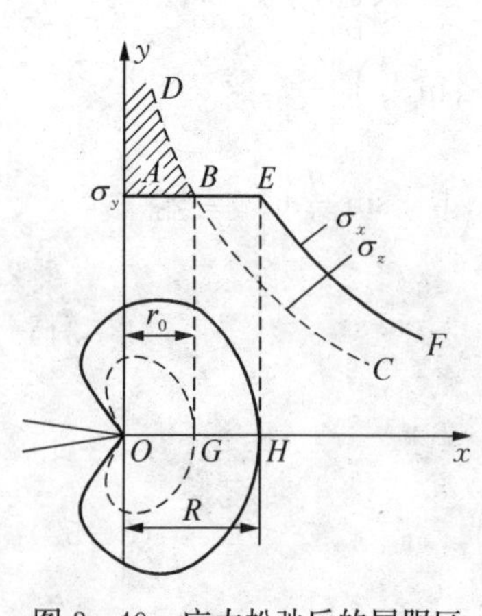

图 3-40　应力松弛后的屈服区

由此可知，平面应变条件下的塑性区小于平面应力条件下的塑性区，这也间接地证实了含有裂纹的厚板，其裂纹尖端沿 z 向塑性变形的大小是不同的，板中心塑性区较小，处于平面应变状态，板的表面塑性区较大，属于平面应力状态。这是因为厚板的中心部位沿 z 方向受弹性约束作用，而产生的第三主应力 σ_3 为拉应力，在三向屈服应力的作用下，材料难以产生屈服。

2）应力松弛对塑性区的影响

在裂纹延长线上最大主应力为 $\sigma_1=\dfrac{K_{\mathrm{I}}}{\sqrt{2\pi r}}$，$\sigma_1$ 随 r 而变化，当 $r\leqslant r_0$ 时，$\sigma_1\geqslant\sigma_{ys}$，材料在 $r\leqslant r_0$ 区域内会发生屈服，这时最大主应力 $\sigma_1=\sigma_{ys}$。图 3-40 中曲线 DBC 为裂纹尖端 σ_y 的

分布曲线，曲线 DB 部分即是大于σ_{ys}的高应力部分，当σ_y达到σ_{ys}时，这部分应力将发生应力松弛效应，把高出的应力传递给 $r > r_0$ 的区域，它使 r_0 前方局部区域应力升高达到 σ_{ys}，所以这部分区域也发生屈服，其结果是使屈服区域从 r_0 扩展到 R，这时的 σ_y 应力分布曲线由 DBC 变为 AEF。这相应于裂纹尖端由于塑性变形的结果，应力集中部分地消除了，$AE = R$，即是塑性变形或高应力松弛以后的塑性区边界。

从能量角度来分析，面积 ABD 应当等于面积 $BEHG$，或者面积 $DBGO$ 等于面积 $AEHO$，故

$$DBGO = \int_0^{r_0} \sigma_y \mathrm{d}r = \int_0^{r_0} \frac{K_{\mathrm{I}}}{\sqrt{2\pi r}} \mathrm{d}r = K_{\mathrm{I}} \sqrt{\frac{2r_0}{\pi}} \tag{3-57}$$

面积 $AEHO = \sigma_{ys} \cdot R$

$$K_{\mathrm{I}} = \sqrt{\frac{2r_0}{\pi}} = \sigma_{ys} \cdot R \tag{3-58}$$

所以，在平面应力条件下，$\sigma_{ys} = \sigma_s$，$R = \dfrac{K_{\mathrm{I}}}{\sigma_s}\sqrt{\dfrac{2r_0}{\pi}}$。将 $r_0 = \dfrac{K_{\mathrm{I}}^2}{2\pi\sigma_s^2}$ 代入式(3-56)，可得

$$R = \frac{K_{\mathrm{I}}}{\sigma_s} \cdot \frac{2}{\pi} \cdot \sqrt{\frac{K_{\mathrm{I}}^2}{2\pi\sigma_s^2}} = \frac{K_{\mathrm{I}}^2}{\pi\sigma_s^2} \tag{3-59}$$

比较 R、r_0 可知：$R=2r_0$。由此可见，由于应力松弛的影响，使塑性区的边界扩大了一倍。

同理可得在平面应变条件下

$$R = \frac{(1-2\nu)^2}{\pi}\left(\frac{K_{\mathrm{I}}}{\sigma_s}\right)^2 \tag{3-60}$$

可见，塑性区边界在应力松弛以后也扩大了一倍。

在裂纹失稳扩展的临界状态，$K_{\mathrm{I}} = K_{\mathrm{I}c}$，裂纹尖端最大塑性区尺寸为

$$R = \frac{1}{\pi}\left(\frac{K_{\mathrm{I}c}}{\sigma_s}\right)^2 \text{(平面应力)}$$

$$R = \frac{(1-2\nu)^2}{\pi}\left(\frac{K_{\mathrm{I}c}}{\sigma_s}\right)^2 \text{(平面应变)} \tag{3-61}$$

由式(3-59)可以看出，R 与 $K_{\mathrm{I}c}$成正比，与 σ_s 成反比。如果材料的强度级别很高，即 σ_s 较大，$K_{\mathrm{I}c}$又较低时，塑性区尺寸 R 很小，或者说 R 与构件本身的相对尺寸很小时，就称为小范围屈服，裂纹前端广大区域仍可视为弹性区，故线弹性断裂力学分析仍然适用。但当塑性区较大时，需要对塑性区尺寸加以修正，这样线弹性断裂力学仍然适用。最简单的办法是采用“有效裂纹尺寸”，然后用线弹性理论所得的公式来计算。基本思路是：塑性区松弛弹性应力的作用与裂纹长度增加松弛弹性应力的作用是等同的，从而引入“有效长度”的概念，它包括实际裂纹长度和塑性区松弛应力的作用。

下面以一个实验来说明上述的思路。对一个弹性体一端固定，另一端加外力 P，使其伸长 δ_0，如图 3-41(a)所示。当弹性体内存在一长为 a 的裂纹时，弹性体的承载能力明显下降，这时在同样的外力 P 的作用下，其伸长量由 δ_0 增加到 δ(见图 3-41(b))。显然，裂纹愈

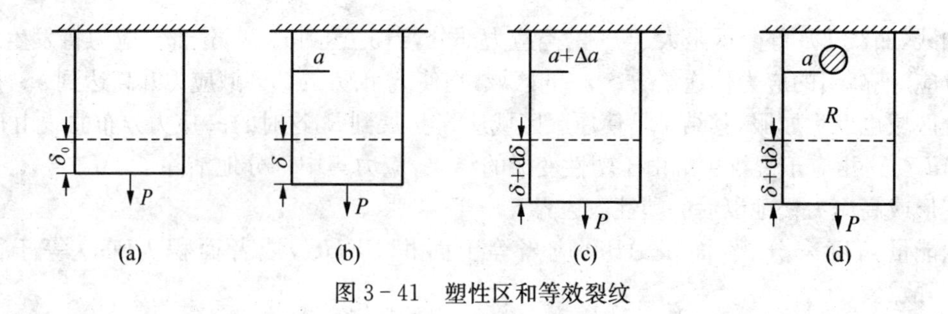

图 3-41　塑性区和等效裂纹

长,承载能力愈低,伸长量就愈大。当裂纹长度为 $a+\Delta a$ 时,伸长量变为 $\delta+\Delta\delta$(见图 3-41(c))。如果在长为 a 的裂纹前端存在一个塑性区,在此塑性区域中,材料发生了塑性变形,由于塑性变形比弹性变形要大得多,说明塑性区 R 由塑性状态变为屈服状态时,试样要有一个附加的伸长量 $\Delta\delta$,总伸长量也为 $\delta+\Delta\delta$(见图 3-41(d))。比较图中的(c)、(d)不难看出,塑性区 R 的存在相当于裂纹长度伸长了 $\Delta\delta$。那么,裂纹长度 $a+\Delta a$ 就称为有效裂纹长度。

由此可见,如果物体内存在实际裂纹,其长度为 a,裂纹尖端的塑性区尺寸为 R,在这种情况下,当裂纹长度 a 等于有效裂纹长度 $a'=a+\Delta a$ 时,则可以不考虑塑性区的存在,这样,小范围屈服仍可用线弹性断裂力学来处理。

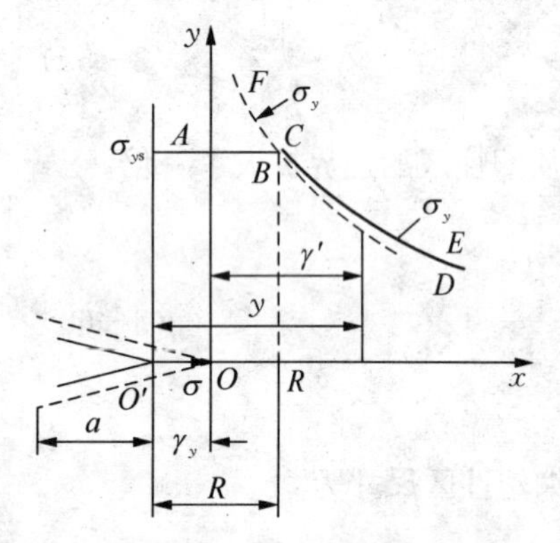

图 3-42　有效裂纹长度

假设 $\Delta a=r_y$,则有效裂纹尺寸 $a'=a+r_y$,如用有效裂纹 $a'=a+r_y$ 代替 a,就相当于把裂纹尖端由 O 移到了 O' 的位置(见图 3-42)。此时,可以不考虑塑性区的影响,而用线弹性断裂力学来处理。

由于有效裂纹 $a+r_y$ 能够等效地表示原有裂纹长度 a 和塑性区松弛应力的作用,所以有效裂纹的等效应力场 σ_y 应与其实际裂纹塑性区之外($r\geqslant R$)的应力分布相等,即在图 3-42 上表现为虚线与实线重合。因为在 $r=R$ 处真实裂纹塑性区边界的应力是 σ_{ys},而等效裂纹应力为 $\sigma'_y=K_{\mathrm{I}}/\sqrt{2\pi r'}=K_{\mathrm{I}}/\sqrt{2\pi(R-r_y)}$,两者应该相等,因此可求出 r_y,即

$$\sigma_{ys}=\frac{K_{\mathrm{I}}}{\sqrt{2\pi(R-r_y)}}$$

$$r_y=R-\frac{1}{2\pi}\left(\frac{K_{\mathrm{I}}}{\sigma_{ys}}\right)^2 \tag{3-62}$$

在平面应力条件下:$\sigma_{ys}=\sigma_s$, $R=\dfrac{K_{\mathrm{I}}^2}{\pi\sigma_s^2}$,代入式(3-60)得:

$$r_y=\frac{K_{\mathrm{I}}^2}{2\pi\sigma_s^2} \tag{3-63}$$

在平面应变条件下:$\sigma_{ys}=2\sqrt{2}\sigma_s$;$R=\dfrac{K_{\mathrm{I}}^2}{2\pi\sqrt{2}\sigma_s^2}$,代入式(3-61)得:

$$r_y=\frac{K_{\mathrm{I}}^2}{4\pi\sqrt{2}\sigma_s^2} \tag{3-64}$$

应该注意，式(3－61)与式(3－62)的计算结果，忽略了在塑性区内应变能释放率与弹性体应变能释放率的差别，因此 r_y 只是近似的结果。当塑性区较小时，或塑性区周围被广大的弹性区所包围时，这种结果还是很精确的。但当塑性区较大时，即属于大范围屈服或整体屈服时，这个结果是不适用的。

3.5.4　裂纹扩展的能量释放率 G_{I} (Energy release rate of crack propagation)

任何物体在不受外力作用的时候，它的内部组织不会发生变化，其裂纹也不会扩展。要使其裂纹扩展，必须要由外界供给能量，也就是说裂纹扩展过程中要消耗能量。对于塑性状态的材料，裂纹扩展前，在裂纹尖端局部地区要发生塑性变形，因此要消耗能量。裂纹扩展以后，形成新的裂纹表面，也消耗能量，这些能量都要由外加载荷，通过试样中包围裂纹尖端塑性区的弹性集中应力作功来提供。

将裂纹扩展单位面积时，弹性系统所能提供的能量，称为裂纹扩展力或裂纹扩展的能量释放率，用 G_{I} 表示。在临界条件下用 G_{Ic} 表示。按照 Griffith 断裂理论，裂纹产生以后，弹性系统所释放的能量为

$$U=-\frac{\sigma^2\pi a^2}{E} \tag{3-65}$$

根据裂纹扩展能量释放率的定义，对于平面应力状态，则有

$$G_{\mathrm{I}}=\frac{\partial U}{\partial A} \tag{3-66}$$

A 为裂纹的面积，因为板厚为单位厚度，所以

$$A=1\times 2a$$

$$G_{\mathrm{I}}=-\frac{\partial U}{\partial(2a)}=\frac{2\sigma^2\pi a}{2E}=\frac{\pi a\sigma^2}{E} \tag{3-67}$$

又因为 $K_{\mathrm{I}}=\sigma\sqrt{\pi a}$，所以 $a=\dfrac{K_{\mathrm{I}}^2}{\pi\sigma^2}$，将其代入式(3－65)中得到

$$G_{\mathrm{I}}=\frac{K_{\mathrm{I}}^2}{E} \tag{3-68}$$

同理，在平面应变条件下，G_{I} 与 K_{I} 的关系为

$$G_{\mathrm{I}}=\frac{(1-2\nu)K_{\mathrm{I}}^2}{E} \tag{3-69}$$

在临界条件下，平面应力和平面应变的问题为

$$G_{\mathrm{Ic}}=\frac{K_{\mathrm{Ic}}^2}{E}(\text{平面应力})$$

$$G_{\mathrm{Ic}}=\frac{(1-2\nu)K_{\mathrm{Ic}}^2}{E}(\text{平面应变}) \tag{3-70}$$

G_{Ic}是断裂韧性的另一种表达方式，即能量表示法，它与 K_{Ic}一样也是材料所固有的性质，是断裂韧性的能量指标。G_{Ic}愈大，裂纹失稳扩展需要更大的能量，即材料抵抗裂纹失稳

扩展的能力也愈大，故 $G_{\mathrm{I}c}$是材料抵抗裂纹失稳扩展能力的度量。也称为材料的断裂韧性。

由此可见，断裂韧性 $K_{\mathrm{I}c}$和断裂韧性的能量率 $G_{\mathrm{I}c}$都是断裂韧性指标。$G_{\mathrm{I}c}$是断裂韧性的能量判据，表示裂纹扩展单位面积时所需要的能量，单位是 MPa · m。$K_{\mathrm{I}c}$是断裂韧性应力场强度的判据，单位是 MPa · $m^{1/2}$。这两个断裂力学参量，均以线弹性力学为理论基础，而线弹性力学是把材料当做完全的线弹性体，运用线弹性理论来处理裂纹的扩展规律，从而提出裂纹的扩展判据。事实上，延性材料的裂纹尖端，总是存在着一个或大或小的塑性区。若塑性区的大小同净断面的尺寸比较在同一个数量级时，则属于大范围屈服，线弹性断裂力学判据失效，只有在塑性区尺寸很小时，通过修正，线弹性力学的判据才能应用。所以，线弹性力学只适用于高强度材料，而对于强度较低、韧性较好的材料来说，需要用弹塑性断裂力学来进行断裂行为的评价。

3.5.5 断裂韧性的影响因素 (Influence factors on fracture toughness)

由断裂判据可知，当 $K_{\mathrm{I}} > K_{\mathrm{I}c}$时，裂纹将失稳扩展从而导致构件破坏。如果能够使 $K_{\mathrm{I}c}$提高，则由公式 $K_{\mathrm{I}} = \sigma\sqrt{\pi a}$ 可知，在载荷一定的条件下(工作应力 σ 一定)，可容许构件中存在更大的缺陷；或在内裂纹尺寸 a 一定时，则可提高使用应力，因此，提高材料的断裂韧性具有重要的意义。

断裂韧性既然是材料本身固有的力学性能，它就是由材料的成分、组织和结构所决定的。成分不同，材料的断裂韧性会有明显的不同。若对同一成分的材料采用不同的制备、加工和热处理工艺，则会有不同的组织和不同的断裂韧性，因此采用合理的工艺也是提高断裂韧性的一条重要途径。

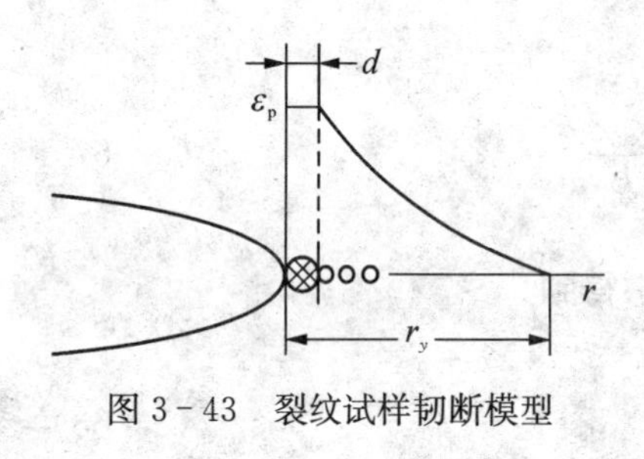

图 3-43 裂纹试样韧断模型

1) 杂质对 $K_{\mathrm{I}c}$的影响

在大多数材料内部(如金属材料)一般都含有大小、多少不同的夹杂物或第二相。如图 3-43 所示，在裂纹前端存在很多夹杂或第二相质点，其平均间距为 d，即最近的夹杂离裂纹尖端距离为 $r=d$，故在裂纹尖端存在着应力集中。沿裂纹延长线(即 x 轴)、应力为 $\sigma_y = K_{\mathrm{I}} / \sqrt{2\pi r_0}$ 的裂纹前端存在塑性区，假定塑性区的大小等于夹杂物的平均间距d，即裂纹最近夹杂之间的区域是塑性区，以外是弹性区，弹性区与塑性区边界上的应力(在裂纹延长线上) 为 $\sigma = K_{\mathrm{I}} / \sqrt{2\pi d}$，相应的应变为

$$\varepsilon = \frac{\sigma}{E} = \frac{1}{E}\frac{K_{\mathrm{I}}}{\sqrt{2\pi d}} \tag{3-71}$$

由于应变的连续性，塑性区内各点的应变也由上式给出。假定塑性区内应变的变化规律和单向拉伸的变化规律一样，那么，真应力和真应变的变化规律为

$$\sigma = A\varepsilon^{n} \tag{3-72}$$

式中，σ 为真应力，ε 为真应变，A 为强度系数，n 为加工硬化指数。由于平面应变试样裂纹前端处于三向应力状态，当外加拉应力较大，从而 $K_{\mathrm{I}c}$ 较大时，裂纹前端的应力集中会使夹杂或第二相破裂，或使夹杂和基体的界面开裂，从而形成空洞。随着 K_{I} 增大，空洞长大并聚合，当

$K_{\mathrm{I}} = K_{\mathrm{Ic}}$时就会导致空洞和裂纹联接,裂纹快速发展,试样断裂。和单向拉伸一样,当塑性区的内应变随K_{I}增大到等于塑性区边界形成缩颈的真应变ε_c时,也就是裂纹和夹杂产生的空洞相连,从而达到裂纹快速扩展的临界条件。临界状态的K_{I}就是K_{Ic}。这就表明,当应变$\varepsilon = \varepsilon_c$时,$K_{\mathrm{I}} = K_{\mathrm{Ic}}$,又由于开始形成缩颈时的真应变$\varepsilon_0$,等于材料的应变硬化指数$n$,$\varepsilon_n = n$,它们代入式(3-69)得

$$\varepsilon_0 = \frac{K_{\mathrm{Ic}}}{E\sqrt{2\pi d}} = n \tag{3-73}$$

$$K_{\mathrm{Ic}} = nE\sqrt{2\pi d} \tag{3-74}$$

由此可见,$K_{\mathrm{Ic}} \propto \sqrt{d}$,当$d$增加时,$K_{\mathrm{Ic}}$增大,说明减少夹杂物有益于提高$K_{\mathrm{Ic}}$。

钢中的夹杂物,如硫化物、氧化物、某些第二相(如Fe_3C)等,其韧性比基体差,称为脆性相。它们的存在,一般都使材料K_{Ic}下降,如40CrNiMo钢提高纯度可使K_{Ic}由76 MPa·$m^{1/2}$增大到110 MPa·$m^{1/2}$。不仅夹杂物的数量对K_{Ic}有影响,而且其形状对K_{Ic}也有很大的影响。如球状渗碳体就比片状渗碳体的韧性高,因此采用球化工艺就可大大改善钢的塑性和韧性。又如硫化锰,一般呈长条分布,横向韧性很差,若加了稀土、锆等使它变成球状硫化物,其韧性可大大提高。虽然一般认为夹杂物对K_{Ic}有害,但具体的有害程度与材料和工艺有很大的关系,在某些情况下,夹杂物的多少对K_{Ic}影响不大,甚至也有随夹杂含量增加K_{Ic}反而提高的情况。除了夹杂物降低K_{Ic}外,微量杂质元素如锑、锡、砷、磷等多富集在奥氏体晶界,降低了晶界结合能,使断裂易于沿原始奥氏体晶界发生,则会引起K_{Ic}大幅度降低。

2) 晶粒尺寸对K_{Ic}的影响

在多晶体材料中,由于晶界两边晶粒取向不同,晶界成为原子排列紊乱的区域,当塑性变形由一个晶粒横过晶界进入另一个晶粒时,由于晶界阻力大,穿过晶界困难。另外,穿过晶界后滑移方向又需改变,因此与晶内相比,这种穿过晶界而又改变方向的变形需要消耗更多的能量,即横穿晶界所需的塑性变形能U_p增加,裂纹扩展阻力增大,K_{Ic}也增大。如果材料的晶粒愈细,则晶界面积就愈大,产生一定塑性变形所需要消耗的能量就更大,K_{Ic}就更高。同时,细化晶粒也有强化作用,所以,可以说细化晶粒是使强度和韧性同时提高的有效手段。例如En24钢,奥氏体晶粒度由5~6级细化到12~13级时,可以使K_{Ic}由74 MPa·$m^{1/2}$提高到266 MPa·$m^{1/2}$。对于钢铁材料细化奥氏体晶粒也有助于减轻回火脆性。这是因为晶粒细小,单位体积内的晶界面积增加,若杂质含量一定,那么单位晶界面积富集的有害杂质量就会降低,这样就使回火脆性倾向降低,K_{Ic}增高。应当指出,细化晶粒对常规力学性能的影响和对K_{Ic}的影响并不一定相同。在某些条件下,细化晶粒对K_{Ic}不见得有多大好处,反而还有晶粒粗大提高K_{Ic}的情况。总之,细化晶粒对全面提高力学性能是有利的,但对于具体的材料是否需要采取细化晶粒的措施,还需要视具体情况,综合考虑。

3) 组织结构对K_{Ic}的影响

一般合金钢淬火得到马氏体,再回火便得到回火马氏体组织,在不出现回火脆化的情况下,随着回火温度的提高,强度逐渐下降,塑性、韧性和断裂韧性逐渐升高。如把马氏体组织高温回火到强度和珠光体组织一样,则马氏体的K_{Ic}要比等强度的珠光体高得多。因此通过淬火、回火获得回火马氏体组织,综合力学性能最好(σ_s和K_{Ic}都高)。从细微结构上区分,马

氏体又分为孪晶马氏体和板条马氏体(单方向平行排列)。孪晶马氏体本身韧性差,它的 K_{Ic} 低于板条状马氏体的 K_{Ic}。

贝氏体组织与马氏体相比较,上贝氏体是碳化物在铁素体片层之间析出,其断裂韧性要比回火马氏体差。下贝氏体是碳化物在铁素体内部析出,其形貌类似于回火的板条状马氏体。因此,其 K_{Ic} 比上贝氏体要高,甚至高于孪晶马氏体,可以和板条状马氏体相比。

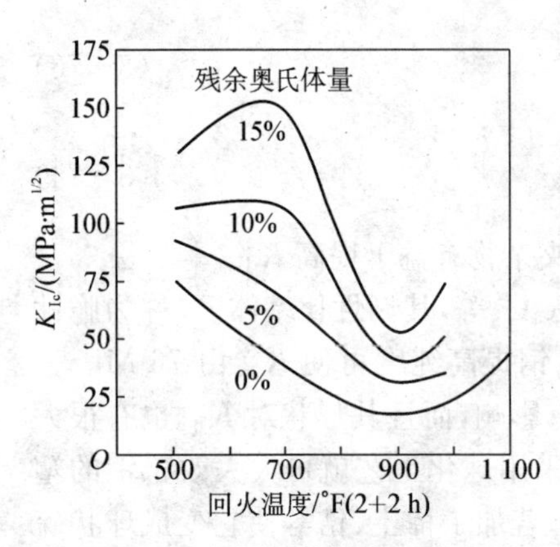

图 3-44　残余奥氏体量及回火温度对 AFC77 钢 K_{Ic} 的影响

奥氏体的韧性比马氏体的高。因此在马氏体基体上有少量残余奥氏体,就相当于存在韧性相。裂纹扩展遇到韧性相时,阻力突然升高,可以阻止开裂。故少量残余奥氏体的存在可使材料断裂韧性升高。如某种沉淀硬化不锈钢(PH 钢)通过改变奥氏体化温度获得不同的残余奥氏体量,从而可使 K_{Ic} 明显变化。如图 3-44所示,在强度基本不变的条件下,当残余奥氏体含量提高到 15%时,可使 K_{Ic} 值提高 2～3 倍。对于合金结构钢少量残余奥氏体也是提高 K_{Ic} 的原因之一,如在马氏体片之间存在厚度为 10～20 μm 的残余奥氏体膜,将使 K_{Ic} 提高。若在 400℃回火使残余奥氏体膜消失,将导致 K_{Ic} 下降。

又如钢中含有大量的 Ni、Cr、Mn 等合金元素,则这样的钢可在室温成为完全的奥氏体组织,通过室温加工、变形,产生大量的位错和沉淀,可使强度大大提高,成为超高强度钢,这种奥氏体在应力作用下能产生马氏体相变,由于裂纹前端存在应力集中,它使裂纹前端区域的奥氏体相变成马氏体。这种局部相变的过程对 K_{Ic} 有明显的影响。由于切变形成马氏体需要消耗能量,使 K_{Ic} 增加;另外,由于马氏体阻止裂纹扩展的阻力小于奥氏体阻止裂纹扩展的阻力,故奥氏体相变成马氏体将使 K_{Ic} 下降。但由于这类钢形成的是低碳马氏体,K_{Ic} 下降并不大,相反,切变形成马氏体所消耗的能量却相对可观,由此,应力诱发相变的结果是使 K_{Ic} 明显提高,这类钢称为相变诱发塑性钢(即 TRIP 钢)。这种钢的 σ_b 可达 1 680 MPa,室温下 K_{Ic} 可达 1 775 MPa・m$^{1/2}$,即使在−196℃,K_{Ic} 仍高达 462 MPa・m$^{1/2}$。

4）特殊热处理对 K_{Ic} 的影响

(1) 超高温淬火。就是把淬火温度提高到 1 200～1 250℃,即比正常温度约高 300℃,然后快速冷却。试验表明,虽然晶粒度从 6～7 级长大到 0～1 级,但断裂韧性 K_{Ic} 却能提高一倍(相反,冲击韧性 a_k 却大幅度下降)。随着淬火后回火温度的提高,超高温淬火和正常淬火 K_{Ic} 的差异逐渐缩小。实验也表明,如淬火温度低于 1 100℃,则 K_{Ic} 提高并不明显。

超高温淬火使 K_{Ic} 提高的原因可能是合金碳化物充分溶解;减小了第二相在晶界形核的几率,从而提高了断裂韧性。也有研究认为,可能是超高温淬火使晶界吸附区分解,从而使 K_{Ic} 提高。也有文献报道,超高温淬火能抑制孪晶马氏体的出现从而使 K_{Ic} 提高。

(2) 亚临界区淬火。如把钢加热到 A_{c1} 和 A_{c3} 之间的亚临界区再淬火和回火,称为亚临界处理。它能细化晶粒,提高韧性,特别是低温韧性。它也能抑制回火脆性。亚临界处理由于加热温度低,奥氏体晶粒不能长大,故相变后获得的晶粒也较细,晶粒细化,单位晶界面积杂质数量减少。另外,在亚临界区加热会残留少量铁素体,而杂质元素在铁素体中的溶解度大于在奥氏体中的溶解度,所以减少了奥氏体晶界富集杂质的几率。这些都能起到抑制高温回火脆性的目的。只有原始组织为淬火回火的调质状态，亚临界处理后才能获得较好的效果。如原始组织是退火或正火的组织，亚临界处理的结果不太理想，甚至会使韧性降低。

(3) 形变热处理。控制压力加工工艺和热处理工艺，均可达到提高材料强度和韧性之目的，综合运用这两种工艺的形变热处理不仅可以实现材料强化，而且可以使韧性大幅度地提高。这是因方形变增加了位错密度、加速了合金元素的扩散。从而促进了合金碳化物的沉淀，降低了奥氏体中碳的合金元素的含量。使马氏体点升高，淬火时可获得细小的板条状马氏体，从而使断裂韧性大为提高。和一般的淬火回火相比，低温形变热处理可获得最高的强度，断裂韧性也明显提高。如 En230B 钢，水淬加回火，σ_s 为 137.5 MPa，$K_{\mathrm{I}c}$为 264 MPa·m$^{1/2}$，而低温形变再回火，σ_s 为 170 MPa，$K_{\mathrm{I}c}$达 310 MPa·m$^{1/2}$。

低温形变处理由于要使零部件在低温下发生变形，而且变形量愈大，效果愈显著。但由于轧机负荷受到限制，这种工艺的应用有一定的局限性。高温形变处理的实例较多，如 33 CrNiMnMo钢，高温形变处理比一般调质处理 σ_s 由 145 MPa 提高到 168 MPa，$K_{\mathrm{I}c}$达 272 MPa·m$^{1/2}$。这种强化和韧化的效果是由于显著地细化了奥氏体，从而细化了马氏体而获得的。

3.5.6　平面应变断裂韧性 $K_{\mathrm{I}c}$的测试方法（Testing method of fracture toughness）

1) 断裂韧性试样的制备

测定平面应变断裂韧性 $K_{\mathrm{I}c}$的试样有两个要求：①试样需要预制疲劳裂纹；②要求试样有足够的厚度。实验表明，材料抵抗裂纹失稳扩展的能力是和裂纹前端的应力状态有关的。只有试样足够厚，从而保证在平面应变条件下裂纹失稳扩展，断裂韧性才是一个材料常数而和试样厚度无关(见图 3-45)，称其为平面应变断裂韧性，用 $K_{\mathrm{I}c}$表示。大量试验证明，试样的厚度 B 必须满足：

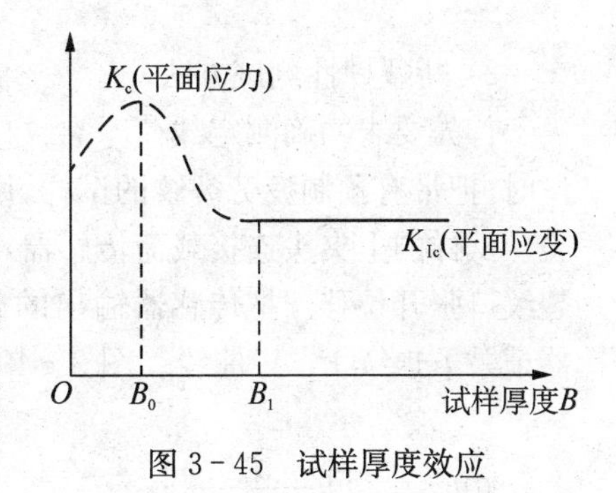

图 3-45　试样厚度效应

$$B \geqslant 2.5\left(\frac{K_{\mathrm{I}c}}{\sigma_s}\right)^2 \tag{3-75}$$

才能获得稳定的平面应变断裂韧性 $K_{\mathrm{I}c}$值。如果试样较薄，属于平面应力条件，这时裂纹前端仅有双向应力，塑性区要比平面应变条件的大，裂纹失稳扩展所需要消耗的塑性变形功也大，故平面应力断裂韧性也比平面应变态的断裂韧性大。

此外，为保证裂纹尖端塑性区远小于韧带宽度$(W-a)$和裂纹长度 a，还要满足以下条件：

$$a \geqslant 2.5\left(\frac{K_{\mathrm{I}c}}{\sigma_s}\right)^2 \tag{3-76}$$

$$W-a \geqslant 2.5\left(\frac{K_{\mathrm{I}c}}{\sigma_s}\right)^2 \tag{3-77}$$

式中，$K_{\mathrm{I}c}$为试验材料的断裂韧性(估算值)。σ_s 为试验材料的屈服强度。

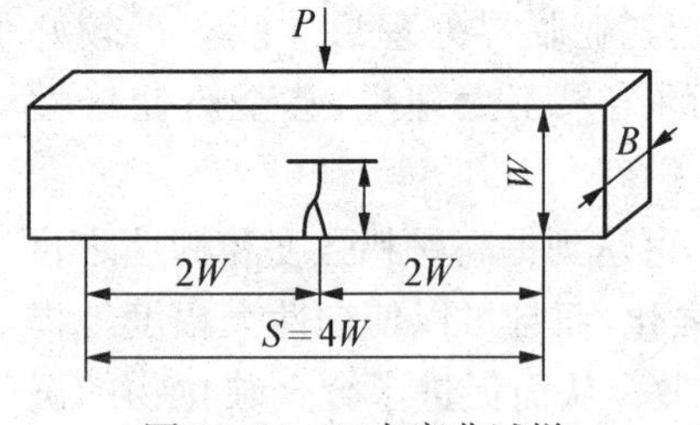

图 3-46　三点弯曲试样

测定断裂韧性的试样类型有多种，目前常用的有三点弯曲(Three Points Bending，简称 TPB)试样(见图 3-46)和紧凑拉伸(Compact Tension，简称 CT)试样(见图 3-47)两种。在确定试样尺寸时，首先参考类似材料的 K_{Ic} 值和所测定材料的 $\sigma_{0.2}$(作为 σ_s 使用)，然后来确定试样厚度 B，再根据 B 确定、计算试样的其他尺寸，具体规定可参照 ASTM E399 及其他相应的实验标准。试样磨削后切出机械缺口，然后在适宜的疲劳试验机上预制疲劳裂纹。

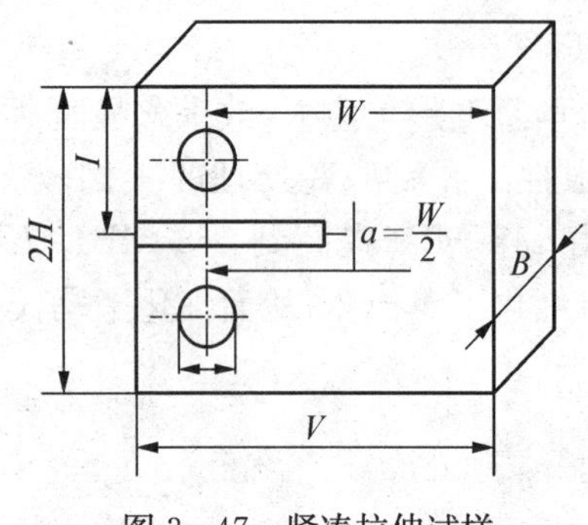

图 3-47　紧凑拉伸试样

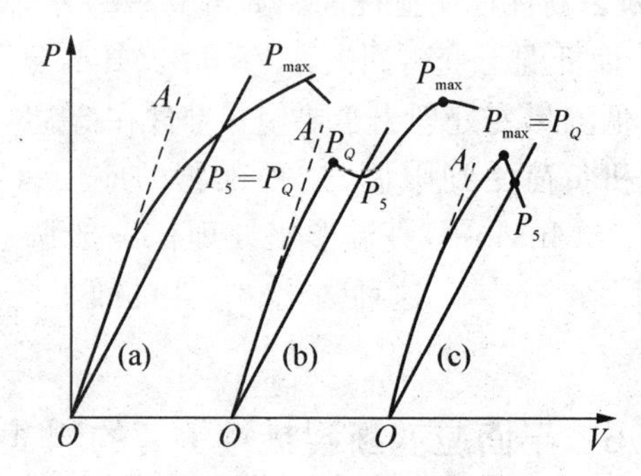

图 3-48　典型的三种 $P-V$ 曲线

2）断裂韧性测试方法

首先要求精确测定载荷—裂纹口张开位移关系曲线($P-V$ 曲线)，如图 3-48 所示。测试时，把带有预制疲劳裂纹的试样，用专门制作的夹持装置在万能材料试验机上进行断裂试验。试样的上夹头连接载荷传感器，测量载荷的大小。在试样裂纹的两边跨接引伸计，测量裂纹口张开位移。把传感器输出的载荷信号及引伸计输出的裂纹张开位移信号，经过放大器记录下连续 $P-V$ 曲线。图 3-49 为测试 K_{Ic} 的设备示意图。

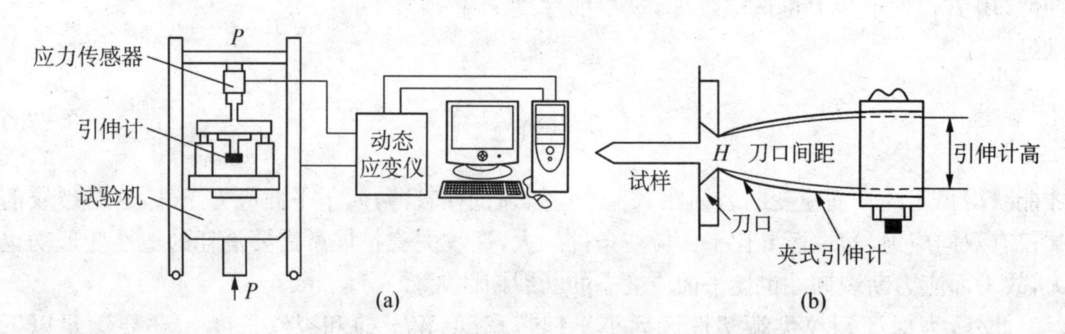

图 3-49　断裂韧性试验装置示意图

K_Q 值的计算公式是：

$$K_Q = \frac{PS}{BW^{3/2}} f(a/W)\ (\text{TPB}) \tag{3-78}$$

$$K_Q = \frac{PS}{BW^{3/2}} f(a/W)\ (\text{CT}) \tag{3-79}$$

式中，P_Q 为试样断裂或裂纹失稳扩展时的载荷(kgf)；B 为试样厚度(mm)；W 为试样宽度(mm)；S 为三点弯曲试样跨距(mm)；a 为裂纹的平均长度(mm)。式中的 $f(a/W)$ 或 $F(a/W)$ 可查阅专门的图表。因为 B、W 是已知的，裂纹长度 a 可以由断裂后的断口上测得，亦即可求出(a/W)，再由表查出 $f(a/W)$ 或 $F(a/W)$ 的函数值。由此可见，只要知道临界载荷点的 P_Q 值，就可由公式(3-77)或式(3-78)计算出 $K_{\mathrm{I}c}$值。

因此，如何确定临界载荷点 P_Q 成为测量材料断裂韧性 $K_{\mathrm{I}c}$的关键之所在。由 2.1 节可知，对于不明显屈服的材料，在测定其屈服强度 σ_s 时，因为很难准确测定，工程上人们采取了用 $\sigma_{0.2}$来代替的方法。依照这个思路，在测定 $K_{\mathrm{I}c}$时用裂纹相对扩展某一定值时所对应的载荷 P_Q 作为临界载荷，将 P_Q 代入式(3-77)即可算出 K_Q，此时 K_Q 又称为条件 $K_{\mathrm{I}c}$。

由于试样的厚度和材料韧性不同，由图 3-48 可以看出测出的 $P-V$ 曲线有三种类型。设 P_Q 为裂纹失稳扩展点。过 O 点作 $P-V$ 曲线直线部分的延长线 OA，再做一条过 O 点，斜率比 OA 小 5%的直线 OB，交曲线上某一点 P_5，可以证明 $\Delta a/a=2\%$对应于 $\Delta V/V=5\%$。当曲线在 P_5 之前的载荷 P 都小于 P_5 时，$P_5=P_Q$，如图(3.48(a))所示。当曲线在 P_5 之前有某点的载荷大于 P_5 时，则在此 P_5 前面的最大载荷为 P_Q(见图 3-48(b))，曲线在 P_5 之前有最大载荷 P_{max}，则 P_{max}为 P_Q，如图 3-48(c)所示。得到 P_Q 以后代入式(3-77)或式(3-78)即可求出 K_Q。求出的 K_Q 值，再经试算，只有在满足 $P_{max}/P_Q<1.1$，B、a 及 $W-a\geqslant 2.5\left(\frac{K_Q}{\sigma_{0.2}}\right)^2$ 的条件下，才是有效的平面应变断裂韧性 $K_{\mathrm{I}c}$值。若求出的 K_Q 值不能满足上述条件，试验无效。为了获得有效的 $K_{\mathrm{I}c}$，必须增大试样尺寸(首要的是增加试样的厚度)重新试验。

3.5.7 弹塑性状态的断裂韧性 (Fracture toughness under elastic-plastic condition)

对于延性材料来说，裂纹尖端不可避免地要发生屈服，若屈服区尺寸较小，即在小范围屈服的情况下，引入有效裂纹的概念并加以修正，线弹性断裂力学分析仍然适用。比如超高强度钢，一般能满足这样的条件，所以可以用 $G_{\mathrm{I}c}$或 $K_{\mathrm{I}c}$作为断裂判据。但对工业上广泛使用的中、低强度钢，由于 σ_s 低，$K_{\mathrm{I}c}$又较高，所以裂纹尖端的塑性区 $R=\frac{1}{2\sqrt{2\pi}}\left(\frac{K_{\mathrm{I}c}}{\sigma_s}\right)^2$，较大，只有对一些大的结构件(如大型发电机转子，轧辊等)，其相对塑性区才较小，才能按小范围屈服处理，而对于一般中小型零件，塑性区尺寸较大，属于大范围屈服乃至整体屈服，那么，用什么指标来评定材料抵抗裂纹扩展的能力呢？此外，对中、低强度钢 $K_{\mathrm{I}c}$的测试存在困难，虽然对大型结构件线弹性断裂力学可以适用，但要保证小范围屈服条件，测试 $K_{\mathrm{I}c}$时的试样必须做得很大，甚至达到数千千克，这样不但浪费材料，而且所用的测试设备(大容量的疲劳与万能试验机)也成问题。故使用适宜尺寸的试样，合理评价材料在弹塑性条件下的断裂韧性成为迫切任务。

然而，弹塑性状态下裂纹问题的力学处理十分复杂，其理论基础和实验方法尚处于发展阶段，远不如线弹性断裂力学完善。不过，由于弹塑性力学研究的问题更接近于实际，因此具有魅力。目前，应用最广的是裂纹尖端张开位移 COD 理论和 J 积分理论。

1) 裂纹尖端的张开位移 COD

人们在研究船舶事故时发现，厚船板的断裂有 90%以上是结晶状断口，然而，由同样的船板上截取的小试样断口，却呈现出完全的纤维状。由这样的厚板截取的试样与小试样的断口是不同的，这使得人们推想，在裂纹尖端，由于试样的薄厚不同，塑性变形受到的约束程度也不同，当这种变形达到某一临界值时，便发生断裂，因而可用这个临界值(ε_c)来表征材料的断裂韧性。但是 ε_c 很小难以测量，所以采用裂纹尖端的张口位移(Crack Opening Displacement，简称 COD)来间接地表示应变量的大小。因此，常采用临界 COD(用 δ_c 表示)来评定材料的断裂韧性。这就是引入 COD 判据的基本思路。

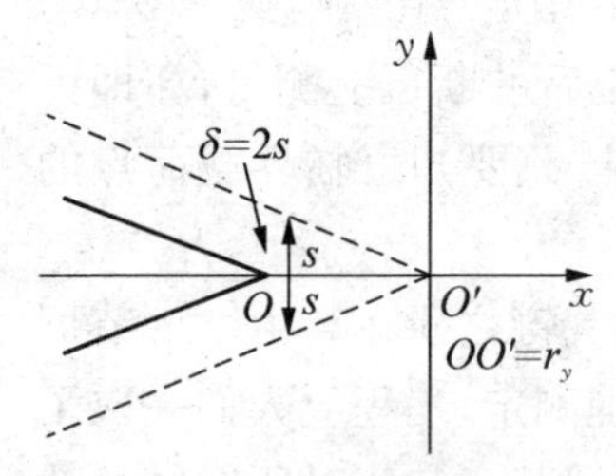

图 3-50　裂纹尖端张开位移

(1) 线弹性条件下的 COD。由图 3-50 可以看出，当裂纹尖端由 O 移到 O' 时，原裂纹尖端由 O 点开始张开 2s 的距离，这就是裂纹尖端的张开位移 COD(用 δ 表示)。根据 3.5 节“裂纹尖端应力场”的位移公式

$$s=\frac{K_{\mathrm{I}}}{G(1+\nu)}\sqrt{\frac{r}{2\pi}}\cdot\sin\frac{\theta}{2}\left[2-(1+\nu)\cos^2\frac{\theta}{2}\right] \tag{3-80}$$

$$G=\frac{E}{2(1+\nu)} \tag{3-81}$$

由图 3-50 可知，O 点到 O' 的距离为 ry，O 点坐标为

$$\theta=\pi;\ r=r_y=\frac{1}{2\pi}\left(\frac{K_{\mathrm{I}}}{\sigma_s}\right)^2 \tag{3-82}$$

将式(3-81)代入式(3-80)，得到的张开位移为

$$\delta=2s=\frac{4K_{\mathrm{I}}}{E}\sqrt{\frac{1}{2\pi}\cdot\frac{1}{2\pi}\left(\frac{K_{\mathrm{I}}}{\sigma_s}\right)^2\cdot 2}=\frac{4}{\pi}\cdot\frac{K_{\mathrm{I}}^2}{E}\cdot\frac{1}{\sigma_s}=\frac{4}{\pi}\cdot\frac{G_{\mathrm{I}}}{\sigma_s} \tag{3-83}$$

在临界条件下

$$\delta_c=\frac{4}{\pi}\cdot\frac{C_{\mathrm{I}c}}{\sigma_s} \tag{3-84}$$

因为小范围屈服，$G_{\mathrm{I}}\geqslant G_{\mathrm{I}c}$ 可以作为断裂判据，由式(3-83)可知。δ_c 与 $G_{\mathrm{I}c}$ 具有等价性，故 δ_c 也可作为断裂判据，当 $\delta>\delta_c$ 时构件断裂。临界的 COD(δ_c) 和 $G_{\mathrm{I}c}$、$K_{\mathrm{I}c}$ 一样都是材料的常数，而且可以互换。

(2) 带状屈服模型(D-M 模型)。实验证明，δ_c 不仅在小范围屈服条件下可以作为断裂判据，而且在大范围屈服条件下仍然有意义。但此时 $G_{\mathrm{I}c}$ 与 $K_{\mathrm{I}c}$ 都已不再适用。COD 要在弹塑性条件下作为断裂判据，首先要找到在弹塑性条件下 COD 和构件工作应力以及裂纹尺寸之间的联系，Dugdale 与 Muskhelishvili 提出了用复变函数的方法去解决小范围屈服裂纹尖端塑性区的问题，该方法简称 D-M 模型；其次是要用实验证明，小试样测出的 δ_c 与试样尺寸无关，也就是说构件的 δ_c 与小试样实际测得的 δ_c 值相同。

如图 3-51 所示，一个受单向均匀拉伸的薄板，中间有一个贯穿型的、长为 $2a$ 的裂纹，这是平面应力问题。D-M 模型认为，裂纹两边的塑性区呈尖辟的形式向两边伸展，裂纹与塑性区的总长为 $2c$。在塑性区上下两个表面上作用有均匀的拉应力，其数值为

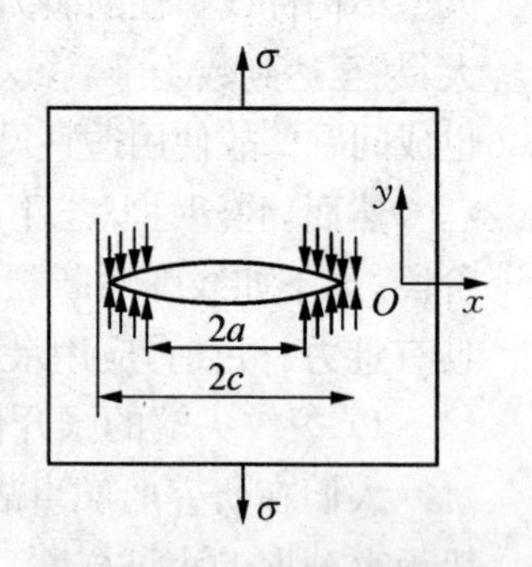

图 3-51　带状屈服模型(D-M 模型)

σ_s(视材料无硬化,故塑性区内 σ_s 是一个常量)。具体地说,在长为 $2a$ 的裂纹面上不受力,在 $(-c,\ -a)$ 和 $(a,\ c)$ 之间的塑性区上分布有均匀的压应力 $-\sigma_s$,以防止两个表面分离。由于在塑性区周围,仍为广大的弹性区,因此,仍然可以用弹性力学的方法来解这个问题,这里只给出结果。用 D-M 模型解出平面应力条件下裂纹尖端张开位移 δ 为

$$\delta=\frac{8\sigma_s a}{\pi E}\cdot \operatorname{lnsec}\left(\frac{\pi\sigma}{2\sigma_s}\right) \tag{3-85}$$

在裂纹开始扩展的临界条件下

$$\delta_c=\frac{8\sigma_s a}{\pi E}\cdot \operatorname{lnsec}\left(\frac{\pi\sigma_c}{2\sigma_s}\right) \tag{3-86}$$

D-M 模型为测 $K_{\mathrm{I}c}$ 困难的中、低强度钢等延性材料提供了方便,它适用于小范围屈服和大范围屈服的条件下,但不适用于整体屈服的情况。

2) J 积分

J 积分是由裂纹扩展能量释放率 G_{I} 的概念引伸而来的,主要用于解决中、低强度钢大范围屈服或整体屈服后的断裂问题。根据裂纹扩展能量释放率的定义,对于单位厚度的试样,$G_{\mathrm{I}}=\partial u/\partial a$,并且

$$U=E-W \tag{3-87}$$

式中,U 为系统势能;E 为应变能;W 为外力做的功。

设 ω 为应变能密度,则

$$E=\int \mathrm{d}E=\int \omega \mathrm{d}A=\iint \omega \mathrm{d}x\mathrm{d}y \tag{3-88}$$

若试样边界 Γ'(特定回路)上作用有张力 T,边界 Γ' 上各点的位移是 u(参见图 3-52),则整个试样边界上外力的功为

$$W=\int \mathrm{d}W=\int_{\Gamma^*}\vec{u}\cdot\vec{T}\mathrm{d}s \tag{3-88}$$

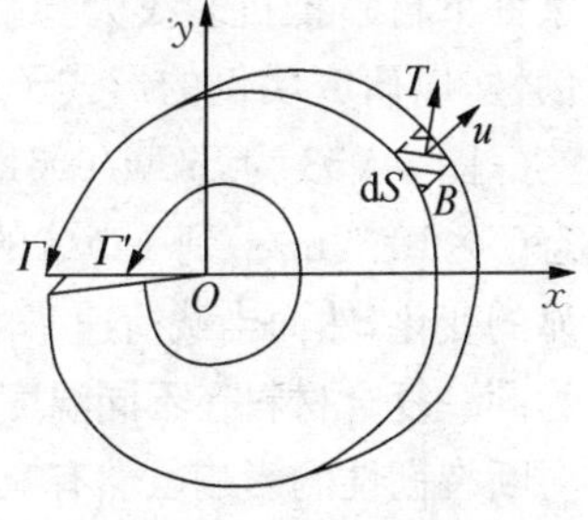

图 3-52　J 积分的定义

由式(3-86)、(3-87)和(3-88)可得:

$$U=E-W=\iint \omega \mathrm{d}x\mathrm{d}y-\int_{\Gamma^*}\vec{u}\cdot\vec{T}\mathrm{d}s$$

可以证明得到

$$G=-\frac{\partial u}{\partial a}=\int_{\Gamma}\left(\omega \mathrm{d}y-\frac{\partial \vec{u}}{\partial x}\cdot\vec{T}\mathrm{d}s\right) \tag{3-89}$$

式中,Γ' 为裂纹下面反时针走向裂纹上表面的任意一条路径;dS 是沿 Γ 的单元弧长。式(3-89)仅仅在线弹性条件下成立,但即使在大范围屈服条件下,等式右边的积分总是存在的,并称之为 J 积分,即

$$J=\int_{\Gamma}\left(\omega \mathrm{d}y-\frac{\partial \vec{u}}{\partial x}\cdot\vec{T}\mathrm{d}s\right) \tag{3-90}$$

这就是 J 积分的定义。J 积分具有两个重要性质：其一，J 积分的数值与积分所取的线路无关，这就是说积分线路 Γ 可以是任意的，这一特性称为 J 积分的守恒性；其二，J 积分可以描述在弹塑性状态下，裂纹前端应力—应变场的奇异性，它相当于线弹性状态下的 K_{Ic} 的作用。很明显，在线弹性条件下，由于式(3-89)成立，则 J 积分就等于裂纹扩展能量释放率 G_{I}，即

$$J = G_{\mathrm{I}} = \frac{K_{\mathrm{I}}^2}{E}\ (\text{平面应力})$$

$$J = G_{\mathrm{I}} = \frac{(1-2\nu)K_{\mathrm{I}}^2}{E}\ (\text{平面应变}) \tag{3-91}$$

显然 J 积分的量纲和 G 的量纲完全相同(MPa · m 或 kJ · m^{-2})。因为 $K_{\mathrm{I}} \geqslant K_{\mathrm{Ic}}$，$G_{\mathrm{I}} \geqslant G_{\mathrm{Ic}}$ 是线弹性状态下的断裂判据，由此可以推断 $J_{\mathrm{I}} \geqslant J_{\mathrm{Ic}}$ 也是断裂判据。但是在弹塑性状态下利用 $J_{\mathrm{I}} \geqslant J_{\mathrm{Ic}}$ 作为断裂的判据是否合理的，目前理论上还没有完全解决，只能用实验来证明。另外，由于塑性变形不可逆，不允许卸载，但事实上裂纹扩展就意味着部分卸载(应力集中的释放)，故 J 积分原则上不能处理裂纹扩展。所以，$J_{\mathrm{I}} \geqslant J_{\mathrm{Ic}}$ 的物理意义系指裂纹开始扩展的开(启)裂点，而不是裂纹失稳扩展点。

3.5.8 动态载荷与典型环境下的断裂韧性 (Fracture toughness under dynamic loading and some environments)

如前所述，断裂韧性作为材料的固有本性，其值主要受材料因素的影响(见 3.5.5 节)，这一说法其实基于 3.5.6 节及 3.5.7 节中规定的测试评价方法。换言之，材料在其实际服役条件下表现出来的裂纹(失稳)扩展抗力，说明了材料断裂韧性的值要受服役条件的影响。而且，从实际应用的立场出发，基于结构件的使用安全考虑，材料的使用者更关心的是在服役条件下材料抵抗裂纹失稳扩展能力。为此，本小节就在动态载荷及典型环境下材料的断裂韧性，以研究实例的形式予以简介，其目的在于引起读者对服役条件的关注。

图 3-53 为 SiCw/6061Al 复合材料的断裂韧性随载荷速率变化的研究结果。可见，由准静态(5×10^{-6} m/s)到 1 m/s 的载荷速率范围内，复合材料的断裂韧性随载荷速率的增加没有明显的变化，然而当载荷速率由 1 m/s 增加到 10 m/s 时，其断裂韧性值增加了约 1 倍。图 3-54 为同一复合材料在不同温度下断裂韧性与载荷速率的关系。可见，随着温度的升高，载荷速率对断裂韧性的影响虽然有减弱的趋势，但仍然明显。类似的研究在镍基高温合金中也有报道。

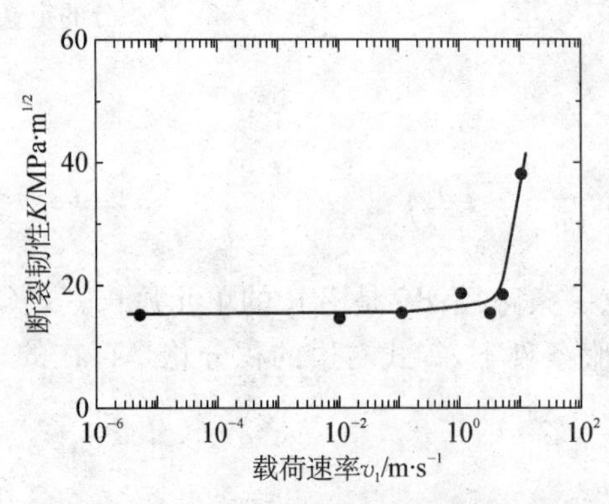

图 3-53 SiCw/6061Al 动态断裂韧性与载荷速率的关系

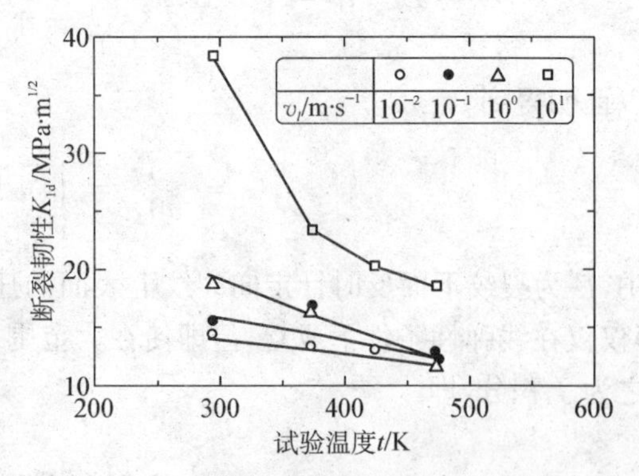

图 3-54 不同温度下 SiCw/6061Al 动态断裂韧性与载荷速率的关系

由于很少有材料是在断裂韧性测试规定的条件下服役的，因此考虑在近服役条件下材料的断裂韧性就更富有实际意义。图 3－54 中给出了温度对材料断裂韧性影响的一个实例。图 3－55 为核电用 GH690 合金的断裂韧性 J_Q 随温度的变化情况。可见，由室温(RT)升至 623 K，J_Q 值由 811 kJ/m² 下降至 541 kJ/m²，其降幅近 1/3。这说明一旦服役温度不是断裂韧性测试标准所规定的温度(通常标准规定是在室温条件下测定)，那么代表材料抵抗裂纹失稳扩展的能力亦随之改变。当考虑到核电用 GH690 合金，作为蒸汽发生器用材料，其服役环境中有相当含量的氢存在，人们非常关心氢对 GH690 合金的断裂韧性的影响。图 3－56 给出的是不同氢含量的 GH690 合金的断裂韧性的实验结果。可见，与图 3－55 给出的温度的影响相比，氢对合金断裂韧性的影响更加强烈。当合金中的氢含量由 3.8×10^{-6} 增加至约十倍的 38.1×10^{-6} 时，合金的 J_Q 值由 811 kJ/m² 下降至 99 kJ/m²，其降幅竟高达 87%，结果非常惊人。

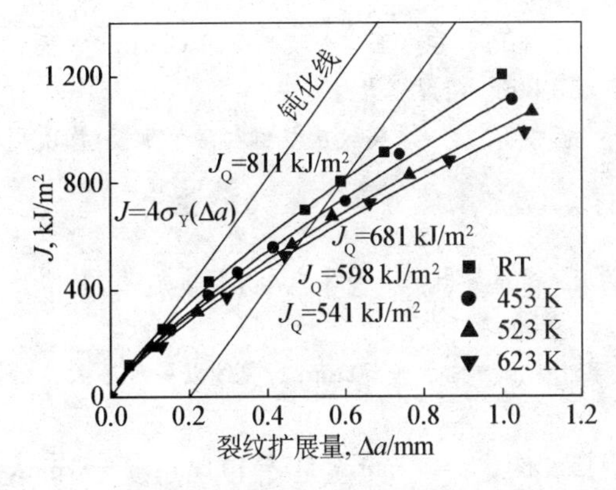

图 3－55　不同温度下 GH690 合金的 $J-R$ 曲线

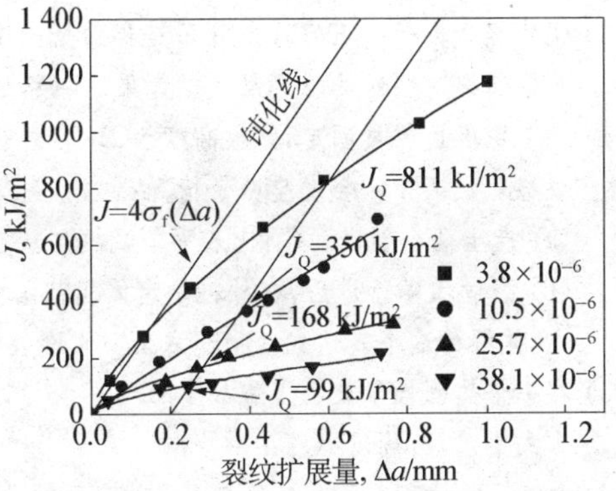

图 3－56　不同氢含量 GH690 合金的 $J-\Delta a$ 曲线

由上述的研究结果可见清楚地发现，无论是载荷速率还是环境因素(此处给出的是温度和氢)，均会影响材料的裂纹失稳扩展抗力—断裂韧性值。只不过前者的变化主要起因于裂纹扩展行为的变化；后者多源于环境使材料本身(显微组织)发生的改变。当然这不是绝对的，大多数情况下是两者兼而有之。详细的分析请读者参阅相关论文，在此只想告诉读者：为了保证结构件的服役安全，有必要充分考虑服役条件下材料的断裂韧性问题。或许这才具有实际意义。

参考文献

[1] T·Kobayashi. Strenth and toughyess of materials [M]. Tokyo, Springer, 2004.

[2] T. L. Andersen. Fracture Mechanics [M]. 2nd ed. Boca Raton, FL: CRC, 1995.

[3] Lei Wang, T. Kobayashi. Effect of Loading Velocity on Fracture Toughness of a SiCw/A6061 Composite [J]. Journal Mater. Trans. JIM, 1997, Vol. 38, No. 7, 615－621.

[4] Lei Wang, T. Kobayashi, H. Toda, et al. Effect of Loading Velocity and Testing Temperature on the Fracture Toughness of a SiCw/6061Al Alloy Composite [J]. Mater. Sci. & Eng. 2000, A280/1, 214－219.

[5] 刘瑞堂等. 工程材料力学性能[M]. 哈尔滨：哈尔滨工业大学出版社，2001.

[6] 冯端等. 金属物理学[M]. 北京：科学出版社，1999.

[7] 赖祖涵.断裂力学原理[M].北京:冶金工业出版社,1990.

[8] 王富强,王磊,刘杨,等.不同温度下 GH690 合金断裂韧性及断裂行为[J].材料研究学报,Vol. 24, No. 3,299-304(2010).

[9] 王富强,王磊,王朋,等.氢对 GH690 合金断裂韧性的影响[J].稀有金属材料与工程,2012,Vol. 41, No,3,432-436

思考题

(1) 在一个聚氯乙烯(PVC)板上,有一个椭圆的穿过厚度方向的洞。这个洞的尺寸为:长轴=1 mm,短轴=0.1 mm。请计算在椭圆洞端点处的应力集中系数 K_t。

(2) 计算施加 200 MPa 拉应力时,圆孔(薄板的情况)和球形孔(厚试样的情况)表面的最大拉应力。材料是 $\nu=0.2$ 的 Al_2O_3。

(3) 铝的强度大约是 $E/15$,其中 E 是铝的杨氏模量,其值为 380 GPa。在平面应变状态下用 Griffith 方程计算铝断裂时裂纹的临界尺寸。如果 Al_2O_3 的表面能为 0.8 J/m^2,断裂应力是多少?

(4) 一个薄板边界被固定,薄板高度为 L,厚度为 t(垂直于平面投影)。一个裂纹从左到右穿过薄板,每次裂纹移动距离为χ,会发生两个情况:

(a) 产生两个新表面(有比表面能)。

(b) 裂纹尖端行进后,在材料一定体积范围内应力降为 0。请推导出一个裂纹扩展所需临界应力的表达式,并解释这个表达式的物理意义。假设裂纹尖端的应力 σ 是均匀的。

(5) 在一个热固性聚合物上施加 5 MPa 的应力,一个中心穿过厚度方向的长 50 mm 的裂纹以一种不稳定的方式增殖,请确定 K_c。

(6) 加工 SiC 时产生了一个半椭圆形的表面缺陷。产生的缺陷直径为 $a=1$ mm,宽 $W=100$ mm,$c=5$ mm,试样的厚度为 $B=20$ mm,$K_{\mathrm{I}c}=4$ MPa·m$^{1/2}$。计算拉伸时试样能承受的最大应力。

(7) (a)一个 AISI4340 钢板宽度 W 为 30 cm,有一个 $2a$ 为 3 mm 的中心裂纹。钢板处于均匀应力 σ 下。这种钢的 $K_{\mathrm{I}c}$值为 50 MPa·m$^{1/2}$。请确定此裂纹能承受的最大应力。

(b) 如果施加应力为 1 500 MPa,计算这种钢不发生失效的最大裂纹尺寸。

(8) 解释为什么 FCC 金属即使在低温下仍然表现为韧性断裂,而 BCC 金属则没有这种现象。

(9) 含有缺陷的氧化铝试样在加工过程中,缺陷尺寸接近于晶粒尺寸。绘出断裂强度与晶粒尺寸关系图(晶粒尺寸在 200 μm 以下),已知氧化铝的断裂韧性为 4 MPa·m$^{1/2}$,假设 $Y=1$。

(10) 由于不完全烧结,$K_{\mathrm{I}c}$值为 4 MPam$^{1/2}$ 的陶瓷的气孔半径为 $a=5$ μm,这些气孔导致材料在拉伸和压缩时失效强度的降低。其中,每十个晶界连接处包含一个气孔,陶瓷的晶粒尺寸是 50 μm。压缩时,当裂纹在空位处生长到空位间隔长度的一半时,陶瓷则失效。假设裂纹尺寸为 a,确定陶瓷的抗拉强度。

(11) 回火是对特定的平板玻璃(例如厨房微波炉的玻璃窗)在适宜的液体中冷却后的处理。请将这种玻璃的应力分布作为玻璃厚度的函数绘成示意图,并讨论回火对钢化玻璃应力分布的影响。

(12) 估计二氧化钛多晶试样在 $T=1\,000$℃时产生的内部热应力。二氧化钛的杨氏模量为 290 GPa,且沿 a 和 c 方向的膨胀系数分别为:

$$\alpha_a=6.8\times10^{-6}\,\mathrm{K}^{-1},\ \alpha_c=8.3\times10^{-6}\,\mathrm{K}^{-1}。设\ K_c=\sigma\sqrt{\pi a}。$$

(13) 氮化硅的表面能为 30 J/m^2,且其原子间距 $a_0\approx0.2$ nm。计算该材料的理论强度,并将得到的值与拉伸实验测得的值进行比较($\sigma=550$ MPa)。计算导致该材料失效的缺陷尺寸。

(14) 裂纹的形成是一种不发生横向收缩的塑性变形机制。试计算含有裂纹材料的泊松比。

(15) 描述韧性及脆性断裂的微观过程。这些断口形貌有什么区别?

(16) 下图显示了 γ 型空穴在铜晶界形核的形貌。假设沿垂直方向外加应力,绘出沿晶界发生的连续变化图。

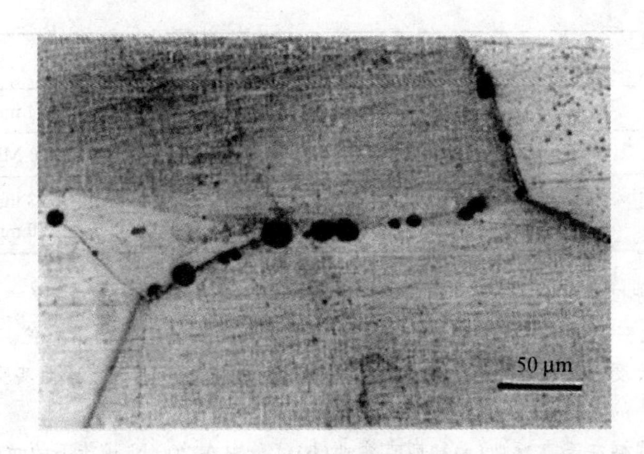

(17) 一个重力 200 N 的夏比试验机摆锤，臂长为 1 m，初始高度 h_0 为 1.2 m。夏比试样在断裂过程中吸收了 80 J 能量。试确定：

(a) 摆锤冲击试样时的速度。

(b) 摆锤冲击试样后的速度。

(c) 试样的平均应变速率。

(d) 试样达到的最终高度。

(18) 图示说明在低的应变速率下（约为 $10^{-2}\ s^{-1}$），夏比能量与温度的曲线关系。

(19) 如果对不同厚度的试样进行正火处理，但不是标准厚度为 10 mm的 Charpy 试样，而是较小厚度（如5 mm）和较大厚度（如 30 mm）的试样，你觉得 Charpy 能量值会怎样变化？

(20) 在金属材料断裂强度实验中，试样获得的载荷—位移曲线如右图所示。

试样的尺寸等数据如下：裂纹长度 a=10 mm；试样厚度 B=15 mm；试样宽度 W=25 mm；跨度 S=50 mm；屈服强度 σ_y=300 MPa。请由曲线中确定断裂韧性 K_{Ic}。检查这个断裂韧性试验是否可靠。

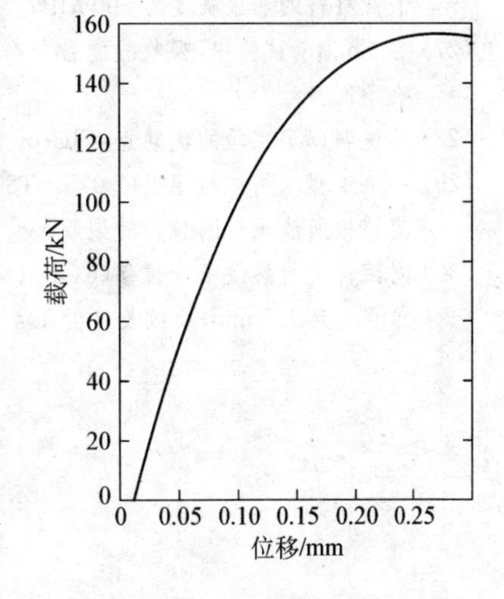

(21) 用两个含碳量为 0.45%的钢试样，一个经过淬火处理，另一个经过正火处理，利用三点弯曲试验测定其断裂韧性。试样的尺寸和载荷挠度曲线如下图。试确定两个试样的 K_{Ic}值，并确定实验是否可靠。确定是否满足平面应变条件。你觉得哪种钢会有更高的强度？结果是否和你的预计相符？已知条件如下：

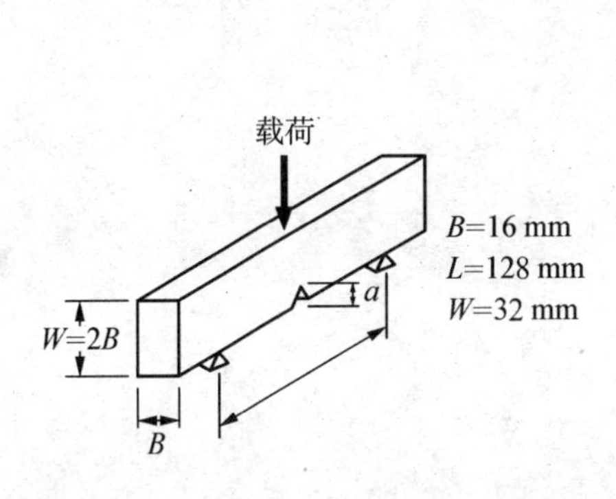

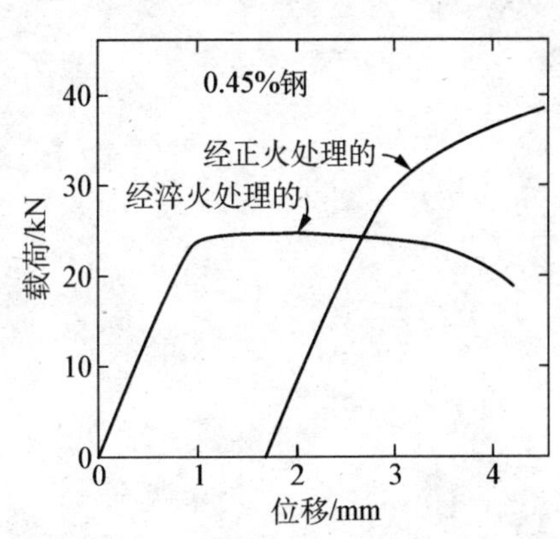

处理方法	淬　火	正　火
裂纹长度	a_3=9.6 mm	a_3=9.4 mm
应力	σ_y=1 050 MN/m^2	σ_y=620 MN/m^2
预制裂纹长度	a_1=13.7 mm a_2=11.6 mm	a_1=9.3 mm a_2=8.9 mm

(22) 用如下尺寸的塑料拉伸试样做断裂强度实验：试样厚度 B=5 mm，宽度 W=50 mm，裂纹长度 a=20 mm。假设曲线在载荷为 200 N 处失效之前是线性的，计算该塑料的 $K_{\mathrm{I}c}$值。

(23) 一个厚度、宽度、长度分别为 3 mm、4 mm、60 mm 的矩形陶瓷棒在四点弯曲实验中于载荷为 310 N 处断裂。如果固定处的宽度是 50 mm，求试样的抗弯强度为多少？

(24) 分别计算碳化硅试样在三点弯曲(a)和四点弯曲(b)试验中在 200 N 载荷下的拉应力(高为 5 mm、宽为 10 mm 的矩形试样)。夹具的宽度是 50 mm，对于四点弯曲试验装置，内夹具宽度为 25 mm。如果试样有损坏，边缘上有一个深度为 1 mm 的划痕，求这时的应力场强度因子。

(25) 测试一个直径为 5 cm 的氧化铝 Chervon 短棒试样，临界载荷 P_c 为 2 000 N，请确定试样的断裂韧性。

(26) 用一个紧凑拉伸试样测试断裂韧性。在加载过程中，当载荷达到 10^5 N 时，裂纹(a=45 mm)开始扩张。试样的厚度 B=60 mm，宽度 W=90 mm。请说明实验是否可靠？或者说是否满足了平面应力条件？假设材料的屈服强度为 500 MPa。

(27) 在 Charpy 试验中，吸收的能量与断裂表面状态之间有怎样的关系？这对于韧性和脆性材料而言有什么不同？

(28) 请说明以下实验的优缺点：Charpy 实验、落锤实验、Charpy 撞击实验、平面应变断裂韧性实验。

(29) 一个工程采用结构铝板(7 075－T561，$K_{\mathrm{I}c}$=29 MPa·m$^{1/2}$)的一部分，受 200 MPa 的张力作用。请确定该板所能承受的最大的裂纹尺寸。

(30) 对试样进行裂纹张开位移(COD)的测试。试样的厚度为 7 mm，夹具厚度为 0.6 mm。实验确定的临界位移 c 为 1.5 mm，裂纹长度为 1.4 mm。计算张开位移 δ_c。

第4章 材料的强化与韧化

(Strengthening and toughening of materials)

强度和韧性是衡量结构材料的最重要的力学性能指标。由于新型材料、尖端材料结构的复杂化、多样化,加之其昂贵的成本,使得传统的材料设计制备方法已远远满足不了材料强韧化的要求。换言之,为了有效地提高材料的强度和韧性,必须对材料的整体结构进行多组分设计,包括材料组分、微结构、界面性能和材料制备工艺等。应该承认,虽然本领域的研究正在各国广泛地展开,然而目前人们对此领域的认识尚处于初级阶段,亦正因为如此,发达国家相继提出了发展高强韧新材料的计划,如美国国家科学基金会(The National Science Foundation, NSF)在其资助计划中把力学与材料列为一个学科作为交叉研究领域,其中一个重要的研究方向是具有优越力学性能的新材料的设计与制备;日本学者很早就将力学与材料的发展列为一体,在国际上发起了致力于这一领域研究的国际学术组织——国际材料力学行为学会(The International Congress on the Mechanical Behaviour of Materials, ICM);英国学者最早提出了根据力学性能与微观组织结构的定量关系,应用系统分析方法和计算机技术设计结构钢,近年又提出了在原子和电子层次计算材料宏观性能的思想。

众所周知,固体材料的破坏状态方程涉及到宏观、细观、微观三个层次。材料破坏研究的多层次性决定了研究的长期性,使之成为力学界和材料科学界需要锲而不舍解决的难题。材料的强韧化设计同样涉及到宏观、细观和微观三个层次,不同层次设计有其互补性。鉴于此背景,本章以各种材料的强化与韧化为主线,首先介绍各种材料的宏观力学性能的微观理论以及各种影响因素,进而分析不同层次下的断裂过程和耗能过程,并概述各层次的主要强韧化机制,最后讨论跨层次的强韧力学计算。

4.1 金属及合金的强化与韧化

(Strengthening and toughening of metals and alloys)

在第2章中介绍了材料的弹性变形、塑性变形、金属的屈服与加工硬化。通常,金属的屈服对金属结构件来说,意味着失效。因此,人们研究的重点则转移到如何使其不发生屈服或者提高屈服抗力,从而保障其服役的安全。本节主要介绍金属及合金强化与韧化方面的理论及方法。应该说强化的方法很多，例如第2章中介绍的加工硬化、淬火及热处理等，但最有效而稳定的方法，亦为实际生产中常用的方法就是合金化。因为它除了强化材料外，往往对其他性能也有所改善。一般合金化后，由于改变了组织(如细化晶粒、改善相的分布)从而强度有所提高，人们习惯称此为间接强化；而合金化后直接提高了基体金属强度便称为直接强化，两者之间彼此相互影响。

本节重点从固溶强化入手介绍均匀强化、非均匀强化理论、细晶强化、形变强化、第二相强化(包括弥散强化)以及其他的一些强化方法。当然，由于实际应用的大多工业合金是多晶复相合金，显然这里还有一个很重要的界面强化问题。但由于该问题涉及的内容多且深，在此不能做系统介绍，请参阅有关的专著。

4.1.1 均匀强化 (Well-distributed strengthening)

如图4-1所示，溶质原子混乱地分布于基体中，因为位错线具有一定的弹性，故对同一种分布状态，由于不同溶质原子与位错线的相互作用不同，位错线的运动方式有如图中(a)和(b)所示的两种情况。(a)为相互作用强时，位错线便“感到”溶质原子分布“较密”；(b)为相互作用弱时，位错线便“感到”溶质原子分布“较疏”。若以 l 和 L 分别表示两种情况下可以独立滑移的位错段平均长度，F 为溶质原子沿滑移方向作用在位错线上的阻力，则位错运动所需的切应力可表示为

$$\tau = \frac{F}{bl} \tag{4-1}$$

或

$$\tau = \frac{F}{bL} \tag{4-1'}$$

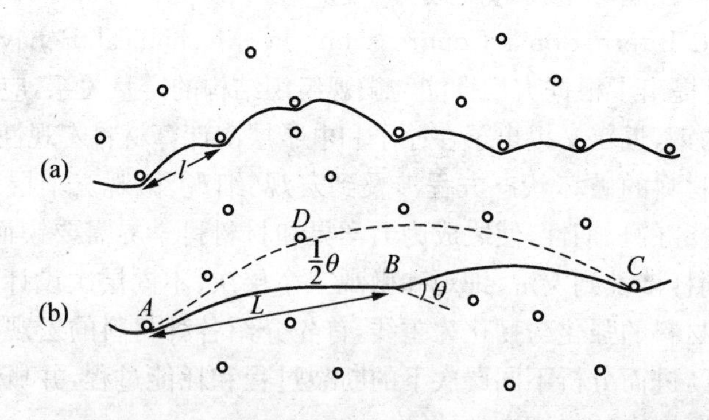

图4-1 溶质原子与位错线间相互作用的不同对其可弯曲性的影响

(a) 强相互作用；(b) 弱相互作用

从几何角度出发，因为间隙式溶质原子固溶后引起的晶格畸变大，对称性低属于情况(a)；置换式固溶所引起的晶格畸变小，对称性高属于情况(b)。但事实上间隙式溶质原子在晶格中一般总是优先与缺陷相结合的，所以已不属于均匀强化的范畴。不过，后续的详细讨论将放在均匀强化上，所谓位错与溶质原子相互作用的强弱的说法是有局限性的。此外，上述均匀强化的机制显然也不适用于溶质原子分布得十分密集，以至使位错线的弹性不能发

挥的程度。此种情况下，由于位错线附近溶质原子对它的作用力有正有负，平均后其强化作用就成为零了。

1）Mott-Nabarro 理论

Mott 和 Nabarro 最初处理均匀强化问题时，假设了溶质原子在晶格中产生一长程内应力场 τ_i，则位错弯曲的临界曲率半径为 Gb/τ_i。若溶质原子间距 $l \ll Gb/\tau_i$，即位错与溶质原子间的作用为强相互作用时，整个位错便可以分成独立的 n 段，且 $n = L/l$。根据统计规律知道，作用在长为 L 位错上的力，应等于 $n1/2$ 倍作用在每一段上的力，故长为 L 的位错运动的阻力可写成 $b\tau_i l(L/l)1/2$。若此时外加切应力为 τ_c，则

$$\tau_c = \tau_i\left(\frac{l}{L}\right)^{1/2} \tag{4-2}$$

再按位错曲率公式，可得如下关系：

$$L = \frac{Gb^2}{b\tau_i(l/L)^{1/2}}$$

或

$$L = \frac{G^2b^2}{\tau_i^2 l} \tag{4-3}$$

现设溶质原子浓度为 c，则 l 与 c 应有如下关系：

$$\frac{1}{l^3}\cdot b^3 = c \tag{4-4}$$

由于 $l \ll \dfrac{Gb}{\tau_i}$，位错线不能按着内应力场中能量最低的走向弯曲，所以 τ_i 应取其体积平均值。为此，令 ε_b 为固溶原子与基体原子大小差引起的错配度，则由弹性力学得知，距溶质原子 r 远处的切应力为 $G\varepsilon_b b^3/r^3$。故上述 τ_i 的体积平均值可写为

$$\tau_i = \frac{\int_0^l \frac{G\varepsilon_b b^3}{r^3}4\pi r^2\,\mathrm{d}r}{\int_0^l 4\pi r^2\,\mathrm{d}r} \cong G\varepsilon_b c\ln\frac{1}{c} \tag{4-5}$$

联立式(4-2)至式(4-5)，便得

$$\tau_c = G\varepsilon_b^2 c^{5/3}(\ln c)^2 \tag{4-5$'$}$$

上式在一般浓度范围内，$c^{2/3}(\ln c)^2$ 可近似为1，故

$$\tau_c = G\varepsilon_b^2 c \tag{4-6}$$

此即临界切应力与溶质原子浓度成正比的关系，其中 ε_b 也可由晶格常数随浓度的变化梯度，按式(4-7)求得

$$\varepsilon_b = \frac{1}{b}\frac{\mathrm{d}b}{\mathrm{d}c} \tag{4-7}$$

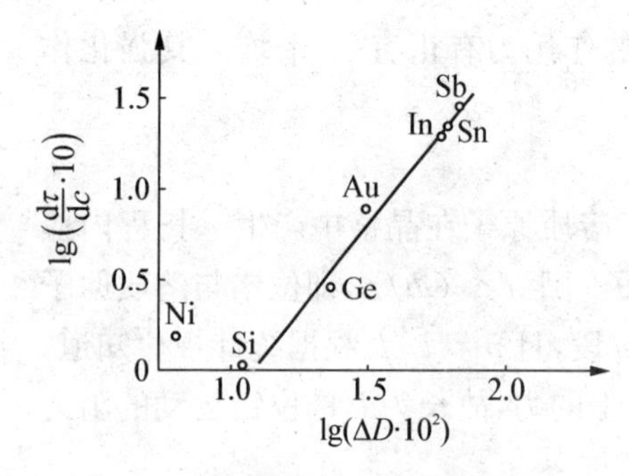

图 4-2　铜合金中固溶强化与晶格畸变间的关系

此外，直接用基体同溶质的 Goldschmidt 原子直径差 ΔD 的对数与$\frac{d\tau_c}{dc}$的对数作图(以铜合金为例)，所得结果如图 4-2 所示。发现除 Ni 以外的各种合金元素基本上多靠近斜率为 2 的直线，由此可见，式(4-6) 仍不失为一有效的近似。

如果假设位错与溶质原子间的作用为弱相互作用，Friedel 曾做如下简化处理：设位错线张力为 T，由图 4-1(b)可见，障碍对位错的最大作用力为

$$F_m = 2T\sin\frac{\theta}{2} \tag{4-8}$$

故由式(4-1(b))得

$$\tau_c = \frac{2T}{bL}\sin\frac{\theta}{2} \tag{4-9}$$

又知沿滑移面上溶质原子间距 l 与其浓度 c 有下列关系：

$$\frac{1}{l^2}\cdot b^2 = c \tag{4-10}$$

图 4-1(b)中面积 $ABCD$ 近似地可写成 $L^2\sin\frac{\theta}{2}$，并等于 l^2，故可得如下关系：

$$L = \frac{l}{\sqrt{\frac{\sin\theta}{2}}} \tag{4-11}$$

联立式(4-1(b))，(4-8)，(4-9)，(4-10) 和式(4-11)，并假设 $T \cong \frac{1}{2}Gb^2$，则得

$$\tau_c = \frac{F_m^{3/2}}{b^3}\sqrt{\frac{c}{G}} \tag{4-12}$$

此即临界切应力与溶质原子浓度的平方根成正比的关系。

这里应指出的是，上述结果得到由位错与溶质原子强相互作用导出 $\tau_c \propto c$ 的关系，但由位错与溶质原子弱相互作用却导出 $\tau_c \propto \sqrt{c}$ 的关系 。这一矛盾暗示均匀强化中的强相互作用与间隙原子产生的不均匀强化可能不完全相同。

2) Fleischer 理论

Fleischer 理论有两个主要的特点：一为溶质原子与基体原子的相互作用中，除了考虑由于大小不同所引起的畸变外，还考虑了由于“软”“硬”不同，即弹性模量不同而产生的影响；另一为置换溶质原子与位错的静水张压力的相互作用中，除了考虑纯刃型的以外，还考虑了纯螺型的。因为即使溶质与基体原子半径相同，但弹性模量不同时，位错周围应力场的弹性能在溶质所在处也会发生变化。设溶质和基体的弹性模量各为 G_1 和 G，则

$$\Delta G = G_1 - G = \frac{dG}{dc} \tag{4-13}$$

如图 4-3 所示，以纯螺型位错为例，在溶质原子位置，当仍为基体原子占据时，其应力和应变分别为 $\frac{Gb}{2\pi r}$ 和 $\frac{b}{2\pi r}$。

当为溶质原子占据时，其应力和应变分别为 $\frac{G_1 b}{2\pi r}$ 和 $\frac{b}{2\pi r}$。因此，一个体积近似以 b^3 表示的基体原子被溶质原子替代后能量的变化应为

$$E=\frac{1}{2}\int\left[G_1\left(\frac{b}{2\pi r}\right)^2-G\left(\frac{b}{2\pi r}\right)^2\right]\mathrm{d}b^3=\frac{\Delta G b^5}{8\pi^2 r^2} \quad (4-14)$$

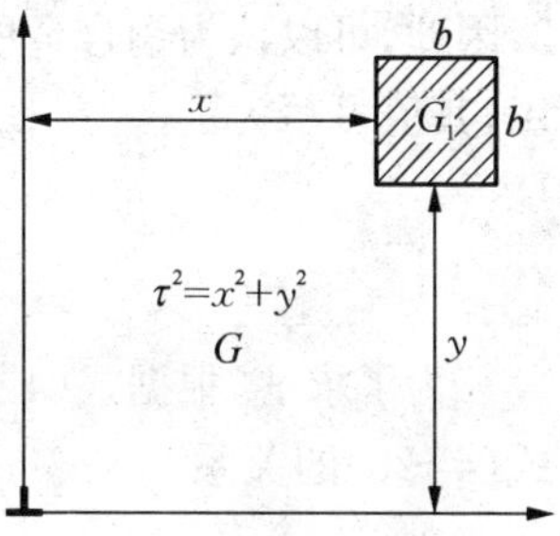

图 4-3　弹性模量相互作用示意图

如仿式(4-7)定义

$$\varepsilon_G=\frac{1}{G}\frac{\mathrm{d}G}{\mathrm{d}c} \quad (4-15)$$

利用式(4-13)和式(4-15)两式，由式(4-14)可写成

$$E=\frac{\varepsilon_G G b^5}{8\pi^2 r^2} \quad (4-16)$$

同理，对纯刃型位错有

$$E=\frac{\varepsilon_G G b^5}{8\pi^2(1-\nu)r^2} \quad (4-17)$$

其次，根据线性弹性力学，溶质原子与纯螺型位错的应力场之间应该不出现由于静水张压力产生的弹性相互作用。但 Stehle 和 Seeger 考虑二级效应后，求得纯螺型位错附近也有静水张压力与溶质原子的相互作用。Fleischer 计算此相互作用能为

$$E=\frac{K\varepsilon_b G(1+\nu)b^3}{2\pi^2(1+2\nu)}\left(\frac{b}{r}\right)^2 \quad (4-18)$$

根据以上结果和 Cottrell 计算的溶质原子与纯刃型位错相互作用能，可将溶质原子沿滑移方向(x 方向)作用在位错线上的阻力列入表 4-1，并将 ε_G 代之以 ε'_G。

表 4-1　位错与溶质原子交互作用效果表

	刃　型	螺　型
大小作用	$\frac{2(1+\nu)Gb^4\varepsilon_b\chi y}{\pi(1-\nu)r^4}$	$\frac{KGb^5\varepsilon_b(1+\nu)\chi}{\pi^2(1-2\nu)r^4}$
“软”、“硬”作用	$-\frac{Gb^5\varepsilon'_G\chi}{4\pi^2(1-\nu)r^4}$	$-\frac{Gb^5\varepsilon'_G\chi}{4\pi^2 r^4}$
总和*	$\frac{Gb^5\chi}{4\pi^2(1-\nu)r^4}\left\vert\varepsilon'_G-32\varepsilon_b\right.$	$\frac{Gb^5\chi}{4\pi^2 r^4}\left\vert\varepsilon'_G-16K\varepsilon_b\right\vert$

* 设 $\nu=1/3$，$y=b$

显然，无论对刃型或螺型位错而言，此力正比于 $\left|\varepsilon'_G-\alpha\varepsilon_b\right|$。其中，$\alpha$ 对刃型位错不小于 16(当 $y=\frac{b}{2}$ 时)，而对螺型位错，由于 $K\leqslant 1$，故其值不大于 16。实验证实对铜合金而言 $\alpha=$

3，因此，可以认为铜合金中，位错滑移的阻力主要来自置换式溶质原子与螺型位错的相互作用，其值可写为

$$F'_m = \frac{Gb^5 \chi}{4\pi^2 r^4} \mid \varepsilon'_G - 3\varepsilon_b \mid \tag{4-19}$$

为了求 τ_c，根据式(4-1(b))，尚需知道 L。由图 4-4 可求得 L 与溶质原子浓度 c 有如式(4-20)的关系：

$$\frac{b^2}{L^2\theta/2} = c \tag{4-20}$$

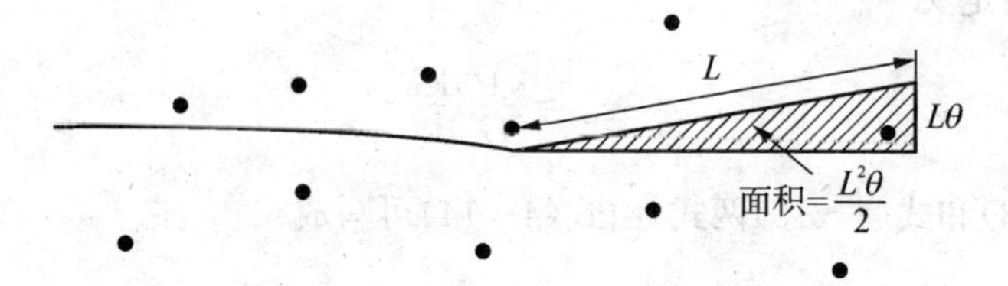

图 4-4　弹性位错单位长度 L 的定义示意图

联立式(4-1(b))，式(4-8)和式(4-20)三式，并设 $T \approx \frac{1}{2}Gb^2$，最后将 F_m 换成 F'_m，即得

$$\tau_c = \frac{F'^{3/2}_m}{b^3}\sqrt{\frac{c}{G}} \tag{4-21}$$

现将式(4-19)代入上式，可得

$$\tau_c \propto G\varepsilon_s^{3/2} c^{1/2} \tag{4-22}$$

其中

$$\varepsilon_s = \mid \varepsilon'_G - 3\varepsilon_b \mid \tag{4-23}$$

对铜用 11 种不同元素配制的合金，测得结果如图 4-5 所示，显然，它比图 4-1 要好得多，$\frac{d\tau_c}{dc}$ 与 ε_s 之间形成良好的直线关系，其斜率恰好等于 2/3。这说明既考虑质原子的大小，又考虑其“软”、“硬”的 Fleischer 理论比只考虑溶质原子大小 Mott-Nabarro 理论更符合实验事实。当然，Fleischer 理论还强调了合金强化中螺型位错的特殊作用。

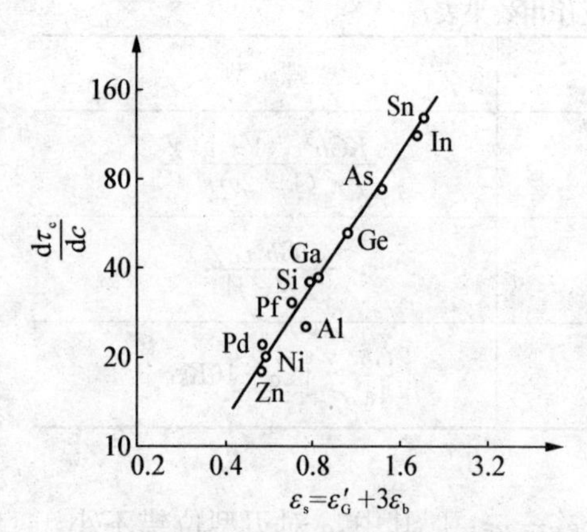

图 4-5　铜合金中固溶强化和溶质原子与螺型位错相互作用的关系

虽然上述 Fleischer 理论与实验结果有较好的一致性，但不能认为 BCC 结构的 Fe-C 合金及 Nb-N 合金中溶质原子与位错间的相互作用也属于弱的一类。Labush 和 Nabarro 曾将溶质原子看成在滑移面上宽为 $2w$ 的位垒，f 为与位错间作用力在滑移面内沿滑移方向的分量，用不同方法，经严格理论计算都

得到比较一致的关系，即当 w 或 c 很小时，$\tau_c = \frac{f^{3/2}}{b}\left(\frac{c}{2E}\right)^{1/2}$；反之，$\tau_c = \frac{f^{4/3}}{2b}\left(\frac{c^2 w}{E}\right)^{2/3}$。式中，$E$ 为位错线张力。但前者相当强相互作用，而后者相当弱相互作用。Traub，Neuhauser 和 Schwink 在不同浓度 Cu－Ge 和 Cu－Zn 合金的工作中，得到在一定浓度和温度范围内，临界切应力与浓度的关系变化在 $c^{1/2}$ 至 $c^{2/3}$ 之间，并得到 Basubski 等人提出的所谓合金强化的“应力等价”(Stress equivalence)性，即合金强化与温度或形变速度的依赖关系，或单位激活过程只与应力水平有关，而与溶质原子的浓度无关。他们还用热激活分析法，测得浓度高的合金中作为障碍的单元是溶质原子群，并且此种原子群的大小存在一定分布。由此看来浓度高的和浓度低的合金，其强化机制应不尽相同。

3）Fleltham 理论

Fleltham 提出了形式简单而又能解释更多实验事实的均匀强化理论。其理论有两个基本假设：一为假设溶质原子间距 λ 为

$$\lambda = bc^{-1/2} \tag{4-24}$$

二为设长 l 的位错线在外加应力 τ_c 作用下，其中心凸出 nb 距离，n 值约为 2～3，如图 4－6 所示。令位错线凸出部分的曲率半径为 R，则 $\tau_c \approx \frac{Gb}{2R}$。利用几何关系 $2nbR \approx 1/4l^2$，故得

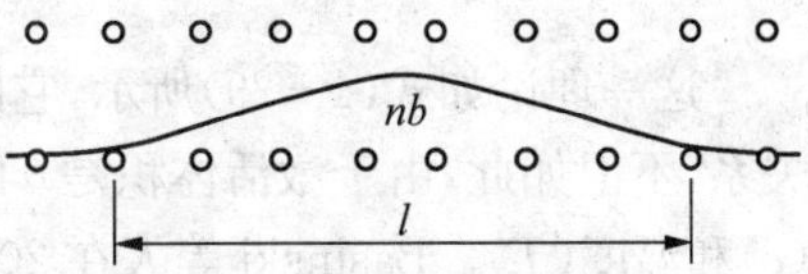

图 4－6　溶质原子分布示意图

$$\frac{l}{b} = \left(\frac{4Gn}{\tau_c}\right)^{1/2} \tag{4-25}$$

再设凸出的位错线可用一底边长为 l，高为 nb 的三角形的两斜边近似，则凸出后位错线的能量较凸出前的高 $\frac{1}{2}Gb^2\left(\frac{2n^2b^2}{l}\right)$。此外，位错自 $\frac{l}{bc^{-1/2}}$ 个溶质原子中脱钉出来所需能量为 $1Uc^{1/2}/b$。其中，U 为溶质原子与位错的相互作用能。所以可将图 4－6 中所示位错凸出的激活能表示为

$$W = n^2b^2G\frac{b}{l} + Uc^{1/2}\frac{l}{b} - \frac{1}{2}n\tau_c b^3\frac{l}{b} \tag{4-26}$$

上式中最后一项为外加应力所作的功，$\frac{1}{2}nb$ 为位错平均位移。再将凸出过程的频率 ν 按 Boltzmann 关系写成

$$\nu = \nu_0 \exp(-W/RT) \tag{4-27}$$

其中，ν_0 为原子频率 $10^{12}s^{-1}$，如取 $\nu = 1$，则

$$m = \frac{W}{RT} = \ln\frac{\dot{\gamma}_0}{\dot{\gamma}},\ m \cong 25 \tag{4-28}$$

式中，$\dot{\gamma}$ 为切变速率，$\dot{\gamma}_0$ 为一常数。将式(4－28)代入式(4－26)后便得 $-\frac{l}{b}$ 的二次方程式，再利用式(4－25)求得

$$\frac{\tau_c}{\tau_0}=\frac{\theta}{[1+(1+\theta)^{1/2}]^2},\ \tau_0=\frac{4Uc^{1/2}}{nb^3} \tag{4-29}$$

其中

$$\theta=\frac{4n^2Gb^3Uc^{1/2}}{(kT\ln\dot{\gamma}_0/\dot{\gamma})^2} \tag{4-30}$$

如将激活体积写为

$$V=kT\left(\frac{\partial\ln\dot{\gamma}}{\partial\tau_c}\right)_T \tag{4-31}$$

利用式(4－28)至式(4－31)四式不难求出

$$V=V_0\{1+2\delta[\delta+(1+\delta^2)^{1/2}]\}(1+\delta^2)^{1/2},\ \delta=\theta^{-1/2} \tag{4-32}$$

其中

$$V_0=\frac{1}{4}b^3n^2\left(\frac{Gb^3}{Uc^{1/2}}\right)^{1/2}$$

这一理论如式(4－29)所示，它既给出了 τ_c 与浓度 c 的关系，又给出了与形变温度 T 的关系，不但如此，由于激活体积是 θ 的函数，而 θ(式(4－30))同时又依赖于合金元素(U)浓度(c)和温度(T)。Basinski 等人在 20 多种不同浓度的二元固溶合金中，发现在同一温度下，它们的激活体积与屈服应力都落于同一曲线上。分析证明，Basinski 等人这一实验中所测激活体积的变化规律完全符合式(4－32)。总之，Feltham 理论的最大特点，是它并不简单地只考虑溶质原子与位错相互作用能的强弱来决定位错作如图 4－4 中所示的那一种弯曲，而是更客观地由溶质浓度大小、位错线本身的性质以及温度等条件来决定。其次，图 4－6 所示的位错自溶质原子气团钉扎中凸出，形式上又如从 $P-N$ 能谷中凸出一样，故一般所谓的 $P-N$ 力实际上可能还是位错与溶质原子的相互作用力。

4.1.2 非均匀强化 (Non-uniform strengthening)

由于合金元素与位错的强交互作用，使得在晶体生长过程中位错的密度大大提高，造成与纯金属截然不同的基本结构。这往往成为某些合金非均匀强化的原因，如铜中加入少量的镍，银中加入少量的金等。此外，就目前所知非均匀强化的类型大致可分为浓度梯度强化、Cottrell 气团强化、Snoek 气团强化、静电交互作用强化、化学交互作用强化和有序强化等几种。本小节着重介绍其特点及存在的问题。

1) 浓度梯度强化

这种强化机制可分为三部分：一为晶格常数的交互作用，即由于合金元素的分布存在浓度梯度，所以晶格常数也就有相应的变化梯度。当刃型位错的运动方向与浓度梯度方向一致时，或螺型位错的运动方向与浓度梯度方向垂直时，就会在滑移面两边产生类似位错的对不齐现象，从而提高了位错运动的阻力；二为弹性模量交互作用，即由于合金元素的分布存在浓度梯度，弹性模量亦不再可能是常数，结果对位错的运动相当于额外地施加阻力。不过，一般讲这两种力都较小；三为具有浓度分布梯度的合金元素与位错间的弹性交互作用，即存在合金元素分布梯度时的 Cottrell 气团强化作用。

对上述第三部分的作用，Fleischer 用二维应力场中存在一维浓度梯度的模型进行了近似，并设温度较低时的扩散现象可忽略不计，得到由此产生的附加阻力：

$$\tau = 4G\varepsilon_b\left(\frac{dc}{dx}\right)r_\infty \sin 2\phi \tag{4-33}$$

式中，r_∞ 为位错应力场的作用半径，ϕ 为纯刃型位错的滑移方向与浓度梯度方向间的夹角，其他符号的意义同前。式(4-33)看来显然很合理，当 $\phi=0°$ 时，表示滑移面的取向和浓度梯度方向一致。以刃型位错为例，此时同时进入滑移面上下两部分的合金元素一样多，故 τ 等于零。而当 $\phi=90°$ 时，表示滑移面的取向和浓度梯度方向垂直，也就是沿滑移方向无浓度梯度，故 τ 亦为零。另外，依式(4-33)，当 $\phi=45°$ 时，应出现最大值，关于此点，已在 Fleischer 和 Chalmers 的研究中得到证实。亦即当滑移系统与浓度梯度方向成45°时，总是次滑移系先开始滑移并且硬化率较大。

2) Cottrell 气团强化

由于合金元素与位错之间有弹性交互作用，其交互作用能用下式表示：

$$U = 4GbR^3 \in \frac{\sin\theta}{r} \tag{4-34}$$

式中，G 为切变模量；R 为原子半径；$\in$ 为错配度；r，θ 分别为距位错中心某点极坐标参数。

若发生交互作用，即合金元素移动至位错附近，则 $U<0$，因为 $4GbR^3>0$。当 $\in>0$ 时，即合金元素原子半径比基体金属原子半径大时，只有 $\pi<\theta<2\pi$ 时，U 才为负值，即原子半径比基体金属大的合金元素，位于正刃型位错下边是稳定的。或者说处于低能状态。反之小的置换式原子位于正刃型位错上边是稳定的。间隙原子位于正的刃型位错下边是稳定的。这样使得位错周围合金元素的浓度与其他位置有所不同。由于这是一种稳定状态，若破坏这种状态即位错运动时，只有增加外力才有可能，故可以提高金属强度。这种稳定状态是 Cottrell 首先提出的，故称为 Cottrell 气团。

Cottrell 气团的实质是位错周围分布的合金元素，而使其自由能降低。因此也可以说是位错周围合金元素限制或阻碍位错运动。合金元素这种作用亦称为合金元素对位错的钉扎作用。图4-7是正刃位错形成 Cottrell 气团示意图。应该强调的是，形成 Cottrell 气团并不需要很多的溶质原子，例如，当经过冷塑性变形的金属位错密度约为 $10^{12}/cm^2$ 数量级时，若沿位错线上每个原子间隙有一个溶质原子，则只要溶质原子浓度约为0.1at%就够了(此时的气团则是所谓的浓气团)。对于退火金属，位错密度要小几个数量级，即使纯度为99.999%的金属，含有 10^{-3}% 量级的杂质(如 C 或 N)，便足以形成 Cottrell 气团了。这种在位错线张应力区如正刃型位错(垂直于纸面一条位错)下边有一条间隙原子线，称为 Cottrell 气团的浓气团。即 Cottrell 气团变成饱和状态。这种浓气团强化效果大，并且受温度影响比较小。而当间隙原子(如 C，N)在位错张应力区(如正刃型位错下边)呈 Maxwell-Boltzmann 分布时，位错线张应力区间隙原子浓度比较小，但比平均浓度高，这种状态称为稀气团。这种气团的强化效果比浓气团强化效果差，并且受温度影响比较大。

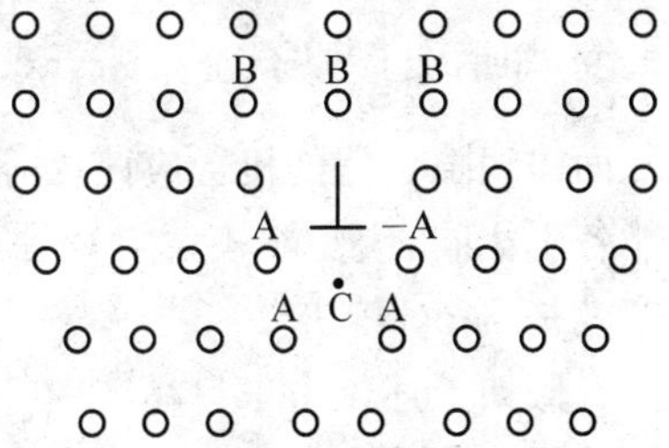

图4-7 由正刃型位错形成的 Cottrell 气团

由于形成 Cottrell 气团并不需要很多间隙原子，如室温下退火 α-Fe 中形成 Cottrell 气

团仅需要 10^{-3}%的 C 或 N。因此微量的间隙原子对 α - Fe 的金属力学性质有很大影响。在 2.1.3 节中曾提及过一个关于应变时效与动态应变时效的现象(见图 4 - 8)。这两种现象的本质可用 Cottrell 气团予以解释。应变时效中如立即加载(见图 4 - 8(a)中的 *PDB*),由于在最初的 *OAD* 阶段位错已经从 C、N 原子的 Cottrell 气团中挣脱出来,故不再出现屈服点。而经放置或经时效后再加载的(*PQB* 曲线),之所以再次出现屈服点,是由于在放置或人工时效过程中 C、N 原子向位错扩散,形成了新的 Cottrell 气团,使其重新发生脱钉过程,宏观上表现出再次屈服。另一方面,图 4 - 8(b)的动态应变时效则为应变时效的一种特殊情况,可以认为塑性降低和应变速率敏感的双重作用,形成了这种锯齿形曲线,或因试样在试验中重复的屈服和时效引起的。意即此种条件下作为形成 Cottrell 气团的 C、N 原子的扩散速度与位错线的运动速度相近,从而使得位错线在应变中不断形成 Cottrell 气团的同时又不断挣脱 C、N 原子的钉扎,故在应力—应变曲线上表现出如图 4 - 8(b)所示的锯齿形。

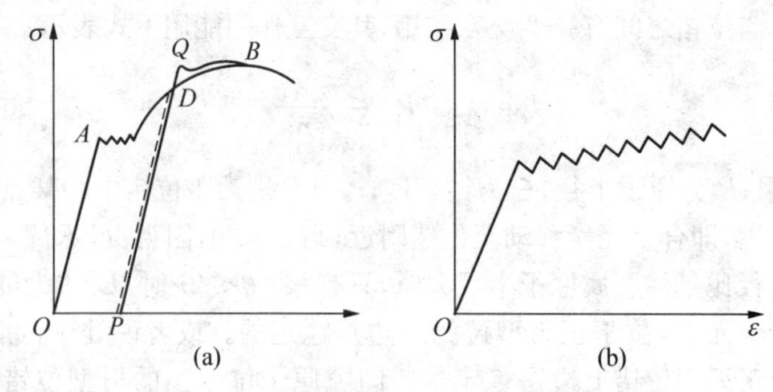

图 4 - 8　应变时效对应力—应变曲线的影响

3) Snoek 气团强化

BCC 金属中,间隙原子(如 C、N)绝大部分分布在八面体的间隙位置上,造成晶格四方畸变,如钢中 C 原子进入 α - Fe 的$\left(\frac{1}{2}, 0, 0\right)$、$\left(0, \frac{1}{2}, 0\right)$、$\left(0, 0, \frac{1}{2}\right)$这三个不同方向的八面体间隙位置的机会应该相等。如果有外力作用,在这三个位置中 C 原子所产生的应变能各不相同,应变能较大的 C 原子,就要到应变能较小的间隙位置上去,以降低系统的能量,这就是 Snoek 效应。

假如上述外力来自晶体中位错应力场,则 C 原子换位以松弛外力产生的应变能。这就构成了 C 原子与位错间互相作用。由于 C 原子换位只需扩散 1/2 点阵参数,故可在极短时间内完成。因此可以把 Snoek 气团视为 C 原子的局部有序。位错运动必须克服这种 Snoek 气团的束缚,因此其运动阻力增加,这样金属就被强化了。

Snoek 气团的主要特点是其强化作用与温度无关,而与溶质浓度成正比。常温下对位错的钉扎作用虽然不亚于 Cottrell 气团,但溶质原子这种短程的动态有序,当形变温度较高时,由于有序化太快,其作用也就不显著了。形变速度过大时亦如此。

4) 静电相交作用强化

实验研究发现,刃型位错的静电作用如同一串电偶极子,受到部分屏蔽的溶质原子显然与此刃型位错间存在着静电交互作用。如考虑非线性的弹性效应时,螺型位错中心将带有负电荷,所以螺型位错与溶质原子之间也应有静电交互作用。此外,事实上合金中溶质原子的电荷将完全被导电电子的重新分布所屏蔽。因此，位错和溶质原子间的静电交互作用，是作用于溶质原子离子壳的力和作用于屏蔽电子间的力的一个复杂的差效应。更精确的计算还需要考虑屏蔽电子被位错附近电场所引起的极化效应等，这些问题请读者参阅有关的文献。

5) Suzuki 气团强化

在 FCC 金属中，一个滑移的全位错可能分解为一对不全位错，中间夹着一层密排六方结构的层错区，即形成扩展位错(见图 4 - 9)。一对不全位错分开的距离(扩展位错的宽度)与层错能成反比，并服从式(4 - 35)：

$$d = \frac{Gb_2 b_3}{2\pi f} \tag{4-35}$$

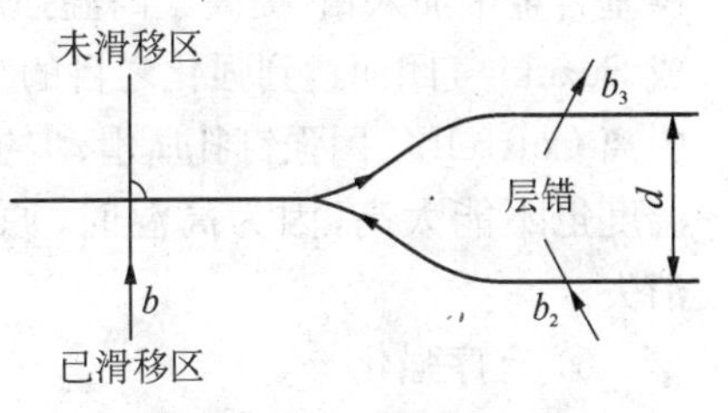

图 4 - 9　扩展位错示意图

式中，f 为层错能，其他符号意义同前。

由式(4 - 35)可以看出，层错能低的金属容易形成扩展位错，并且层错能愈小，扩展位错宽度愈大。为保持热平衡，溶质原子在层错区和基体两部分浓度须不同，这种溶质原子非均匀分布，起着阻碍位错运动的作用。Suzuki 称此种作用为化学交互作用，人们称这种组态为 Suzuki 气氛(团)。当扩展位错运动时，必须连同层错一起运动。此时，由于点阵结构不同，因此溶质原子的浓度差表观出对位错有钉扎作用。为使位错运动，则必须增大外力。即由于 Suzuki 气团的存在，使合金强化了。

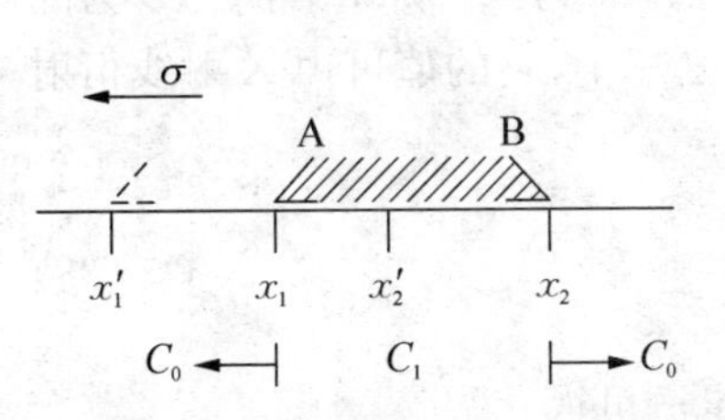

图 4 - 10　扩展位错 AB 在 Suzuki 气团中的运动

以如图 4 - 10 所示的示意图为例，在 FCC 晶体的某滑移面上有一对扩展位错 AB，A 与 B 之间是层错区，A、B 之间的距离为 d。由于层错区内溶质原子浓度和基体中浓度不同，因而有浓度差。令 Δm 代表这个浓度差。当在外加切应力(τ)作用下，扩展位错由 AB 移至 $x_1'x_2'$区。由于这种移动是瞬时完成的，溶质原子来不及做相应的调整。新的层错区 $x_1'x_2'$的溶质原子浓度，仍为原基体中溶质原子的浓度。而 x_2x_2'已不是层错区，且仍保持原层错区内溶质原子的浓度。由于扩展位错向前移动了 $x_2x_2' = \delta$，层错区溶质原子浓度没有达到平衡的要求，如 x_2x_2'，外界必须为此付出代价，即需要外力做功，使层错区 x_2x_2'的溶质原子浓度达到热力学平衡的浓度。

首先使扩展位错移动 δ，外力做的功 $\omega = \tau b\delta$。另一方面，$x_2x_2' = \delta$ 的成分达到热力学平衡浓度需要做功 $\omega_1 = \delta\left(\frac{\partial \gamma}{\partial m_{\mathrm{B}}}\right)\Delta m$。此时 $\omega = \omega\,|\,'$，所以

$$\tau = \frac{\delta}{b}\left(\frac{\partial \gamma}{\partial m_{\mathrm{B}}}\right)\Delta m \tag{4-35$'$}$$

另一方面，若螺型位错可以交滑移，但分解成扩展位错后，其交滑移就困难了。因为交滑移则必须使扩展位错先束集后才可能实现，所以只有提高外力才有可能。换言之，Suzuki 气氛(团)的存在使金属得到了强化。此外，层错能愈低，扩展位错宽度 d 愈大，束集愈困难，故愈不易发生交滑移。而对于层错能较大的金属，扩展位错宽度小，位错容易束集，即位错容易交滑移。因此层错能愈小，则相当于位错运动阻力愈大，则强化效果愈明显。

化学交互作用对位错的钉扎力比弹性交互作用(Cottrell 气团)小。但化学交互作用受温度影响比较小。一般讲,室温条件下很难使 Suzuki 气团和扩展位错分解,即使在高温条件下,Suzuki 气团强化作用也是比较稳定的,而且对刃型位错和螺型位错都有阻碍作用。某些镍基合金中加入钴,提高了高温强度,就是因为钴能降低镍的层错能,使位错容易扩展,并形成 Suzuki 气团而达到强化之目的。扩展位错要脱离 Suzuki 气团,需要滑动的距离比全位错脱离 Cottrell 气团强钉扎所滑动的距离要远得多。虽然 Suzuki 气团受温度影响比较小,但温度也不能太高,因为高温时,原子扩散速度加快,Suzuki 气团强化效果也要降低,甚至消失。

6) 有序强化

有序强化一般可分短程和长程两种。短程有序强化的作用大小和 Suzuki 气团的强化在同一量级。Flinn 曾对此强化作用进行过仔细分析,在忽略了熵的变化作用的前提下,当有序度不大时,可将二元固溶体中内能 E 表示为

$$E = \alpha m_{\mathrm{A}} m_{\mathrm{B}} NZW \tag{4-36}$$

其中

$$W = \frac{1}{2}(V_{\mathrm{AA}} + V_{\mathrm{BB}} - 2V_{\mathrm{AB}}) \tag{4-37}$$

式中,mA、mB 分别为 A、B 两组元的克分子数,α 为短程序数,N 为 Avogadro 常数,Z 为配位数,W 为将 A—A 和 B—B 键换成为两 A—B 键所需能量之一半,它的值可由 X 射线衍射测 α 求得,其关系可近似地表示成

$$W = \frac{a}{\alpha m_{\mathrm{A}} m_{\mathrm{B}}} kT \tag{4-38}$$

若用第一近邻原子交互作用能的平均值计算每一原子的键能 ε,可得

$$\varepsilon = \frac{E}{NZ/2} = 2\alpha m_{\mathrm{A}} m_{\mathrm{B}} W \tag{4-39}$$

在 FCC 结构中,位错滑移一柏氏矢量后,每一个原子在横跨滑移面两边的三个最邻近原子的键合中有两个要被破坏,这样,滑移面上每个原子增加了 2ε 能量。又因滑移面上每个原子的投影面积为$\frac{\sqrt{3}}{4}a^2$,其中 a 为晶格常数,故单位滑移面积能量的增加为

$$\gamma = \frac{8\varepsilon}{a^3\sqrt{3}} = \frac{16}{\sqrt{3}} \frac{\alpha m_{\mathrm{A}} m_{\mathrm{B}} W}{a^2} \tag{4-40}$$

其中,α 可用式(4-38)中的值代入,从而可求得

$$\gamma = 32\sqrt{\frac{2}{3}} \frac{(m_{\mathrm{A}} m_{\mathrm{B}})^2 W^2}{\alpha^3 kT} \tag{4-41}$$

公式中虽含 T,但由于热激活不能使位错同时破坏许多原子键,所以这种强化对温度并不敏感。

长程有序强化的问题比较复杂,以 A_3B 型有序合金为例,LI_2(FCC)结构的 Cu_3Au,

DO_3(BCC)结构的 Fe_3Al 和 DO_{19}(HCP)结构的 Mg_3Cd 的有序强化的特点区别较大。一般长程有序后,合金总是变得较硬,有时产生明显的屈服现象,随着有序度的增加,其屈服应力在某一中等有序度时出现一极大值,硬化系数随形变温度的增加也出现一极大值。但上述三种合金,除了 Cu_3Au 能基本上接近这些特点外,其余的如 Fe_3Al 就表现得不典型了,而 Mg_3Cd 有序后范性反而有所增加。

4.1.3 细晶强化与韧化 (Strengthening and toughening by grain refining)

由 2.5.2 节中多晶体的屈服问题可知,晶界是位错运动的障碍,晶界越多,则位错运动阻力越大,屈服应力就越高。材料的屈服强度与晶粒直径服从 Hall - Petch 关系。本节将详细讨论细晶强化的机理,同时介绍细晶韧化以及细化晶粒的方法。

4.1.3.1 细晶强化机理

由 2.5.2 节中分析的多晶体和单晶体与屈服应力之间的关系可以发现,晶粒越细,屈服应力越高。在研究中人们还发现,在不同的试验温度和应变速率下,有如图 4 - 11 所示的结果。可见随 d 值的减小屈服应力在不断增大,并且各条曲线的(不同温度下)斜率几乎相等。这说明屈服应力增加的趋势与温度无关而仅与晶粒尺寸有关。

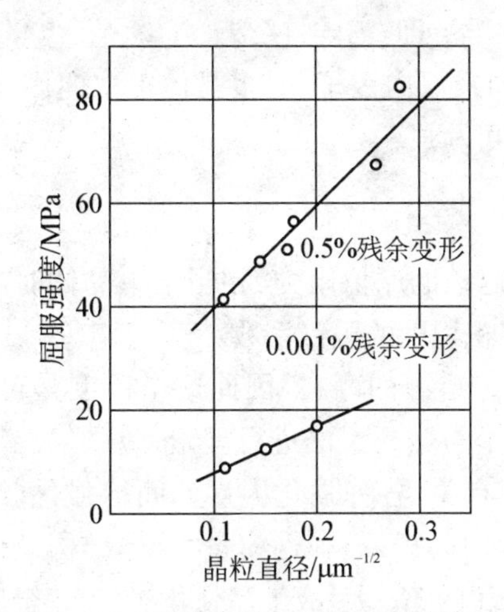

图 4 - 11 晶粒直径与屈服强度的关系

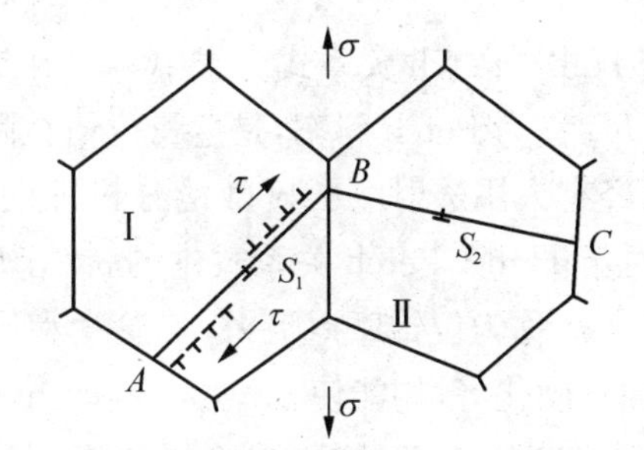

图 4 - 12 多晶体中相邻晶粒滑移传播过程的位错模型

进一步研究发现,晶界对屈服强度的影响,不只是来自晶界本身,而与晶界连接的两个晶粒的过渡区有关,由于在此过渡区的两边有两个以不同位向排列的晶粒,一个晶粒内的滑移带,不能穿过晶界直接传播到相邻晶粒,故构成位错运动的障碍。

在此首先介绍用位错塞积模型推导出 Hall - Petch 关系式的方法。如图 4 - 12 所示,在多晶体内取相邻两个晶粒,在外力作用下,如果晶粒Ⅰ内位错源 S_1 处于软取向状态,则首先开动放出位错,位错沿滑移面运动至晶界,受到晶界阻碍而停留在晶粒Ⅰ内的一侧,形成位错塞积群。运动位错的有效应力是外力作用到滑移方向的分切应力 (τ) 减去位错运动时克服的摩擦阻力(τ_i),即 $\tau-\tau_i$。根据位错塞积群理论,塞积的位错数 n 为

$$n=\frac{KL(\tau-\tau_i)}{Gb} \tag{4-42}$$

式中,K 为与位错类型有关的常数,对于刃型位错 $K = 2\pi(1-\nu)$,对于螺型位错 $K = 2\pi$;L 为位错塞积群长度。

在塞积群头部将产生应力集中,其值为

$$\tau_1 = n(\tau - \tau_i) \tag{4-43}$$

可见,由于位错塞积,这相当于将有效应力放大了 n 倍,n 就是位错塞积数目。将式(4-42)代入式(4-43),即得

$$\tau_1 = \frac{KL(\tau - \tau_i)^2}{G\boldsymbol{b}} \tag{4-44}$$

如果晶粒Ⅱ内位错源 S_2 在晶界附近,开动这个位错源的临界切应力 τ_ρ 是由位错塞积群的集中应力 τ_1 提供的。如果位错 S_2 开动并放出位错,则 $\tau_1 \geqslant \tau_\rho$,即:

$$\tau_1 = \frac{KL(\tau_s - \tau_i)^2}{G\boldsymbol{b}} \geqslant \tau_\rho \tag{4-45}$$

则

$$\tau_s = \tau_i + K_y d^{-1/2} \tag{4-46}$$

式中,L 为位错塞积群长度,此处取晶粒平均直径一半。即:$L = 1/2d$。

如用拉伸时屈服应力表示,则式(4-46)两边同乘取向因子 m(多晶体中取向因子 m 有时称为 Taylor 因子($m \approx 2.5 \sim 4.0$)。则式(4-46)可写成:

$$\sigma_s = \sigma_0 + K_y d^{-1/2} \tag{4-47}$$

这就是 Hall-Petch 关系式。式中,σ_0 为阻碍位错运动的摩擦阻力,相当于单晶体时的屈服强度。K_y 称为 Petch 斜率,是度量位错在障碍处塞积程度的脱钉系数。

已经有人用透射电子显微镜分析证明了晶界位错源的存在,因此这个模型是可信的。目前,对于 Hall-Petch 关系式中的 σ_0 与 K_y 这两个常数还无法进行理论计算,仅能靠试验来确定。σ_0 称为位错摩擦阻力,与温度和形变速度有关,各种强化因素如固溶强化、第二相强化、加工硬化等,均能使 σ_0 增大。Petch 斜率与取向因子 m、弹性模量、晶体结构及位错分布等因素有关。一般地,BCC 金属的 K_y 较 FCC 金属的 K_y 大,故细晶强化对 BCC 金属效果显著。

另一种推导 Hall-Petch 公式的方法是利用流变应力与位错密度关系的 Hirsch-Bailoy 公式,即

$$\sigma_s = \sigma_0 + \alpha G\boldsymbol{b}\rho^{\frac{1}{2}} \tag{4-48}$$

如果认为位错密度与晶粒直径成反比,则式(4-48)可写成:

$$\sigma_s = \sigma_0 + \alpha G\boldsymbol{b}d^{\frac{1}{2}} \tag{4-49}$$

这是 Hall-Petch 关系的另一种表达式。

这个关系式是应用很广泛的一个公式。它不仅反映了铁素体、奥氏体晶粒大小与屈服强度的定量关系,也可以推广到钢的其他组织中去,如珠光体钢的屈服强度与珠光体片间距(S)有如下关系:

$$\sigma_{0.2} = \sigma_0 + KS^{-1} \tag{4-50}$$

片状珠光体断裂强度与片间距(S)有如下关系：

$$\sigma_c = \sigma_i + KS^{-1} \tag{4-51}$$

式中，σ_i 是常数，相当于单晶体的断裂强度，K 为 Petch 斜率。

在一个晶粒内还可能形成亚晶，亚晶界的能量较低，亚晶界两边取向差很小，往往只差几度，最简单的亚晶界是由一排刃型位错，按垂直方向排列而成的，这些小角度的亚晶界亦对合金性能有很大影响，试验研究发现，随着亚晶尺寸变小，屈服强度升高。

4.1.3.2 细晶韧化 (Toughening by grain refining)

细晶强化方法不同于加工硬化(形变强化)和固溶强化等方法，其最大特点是在细化晶粒使材料强化的同时不会使材料的塑性降低，相反会使材料的塑性与韧性同时提高。

众所周知，在金属中的夹杂物多在晶界处出现，特别是低熔点金属形成的夹杂物，更易在晶界析出，从而显著降低材料的塑性。合金经细化晶粒后，单位体积内的晶界面积增加，在夹杂量物相同的情况下，经细化晶粒的合金晶界上偏析的夹杂物相对减少，从而使晶界结合力提高，故材料的塑性提高了。另一方面，由于晶界既是位错运动的阻力，又是裂纹扩展的障碍，因此细化晶粒在提高强度的同时，也提高了合金的韧性。

Cottrell 认为，晶粒直径 d 与裂纹扩展的临界应力 σ_c 之间有式(4-52)所示的关系：

$$\sigma_c = \frac{2G\gamma_p}{K_y} d^{-1/2} \tag{4-52}$$

式中，G 为切变模量；K_y 为 Petch 斜率；γ_p 为裂纹有效表面能。由式(4-52)可知，γ_p 与 σ_c 成正比。实验研究证明 γ_p 主要取决于塑性变形功，故可推知塑性变形量随 P 的增加而增大。由位错理论得：

$$\dot{\varepsilon}_p = \rho \boldsymbol{b} \nu \tag{4-53}$$

又因为

$$\dot{\varepsilon}_p = \frac{\Delta\varepsilon_p}{\Delta t}$$

所以

$$\Delta\varepsilon_p = \dot{\varepsilon}_p \cdot \Delta t = \rho \boldsymbol{b} \nu \Delta t \tag{4-54}$$

式中，ρ 为可动位错数密度；$\boldsymbol{b}$ 为柏氏矢量；ν 为位错运动平均速率；ε_p 为塑性应变；$\dot{\varepsilon}_p$ 为塑性变形速率；Δt 为位错运动时间。由于晶界是位错运动之障碍，因此晶界使位错运动限制在一定范围内进行，由此导致金属变形均匀。由式(4-52)可知，细化晶粒后裂纹扩展应力提高，在其他条件相同时，与粗晶相比变形时间增加，同时 ρ、ν 亦增大时，则 $\Delta\varepsilon_p$ 增大。这样，塑性变形功提高，裂纹扩展应力增大，这意味着裂纹不易扩展。换言之，细化晶粒提高了合金的韧性。T. Yasunaka等曾对 Fe-Ni-Al 合金的奥氏体晶粒度对 $K_{\mathrm{I}c}$值的影响进行了系统的研究，结果表明，当奥氏体晶粒尺寸由 200 μm 细化至 30 μm 时断裂韧性值由 44 MPa·$\mathrm{mm}^{1/2}$提高至 59 MPa·$\mathrm{mm}^{1/2}$。当然，K·Hosomi 等也报告过例外的结果，那就是奥氏体晶粒尺寸在某个范围内时 $K_{\mathrm{I}c}$值出现峰值，而在此值之外 $K_{\mathrm{I}c}$值都将会降低，从这里可知，单独控制晶粒尺寸是件很难的事，往往在让晶粒尺寸变化的同时，其他的组织因素也在变化(如第二相的溶解与析出等)，而且一旦后者的变化对合金断裂韧性的影响强于前者时，晶粒尺寸的影响就被淹没了。还有一个值得一提的问题是，试验研究还发现，细化晶粒可使材料的韧—脆转变温度降低，关于这一点请见本书3.4.5节有关内容。

在此还要强调另外一个相关的问题，就是有关晶粒尺寸与亚晶粒尺寸对材料韧性的影响。研究表明，双相钛合金热处理后，若能使原β晶粒（实质上是团束，Colony）尺寸在某种程度上粗化，并经淬火获得的双相组织中的次团束（Subcolony）会发生细化，并且随着次团束组织的细化，合金的冲击吸收功升高。可见，在原β晶粒尺寸、团束尺寸增大的同时，带来的则是次团束尺寸的减小。这一结果与在钢铁材料里发现的变形奥氏体向马氏体转变时，随着变形量的增加，马氏体团的尺寸增大，但单元马氏体尺寸却减小的现象相对应。

4.1.3.3 细化晶粒的常见方法

由前述可知，细化晶粒对改善金属材料的强韧性来说是一种行之有效的方法，因此人们总是尽可能地去细化晶粒以提高材料的综合力学性能（对在高温下服役的材料的要求请参见本书第6章）。下面介绍几种常用的细化晶粒的方法。

(1) 改善结晶及凝固条件。具体是通过增大过冷度与提高形核率来获得细小的铸态组织，如采用铁模及加入孕育剂（变质剂）即是手段之一。对于铸造合金，此方法是常用的。在现代连铸、连轧的生产过程中，通过采用轻压技术、电磁搅拌与制动技术控制结晶条件均可实现细晶化。

(2) 调整合金成分。添加一些细化晶粒的元素以获得细晶组织。钢中常用的添加元素有Mg、B、Zr及其他稀土金属。

(3) 严格控制热处理工艺。尤其是对冷变形后的金属，通过控制其回复和再结晶的进程，达到细化晶粒之目的。

(4) 采用形变热处理方法。细化晶粒及亚晶粒，可获得细小晶粒组织。其原理见4.1.6.3节。

(5) 往复相变细化方法。即在固态相交相变点附近的某个温度范围内，反复加热冷却，通过相交相变反复形核，以获得细小晶粒。该方法已有成功应用的实例。如10Ni5CrMoV钢常规淬火所获得的晶粒度为9级，将其以9℃/s速度加热到774℃后再淬火可使其晶粒度提高到14～15级，对应的屈服强度由1 071 MPa提高到1 407 MPa，抗拉强度由1 274 MPa提高到1 463 MPa。

4.1.4 形变强化 (Strengthening by deformation)

绝大多数金属材料在出现屈服后，要使塑性变形继续进行，必须不断增大应力，在真应力—真应变曲线上表现为流变应力不断上升，这种现象称为形变硬化，它是塑性变形引起的强度升高，也可称为形变强化。

形变强化的幅度除了取决于塑性变形量外，还取决于材料的形变强化性能。在金属整个变形过程中，当应力超过屈服强度之后，塑性变形并不像屈服平台那样连续变形下去，而需要连续增加外力才能继续变形。这说明金属有一种阻止继续塑性变形的抗力，这种抗力就是形变强化性能。一般用应力应变曲线斜率（$d\sigma/d\varepsilon$或$d\tau/d\gamma$）来表示形变强化性能，称为形变强化速率或形变强化系数。显然，强化速率数值的高低就反映了金属继续塑性变形的难易程度，同时也表示了材料形变强化效果的大小。

形变强化也是金属的一个重要性能，在生产中，无论是提高材料结构强度，还是制订冷变形工艺或强化材料都离不开这一性能，具有十分重要的实际意义。

4.1.4.1　形变强化曲线

1. 单晶体的形变强化曲线

材料形变强化可用应力—应变曲线显示。图4-13是单晶金属材料的典型应力—应变曲线。其塑性变形部分为三个阶段，分别记为Ⅰ，Ⅱ，Ⅲ：

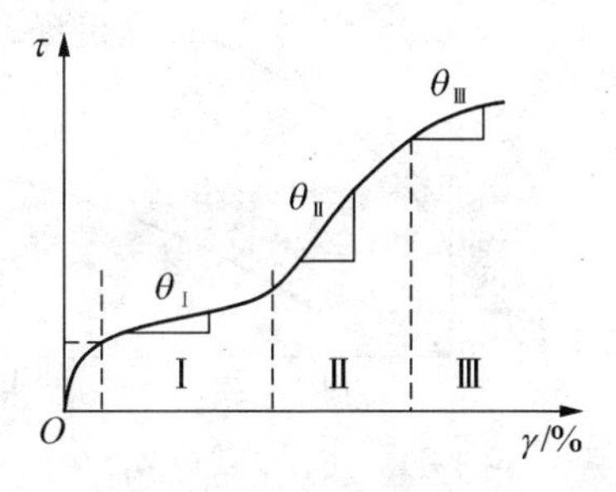

图4-13　单晶体的变形曲线

1）第一阶段（Ⅰ）——易滑移阶段

当外力超过临界应力τ_c时，即进入第一阶段。这一阶段变形曲线近似于直线，其形变强化速率$\theta_{\text{Ⅰ}}=\dfrac{d\tau}{d\gamma}$，很小，在$10^{-4}G$的数量级。在变形初期，只有那些最有利于开动的位错源在自己的滑移面上开动，产生单系滑移直到多系交叉滑移之前，其运动阻力是很小的，所以其$\theta_{\text{Ⅰ}}$很小。对于滑移系较少的金属（如Mg、Zn等），因其不能产生多系滑移，则变形第一阶段很长。

2）第二阶段（Ⅱ）——线性强化阶段

该段变形曲线可视为直线，其形变强化速率最大，$\theta_{\text{Ⅱ}}=G/300$。当变形达一定程度后，很多滑移面上的位错源都开动起来产生多系交叉滑移。由于位错的交互作用，形成割阶、固定位错和胞状结构等障碍，使位错运动阻力增大，因而表现为形变强化速率升高。

关于其强化机制，有人认为，塑性变形第二阶段$\theta_{\text{Ⅱ}}$大的原因，主要与胞状结构的生成和变化有关。在交滑移面上运动的位错切割时会缠结在一起，形成直径为1～2 μm的小胞块。这种胞块叫亚晶粒。胞块间夹角不超过2°，胞壁厚约0.2～0.4 μm，其上集中了大部分位错。胞内仅有稀疏的位错网络，其位错密度约为胞壁的1/4。随着形变量不断增加，胞块尺寸越来越小。此时，继续塑性变形是通过胞内位错不断开动来实现的，因此，胞块越小，将使位错源开动阻力增加，形成形变强化，表现为$\theta_{\text{Ⅱ}}$很大。

但是，对于一些层错能较低的面心立方金属，因其扩展位错宽度较大，在塑性变形过程中不易形成胞状结构，而是形成位错网和罗莫-柯垂尔（Lomer-Cottrell，简称L-C）固定位错等障碍使$\theta_{\text{Ⅱ}}$增大。因此，在这类金属中，形成空间位错网和L-C位错，可能是第二阶段形变强化的主要原因，一般认为这一机制比胞状结构作用更大。

然而，不管怎样的位错运动障碍机构，均与多系交滑移中位错密度及位错运动范围缩小有关。实验证明第二阶段形变强化和位错密度方根成正比的关系，即$\Delta\tau\propto\sqrt{\rho}$。

3）第三阶段（Ⅲ）——抛物线强化阶段

该阶段中$\theta_{\text{Ⅲ}}$随变形增加而减小，塑性变形是通过交滑移来实现的。在第二阶段某一滑移面上位错环运动受阻，其螺型位错部分将改变滑移方向进行滑移运动，当躲过障碍物影响区后，再沿原来滑移方向滑移（见图4-14），而且异号螺位错还会通过交滑移走到一起彼此消失，这就为位错运动提供了方便条件，表现为$\theta_{\text{Ⅲ}}$不断降低。由于交滑移在第三阶段起主要作用，所以对于那些容易交滑移的晶体，如体心立方金属和层错能高的面心立方金属（如Al等），其第二阶段很短。

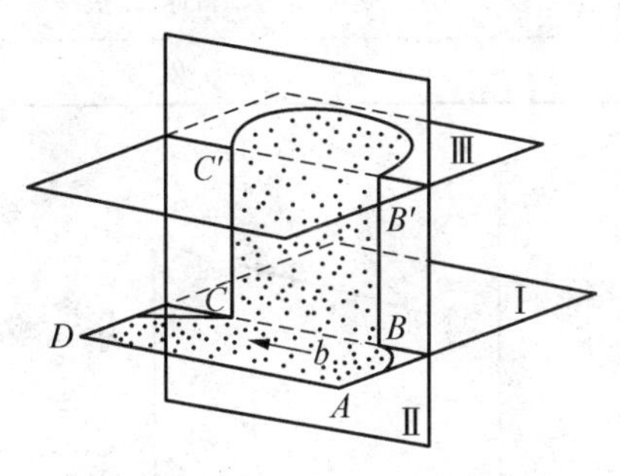

图4-14　螺型位错的交滑移

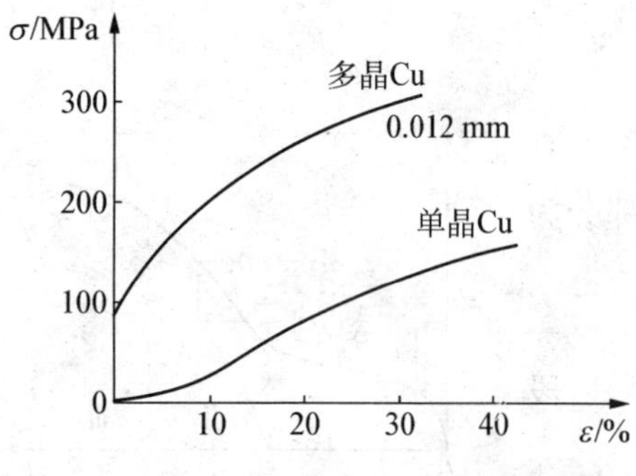

图 4-15　Cu单晶和多晶的形变曲线

2. 多晶体材料的形变强化曲线

由于多晶体的塑性变形除由很多个单晶体组合而成外，还与各个晶粒之间的晶界有关，因此多晶体的形变强化也非常复杂。多晶体塑性变形时要求各晶粒必须是多系滑移，才能满足各晶粒间协调变形的需要。因此，多晶体的塑性变形一开始就是多系滑移，其变形曲线上不会有单晶体的易滑移阶段，而主要是在第三阶段，且形变曲线较单晶体的陡，如图 4-15 所示。即形变强化速率比单晶体的高。

在金属材料拉伸真应力—真应变曲线上的均匀塑性变形阶段，应力与应变之间符合 Holloma 关系式：

$$S = Ke^n \tag{4-55}$$

式中：S——真应力；e——真应变；n——形变强化指数；K——滑移系数，是真应变等于 1.0 时的真应力。

n 值反映了金属材料抵抗继续塑性变形的能力，是表征材料形变强化的性能指标。在极限情况下，$n=1$，表示材料为完全理想的弹性体，S 与 e 成正比关系；$n=0$ 时，$S=K=$ 常数，表示材料没有形变强化能力，如室温下产生再结晶的软金属及已受强烈形变强化的材料。大多数金属材料的 n 值在 0.1～0.5。

表 4-2 是几种金属材料的 n 值，它们和晶体结构及层错能有关。当材料层错能较低时，不易交滑移，位错在障碍附近产生的应力集中，水平要高于层错能高的材料，这表明，层错能低的材料其形变强化程度大。n 值除了与金属材料的层错能有关外，对冷热变形也十分敏感。通常，退火态金属的 n 值比较大，而在冷加工状态时则比较小，且随金属材料强度等级降低而增加。实验得知，n 值和材料的屈服点 σ_S 成反比关系。在某些合金中，n 值也随溶质原子含量增加而降低，晶粒变粗时，n 值提高。

表 4-2　几种金属材料的层错能和 n 值

金　属	晶体类型	层错能/(10^{-3} J·m^{-2})	形变强化指数 n
奥氏体不锈钢	面心立方	<10	～0.45
Cu	面心立方	～90	～0.30
Al	面心立方	～250	～0.15
α-Fe	体心立方	～250	～0.2

n 值的测定一般用直线作图法。对式(4-55)取对数得：

$$\lg S = \lg K + n\lg e \tag{4-56}$$

根据 $\lg S - \lg e$ 之间的直线关系，只要设法求出拉伸曲线上几个相应的 S、e 值，即可作图得 n 值(见图 4-16)，S、e 一般用 σ 和 ε 求得：

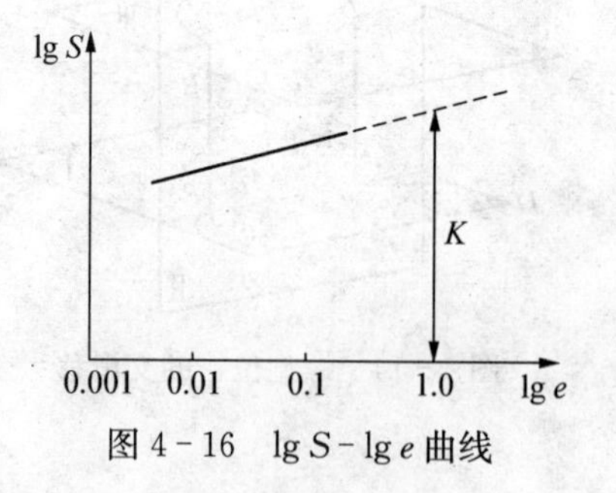

图 4-16　lg S-lg e 曲线

$$S=(1+\varepsilon)\sigma \tag{4-57}$$

$$e=\ln(1+\varepsilon) \tag{4-58}$$

4.1.4.2 影响形变强化的因素

1. 金属本质和点阵类型

从形变强化三个阶段来看，形变强化决定于金属的滑移系的多少、形成L-C位错和胞状结构的难易以及螺位错的交滑移能否顺利进行等因素，而这些都和金属的本质及点阵类型有关。

如图4-17所示，常见的三种点阵金属其形变强化曲线，因滑移系等因素不同而异。密排六方金属因滑移系少，不能多系交叉滑移，所以只有易滑移阶段，而且很长。面心立方和体心立方金属，因有较多的滑移系，容易进行多系交叉滑移，所以其易滑移阶段短，很快就进入第二阶段，形变强化速率高。

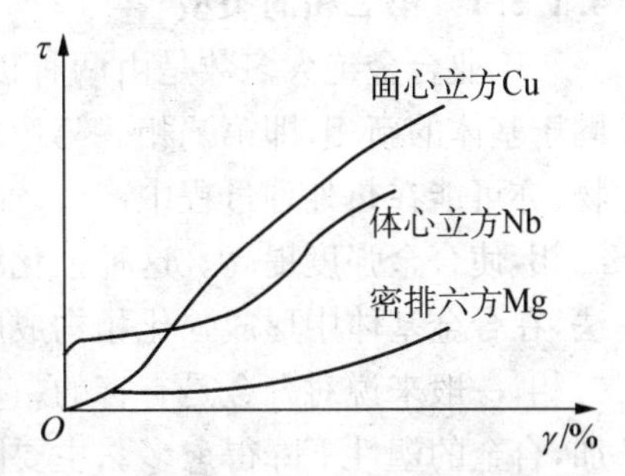

图4-17 常见的三种金属晶体的变形曲线

面心立方金属因层错能不同，其第二阶段的强化效果也不同，对于层错能较低，位错扩展宽度较大的面心立方金属，在多系交叉滑移时易形成L-C位错，而且其中的位错也很难滑移，所以形变强化趋势很大，如金属Cu和奥氏体不锈钢等。对于层错能较高的面心立方金属，其形变强化趋势较低，如Al等，体心立方金属因不生成L-C位错并且易发生交滑移，所以其第二阶段不如层错能低的面心立方金属的长，强化趋势也较低。

因此，在金属中滑移系多的面心立方和体心立方金属比六方金属强化趋势大，而面心立方金属中又以层错能低的为最好。

2. 晶粒尺寸

多晶体在塑性变形过程中，由于晶界附近滑移的复杂性和不均匀性，晶粒大小除了影响屈服强度外，也影响形变强化。细化铁素体晶粒会使形变强化趋势增加，也使铁素体钢的形变强化率提高。

3. 合金化

合金固溶体与纯金属相比，不仅屈服强度高，而且形变强化率也高。在铁素体为基体的钢中，大多数溶质元素均能提高形变强化率，且间隙溶质原子较置换溶质原子的作用效果大。溶质原子对形变强化的影响，首先是溶质元素改变位错的分布状态和影响位错运动状态的结果；其次是有些溶质原子阻止交叉滑移，这可能通过降低层错能的途径实现，属于这类元素的有Si、P、Mo、V、Co等。对于奥氏体不锈钢，加入铁素体形成元素可以降低层错能，因而增加形变强化率；而加入Ni、Cu等元素则相反。合金第二相对形变强化的影响，要根据第二相能否变形而不同。对于可变形的第二相质点，因其不会大量增殖位错，所以对形变强化率影响不大。对于不能变形的第二相质点，因其可以增殖位错，所以能提高形变强化率。

4. 温度的影响

随着温度的升高，总的形变硬化趋势降低。但是在极低温度下(例如液态空气的温度)形变硬化通常与温度无关。温度对形变强化的影响可以用软化理论予以说明，即在塑性变形时所产生的晶体点阵结构规则性的破坏，是由于原子热振动而消除的来解释。在低温时，实际上并不发生软化，因此塑性变形只带来硬化，故与温度无关。但从某一温度起(对于不同材料此温度不同)，软化就变得显著起来，并且迭加在硬化的上面。软化的速度随着温度的升高而增大。因此，形变硬化曲线的斜率降低了。最后到了某一个温度，软化的速度和硬化的速度达到平衡。因而在塑性变形过程中所发生的硬化全部被软化所消除。

4.1.5 第二相强化 (Strengthening by secondary phase)

4.1.5.1 第二相的类型

工业合金绝大多数是由两种以上元素组成的，各元素之间可能发生相互作用而形成不同于基体的新相，即第二相。第二相可能在冶炼过程中产生，如钢中的氧化物、硫化物、碳化物；亦可能在热处理过程中产生，如时效硬化型合金，在时效处理时，从基体固溶体中析出第二相，使合金强度提高。这种强化称为沉淀强化或时效强化；另一种就是利用粉末冶金的方法，在合金基体中形成强化相构成所谓的弥散强化，如 TD - Ni 等。在冶炼过程中形成的第二相，一般来说对合金是有害的，它使合金的强度和塑性下降幅度增加。随着第二相数量增加，合金的塑性下降得愈多。主要因为这些第二相(或夹杂物)与基体结合强度比较低，在外力作用下很容易沿第二相与基体界面产生裂纹，而使合金的塑性和强度降低。另一个原因是这些第二相往往成尖角状，如奥氏体合金中的氧化物和氰化物就是如此。在外力作用下，尖角处形成应力集中，使裂纹易于在此形核和长大，从而造成合金的强度和塑性的降低。如果改变合金中第二相几何形状，使其变为球型，则合金的塑性和强度会提高一些。钢中加稀土可以改善合金塑性，就是因为稀土元素能使一些第二相如 MnS 发生球化。夹杂物对合金性能的影响，请参阅有关专著，在此不予具体介绍。本小节重点讨论沉淀强化的形成过程、弥散强化的特点及第二相强化的有关理论。

4.1.5.2 沉淀强化过程

沉淀强化型合金，最基本要求是溶质原子(形成第二相的原子)，在基体中的溶解度随温度而变化。即高温时第二相溶于基体中，低温时则以第二相析出。第二相的析出多按形核、长大规律进行，一般可分为若干阶段。以 Al - Cu 合金为例，经固溶处理后，第二相溶于基体中，然后经淬火，使第二相形成元素在基体中形成过饱和状态。在时效处理时，第二相由过饱和固溶体中析出，首先在基体中形成第二相的溶质原子发生偏聚，称为 GP(Ⅰ)区，(因 Guiner - Preston 最早用 X 光发现这种偏聚现象而得名)。GP(Ⅰ)区的出现使局部产生畸变，使 GP(Ⅰ)区硬度高于固溶体基体的硬度，随着时效的进行，GP(Ⅰ)区扩大并且铜原子进一步有序化，形成 GP(Ⅱ)区或 θ'' 相，硬度进一步提高，紧接着是 GP(Ⅱ)区向与基体共格的 Cu_2Al_2，θ' 相过渡，随着时效进行，由过渡点阵 θ' 相形成平衡相($CuAl_2$)。θ 相不再与基体共格，此阶段合金硬度比共格的 θ' 存在阶段低。超过这个阶段进一步时效，第二相粒子不断长大，硬度不断降低，这种现象称为过时效。图 4 - 18 表示硬度随时效时间(或第二相粒子尺寸)变化过程。

以上介绍的 Al - Cu 合金沉淀强化规律，具有代表性。其他时效强化型合金第二相析出也基本符合这个规律，只是析出的第二相类型不尽相同而已。如一些时效硬化型 Ni 基高温合金，主要靠析出第二相 γ' 强化。γ' (Ni_3(Al, Ti))系 FCC 结构，与奥氏体基体 γ 错配度很小，且 γ/γ' 界面能很低，因此 γ' 不易长大，从过饱和固溶体开始析出时 γ' 与基体保持共格，随着时效的进行，γ' 与基体由共格过渡到非共格，第二相不断长大。γ' 相对强度的影响亦是随

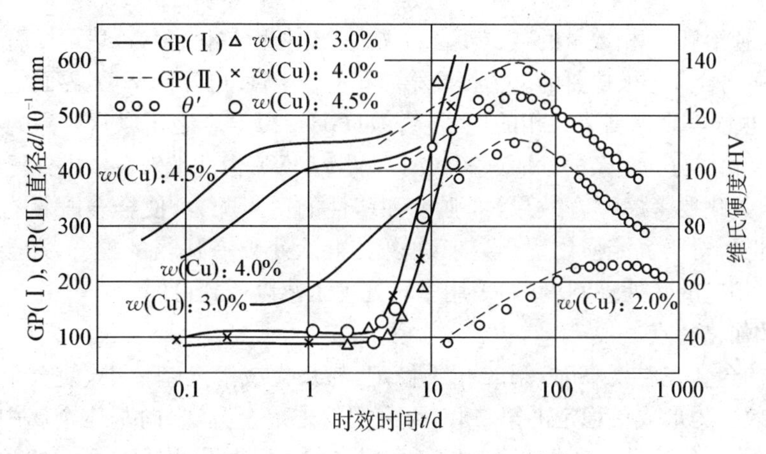

图 4-18　Al-Cu 合金典型时效强化曲线

γ'析出，合金强度提高，但达到某一临界值之后，随γ'相尺寸增大，合金强度降低，即成为所谓的过时效状态。

第二相强化效果与其形状、数量、大小以及分布均有关，而且这些因素是互相关联的，因此不能只改变一个因素而不改变其他因素。在 Al-Cu 合金中，随着第二相形成元素 Cu 含量的增加，其强化效果愈大，如图 4-18 所示，这主要因 Al-Cu 合金中随铜含量增加，第二相数量增加，因此强化效果增大。但从合金的综合性能考虑，第二相形成元素含量也不能说愈多愈好，含量多强化效果显著，但合金的塑性会降低。因此第二相形成元素含量在某一个成分范围之内，综合效果最佳。

对于成分一定的合金(如 Al-3%Cu)，析出第二相的数量是一定的，第二相粒子大小对合金强度也有较大影响。如图 4-18 所示，在时效刚刚开始时，析出的第二相呈高度弥散分布，粒子尺寸小，粒子间距也小，第二相强化效果小；随着时效进行，第二相粒子聚集长大，粒子间距也增大了，则强化效果增加，析出粒子间距达到某一距离或第二相粒子达到临界尺寸时，强化效果最佳；随着时效的继续进行，第二相粒子进一步长大，粒子数逐渐减少，则合金强化效果降低了。

第二相的形状对合金强度影响也比较大，对于共析钢，合金元素含量相同，一个是片状珠光体，一个是粒状珠光体，其强化效果大不一样。粒状珠光体塑性比片状珠光体高，对强度影响比较复杂。第二相与基体结合的强弱对强化效果影响最大，起强化作用的第二相必须与基体结合牢固，否则易在界面形成裂纹而导致断裂。一般来说，在冶炼过程中形成的第二相与基体结合力较弱，而从固溶体中析出的第二相与基体结合比较牢固，因此同样都是渗碳体，固溶沉淀渗碳体强化效果较好。沉淀强化一般是在固溶强化基础上，通过热处理方法析出第二相达到强化基体的目的。所以第二相的存在保证了最大固溶强化。第二相强化的合金强度比固溶强化合金强度高，细小第二相强化比粗大第二相强化效果好。沉淀强化合金，虽然工作温度比较高，但也不能太高，也有一定限度，否则第二相要聚集长大，或第二相重新溶于基体中，或产生过时效而使合金强度降低，引起构件失效。图 4-19 为 GH4220 合金中γ'量与温度关系曲线，由图可见，当温度高于

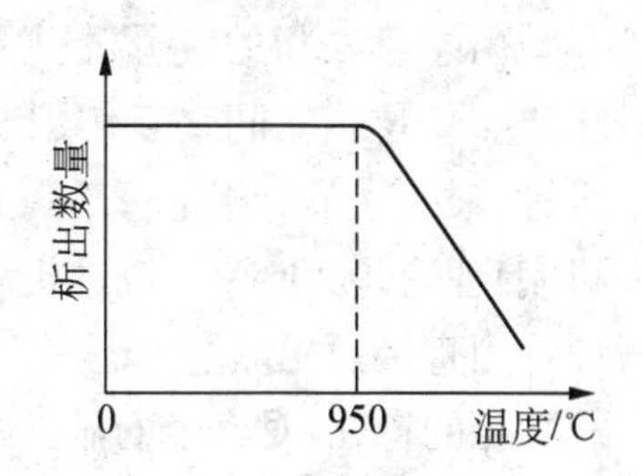

图 4-19　GH4220 合金中γ'数量与温度关系曲线

950℃时，γ'相迅速溶解，γ'相数量的减少使合金失去强化相而软化。从这里可以看出，第二相稳定性对第二相强化合金是很重要的。为提高第二相的稳定性，可降低 $\gamma-\gamma'$界面能，或使 γ'相成分复杂化，这样也能实现提高第二相的稳定性。如 GH4220 合金之所以具有高的稳定性，主要原因之一就是 γ'相成分为复杂的 $(NiCoCr)_3(AlTiWMoCrV)$，由此带来合金成分复杂化。

一般来说，强化要考虑综合效果，即强度和塑性的适当配合，使合金既具有一定强度又具有一定的韧性。对于沉淀强化型合金来说，第二相大小要有适当的配合，才会收到满意结果，为此要采取相应的热处理制度，如采用多段处理工艺以达到目的。

4.1.5.3 弥散强化特点

沉淀强化的合金在温度高时，第二相不稳定，易长大或溶入基体中，使合金失去强化相而导致构件失效。为形成更稳定的第二相，可采用粉末冶金方法，向基体金属中加入惰性氧化物之类的粒子，并使这类粒子在基体中高度弥散分布，以此来强化合金。这类合金强化效果较好，工作温度可达 0.8～0.85 Tm（Tm 为金属的熔点）。这类合金高温强度很高，但低温时强度并不很高，因此又发展了如以 γ'相强化合金为基体，以 Y_2O_3 进行弥散强化的合金，这类合金低温和高温性能都比较好。这类弥散强化合金的强化效果除了与第二相的数量、大小分布有关外，还与基体和氧化物本身性质有关；基体强度愈高，则热稳定性愈好。弥散相本身熔点高、硬度大，化学稳定性也高，在基体中不易扩散，基体界面能低，这样才有良好的稳定性，Al_2O_3、ThO_2 和 Y_2O_3 等均具有这样的性质，因此，TD－Ni 合金工作温度比一般时效强化型合金的工作温度要高，图 4－20 是温度对 TD－Ni 合金及其他两种高温合金断裂应力影响曲线。由图 4－20 可知，高温时，TD－Ni 合金强度仍很高。这是由于这种合金中含有 ThO_2 和具有固有的稳定性，使变形后的显微组织在较宽的温度范围内没有发生回复和再结晶。因为高温变形是由晶界发生滑动而引起的(确切地说这是高温塑性变形原因之一)，再结晶过程是通过亚晶界迁移来实现的，ThO_2 粒子限制了晶界或亚晶界移动，从而保证了组织稳定性，使之表现出较高的高温强度。同时，由于限制了再结晶，从而维持了较高的位错密度。因此，弥散强化合金之所以具有高的高温强度除了位错与氧化物之间交互作用外，很大一部分原因可能是由于变形机构的改变所致。有时为了使弥散强化合金具有最佳的综合性能，往往采取一些变形和回复处理，这也是实践中常用的一种改善合金综合性能的方法。

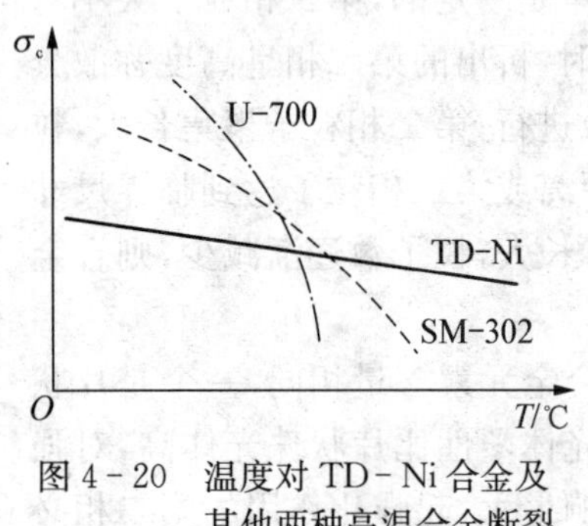

图 4－20 温度对 TD－Ni 合金及其他两种高温合金断裂应力的影响曲线

4.1.5.4 第二相强化理论

由于第二相的成分、性质及大小不同，因此强化理论也不同，但合金的强度主要由第二相质点与位错之间交互作用所决定的。阻碍位错运动的因素主要有：第二相粒子周围的应变区；偏聚区或第二相本身。因此，强化机制主要分三种：①共格应变强化理论；②化学强化（切过机制）理论；③Orowan 绕过机制。这三种强化机制都是以第二相存在，使位错受阻为基础的，因此称为直接强化理论。还有一种称为间接强化机制，就是并非第二相直接产生强化，而是由于第二相的存在，对合金的显微结构有影响，如钢中的 TiC、钒的氧化物可细化晶粒而使合金强度提高。对于时效硬化型合金，这三种情况都可能存在。对于弥散强化型合金，由于第二相很硬，不能被位错切过去。因此不会有切过机制，其他三种理论都可能存在。对具体合金来说，其强化理论可能只有一种或几种，不是所有时效强化型合金都一样。其原理分别叙述如下。

1. 共格应变强化理论

这个理论的基本思想是将合金的屈服应力看成是由于第二相在基体中，使晶格错配而产生弹性应力场，对位错运动施加阻力。为计算方便，把合金按弹性介质考虑，在合金基体中挖去一个半径为 r_0 的球形部分，然后在此空间再放进一个半径为 r $(r_0 \neq r)$ 的球。半径 r 处与基体共格。如图4-21(a)所示，由于 $r = r_0(1+\in)$（$\in$ 称为错配度），因此产生弹性应力场（图4-21(b)为实际观察到的第二相周围发生晶格畸变的TEM照片）。对于具体的时效硬化型合金，由于第二相与基体的比容不可能完全一样，因此，由比容差引起弹性应力场。在基体中的某一区域内，每个质点都可能发生位移，愈靠近析出粒子的质点，位移量愈大。由弹性力学可知，一个半径为 r 而错配度为 $\in$ 的球型粒子在半径为 R 处产生的切应变为

$$\gamma = \frac{\in r_0^3}{R^3}(R > r_0) \tag{4-59}$$

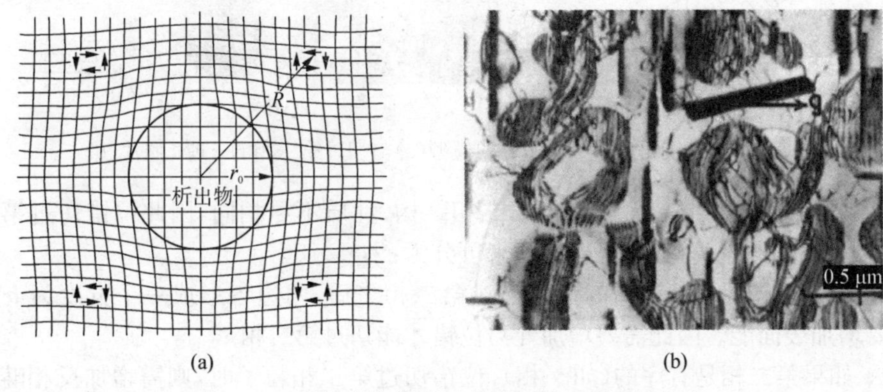

图4-21　共格应变模型示意图(a)和TEM照片(b)

运动位错在基体中遇到内应力场抵抗，要通过这些区域必须克服内应力。因此最小的屈服应力为

$$\tau = G \cdot \frac{\in r_0^3}{R^3} \tag{4-60}$$

设 N 为单位体积内的粒子数，f 为第二相占合金总体积的体积百分数，则有下列关系：

$$f = \frac{4}{3}\pi r_0^3 N \tag{4-61}$$

再假设基体中从某一点到最近析出粒子的平均距离为

$$\overline{R} = \frac{1}{2}N^{\frac{1}{3}} \tag{4-62}$$

将式(4-61)、式(4-62)代入式(4-60)，则得：

$$\tau = 8 \in G r_0^3 N \tag{4-63}$$

或

$$\tau = 2G \in f \tag{4-64}$$

从此式看出，增加错配度 $\in$，就能增大析出相晶格常数差，使屈服应力提高。同时也看到，增加析出相粒子数，也可有效提高屈服强度。

2. **位错切过第二相强化理论**

位错切过第二相需要一定的条件：①基体与第二相有公共的滑移面，只有第二相与基体保持共格或半共格时，才能满足此条件；②基体与析出相中柏氏矢量相差很小，或基体中的全位错为析出相的半位错；③第二相强度不能太高，即第二相可与基体一起变形。图 4 - 22 是位错切过第二相粒子的示意图及实际观察到的被位错切割的第二相 TEM 照片。

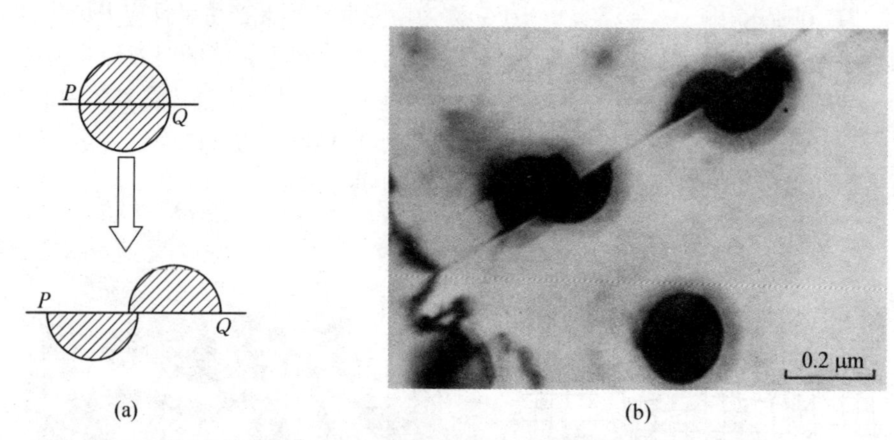

图 4 - 22　位错切过第二相质点的模型(a)与切过第二相的 TEM 照片(b)

由于不同时效强化型合金，析出的第二相结构、性质不尽相同，因此位错切过第二相理论比较复杂。下面讨论简单情况，概括起来可分为：

第一、当一个柏氏矢量为 $\boldsymbol{b}$ 的位错切过第二相之后，两边各形成一个宽度为 $\boldsymbol{b}$ 的新表面，显然要增加表面能。因此需要增加外力位错才能切过第二相。

第二、如果第二相是有序的(如 γ' 相)，位错切过第二相粒子时，则需增加反相畴界和反相畴界能，因此需要提高外力。

第三、若第二相质点弹性模量与基体的弹性模量不同，这种模量差会使位错进入第二相质点前后线张力发生变化，因而需要增加能量。

第四、若第二相与基体之间比容不同，则在第二相界面附近形成弹性应力场，这也是位错运动的阻力。

上述各点都是位错通过第二相的阻力，为克服这些阻力，则必须提高外力。这就是第二相质点造成强化的原因。总之，由于第二相不同，产生强化的原因也不同。例如，Al - Mg 合金，沉淀相与基体的点阵常数相差很小，切过第二相的阻力主要来自表面能的增加，由于表面能的增加造成屈服应力增加，可用下式表示：

$$\Delta\tau = \frac{\gamma^{3/2}}{\sqrt{a}G\boldsymbol{b}^2} f^{1/2} r^{1/2} \tag{4-65}$$

式中，a 为与第二相有关的常数；γ 为表面能；G 为切变模量；f 为析出相体积百分数；r 为析出相平均半径。

对于镍基高温合金，析出的 γ' 强化相是有序相，有相当大的畴界能，相对来讲表面能的增加不是最主要的，畴界能的增加则成为引起强化的主要原因。其强化效果为

$$\Delta\tau = 0.28 \frac{\gamma_A^{2/3}}{\sqrt{G}\boldsymbol{b}^2} f^{1/3} r^{1/2} \tag{4-66}$$

式中，γ_A 为畴界能。

对于 Al - Cu 合金，析出相使其周围产生强烈的共格畸变，其点阵常数相差 12%。析出相产生弹性应力场是位错运动的主要障碍，其强化效果为

$$\Delta\tau = \left[\frac{27.4E^3\varepsilon^3 \boldsymbol{b}}{\pi T(1-\boldsymbol{\nu})^3}\right]^{1/2} f^{5/2} r^{1/2} \tag{4-67}$$

式中，E 为弹性模量；ε 为两相晶格常数差(%)；T 为线张力；$\boldsymbol{\nu}$ 为泊松比。可见，位错切过第二相质点是比较复杂的，但其强化效果都与 f、r 有关系，即 $\Delta\tau \propto f^{-1/3} r^{1/2}$。

3. Orowan(绕过)强化机制

当第二相粒子间距比较大时，或者第二相粒子本身很硬时，位错难以切过第二相粒子，只能绕过第二相质点而运动。Orowan 提出如图 4 - 23(a)所示的机制：位错线要通过第二相粒子时，只能从两个粒子间弯曲(绕)过去，这显然需要增加外力才行，即屈服应力的增量由两粒子间位错弯曲所需的切应力来决定。各阶段分别为：①表示直线位错靠近粒子；②表示位错运动受到第二相阻碍，位错线开始弯曲；③位错线弯曲到临界曲率半径，并在不减少其曲率半径下运动；④在第二相粒子相遇的位错线段处符号相反，因此会相互抵消一部分，结果在第二粗粒子周围留下一个位错环；⑤位错线在线张力作用下变直，继续向前运动，每个位错滑过滑移面后，都在第二相粒子周围留下一个位错环(图 4 - 23(b)为位错绕过第二相的 TEM 照片)。这些位错环对位错源施加反向作用力，阻止位错源放出位错。如若放出位错，则必须克服这个阻力，即增加应力，结果弥散的非共格的第二相就使基体强化了。

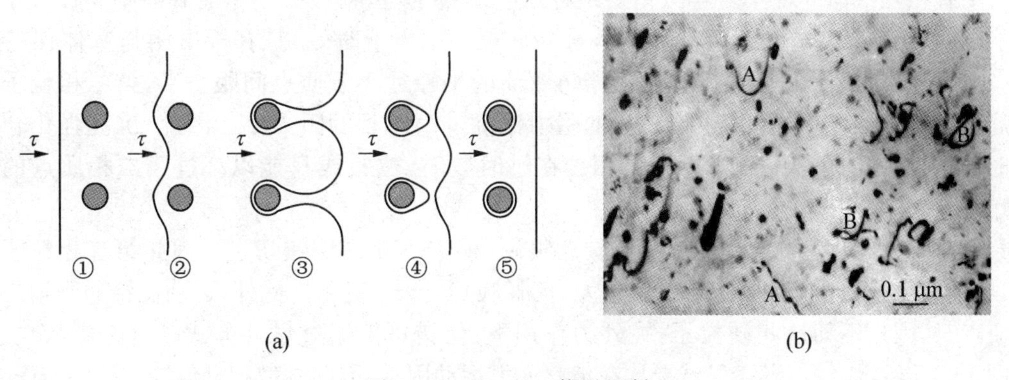

图 4 - 23 Orowan 绕过机制

(a) 模型示意图；(b) TEM 照片

设第二粗粒子半径为 r，第二相的体积占总体积的百分数为 f，并设滑移面上第二相粒子间距为 l。在滑移面上边长为 l、厚为 $2r$ 的小体积内，有一个粒子，假定这个粒子为球形，则粒子的体积为$\frac{4}{3}\pi r^3$。这个小体积为 $l^2 \cdot 2r$(见图 4 - 24)，则 f 为

$$f = \frac{\frac{4}{3}\pi r^3}{l^2 \cdot 2r} = \frac{2\pi r^2}{3l^2} \tag{4-68}$$

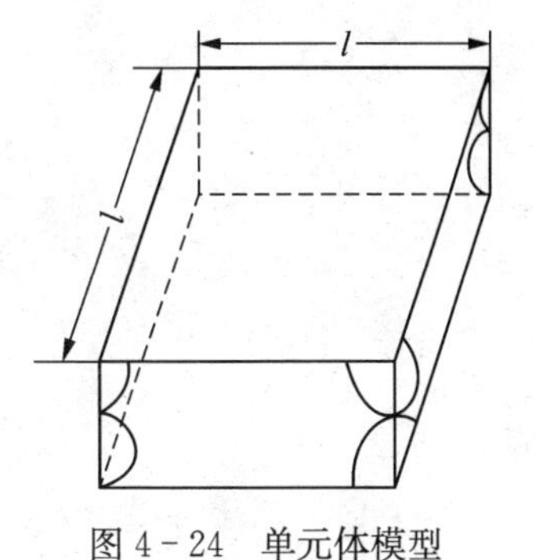

图 4 - 24 单元体模型

$$l = \left(\frac{2\pi r^2}{3f}\right)^{1/2} = \left(\frac{2\pi}{3}\right)^{1/2} f^{-\frac{1}{2}} r \tag{4-69}$$

当外力使位错线弯曲时，可以认为位错弯曲的曲率半径是粒子间距的一半。此时屈服应力增量为

$$\Delta\tau \boldsymbol{b} = \frac{T}{l/2} \tag{4-70}$$

把式(4-69)代入式(4-70)则得：

$$\Delta\tau \boldsymbol{b} = \frac{2T}{\left(\frac{2\pi}{3}\right)^{\frac{1}{2}} f^{-\frac{1}{3}} r} = 2T\left(\frac{3f}{2\pi}\right)^{\frac{1}{2}} f^{\frac{1}{2}} r^{-1} = \alpha T f^{\frac{1}{2}} r^{-1} \tag{4-71}$$

令线张力　$T = \frac{1}{2} G\boldsymbol{b}^2$

$$\Delta\tau = \alpha G\boldsymbol{b} f^{\frac{1}{2}} r^{-1} \tag{4-72}$$

这就是 Orowan 公式。从这个公式看出，f 愈大，r 愈小，则强化效果愈显著。当 f 一定时，r 愈小强化效果愈好。r 大时，强化效果不好，这相当于过时效阶段。对于沉淀强化型合金，r 很小时，则相当于时效刚开始，第二相与基体保持共格，此时位错呈刚性凸出，尽量保持直线状态，以较长一段位错线做整体运动。因为这些又小又密的第二相粒子，在位错线上产生的应力场有相互抵消的现象。若位错要绕过这些小粒子，位错线必须弯曲到曲率半径很小才可能，这需要很大的外力。沉淀硬化合金中 r 很小相当于时效初期，析出相与基体保持共格，这时，第二相粒子强度并不高，位错可弯曲的半径远小于质点间距一半，第二相粒子已经屈服了。换言之，位错切过第二相的阻力比绕过第二相的阻力小。因此，沉淀强化合金在时效初期发生的是位错切过第二相。在过时效时，位错线只能以绕过第二相质点的方式运动。

但对弥散硬化型合金，因第二相质点很硬，根本不允许位错切过。因此第二相粒子愈小，粒子间距也愈小，而强化效果则愈大，且服从 Orowan 机制。此外，运动位错遇到第二相硬质点时，因切不动这些硬粒子，在外力作用下，位错可能通过攀移方式越过弥散相粒子。如图 4-25 所示，位错攀移显然要比在滑移面上运动困难，因此弥散相是位错运动的障碍，因而强化了合金。

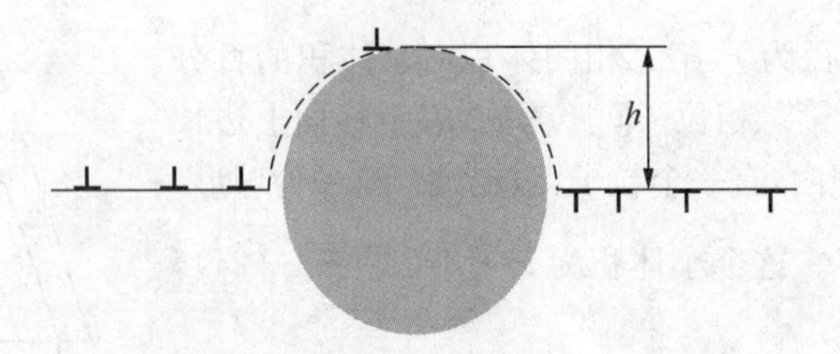

图 4-25　位错攀移越过第二相质点模型

对于某个具体合金来说，合金内含有的形成第二相的合金元素是一定的。即 f 一定，合

金屈服强度的增量可用图4-26表示，A曲线是由Orowan机制推测出的屈服强度。B曲线是析出相析出时，第二相质点刚刚形成($r=0$)和不断长大时的屈服强度的增量。或者说由位错切过第二相质点推测的屈服强度增量。

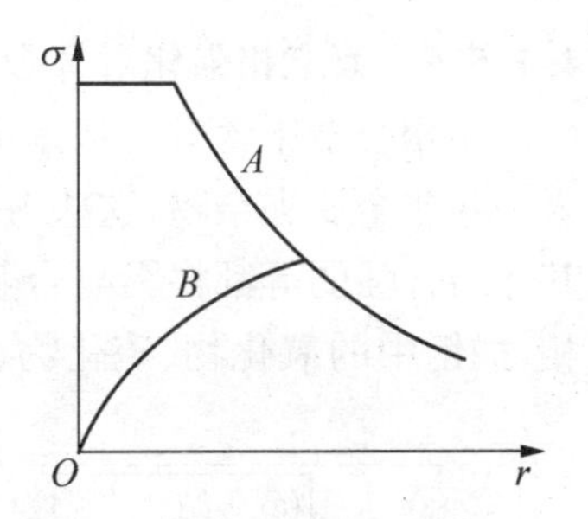

图4-26 屈服强度增加与析出相粒子半径的关系

当第二相刚从基体中析出时，粒子半径r和第二相体积百分数f都在增加，屈服强度增量按B曲线变化，随着时效时间的增加，第二相长大即r增大，同时第二相数量增多即体积百分数f增大，屈服强度继续增加。经过一定时间后，第二相数量达到平衡值，即f达最大值。随着时效时间增加，f变化不大，但第二相尺寸会继续长大，即小的第二相被大的第二相吞并，或两个以上小的第二相合并为一个大的第二相。在第二相长大的同时，第二相粒子间距也增大。第二相粒子长大到某一尺寸之后，其粒子间距也会增大到某一个尺寸，位错能绕过第二相粒子而运动。此时，屈服强度随第二相粒子长大而降低，即服从Orowan机制。由此看来，当第二相尺寸到某一临界值或粒子间距达到一定值时，强化效果最佳。可见，两条曲线的交点所对应的半径是临界半径。当第二相粒子超过临界半径之后，随着粒子的长大，强度降低，即发生所谓的过时效。虽然强度降低了，但合金的塑性会得到改善和提高。

由上述分析可以看出，提高时效强化型合金强度主要有两个办法：①增加第二相体积百分数，即增加第二相形成元素，但f不能无限大，因此增大f亦是有限的；②控制第二相尺寸，即控制热处理工艺可以得到大小合适的第二相粒子。有时为了得到最佳的强化效果，往往经多段热处理工艺，使第二相尺寸有适当配合，如在Ni基高温合金中常常采用多段式时效处理来调整γ'粒子的尺寸。所以，合理的热处理工艺对时效强化型合金来说是非常重要的，一定要严格按工艺进行处理，否则难以获得所期望的强化效果。

4. 间接强化理论

所谓间接强化是指有些第二相本身对强度贡献不大，但可以改变合金的组织结构，而使合金强度提高，如钢铁材料中钛的碳化物或钒的氧化物均能使晶粒细化而提高合金强度。又如用于灯泡发光的钨丝，其工作温度极高，极易发生晶粒长大，大晶粒的钨丝在加热和冷却过程中受热应力影响而断裂。如在钨丝中加入ThO_2，由于ThO_2自身的稳定性，限制了钨丝晶粒长大，可大大提高钨丝的寿命。

TD-Ni合金所以能有高的高温强度，主要是ThO_2使变形的显微组织在很高的温度范围内不产生回复和再结晶。因高温时再结晶是通过晶界移动而长大的，而ThO_2限制了晶界移动，即阻止了晶粒长大，从而保证了组织相对稳定，维持了合金在高温下的强度。同时，由于限制了再结晶，从而保持了高的位错密度，也对维持合金的高温强度有利。弥散强化合金之所以具有高的高温强度，除了位错与ThO_2之间交互作用外，还可能与变形机构的改变有关。由图4-20所示的三种合金的断裂应力值与温度之间关系曲线，可以看出在高温条件下TD-Ni性能比变形的镍基合金Udimet 700和钴基铸造合金SM302好得多，其原因主要是合金ThO_2在高温条件使合金不发生再结晶或晶粒长大，从而维持了较高的高温强度。有时为了使弥散强化型合金具有最佳的综合性能，常采取一系列变形处理和回复处理，这也是实践中常用的改善合金综合性能的方法。

4.1.5.5 第二相强化对合金塑性和韧性的影响

多相合金中含有与基体不同的第二相，即使是单相合金，在冶炼过程中，也不可避免带入一些非金属夹杂物，这些夹杂物也属于第二相。此类第二相的性质、含量、大小、分布及与基体结合强弱等都将影响合金的性能，特别对塑性和韧性。通常将较脆的第二相称为脆性相，如钢中的氧化物、硫化物、铝酸盐、氰化物、碳化物、氮化物和金属间化合物，均属于此类脆性相。还有一些第二相较基体韧性好，称为韧性相，如合金结构钢中的残余奥氏体或β-TiAl合金中的少量α相都属于韧性相。这些韧性相与基体结合都比较强，这些相的存在都能使合金的塑性和韧性提高。这主要因为基体中裂纹遇到韧性相时，韧性相容易发生塑性变形而不产生脆断，同时塑性变形消耗大量的弹性能。换言之，韧性相有阻止裂纹扩展的能力，因此对基体的塑性和韧性是有利的。另一方面，研究发现，随着脆性相含量增加，材料的塑性和韧性均降低，如图4-27所示。可见，随脆性第二相含量增加，塑性均降低。但降低趋势不尽相同，下面分别讨论。

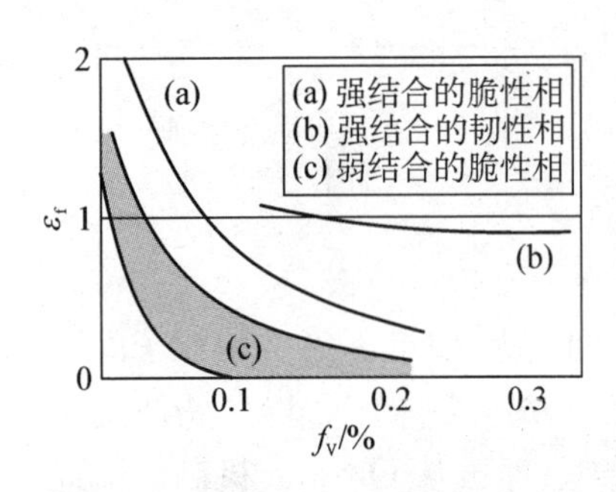

图4-27　第二相类型及含量对光滑试样断裂应变ε_f的影响

1. 第二相与基体结合强弱对性能的影响

由图4-27可知，虽然a类b类与基体都属于强结合，但原有脆性相a含量增加塑性降低迅速，而韧性相b则基本上不降低塑性或使塑性略有降低。与基体结合强的脆性相，多是在热处理过程中沉淀出来的，如钢中的Fe_3C；马氏体时效钢中的Ni_3Mo、Ni_3Ti；高温合金中的$\gamma'(Ni_3(Al, Ti))$。虽然这些相均由过饱和的基体中析出，但因析出相与基体有共格或非共格之分，其对性能影响也是不同的。共格的第二相质点产生的内应力场可以改变裂纹尖端应力分布状态，通常，这种应力场的作用方向与外力作用方向相反，客观上起到了阻止裂纹形核和扩展的作用，可提高塑性和韧性。若外应力场与内应力场大小相等，位错可以自由活动，因此有利于塑性变形。同时共格的第二相的存在，减少了位错滑移的距离，使滑移带变短，限制了具有不同柏氏矢量的位错群交截时的塞积数目，可防止出现过高的应力集中。在这种情况下，第二相是强化的主要原因，而对塑性和韧性影响又不大。若共格的第二相质点很小，而本身强度又不太高时，位错可以切断质点，基体中位错比较容易在第二相断面上集中，形成裂纹使塑性和韧性下降。若共格的第二相质点长大到一定尺寸时，位错就不能切过，此时塑性和韧性又会回升。

当第二相进一步长大并与基体脱离共格关系时，位错可在非共格的第二相质点间绕过去，表现出较好的塑性。由于非共格第二相与基体之间界面是大角度界面，它起着普通晶界的作用，因此也能起到阻止裂纹扩展的作用。第二相在晶界析出，因排斥出的杂质原子在晶界附近偏聚而降低了有效表面能，使裂纹容易扩展，对韧性产生不良影响。若脆性相与基体间结合较弱(见图4-27中的(c))，则在外力作用下，少量塑性变形就会在界面形成裂纹并容易长大，因此对塑性和韧性都是不利的。同时对基体的强度也是有害的。因此提高钢材的纯洁度对提高材料韧性是十分重要的。

2. 第二相形状的影响

由图4-28、图4-29可知，球型第二相比片状第二相塑性高。夹杂物降低奥氏体塑性的程度较大，通过金相观察，发现奥氏体中氮化物呈尖角状，当钢件受力时，在尖角处应力和应

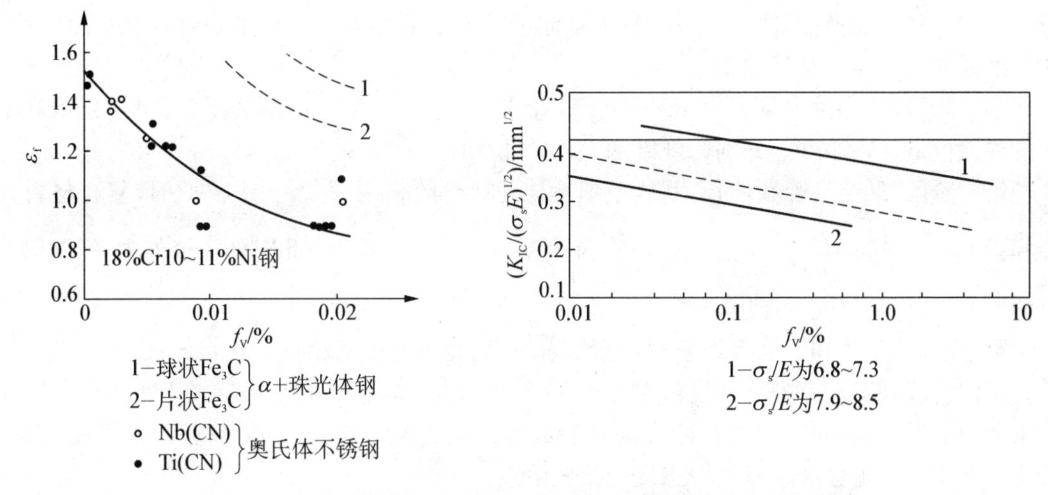

图 4－28　氰化物体积百分数对奥氏体不锈钢断裂总应变的影响

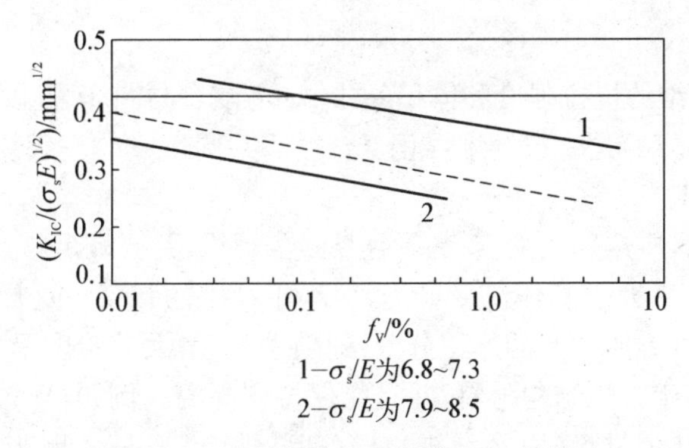

图 4－29　脆性相体积百分数对 K_{Ic}的影响

变较集中，容易形成空洞并长大从而降低奥氏体钢的塑性和韧性。

4.1.6　其他强化方法（Other strengthening methods）

4.1.6.1　纤维强化（Strengthening by fiber reinforcement）

将高强度的材料如 SiC、Al_2O_3、C、W、Mo 等难熔金属或合金制成纤维，通过一定方法使硬纤维束合理地分布在较软的基体金属中，而达到强化基体金属的目的。这种材料又称为复合材料。如同钢筋混凝土构件，由于加入钢筋而克服了混凝土抗压、不抗拉的弱点，利用基体抗压和钢筋抗拉使这种材料用途扩大了。

复合材料的强化机理，不像第二相强化那样靠坚硬的第二相阻碍位错运动，而是用纤维束来承受较大的载荷而达到强化的目的。即受力时，外力同时作用在基体和纤维上，由于基体较软，可能发生塑性流变，这时作用在基体上的力将转嫁到纤维上，结果相当于外力直接作用到纤维上——负荷转移，故纤维的添加提高了材料的强度。为完成这种负荷转嫁，基体与纤维之间必须有一定的结合强度，否则可能发生两者之间相互滑动而导致材料破坏。这时可以看到软的基体保护硬的纤维而不受损伤；同时防止纤维与工作环境接触引起化学反应，避免纤维之间互相接触和稳定纤维的几何形状、传递应力，而硬纤维主要是提供强度。

纤维强化的复合材料，其变形过程一般来说分四个阶段：①纤维和基体同时发生弹性变形直到超过基体的弹性极限为止;②只是基体进行塑性变形而纤维仍处在弹性变形范围内;③纤维随基体金属一起塑性变形;④断裂。

第一阶段:其弹性模量 $E_c = E_f V_f + E_m V_m$,其中 E_c、E_f 和 E_m 分别为复合材料、纤维和基体的弹性模量。V_f 和 V_m 分别为纤维和基体的体积比。

第二阶段:纤维呈弹性伸长,基体呈塑性伸长。一般来说 $E_f >> E_m$,此时,复合材料弹性模量 $E_c = E_f V_f + \left(\frac{d\sigma_m}{d\varepsilon_m}\right) V_m$,式中,$\frac{d\sigma_m}{d\varepsilon_m}$ 称为基体有效强化系数。此时如去掉外力,纤维仍保留弹性伸长,但基体受到压应力

第三阶段:基体和纤维都处于塑性变形阶段,因此该阶段两相均呈正常伸长。

第四阶段:断裂,就是高强度纤维发生断裂,这时基体将载荷从断裂的纤维断头上转移到末断裂的纤维上,同时基体在断开的孔隙或裂纹附近发生控性流动,一旦断裂发生,第四阶段则结束。在脆性纤维材料中未发现第三阶段。

纤维强化复合材料,其断裂强度由下式给出。

$$\sigma_c = \sigma_f V_f + \sigma_m (1 - V_f) \tag{4-73}$$

式中,σ_f、V_f 分别为纤维的抗拉强度和体积分数;σ_m 为复合材料未发生纤维断裂时基体所承受的平均应力。式(4-73)是一般纤维强化复合材料共同遵守的一条规律,所以是一个基本公式,又称为复合法则。

由式(4-73)可知,应选用高强度、高弹性模量的纤维,并要有足够数量,以承受较大负荷的转移。一般来说,σ_c 稍大于基体流变应力,但小于纤维的强度。这样可以看出,复合材料力学性质主要取决于纤维所占有的体积分数,即随着 V_f 增大其强度呈直线增加。纤维强化的复合材料,其强度高于常规结构材料,并且能保持到高温。例如,W、Mo 纤维强化的材料和一些非金属纤维强化的材料(如 B 纤维)具有特殊性能,其密度低、比强度大,非常适合于航空航天上应用。所以纤维强化复合材料是很有前途的材料。

4.1.6.2 相变强化 (Strengthening by phase transformation)

某些金属材料经热处理后,其强度大大提高,如马氏体相变和贝氏体相变都能使金属材料强度提高,这种通过相变而使合金强度和硬度提高的方法称为相变强化。

1. 马氏体钢强化

1) 晶体缺陷密度对强度的影响

马氏体是合金从高温奥氏体区经淬火而得到的组织。马氏体强化是多方面因素共同作用的结果。由材料科学基础理论可知,马氏体含有较多的位错,如每个条状马氏体内位错密度可达 $10^{13}/cm$ 数量级,根据 Hirsch-Bailoy 关系式,$\tau_s = \tau_i + \alpha G b \rho^{1/2}$,因此位错对强度有贡献。另外,马氏体中存在孪晶,滑移位错通过孪晶时能使滑移路线发生变化(如 Z 字形),引起变形应力增加,如图 4-30 所示。

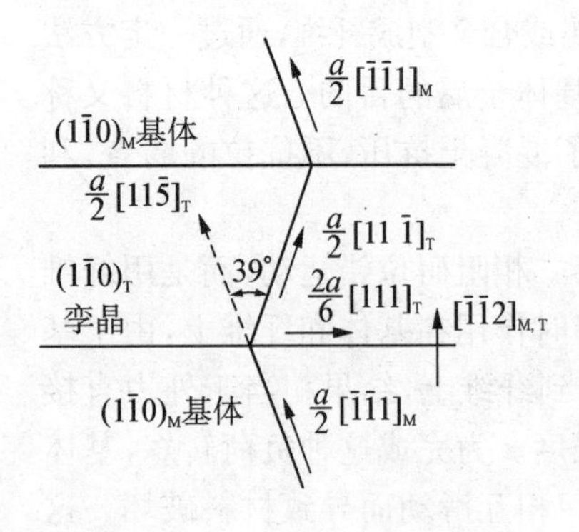

图 4-30 马氏体中位错通过孪晶时产生的位错反应

孪晶和基体的交界面是 $(\bar{1}\bar{1}2)_M$,马氏体中 $\frac{a}{2}[1\bar{1}\bar{1}]_M$ 位错在孪晶中的方向变成 $\frac{a}{6}[11\bar{5}]_T$,它和两个孪晶位错

$\frac{a}{6}[111]_T$ 发生反应，形成 $\frac{a}{2}[111]_T$，即 $\frac{a}{6}[11\bar{5}]_T + 2\,\frac{a}{6}[111]_T \rightarrow \frac{a}{2}[11\bar{1}]_T$。同时，在孪晶的另一边上有反应：$\frac{a}{2}[11\bar{1}]_T + 2\,\frac{a}{6}[\bar{1}\bar{1}\bar{1}]_T \rightarrow \frac{a}{6}[11\bar{5}]_T$，恢复了原马氏体中的 $\frac{a}{2}[\bar{1}\bar{1}1]_M$ 位错。由此可见，位错通过孪晶时留下一条曲折的线，使变形阻力增加。孪晶中进行位错反应，有两个 $\frac{a}{6}[111]_T$ 参加，反应结束后在孪晶界上留下一个台阶 $\left(\frac{a}{6}[\bar{1}\bar{1}2]_T\right)$。Chilton 计算了高镍钢中有孪晶亚结构时位错运动所需的应力是无孪晶时的 1.05～1.20 倍，实测为 1.08～1.30 倍，可见十分接近。未经回火的纯马氏体中孪晶对强度贡献不大，但在回火过程中出现碳化物时，孪晶对强度影响增大。此外，空位对强度亦有影响，这些都是属于晶体缺陷对马氏体强度的影响。

2）马氏体晶粒大小对强度的影响

由金属学理论可知，原奥氏体晶粒愈细，则马氏体板条越小，相邻板条束之间界面大都属于大角度晶界，它对塑性变形与裂纹扩展所起作用与奥氏体晶界是相同的。如果把马氏体板条宽度看成和晶粒直径相当的组织参数，则板条马氏体屈服强度与板条宽度服从 Hall-Petch 关系。图 4-31 是 Fe-Mn 合金的下屈服点 σ_{ly} 与 $d^{-1/2}$ 之间的关系曲线，比较这两条曲线截距大小可看出马氏体的 σ_{ly} 比铁素体的高。

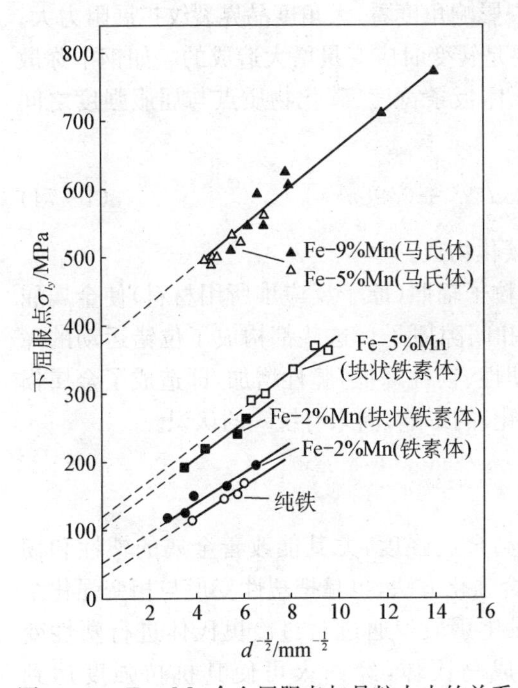

图 4-31　Fe-Mn 合金屈服点与晶粒大小的关系

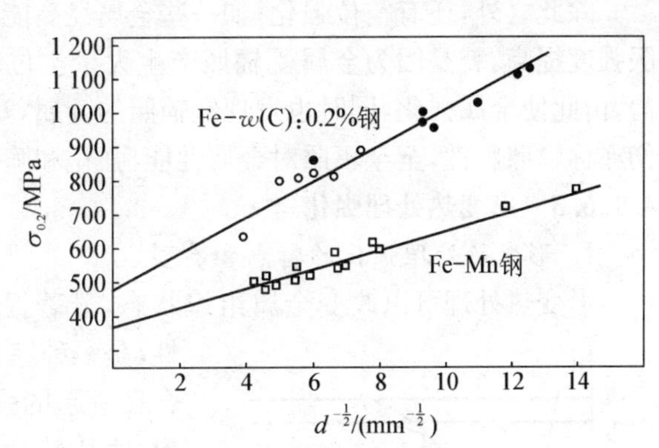

图 4-32　淬火马氏体钢的屈服强度与马氏体晶区直径之关系

由图 4-32 可见，钢中含碳量增加，曲线斜率变大，这是碳原子在板条上偏聚使流变应力增大造成的。板条束界的作用与晶界作用相同，在每个晶粒内有几组平行的板条相互交换，形成板条束界很不规则。同时，原奥氏体晶粒愈细，随后形成的马氏体板条束界不规则程度愈大，位错不易增值，马氏体的屈服强度相应提高。

在片状马氏体中孪晶亚结构是使马氏体强度增高的重要原因。细化片状马氏体不但使强度提高，更主要的是韧性也得到提高。除此之外还有固溶强化，因此马氏体的强化因素是几种强化机构在一起作用。总之，这类钢是由位错强化、固溶强化、晶界强化和第二相强化四种强化机构来保证的。由于含碳量不同，各种钢强化机制也不完全相同(见表 4-3)。

表 4-3　决定马氏体钢强度的因素

钢　种	影响因素
低碳马氏体	位错马氏体板条束大小，马氏体板条晶大小，ε-碳化物形状，固溶强化程度
中碳马氏体	位错、孪晶马氏体板条束大小，马氏体板条或片状晶大小，ε-碳化物形状，Fe_3C 形状、大小、数量与分布，固溶强化程度
高碳马氏体	位错、孪晶马氏体板条束大小，马氏体板条晶大小，ε-碳化物及未溶碳化物的形状、大小、数量和分布，残余奥氏体的数量和分布，固溶强化程度和显微裂纹大小和走向

2. 贝氏体钢强化机构

贝氏体相变亦可使合金强化，其强化机构由下列几方面决定：

(1) 贝氏体板条愈小，强度愈高，其强化规律服从 Hall-Petch 关系，且转变温度愈低，板条宽度愈小，平行板条组成一个贝氏体区，板条间由小角度晶界分开。而各区之间是大角度晶界。这两种情况都是位错运动的障碍，从对断裂影响角度看，大角度晶界裂纹扩展阻力大。

(2) 位错密度随相变温度降低而增加，这主要是转变时应变量增大造成的。如钢中弥散碳化物多，位错密度增大，则屈服强度增加。贝氏体板条宽度、碳化物质点与屈服强度之间关系可用下式表示：

$$\sigma_{0.2} = 15.4[-12.6 + 113d^{-1/2} + 0.98n^{1/4}] \qquad (4-74)$$

式中，d 为贝氏体板条平均宽度；n 为单位面积上碳化物数。

除此之外，还有空位强化，如一些金属经高能粒子辐照(原子反应堆所用材料)使金属屈服强度提高，就是因为金属受辐照产生大量空位和间隙原子。这些都构成了位错运动的障碍，由此使金属强化，同时也发现经辐照的金属，塑性、韧性降低，脆性增加，即造成了金属损伤亦称辐照脆性，至今辐照对金属性能(强化和脆化)的影响，尚未有统一的认识。

4.1.6.3　形变热处理强化 (Strengthening by thermomechanical treatment)

1. 形变热处理强化的特点和类型

形变热处理可以改变金属组织状态，显著提高金属强度，尤其能改善金属的塑性和韧性，是一种综合强化方法，也是把塑性变形与相变强化结合在一起的强化手段。通过对过冷奥氏体进行塑性变形，使其转变成马氏体，经回火可使其抗拉强度达到 3 000 MPa。

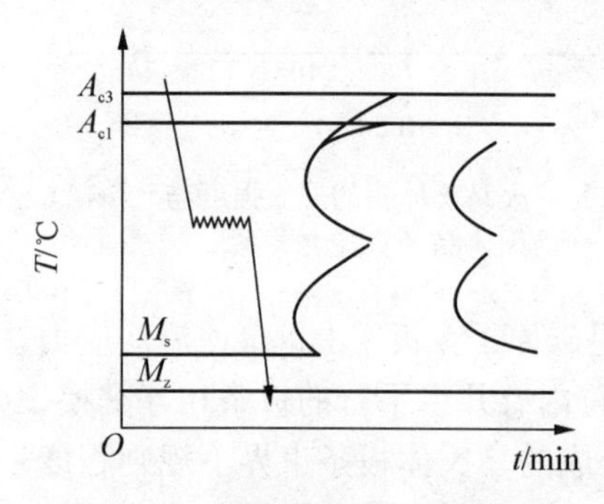

图 4-33　形变热处理工艺示意图

由于形变热处理是变形与相变热处理结合在一起的强化方法，根据变形温度可分为：

(1) 中温形变热处理。其工艺过程如图 4-33 所示，相变前进行塑性变形，即把钢加热到奥氏体化温度保温一定时间，冷却到 A_1 以下某个温度进行塑性变形，然后继续冷却得到马氏体类组织，此时材料的强度可达到很高。经适当回火，其强度可达2 500～3 000 MPa，而塑性和韧性基本上不降低，甚至略有提高，比只经淬火＋回火的钢性能高很多。这时，形变量愈大、形变温度愈低，强化效果愈好，而延伸率几乎不变。这种变形属于冷加工范围，未发生再结晶，因此形变强化起主要作用(见图 4－34)。由图 4－35 可见，变形温度高，其屈服强度低。这是由于温度高，易发生回复和再结晶，同时，温度高，溶入奥氏体中的溶质原子多，很难向位错周围聚集而钉扎位错。

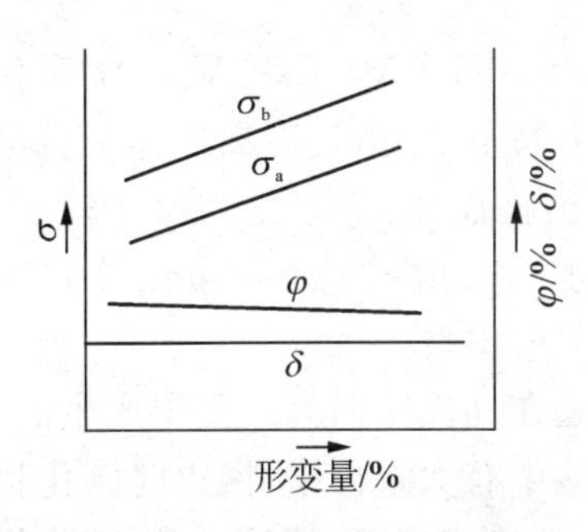

图 4－34　变形量对变形热处理钢力学性能的影响

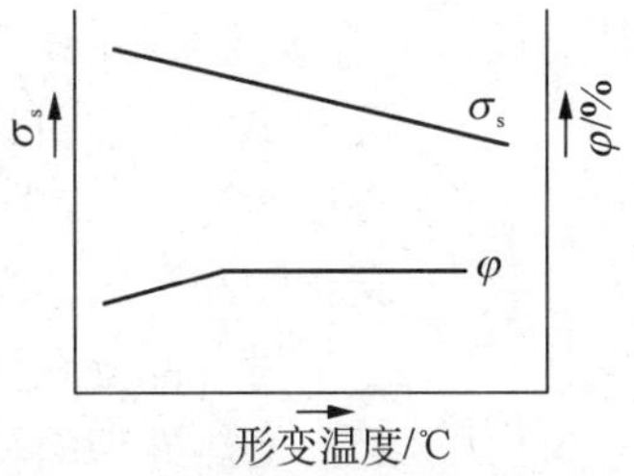

图 4－35　变形温度对 0.44%C－3.0%Cr－1.5%Ni 钢力学性能的影响

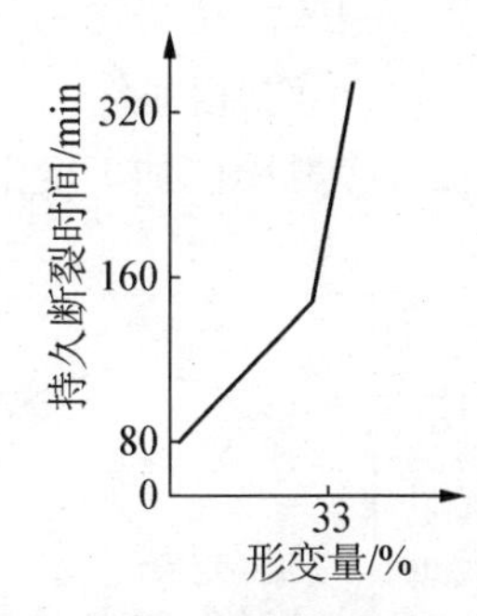

图 4－36　变形量对持久断裂时间的影响(500℃，300 MPa)

(2) 高温形变热处理。指在 A_1 以上温度变形，然后冷却下来得到马氏体组织，之后再以适当温度回火，其强化效果也很显著。

图 4－36 是高温形变处理对 2Cr13 持久断裂时间的影响，从图中可看出，形变量为 33%时，出现断裂的时间几乎提高了 2 倍，塑性未降低。而在较高温度试验时，塑性还略有增高。

2. 钢的形变热处理强化机制

形变热处理是综合强化，即有如下的几种强化机制在起作用：

(1) 固溶强化。对于中碳(0.4%～0.6%C)钢，形变热处理对屈服强度(形变热处理屈服强度与淬火＋回火处理屈服强度之差)而言，不论含 C 量如何，屈服强度增量是相同的。因过冷奥氏体在变形过程中引入新的位错，而位错数量与变形量有关，屈服强度的增量取决于钉扎这些新位错而耗去的碳原子量。虽然屈服强度随碳含量增加而提高，但其增量与含碳量无关。估计钉扎新位错的饱和含碳浓度为 0.10%左右。因此碳起两个作用：①构成相变后形成马氏体的强度；②钉扎新位错使其屈服强度提高。含碳量大于 0.6%的钢在形变过程中引入位错少因而强化效果差。而 C 低于 0.3%时，虽然引入新位错多，但缺乏钉扎的 C，因此强化效果亦不明显。

表 4－4　马氏体晶粒与形变量关系

变形量/%	马氏体单元长度/μm		
	0.47%C	0.31%C	0.41%C
0	3.2	3.2	2.9
50	2.7	2.6	2.4
75	2.0	2.4	2.3
87	1.9	1.5	2.0
93	1.5	1.4	1.7

(2) 细晶强化。马氏体晶粒尺寸随形变量增加而减小，实测的不同含碳量的 2%Cr－1.0%Ni－0.3%Mo 钢数据如表 4－4 所示。

由表 4－3 可见，随着形变量的增加，马氏体单元长度变短，即马氏体晶粒细化了，因此强化效果提高了。马氏体晶粒细化可能由下述原因引起的：①形变量大，使过冷奥氏体中晶界和晶内局部应力集中的地方增多，马氏体核心增多了；②奥氏体晶格畸变，造成对马氏体切变的限制；③滑移带成了马氏体长大的障碍；④奥氏体晶粒外形发生变化，马氏体长大受到限制。

(3) 位错强化。由于塑性变形，位错密度增大。与直接淬火获得的马氏体组织相比，经形变热处理的位错密度大，而且过冷奥氏体变形中引入的位错被马氏体继承了，因此位错密度高，如15%Cr-6%Ni-0.38%C钢在通常的淬火状态下，马氏体组织中有一个方向的柏氏矢量，进行形变热处理后，这种钢中的柏氏矢量具有多种方向，说明过冷奥氏体在塑性变形过程中引入的位错被马氏体继承了，使钢的强度和韧性增加。

(4) 第二相强化。钢中含有V、Mo等二次强化元素时，有一部分Mo_2C和V_4C_3的碳化物在过冷奥氏体加工变形中从奥氏体中直接沉淀，并具有下列特点：①从过冷奥氏体中直接沉淀出碳化物可以传给马氏体；②碳化物尺寸较小，直径约为70Å，碳化物之间间隔约为0.1 μm；③这类碳化物和马氏体没有共格关系。

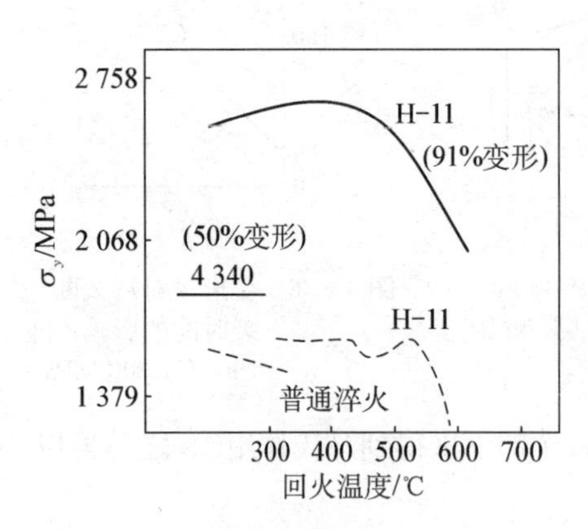

图4-37　普通淬火和形变热处理对H-11钢和4 340钢回火屈服强度的影响

另一部分碳化物是在马氏体回火过程中产生的，经形变热处理的马氏体中有大量位错，回火时碳化物在位错上形核沉淀，位错密度高，形核地点多，碳化物尺寸小，分布均匀。回火马氏体有下列特点：①碳化物外形成片状（通常淬火＋回火钢的碳化物呈针状）且高度弥散；②属M_3C型（渗碳体型）；③在比较高的回火温度下，M_3C型碳化物仍与马氏体保持共格关系，这些碳化物不易长大。因此形变热处理在回火过程中比普通淬火回火钢强度高很多，如图4-37所示。

3. 形变热处理强化机制的选择

前述四种强化机制是互相补充的，不同成分钢进行形变热处理，实际上是上述各种强化机制的不同组合，如对Fe-25%Ni-0.005%C钢进行形变热处理时，钢的强度是通过马氏体组织细化和位错密度提高来实现的。如在此钢中增加含碳量使之成为Fe-24%Ni-0.38%C钢，形变热处理后，钢的强度来自马氏体组织细化、位错密度增加、碳原子固溶强化和碳原子钉扎位错三部分强化增量。在这种情况下，加工变形量每增加1%，可提高5 MPa的强度。

钢中含有Mo、V等二次硬化元素时，例如H-11钢经形变热处理后，钢的强度来自马氏体组织细化、位错密度增大、碳原子固溶强化和碳原子钉扎位错作用和第二相强化这四部分增量的总和，此时加工变形每增加1%，钢的强度可提高10 MPa。可见形变热处理是很有前途的强化方法，但形变热处对钢的化学成分要求严格，要求成分变化范围小，这给冶炼带来了困难。同时，要求有足够大的变形量，而且变形过程中温度尽量不发生变化，这在实际操作中是很难掌握的。

4.1.6.4 界面强化 (Interface strengthening)

在金属材料中常见的界面有晶界、亚晶界、相界和外表面等。强化这些界面的意义显然是不言而喻的，然而由于这些问题涉及的内容很多，目前已逐渐形成了一个独立的领域，如MMC(Metal Matrix Composite Materials，金属基复合材料)中的界面强化。各种介质对金属材料强度的影响及材料保护等问题，这些已超过了本书的范围，故在此仅就合金元素对强化界面的作用进行概括介绍。

多相合金中的相分布和相界强度都是可以通过添加合金元素来加以改进的，如 Al-Zn-Mg-Cu 时效合金，为了消除晶界上的贫化区加入微量的 Ag，Al-Cu 合金，又为了减小这些合金中相的接触角再加入微量的 Cd 即为典型例子。

合金元素与晶界的作用，原则上可分成气团作用和表面吸附作用两种。关于气团作用，最早由 Webb 从弹性相互作用出发进行了严格的处理。他得到的结论是，在小角度晶界范围内，溶质原子与晶界的相互作用存在一个饱和浓度，其值与晶界角度大小无关，约为 10^{14} 个原子/cm^2，但却是温度的敏感函数。此外，还存在一个与晶界角度大小无关的晶界移动临界速度，大于此值时，气团将拖在晶界的后面运动。但 Thomas 和 Chalmbers 的同位素实验却指出，在晶界的位错模型适用范围以内，都发现溶质原子的集聚和位错数目成正比，其浓度与温度的关系近似于线性，而不是指数一类的敏感函数。由此看来，合金元素与晶界的相互作用应不仅限于弹性的一种。关于表面吸收作用，一般认为，由于析出的新相表面能较小，所以表面活性金属与基体互溶性很小。新相析出后导致应力松弛，增加晶界的流动性，从而使合金强度有所削弱，如 Ga 对 Cd 和 Sn 即为如此，尤其是 Ga 在 Sn 中甚至可将嵌镶块完全分开。众所周知，Pb 与 Zn 是互不相溶的，彼此都没有表面活性，故表面吸附作用的内在机制亦是很复杂的。近年，卢柯等提出了运用纳米技术实现材料界面强化的新思路——纳米尺度共格界面强化，相关内容请参阅 8.3 节。

4.2　陶瓷材料的强化与韧化

(Strengthening and toughening of ceramic materials)

由于陶瓷是以离子键和共价键组成的材料，与金属材料相比具有更高的强度、硬度、弹性模量、耐磨性、耐蚀性和耐热性，但是，与此同时呈现出低韧性、塑性变形差、耐热冲击性和可靠性低。为此，对于陶瓷材料而言，与其说其强化问题，不如说其韧化问题。本节就陶瓷材料的强化与韧化的基本问题进行概述。

4.2.1　陶瓷材料的强度特点 (Strengthe characteristic of ceramic materials)

首先要说明的是陶瓷材料为何脆。如前所述，即使金属材料出现高度应力集中或微小颗粒周围出现过负荷，一旦发生屈服应力集中即可缓解。可是对于陶瓷材料，在常温下即使不发生屈服也可产生断裂。其原因有如下几方面：其一，陶瓷材料的结合方式主要以离子键和共价键构成。其二，具有方向性强的特点，同时，其大多数晶体结构复杂，平均原子间距较大，因而表面能很小。因此，与金属材料相比位错的运动与增殖难以发生，当表面或内部有缺陷出现时则极易在其周围引起应力集中，导致脆性断裂。

由上述可知，陶瓷材料与金属材料在本质上是不同的，因而损伤及断裂方式上的区别明显。最本质上的区别在于金属材料基本上是以剪切应力为主要形式的断裂或损伤，而陶瓷材料则多以应力为主要形式的断裂。如图 4-38 所示，陶瓷材料在拉伸应力的作用下直至断裂基本上应力与应变呈线性关系(见图 4-38(a))；而金属材料(见图 4-38(b))则在屈服之后，进入非线性变形(加工硬化领域)，经最大应力后在试样的局部产生颈缩(此时的工程应力降低)后断裂。在断裂后的试样特征上,陶瓷材料与金属材料也大不相同。图 4－39 和图 4－40 分别给出了在拉伸应力和扭转应力作用下陶瓷材料和金属材料断裂特征的示意图。在拉伸应力的作用下,陶瓷材料多是在其表面缺陷处,在与外力轴垂直的方向上首先产生裂纹,经扩张形成断裂。而金属材料(见图 4－39(b)、(c))则是在具有最大剪切应力(与拉伸轴成 45°方向的滑移面)的滑移面上变形,最终断裂。在扭转应力的作用下,陶瓷材料同铸铁等脆性材料一样,在与最大拉应力垂直方向产生裂纹并扩展,呈螺旋状断裂(见图 4－40(a));金属材料的断裂如图 4－40(b)所示,在最大剪切应力作用下产生滑移并沿横断面断裂。

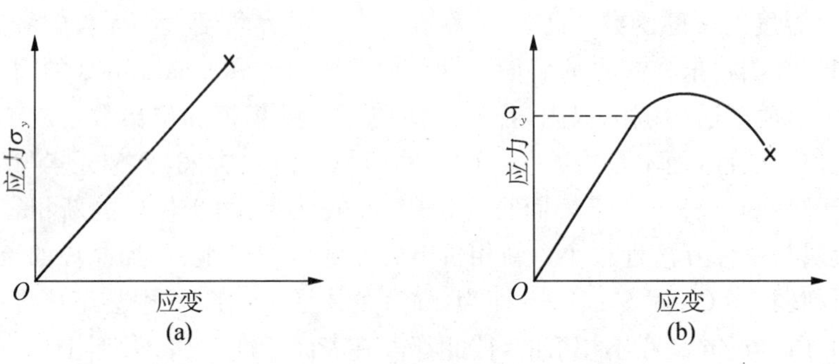

图 4－38　陶瓷与金属材料的应力—应变曲线比较

(a) 陶瓷;(b) 金属

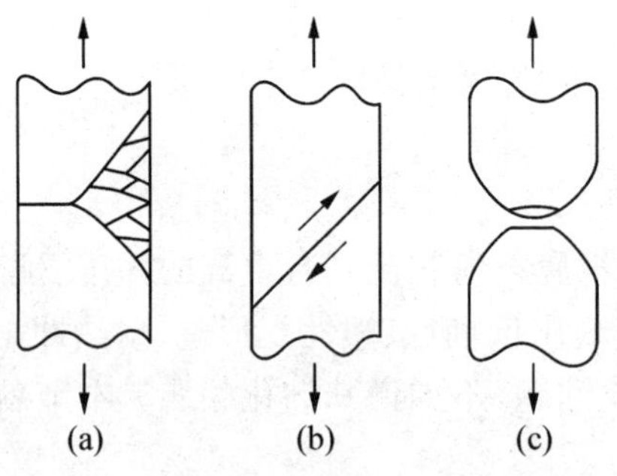

图 4－39　拉伸条件下的断裂形态比较

(a) 陶瓷;(b) 高纯铝;(c) 低碳钢

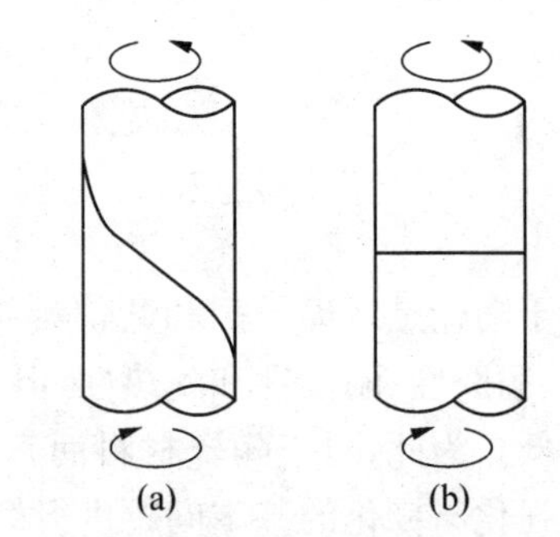

图 4－40　扭转条件下的断裂形态比较

(a) 陶瓷;(b) 金属

4.2.2　陶瓷材料的强化及方法 (Strengthening and its methods for ceramic materials)

如前所述,陶瓷材料具有较金属材料高的强度。因此有关陶瓷材料的强化研究不如金属材料那样深入。然而,考虑到陶瓷材料的断裂特点,即陶瓷材料断裂强度的组织敏感性,尤其是对缺陷的敏感性,同时又考虑到大多数陶瓷材料是经过烧结而成形的,因此烧结体的致密度等成为左右陶瓷材料强度的要素。业已证明,控制陶瓷材料室温断裂强度的因素主要有:①气孔率;②气孔的形状;③最大缺陷的尺寸;④晶粒直径;⑤晶界玻璃相。

简而言之,减少烧结体的气孔率;增加气孔的曲率半径(尽可能使气孔接近于球形);减小最大缺陷的尺寸;减小烧结体的晶粒直径;减少晶界的玻璃相均有利于提高陶瓷材料的强度。有关细节可参考 4.2.3 节的有关陶瓷材料韧化的论述或有关专著。实际上,对于陶瓷材料可采用化学处理、热处理、表面研磨等法以及实施表面包覆技术使其得到强化。这些方法的实质与应用于金属材料强化的方法是相同的，故对此不做详细介绍，而把重点放在基于材料强化理论的新方法上。众所周知，对于脆性材料陶瓷，其断裂强度基本上可利用Griffith的断裂理论即$\sigma_c=\left(\frac{2E\gamma_0}{\pi C}\right)^{1/2}$来估计。可见，欲提高陶瓷材料的断裂强度，就应提高陶瓷材料的弹性模量E和表面能γ_0，或者降低裂纹尺寸C。有关降低裂纹尺寸C的方法，上面已经论述。在此着重介绍如何提高弹性模量E和表面能γ_0。换言之，如何通过材料组织的复合化改变E和γ_0以及通过改变断裂的形式达到改变γ_0的目的，从而实现陶瓷材料的强化。第一，借用金属材料的弥散强化思想，采用弥散粒子增强方法。即在作为基体的陶瓷材料中添加其他的微细陶瓷粒子以达到增强陶瓷材料之目的，如在$MgAl_2O_4$中添加Al_2O_3粒子。应注意的是，添加的粒子粒径应适度，研究表明，粒径以0.01～0.1 μm为宜。第二，粒子增强复合材料。与第一种方法不同之处在于，所添加的增强粒子的尺寸与基体晶粒尺寸相当。这样，当裂纹由一个相达到另一相时，必然发生扩展方向的转变，由此可提高断裂的表面能γ_0。此外，如将ZrO_2粒子添加到Si_3N_4或Al_2O_3中，可利用ZrO_2粒子的应力诱发相变和促进相变的体积膨胀，提高陶瓷材料的强度。第三，纤维增强法。利用纤维所具有的高弹性高强度的优势，将陶瓷基体的部分载荷由纤维承担，进而达到强化陶瓷材料之目的。

4.2.3　陶瓷材料的韧化及方法 (Toughening and its methods for ceramic materials)

作为结构材料的陶瓷，由设计立场出发单单满足断裂应力的安全标准还远远不够。换言之，必须保证所服役陶瓷材料的高度安全性。陶瓷材料具有时间依赖性特点，即使在低于断裂应力的条件下使用，如果长时间负载亦可能发生断裂；另一方面，陶瓷材料的强度受使用环境的影响十分强烈。为此，结构陶瓷材料的韧化较强化更富有实际意义。一般地说，可供实际应用的韧化陶瓷材料的方法如图4-41所示。其中有：①相转变(phase transition)法；②显微裂纹(microcracking)法；③裂纹偏转(crack deflection)或弯曲(bowing)法；④架桥(bridging)法；⑤拔出(pull out)法；⑥残余压力屏蔽效应(shielding)法。

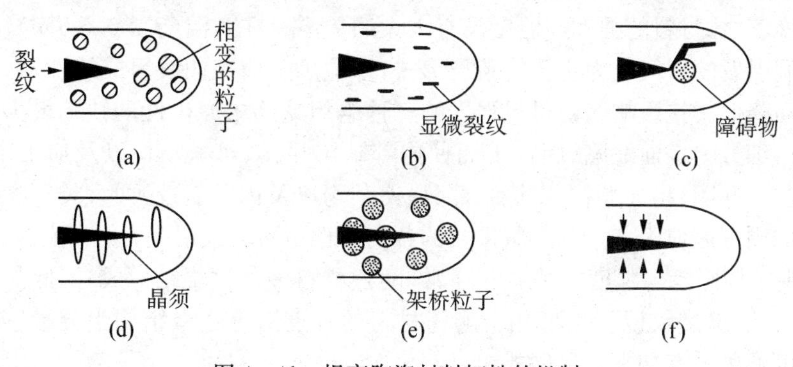

图4-41　提高陶瓷材料韧性的机制

(a) 相转变；(b) 显微裂纹；(c) 偏转；(d) 拉拔出；(e) 架桥；(f) 压应力

上述的"相转变"方法是作为韧化ZrO_2陶瓷材料的有效的方法而发展起来的，其原理是利用裂纹尖端的张应力将t-ZrO_2相转移成m-ZrO_2相，从而使材料实现强韧化。这种机制又称为相变诱发韧性(Transformation toughening)，成为开发高韧性陶瓷材料的开端。之后的这些年里，各国的研究者们尝试了多种陶瓷材料的增韧方法。到目前为止，人们普遍认为行之有效的是第二相粒子增强法，而纤维增韧方法的效果最显著。该种方法做成的陶瓷复合材料，通过架桥、拔出等方法使之获得高韧性。

表 4-5 给出了各个强韧化机制所能增韧的预测值，应该指出，表中的值都很高，这仅仅是个目标，可作为今后研发的奋斗方向。

表 4-5　各种强韧化机制引起的断裂韧性值的预测值

机　制	断裂韧性的最高值/($MPa \cdot m^{1/2}$)	典型材料	限制条件
相转变	~20	$ZrO_2(MgO)$，HfO_2	$T \leqslant 900$ K
微裂纹	~10	Al_2O_3/ZrO_2，$Si_3/N_4/SiC$，SiC/TiB_2	$T \leqslant 1\,300$ K
金属/陶瓷复合材料	~25	Al_2O_3/Al，ZrB_2/Zr，	$T \leqslant 1\,300$ K
		Al_2O_3/Ni，WC/Co	
晶须或板条分散相	~15	Al_2O_3/SiC，$Si_3/N_4/SiC$，	$T < 1\,500$ K
		$Si_3/N_4/\ Si_3/N_4$	
纤维	≥30	CAS/SiC，LAS/SiC，Al_2O_3/SiC，SiC/SiC，SiC/C，$Al_2O_3/\ Al_2O_3$	带有涂层的纤维

4.2.4　影响陶瓷材料强度的主要因素 (Main influence factor on the strength of ceramic materials)

如前所述，陶瓷材料不同于金属材料，其强韧性与材料的组织缺陷有密切的关系。换言之，其具有高的组织敏感性。影响陶瓷材料强度的主要因素可概括如下：

(1) 各种组织缺陷。其中包括原生性的缺陷；显微裂纹合并构成的裂纹；空洞的形成或空洞引发的裂纹。对于低中温使用的陶瓷材料断裂以前有两种缺陷占支配地位，断裂以纯弹性为主。换言之，材料的强度与温度没有太大的关系。在高温($T>0.5\,Tm$)领域内，空洞的形成或空洞引发的裂纹成为主要的断裂形式，即应力—应变曲线呈非线性，材料的强度随温度的升高而降低。在影响陶瓷材料强度的三种组织缺陷中原生性的缺陷最为重要。原生性缺陷亦可再细分为表面缺陷(因加工而使内部缺陷显露、机械损伤以及加工影响层)和内部缺陷(气孔、气孔团、粗大晶粒、未烧结部分、夹杂物以及内部裂纹)两大类。陶瓷的断裂将在上述缺陷的周围因应力集中和膨胀系数的各向异性所致的残留应力所诱发。

(2) 微观结构因素与强度的关系。通常，陶瓷材料多经过烧结而成，因此晶界上常常或多或少存在气孔、微裂纹以及玻璃相。陶瓷材料的强度对上述微结构十分敏感。气孔率与陶瓷材料强度的关系有如下的经验式：

$$\sigma_b = \sigma_0 \cdot \exp(-\alpha\rho) \tag{4-75}$$

此处，σ_b 为 $\rho=0$ 时的强度；α 为常数；ρ 为材料的气孔率。与对气孔率研究相似，对晶粒直径与陶瓷材料强度的关系亦有大量的研究，业已证明在其平均直径较小的范围内，陶瓷材料完全遵循 Hall-Petch 关系式。如对 TiO_2 陶瓷的弯曲强度和晶粒直径的关系研究发现，当晶粒直径小于 20 μm 时，其强度和晶粒直径完全符合 Hall-Petch 关系式。当晶粒直径大于

20 μm时，则陶瓷的强度急剧降低。其原因在于 TiO_2 的膨胀系数具有各向异性，当晶粒直径超过 20 μm 时，会在数个乃至十几个晶粒范围内产生微裂纹。

(3) 高温强度。作为结构陶瓷材料，最大的特点就是与金属材料相比具有明显的高温强度优势。然而，需要注意的是，虽然均为陶瓷材料，其高温强度可能因制造工艺、组成等的不同而有较大的差异。尤其当陶瓷的晶界上存在玻璃相时，其高温强度将大打折扣。

4.2.5 影响陶瓷材料韧性的主要因素 (Main influence factor on the toughness of ceramic materials)

4.2.5.1 单晶陶瓷的断裂

对于陶瓷这样的脆性单晶体材料，由于多呈解理断裂形式，原则上可使用原子间势能对其表面能进行计算。并且已经证明，对相当一部分陶瓷材料来说，这种计算结果与实验结果是一致的。不过，亦有些材料(如对 Al_2O_3 单晶的(0001)面)的计算结果与实测结果相差较大。因此，将在弹性范围内的断裂韧性，视为是形成两个物理表面所需要的能量的预测方法尚有一定的局限性。实际上，表面能是断裂前后晶面平衡状态的度量；而断裂能是使系统转向新的平衡状态所需的临界能(activation energy)，将两者作为同一个能量来考虑是有问题的。作为计算断裂能(γ)的理论值公式，通常采用 Gilman 公式：

$$\gamma = \frac{E}{d}\left(\frac{a}{\pi}\right)^2 \tag{4-76}$$

式中，E 为杨氏模量；d 为晶面间距；a 为发生断裂的临界距离。在式(4-76)中，γ 与 E 呈线性关系。由于断裂韧性(K_c)与 γ 具有 $2\gamma = (K_c^2/E)$ 的关系，因此 K_c 与 E 亦呈线性关系。但是，因为 E 取决于 d 和 a，因此不难想象到 K_c 与 E 的关系实际上比较复杂。图 4-42 给出了单晶陶瓷材料的 K_c 与 E 关系的实验研究结果。可见，陶瓷单晶材料 K_c 与 E 的关系与材料的类型无关，总体上呈非线性关系。如图 4-42 所示的 K_c 与 E 关系的实验结果，可以作为预测新材料断裂韧性的依据。但需强调的是，这种估算仅仅适用于脆性断裂的材料，对于存在塑性变形的金属材料以及高分子材料是不适用的。

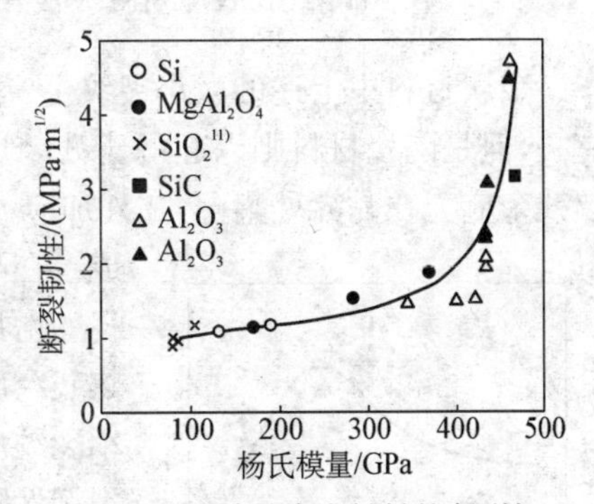

图 4-42 单晶陶瓷材料的断裂韧性与杨氏模量的关系

4.2.5.2 显微组织与断裂韧性

对于多晶乃至多相组成的复合材料而言，其断裂与单晶材料有着本质的不同，尤其是在裂纹尖端附近多发生复杂的微观断裂过程。伴随主裂纹的扩展产生的诸如显微裂纹、架桥、止裂、应力诱发相变、裂纹的偏转等，这些在局部发生的情况均会对断裂机制和断裂抗力产生影响，对此，已经有很多的解析模型发表，由此来构筑陶瓷材料的高韧化理论。但是，由于其组织和断裂机制的复杂性，并非所有的机制均可提高材料的韧性，有时甚至会出现相反的结果。为最大限度地发挥各种断裂机制的作用，有必要正确地构筑和解析与显微组织相关的断裂模型。结合陶瓷多晶材料以及复合材料的微观组织，现将迄今为止的研究成果概述如下。

1）晶粒直径与断裂韧性

关于断裂韧性对晶粒直径的依赖性的研究相对较多，基本上认为随晶粒直径的增加断裂韧性升高，但当达到某临近尺寸以上时反而开始降低。显示出该种行为的代表材料有Al_2O_3、$MgTi_2O_5$、TiO_2等，其原因可用显微裂纹的形成机制来解析。显微裂纹的形成如图4-43(a)所示。在主裂纹尖端附近生成的微小裂纹对主裂纹尖端的应力集中起缓和作用，由此带来(表面上)断裂韧性的升高。此种条件下虽然材料固有的断裂韧性不会发生变化，但表面上的断裂韧性会升高，通常称这种表面上的断裂韧性为材料的断裂韧性。

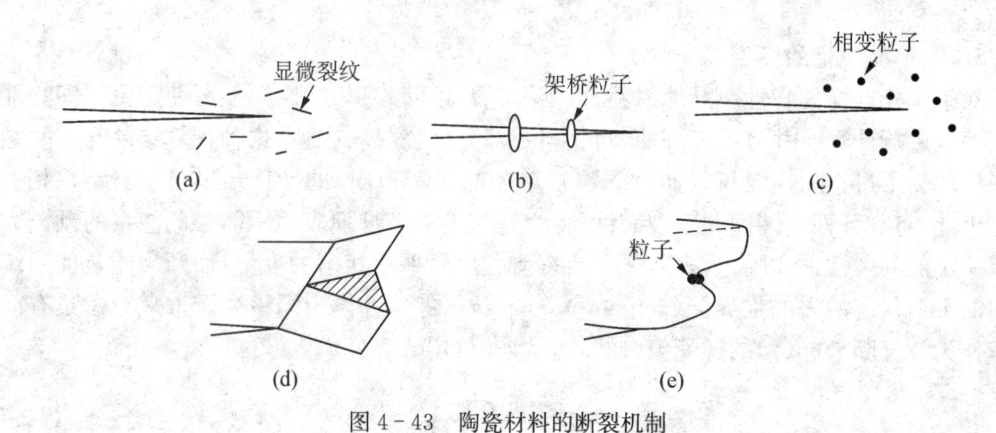

图4-43　陶瓷材料的断裂机制

(a) 显微裂纹形成偏转机制；(b) 架桥机制；(c) 相变机制；(d) 偏转机制；(e) 钉扎及弯曲机制

金属材料中上述的微小裂纹主要起源于位错的合并及堆积，换言之，主要与位错的运动有关，但是陶瓷材料则以起源于残余应力的情况为多。由于晶粒热膨胀的各向异性导致的热残余应力在晶界处集中，在外加应力所形成的裂纹尖端附近的高应力场的相互作用下，构成了在晶界处发生微小裂纹的原因。该类微小裂纹随晶粒直径的增加而越容易发生，当超过某临界晶粒直径时，仅仅依靠热残余应力便可导致微小裂纹的发生。应该注意的是，如果微小裂纹出现的数量过多，那么材料的刚度将下降，从而导致断裂韧性降低。也就是说，最高的断裂韧性是在适宜的晶粒直径条件下获得的。这种断裂韧性对晶粒直径的依赖性如图4-44所示。实验研究表明，最高断裂韧性所对应的晶粒直径，大约对应于自然冷却造成微小裂纹的晶粒尺寸。不过，对于热膨胀各向异性小的结晶构造陶瓷材料，如MgO、SiC、$MgAl_2O_4$，并未发现断裂韧性对晶粒直径的依赖现象。

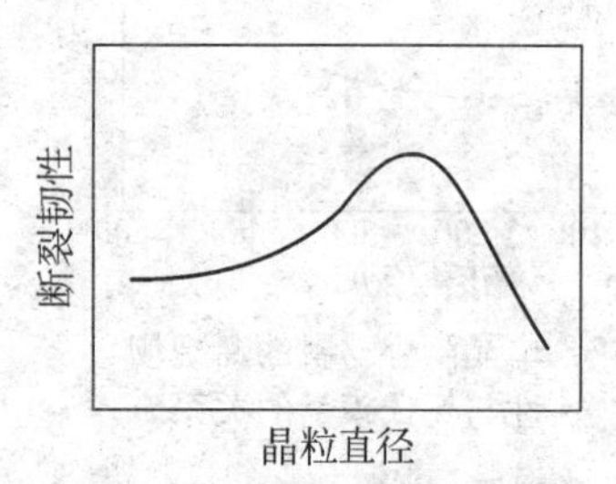

图4-44　强热膨胀各向异性陶瓷材料的断裂韧性与晶粒直径的关系

对于断裂韧性随晶粒直径的增加而升高的现象，亦可用桥接(架桥)机制进行某种程度的解析。如图4-43(b)所示，在主裂纹尖端的后方由架桥粒子导致的裂纹面的张开受到限制，从而引起断裂韧性的升高。在该种机制下，随架桥粒子的增多、粒子尺寸的增大，其对高韧化的贡献就增加。不过，桥接机制仅仅对一定尺寸范围内的晶粒适用。换言之，按照此机制，材料的断裂韧性将随晶粒尺寸的增大而升高。其原因是，仅仅考虑了由桥接机制引起裂纹扩展的一面，未能考虑到其他因素同时在起作用。

此外，如同金属材料中的TRIP钢，断裂过程中在裂纹尖端附近由于发生马氏体相变引

起体积膨胀的 ZrO_2 中，亦存在如图 4-44 所示的晶粒尺寸依赖性。对于 ZrO_2 陶瓷，在约 1 173 K时发生由单斜向正方晶体转变的相变，并且可以通过降低晶粒尺寸或添加 Y_2O_3、CeO_2 等稳定剂的办法，将该相变温度降低到室温以下。这样，在外力作用下的裂纹尖端附近，应力诱发相变，发生如图 4-43(c)所示的裂纹闭合，从而使材料的断裂韧性升高。与其他的韧化机制相比，由于应力诱发相变引起的韧性增值效果非常显著，如用 CeO_2 稳定的 ZrO_2 陶瓷，其断裂韧性值可达到 15 MPa · $m^{1/2}$。

另一方面，对于即使呈如图 4-44 所示的断裂韧性与晶粒直径关系的材料，如果调整所采用的制造工艺，那么有可能出现随晶粒尺寸的增大，断裂韧性降低或不变的结果。实际上，导致上述结果的原因主要是晶粒直径以外的因素，如材料的气孔率、晶界特性等。伴随晶粒直径的变化，气孔率、晶界结构以及晶界杂质浓度等均要发生变化，很有可能这些成为影响材料断裂韧性的主要因素。

2) 晶粒形状与断裂韧性

如果将结晶形状制成柱状或板状等长短比大的材料，那么裂纹扩展的路径变得复杂化，一般材料的断裂韧性将升高。众所周知，对于多晶体 SiC、Si_3N_4 等，采用颗粒、晶须、短纤维增强的复合材料，其断裂韧性会大大升高。该种情况下的韧化机制认为，如果界面的结合强度较弱则以裂纹的偏转或架桥机制为主；若界面的结合强度较强则以裂纹的止裂或弯曲机制为主。

裂纹的偏转机制如图 4-43(d)所示，即伴随着界面的破坏通过裂纹开始偏离主裂纹面以及裂纹在板厚方向上相连，使得应力场强度因子减小，从而使材料的断裂韧性升高。随着粒子的长短轴比的增加，裂纹由主裂纹面偏离的程度以及扩展时扭转的角度增大，导致材料的断裂韧性升高。从粒子的形状来看，柱状粒子较板状粒子在提供断裂韧性方面更为有效，理论上讲，当柱状粒子的轴比为 12、体积分数为 30%时，断裂韧性可增加到 4 倍。关于随粒子的轴比增加材料的断裂韧性升高的原因，可以用架桥机制予以说明。如图 4-43(b)所示，在裂纹后方的架桥粒子的截面积和架桥应力均对材料的韧性有贡献。当然，架桥粒子的截面积与粒子的直径有直接的关系；架桥应力与粒子的轴比关系密切。较长的架桥粒子多出现在与裂纹面呈某一角度(斜在裂纹面上)的面上，通过与裂纹面的摩擦产生高的闭合作用力。此外，轴比大的粒子使得裂纹的影响领域扩大，且使得轴比大的粒子对材料的韧化贡献大。因此说长纤维增强复合材料的纤维拉出(pull out)是裂纹闭合效应最有效运用的实例。

另一方面，相对于裂纹偏转和架桥机制，这种以粒子周围界面优先破坏为前提的机制，裂纹的止裂和弯曲则是以界面不破坏(强结合界面)为前提的。如图 4-43(e)所示，裂纹的止裂机制与位错的钉扎机制相似，都是裂纹以平面形式扩展时，遇到粒子等使其局部的扩展受阻。与之相对应，裂纹的弯曲则是裂纹在止裂粒子间以引出的形式向前扩展所形成的弯曲现象。这两种机制多是连续发生的，因此可以说两者是同一机制的两个不同的侧面。其结果是，粒子未破坏，裂纹弯曲扩展时，后方的粒子对裂纹起闭合作用，从而使材料的韧性升高。一般地讲，裂纹的止裂与弯曲机制，更强烈地依赖于粒子的间隔(体积分数)，而不是粒子的轴比。但是，当粒子轴比提高时，由于粒子界面的彻底破坏很难发生，对发挥裂纹的止裂和弯曲机制更有利。此外，裂纹的止裂为三维的破坏机制，与两维的架桥机制属于同样的韧化概念。

3）晶界与断裂韧性

可将多晶材料视为由结晶晶粒与晶界组成的复合材料，裂纹的扩展同时受两者力学性质的影响。有关晶粒的影响已经在前面叙述过，在此仅就晶界对断裂韧性的作用予以概述。前述的粒子增强复合材料中的裂纹偏转机制，完全可以适用于多晶体的断裂，不过该机制是以完全的沿晶破坏为前提的，不能用于有大量晶内破坏同时发生的情况。多晶陶瓷材料的晶界上由于添加了烧结助剂往往存在第二相或杂质，即使晶界上没有其他相，也因为晶界处的原子排列混乱，一般较晶内对断裂的抵抗能力低。此外，由气孔的残留及热膨胀系数的各向异性所引起的残余应力等，使得断裂抗力降低。如果用特殊烧结方法除去晶界相或使其晶化，那么可获得高强度晶界，从而提高陶瓷材料的高温特性。不过，至今对晶界的断裂韧性直接测量的方法尚未确立，人们还一直沿用取晶内断裂韧性一半的估算方法。

多晶体陶瓷材料中的裂纹在晶界与晶内扩展的比率，大体上可用晶内与晶界断裂韧性的比来描述。遵循这一原理，Krell 等通过测定晶界破坏比率来预测晶界断裂韧性，结果表明，Al_2O_3 的晶界断裂韧性虽然依赖于烧结助剂和烧结条件，但总的来看大约为 0.1～0.4 倍晶内韧性。基于同样的原理，金炳男等对多晶烧结体的裂纹扩展进行了模拟，考察了晶界断裂韧性与裂纹扩展路径的关系。图 4－45 为其中的典型结果。借用模拟方法获得了与 Krell 等不同的晶界断裂韧性与晶内破坏几率的关系数据，并判明两维多晶体的断裂韧性随晶界断裂韧性的升高而增加，其最大值为晶内断裂韧性值。

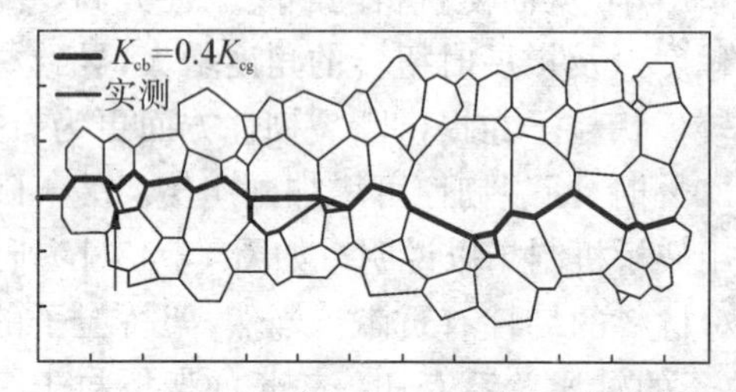

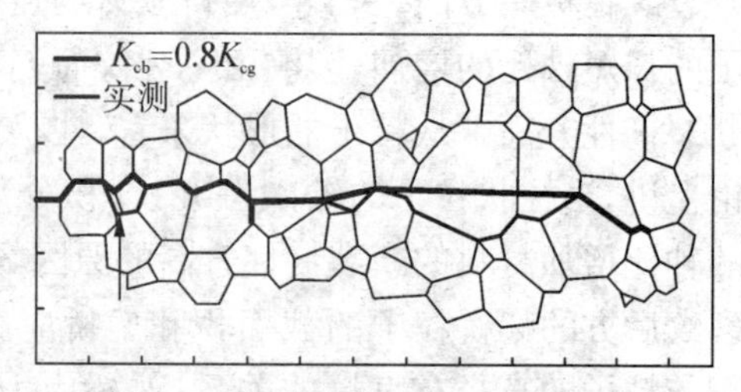

图 4－45　Al_2O_3 多晶陶瓷中裂纹扩展路径的计算机模拟结果

K_{cb}为晶界断裂韧性；K_{cg}为晶内断裂韧性；裂纹由左向右扩展；箭头所指为初始裂纹尖端位置

另一方面，根据对陶瓷多晶体晶界三维空间结构的解析，晶内破坏几率对晶界断裂韧性的依赖性与两维的没有多大差异，但获得了达晶内韧性值约 3.5 倍的断裂韧性值。这些三维模型与二维模型的不同之处在于，在板厚方向有裂纹的连体出现，如图 4－43(d)所示。这样，三叉或四叉晶界对裂纹扩展路径产生约束，从而使断裂韧性得以提高。实际上，对于多晶体陶瓷，其裂纹的扩展路径总有某种程度的偏转发生，这成为多晶陶瓷基本断裂机制。裂纹偏转扩展主要起因于存在断裂韧性低的晶界，不过裂纹尖端附近出现的显微裂纹，亦可对主裂纹的扩展路径产生偏转和约束作用。通过对断裂过程中 AE(Acoustic Emission)的解析，所提出的 Shear－lag 模型是个典型的例子，即强制性的混合破坏形式对裂纹的扩展路径会产生约束效果。但是，显微裂纹的形成机制是以主裂纹沿直线扩展为前提的，忽略了与显微裂纹的合并作用。因此，为了全面地评价断裂韧性的力学性能，有必要考虑上述断裂过程。

在复合材料中亦存在与界面破坏相关联的裂纹偏转机制，当单一机制难以解释时可采用并用的手法。例如，除粒子能增强复合材料外，长纤维增强复合材料以及短纤维增强复合材料中，均显示出纤维使裂纹闭合的效果，这亦是以能够使裂纹在纤维界面处发生偏转的界面断裂韧性为前提的。只有这样才能将界面偏转的条件纳入其中，从而计算出可对桥接做出贡献的粒子的比率。

4）气孔与断裂韧性

在烧结过程中形成的晶内及晶界的气孔，将使单位面积上的断裂吸收功和弹性模量降低，进而使材料的断裂韧性下降。例如对 Si_3N_4 的研究表明，随气孔率的增加其断裂韧性呈指数关系降低。但是，如果气孔的存在可导致裂纹呈复杂的偏转形式扩展的话，那么有时断裂韧性有可能反而升高。此外，也有报道讲，如果气孔呈球状，那么会对局部形成的裂纹尖端起钝化作用，从而抑制了裂纹的扩展，这如同在复合材料中增强粒子的功效。总之，依据气孔的形状及类别，有可能在局部引起断裂韧性的升高，但总体上伴随气孔率的增加，由于破坏吸收功以及弹性模量的降低，材料的断裂韧性会降低。

4.2.5.3 温度和载荷速率对断裂韧性的影响

以脆性破坏为主的陶瓷材料，其断裂韧性随温度的升高呈降低的趋势，主要原因是温度升高带来的材料弹性模量的下降所致，如图 4－42 所示。断裂韧性直接受弹性模量的影响，因此，弹性模量随温度升高而降低，是陶瓷材料断裂韧性下降的直接原因。研究表明，$MgAl_2O_4$ 单晶陶瓷的断裂韧性随温度的升高而几乎呈直线下降，不过，Al_2O_3 单晶陶瓷断裂韧性对温度的依赖性则因结晶晶面的不同而异。Al_2O_3 单晶的(0001)面在室温下显示出高的断裂韧性值，而当温度升至 1 023 K 时则降至室温值的 1/3，远远低于其他晶面的断裂韧性值。由此，根据弹性模量与温度的关系，可解析出断裂韧性对温度具有线性依赖性。不过，由 Al_2O_3 单晶(0001)晶面的断裂韧性的理论值与实验值不一致的事实，说明仅仅由温度和弹性模量的关系说明温度对断裂韧性的影响是不全面的。多晶陶瓷材料的断裂韧性也随温度的升高而降低，这是由于在晶界上存在玻璃相等软化相时，造成材料强度以及断裂韧性显著降低。但是，有些情况下玻璃相的软化能使裂纹尖端钝化，反而会引起断裂韧性的升高。

当温度升高到能够在裂纹尖端释放出位错的温度时，由于位错在裂纹尖端的释放使应力集中得以缓和，这反而会使断裂韧性升高。这种断裂韧性的反向变化温度，对 Al_2O_3 单晶和 $MgAl_2O_4$ 单晶来说基本在 1 273 K 附近。如果温度进一步升高，则与形成显微裂纹的机制一样，整体弹性模量的降低带来断裂韧性的再度降低。

另一方面，对于金属材料而言，由于位错运动对断裂韧性有着相对大的贡献，故降低温度与增加载荷速率具有相同的作用。绝大多数金属材料在高温下呈现韧性断裂，当温度降低时则转变成脆性断裂。增加载荷速率使得位错未能来得及运动就发生断裂了，因此与低温下一样发生脆性断裂。按此原理，对于断裂和位错运动没有关系的陶瓷材料，不难想象其断裂韧性与载荷速率没有关系，Sialon、Si_3N_4、SiC 等就是如此。但 Al_2O_3、ZrO_2 等的断裂韧性则随载荷速率的增加而升高。ZrO_2 陶瓷随着载荷速率的增加，可由正方结构转变成单斜结构，因此出现断裂韧性对载荷速率的依赖性是很容易理解的。然而，对于 Al_2O_3 的变化却没法解释，尽管有诸如潜伏时间(incubation time)说、过程区(process zone)说、裂纹偏转说等，但均未能彻底说清原因。由此看来，为查明断裂韧性对载荷速率依赖的原因，有必要通过变化晶粒直径等显微组织进行深入系统的研究。

4.3 高分子材料的强化与韧化

(Strengthening and toughening of polymer materials)

4.3.1 高分子材料的强度特点 (Strength characteristics of polymer materials)

高分子材料,往往给人们的印象是具有质轻、易加工成型以及耐锈蚀等特点。就其强度而言,虽然现在已经研制成功了如超级工程塑料(Super - engineering plastic)等高强度塑料,但总体上说大多数高分子材料的强度还是比较低的,尤其是高温下的强度问题一直在制约着高分子材料更广泛地应用。这是因为高分子材料的强度具有十分敏感的温度特性。从图 4 - 46 中不难看出,温度对高分子材料的力学行为有着决定性的作用。高分子材料的另一个强度特点就是晶化指数敏感性高。众所周知,高分子材料主要由碳原子的结构链所组成,若碳原子以 sp3 轨道电子形成金刚石结构,那么就会显示出三维高强度-高弹性之特点;然而,若碳原子以 sp2 轨道电子形成石墨结构,那么将成为二维高强度-高弹性的材料,由此带来了高分子材料的强度随结合键而变化。另一方面,因为分子链间是以范德华力相结合的,与链内相比链与链之间的结合力非常小。因此,概括地讲,高分子材料的实际断裂强度不足其理论值的十分之一,主要原因是:①实际高分子材料中的分子链未能充分地伸展,并且其取向也各异,因仅仅有一部分分子链承受了载荷;②实际高分子材料未能达到充分的晶化,换言

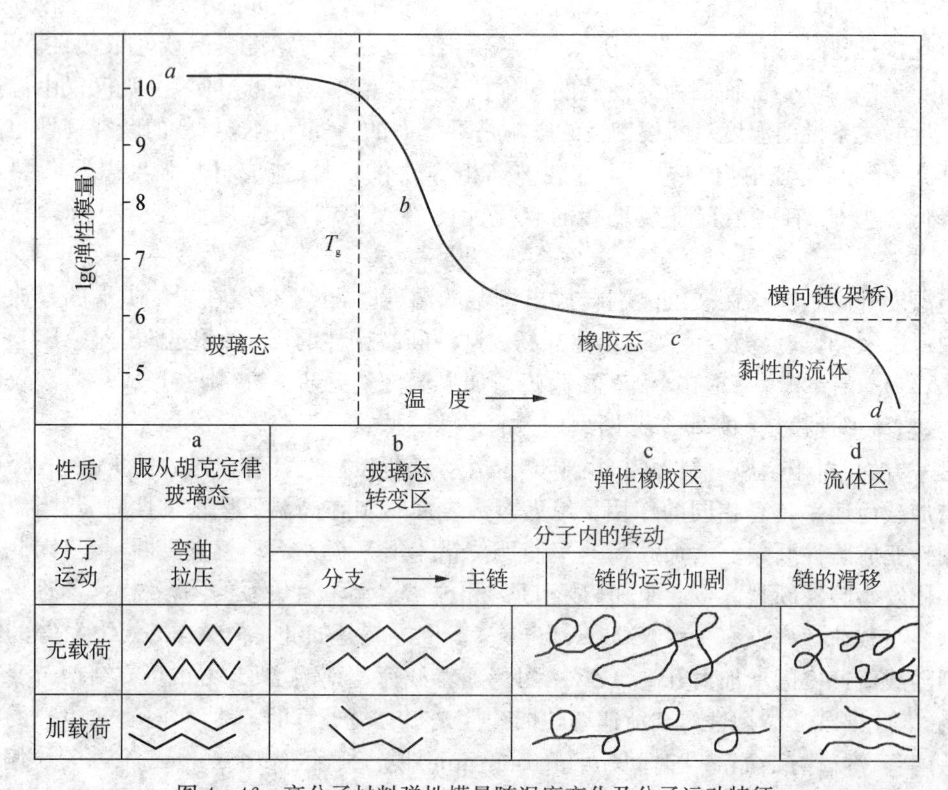

图 4 - 46 高分子材料弹性模量随温度变化及分子运动特征

之，未晶化部分的单位断裂面积中共价键的数目很少，并且断裂发生在球晶中非晶层或球晶的间隔中，即发生在结构最薄弱的环节；③由于高分子材料的链较短（一个链长充其量只有数千 Å），分子链的端部数量甚多，同时分子链间的物理相交点很少。

4.3.2　高分子材料的强化方法（Strengthening method of polymer materials）

如 4.3.1 节所述，针对高分子材料强度低的原因，科技工作者进行了深入的研究，开发出了多种强化方法，现简介如下。

(1) 充分延展法。大多数的线状弯曲链高分子材料，其分子链锁呈现由非晶的无取向卷与结晶的折叠层状结构，研究证明，通过如图 4－47 所示的方法，即使分子链充分地伸展，如对百万量级的超高分子量的聚乙烯纤维，采用本方法将纤维作数十倍的伸展后，分子链基本上得到了充分的伸展，从而使该高分子材料的抗拉强度达到 4.4 GPa，弹性模量达 144 GPa。另外，对单晶编织的高分子材料的超伸展，获得了抗拉强度达 6.0 GPa，弹性模量达 232 GPa 的可观成效。当然亦可采用感应加热或加压等超伸展的方法来实现高分子材料的高强度与高弹性模量。

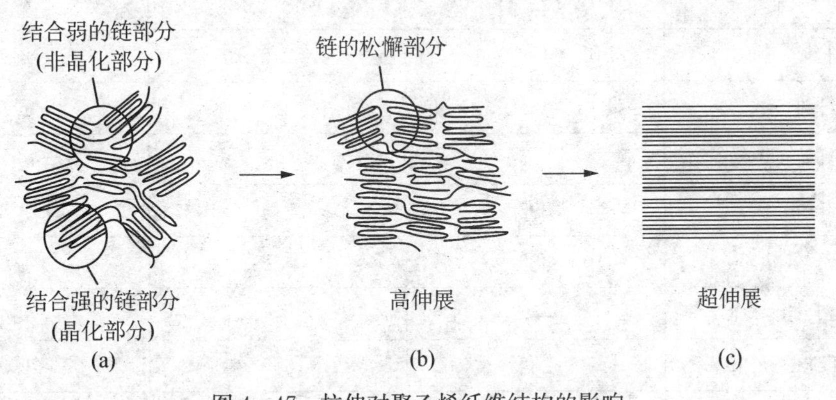

图 4－47　拉伸对聚乙烯纤维结构的影响

(a) 无取向；(b) 有取向；(c) 理想结构

(2) 合金化法。类似强化金属材料的方法，对高分子材料同样可以使用合金化。其基本原理是通过增加高分子材料的分子链的长度或三维结构的复杂性，由此增加抵抗变形的能力，达到提高材料强度和弹性模量之目的。因为这种方法多是将多种高分子进行有控制的混合，故又称为混杂技术(blend technology)。

(3) 复合方法。又称高分子复合材料(Molecular Composite：MC)技术。基本原理与前述的金属基复合材料的原理相近，即把韧性好的高分子材料作为基体，使其成为对裂纹扩展的阻力，而利用高强度-高弹性模量的纤维承担载荷。该技术可视为纤维增强高分子基复合材料(Fiber Reinforced Plastic-matrix composite：FRP)技术的延伸。

应该指出的是，近年来，伴随着制造技术的进步，基本上可以获得近似于理论值的高弹性模量的高分子纤维。表 4－6 给出了实验室条件下获得的高弹性模量纤维的特性指标。由表可见，仅以弹性模量而言，已经开发出了远远高于钢纤维(200 GPa)、Ti 合金(106 GPa)的高分子纤维。然而，考虑到分子量的限度以及加工成形等问题，高分子材料的高强度化，充其量也仅仅达到其理论值的十分之一。与此同时应注意的是，纤维化的高弹性模量和高强度，仅仅是一维的，而真正富有实用意义的应是三维的。并且，通过超延伸等方法获得的超高强度纤维，在垂直伸展方向上的强度一般很低。另外，采用合金化或混杂的方法使高分子材料强化的同时，由于分子量的增大，玻璃化温度会显著升高，从而使材料的成形性能下降。由此也会带来高分子材料的耐冲击性能大幅度降低。

表 4-6 各种高强度、高弹性模量纤维的特征

材　　料	弹性模量/(GPa)	强度/(GPa)	密度/$(g\cdot cm^{-3})$
金属纤维			
钢纤维	200	2.8	7.8
Al 合金纤维	71	0.6	2.7
Ti 合金纤维	106	1.2	4.5
B 纤维	400	3.5	2.6
无机纤维			
Al_2O_3 纤维	250	2.5	4.0
SiC 纤维	196	2.9	2.6
玻璃纤维	73	2.1	2.5
有机纤维			
碳素纤维	392	2.4	1.8
PBT 纤维	330	4.2	1.6
PBO 纤维	480	4.1	1.6
PE 纤维	232	6.2	1.0
POM 纤维	58	2.0	1.4
PVA 纤维	121	5.1	1.3

4.3.3 高分子材料的韧化方法 (Toughening method of polymer materials)

如前所述，材料的韧性(这里以断裂韧性为衡量标准)代表着对裂纹的萌生和扩展的抵抗能力。与金属材料相比，高分子材料的断裂韧性要低得多，其原因在于大多数高分子材料的强度处于弱势。图 4-48 给出了典型高分子材料的断裂韧性与其断裂强度的关系。可见，在高分子材料中强度与其断裂韧性的关系很微妙。众所周知，弹性体中应变能释放率定义为裂纹扩展单位面积所需的能量。因此，理论上认为其取决于固体的表明表面能(表

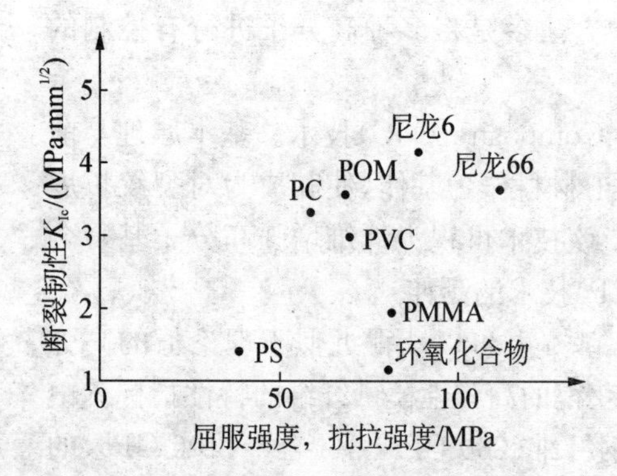

图 4-48 典型高分子材料的断裂韧性值与其强度的相关性

面张力)的大小。然而,对于高分子材料而言,利用接触角测定方法测得的表面能充其量不过0.1 J · m^{-2},而实际的断裂韧性要比此值大1 000倍到10 000倍。出现此种差异的原因可认为有三:首先,固体—液体间的表面能是根据高分子材料的二次结合力(范德华力)求得的,实际上高分子材料有大量的一次结合力的破坏,即有大量分子主链的断裂发生。其次,在裂纹尖端出现的跳跃裂纹(Craze)以及塑性变形均消耗不可逆的能量。再者,变形过程中有相当数量的滞弹性能被消耗。有关此方面的问题敬请读者参阅有关的文献。

与其他的材料相似,高分子材料的韧性同样可采取提高材料强度的方法来达到提高断裂韧性的目的,就此请参阅4.4.2节以及有关文献。在此,仅就高分子材料独特的韧化问题简介如下。首先,介绍高分子材料的显微结构问题。与金属材料和无机非金属材料不同,高分子材料的显微结构非常复杂、种类繁多。虽然没有如钢铁材料那样的明确的固态相变,但依据其所处的温度、合成的方法以及添加物的不同,其性能各异。单单就传统的结晶(晶化部分)结构而言,就有简单的环形结构、球晶结构、片层结晶结构、玫瑰结构,等等,可以通过高分子合金化形成如PP-EPDM系的热可塑性合成橡胶的非常复杂的结构。因此,高分子材料在很大程度上可以通过控制其微观结构达到增韧之目的。其次,高分子材料亦可通过材料设计(高分子设计)的方法实现韧化。仅仅聚合反应可实现设计并控制的高分子结构就有:①单体;②聚合度(分子量)以及分布;③末端官能团;④立体结构(立体异构、对称性);⑤共聚体(杂乱无章、交叉、板块、层状、周期、完全取向控制);⑥微粒子;⑦分支和架桥。由此可见,高分子材料可只依靠初始结构设计就能实现一系列的变化,再通过将这些结构各异的单体聚合、成形、加工,来实现对其韧性的控制。当然,高分子材料的二维乃至三维的分子设计正成为当今高分子材料强韧化及各项性能控制的研究热点,可以预言,不久的将来,在考虑高性能、多功能化的同时,兼顾资源与环境问题,乃至再生资源综合利用的材料设计将在高分子材料领域率先实现。

4.4 复合材料的强化与韧化

(Strengthening and toughening of composite materials)

4.4.1 复合强化原理 (Theory of composite strengthening)

关于在静态载荷下复合材料的力学行为已在2.1.5节中有过介绍,在此不再重复。复合材料经过复合后为何显示出与其组成材料的不同性能,尤其是对于金属基复合材料,通过将一定量的陶瓷材料(包括陶瓷纤维、晶须以及粒子)加入到金属基体中,使材料的弹性模量与强度大为升高。其原理可用式(4-77)表示:

$$E_c = V_f E_f + E_m(1 - V_f) \tag{4-77}$$

此处的 E 代表材料的弹性模量;V 表示增强材的体积分数;脚标的c, f, m分别代表复合材料、强化纤维以及基体。当然,作为应用最广的颗粒增强复合材料,其强化原理应该是第二相强化以及弥散强化的延续,所不同的是此时的增强材是人为添加的。另一方面,值得注意的是复合材料中的界面问题。换言之,复合材料由于是由两类完全不同的物质所构成(第二相强化合金中的第二相仅仅是由母相析出的新相)的,如在铝合金中通过添加SiC晶须所制造的复合材料,因为铝合金的膨胀系数远远大于SiC晶须,使其在界面形成较大的残余应力。这也是构成复合材料强化的一个重要因素。有关复合材料的强化问题,已有大量资料介绍,在此从略。

4.4.2 复合韧化原理与工艺 (Theory and processing of composite toughening)

通过复合手段使材料的强度得到提高,这一点是令人欣慰之举。然而,不要忘记在材料得到强化的同时,复合材料与其未强化的基体相比,韧性却大为降低。正是因为如此,如何改善复合材料的韧性问题成为研究复合材料的另一个重要的课题。在此,笔者依据自身在此方面的研究工作和近年发表的相关报道,做如下的探讨。

(1) 复合材料韧性的定义。众所周知,复合材料与传统材料不同,是由两种或两种以上不同材料复合而成的。然而,作为考查材料韧性的指标——断裂韧性、断裂吸收功均有严格的定义和规定的测定方法。换言之,至今对复合材料的韧性仍未有确切的定义。在大多数条件下,沿用了组成复合材料的基体材料的评价方法及相应的概念。1997 年,日本通产省委托独立法人 Petroleum Energy Center 对陶瓷基复合材料的评价方法进行了规范化标准的制定。这项历经八年完成的工作,制定了 14 项评价技术标准,其中对长纤维增强陶瓷基复合材料的断裂韧性的评价标准中有这样的记述:“由于这样的长纤维增强复合材料的裂纹扩展的临界开始点无法测得,故只能用应力—应变曲线上的弹性极限所对应的载荷,作为裂纹扩展的临界开始点的载荷。”可见,复合材料韧性的评价方法,还有待于进一步的规范化。

(2) 复合材料韧性的测量方法。对于颗粒增强复合材料,尤其是对较脆的复合材料而言,采用传统的 K_{Ic}的方法对其韧性进行评价似乎已被大多数研究者所接受。不过,对于韧性稍高些的复合材料则应引起了足够的注意。因为这样的复合材料当发生断裂时裂纹的尖端实际上已经进入了塑性区,对于这样条件下的复合材料的韧性的评价,普遍认为应采用类似于传统的 J 积分的评价方法。当然,亦可应用能量区分技术,将 J 积分中的弹性应变能及其在裂纹扩展中的释放量和塑性应变能,在裂纹扩展中的消耗量区分开来。不过,应该强调的是,这种能量区分方法毕竟有一定的应用范围。对于如高分子基的高韧(塑)性复合材料来说,则显得过于简单。换言之,能量区分法仅适用于裂纹扩展以失稳断裂为主的情况。对于大多数高分子基复合材料,其裂纹的扩展往往被附加的如钝化、分叉、纤维/基体的剥离等过程所取代。在此条件下,传统测量方法所测得的断裂韧性值只能描述一个极为短暂期间的行为,即在“失稳”扩展的瞬间,并没有给出反映整个断裂过程的韧性。在这样的情况下,人们更倾向于使用断裂能来评价复合材料韧性。因为在断裂能(无论是静态的还是动态的)的测量上,都比较容易实现对试样的裂纹生成能和裂纹扩展能总体的测定,并可使用适当的方法将裂纹的生成能和扩展能区分开来。使用断裂韧性还是使用断裂能来评价复合材料的韧性,曾经有过争论。不过,近年来基本上达成的共识就是不可一概而论。大多数纤维增强的复合材料似乎采用断裂能的方法评价更为合理,因为如果采用断裂韧性的评价标准则会过低估算纤维在断裂过程中的作用(尤其是在裂纹扩展过程中的作用)。另一方面,由于纤维增强的复合材料具有较强的方向性(各向异性),初始裂纹与纤维长度方向的相对取向,对材料的韧性值将有较大的影响,这一点应该给予充分的注意。而对于如颗粒增强的陶瓷/陶瓷复合材料等韧性极低的复合材料而言,似乎采用何种方法都无妨,并且,大多数情况下可采用压痕法间接地测定其断裂韧性。

(3) 复合材料韧性的优化方法。若依据断裂能来判断复合材料韧性的话,那么改善复合材料韧性的途径可参考图 4-49 的说明。图 4-49(a)为未强化的铝合金基体,图 4-49(b)

为 Al_2O_3 强化 Al－Zn－Mg 合金复合材料。可见，与未强化的基体合金相比，复合材料可采用：①提高裂纹的生成能；②提高裂纹的扩展能。对于如图 4－49 所示的那样的经强化后材料的弹性模量升高，从而导致复合材料的裂纹生成能很低。由此可知，这类复合材料低应变失效主要是由强化相的低应变失效所致。因此，使用尽可能具有高应变的强化相，即可达到提高复合材料的裂纹生成能，进而达到提高复合材料的整体韧性之目的。可供选择的另一方法是通过提高材料的裂纹扩展能。这种方法在高分子基复合材料的研究中得到了成功的应用。当然，对于那些基体与强化相均为脆性相的复合材料亦可采用此方法，来实现复合材料的韧化。如通过创造强化纤维的脱节、基体/纤维的剥离等方式提高复合材料裂纹扩展过程中的能量吸收。上述两种不同的提高复合材料韧性的基本思想可用图 4－50 来示意地说明。不过，有一点应该强调，复合材料不是两种不同材料的简单组合。换言之，一定不要忘记两种不同材料组合过程中形成的界面，并且，此界面对复合材料的力学行为起着举足轻重之作用。有关这方面的问题，请有兴趣的读者参阅有关的参考文献。

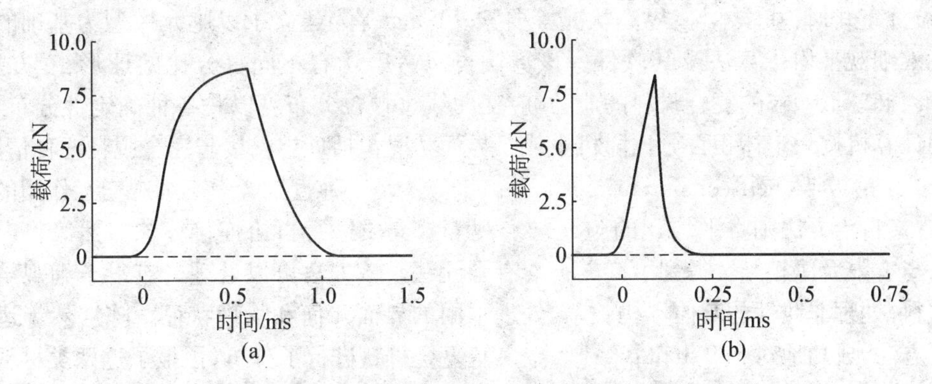

图 4－49　不同材料的冲击载荷—时间曲线

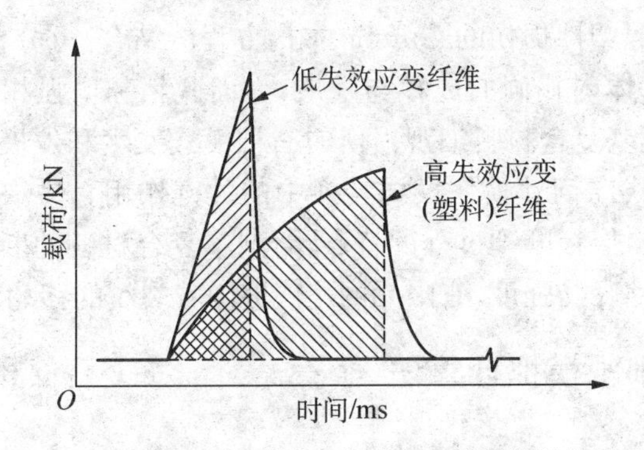

图 4－50　增强材的失效应变对复合材料韧性的影响

4.5　材料强韧化过程的力学计算

(Mechanical calculation of strengthening and toughening process of materials)

随着计算机及计算方法的进步，计算机在材料强韧化研究方面的应用有了长足的进步。本节就材料强韧化过程的力学计算进行简单的介绍，细节请读者参照有关的专著。目前，在定量表达材料强韧化过程中所开展的力学计算方法，包括：宏细观平均化计算方法、层状结构的 Hamilton 型计算方法、材料强度的统计计算方法、宏细微观三层嵌套模型法。

4.5.1 宏、细观平均化计算法（Average mechanical properties calculation on micro-and meso-level）

宏细观平均化计算包括单一层次的梯度塑性计算方法和宏细观跨尺度计算方法。Y. Huang等发展了在外加 K 场下，考虑采用宏细观连接的梯度塑性计算方案。基于梯度塑性理论的有限元计算表明，梯度塑性裂纹尖端场大多位于 HRR 场（请参见有关弹塑性断裂力学裂纹尖端奇异性问题）内，但也有一些裂纹尖端并不出现 HRR 场，只出现梯度塑性裂纹尖端场。以颗粒复合材料和纤维复合材料的横向性能探讨了宏细观跨尺度计算方法。算法包括利用材料细观周期性的胞元模型和强调宏细观连接的广义自洽模型。

(1) 胞元模型(Cell model)。胞元定义为材料的一个基本构元，它嵌含材料细观几何和相结构的要素。以颗粒增强复合材料的细观力学计算为例，胞元应嵌含颗粒形状、颗粒百分比、颗粒分布几何、基体本构、界面状况等要素。Fang 等人建立了以胞元模型为基础的三维弹塑性宏细观平均化算法及其软件。该算法可以考察含有不同百分比的球形、立方形、菱形、柱形、椭球形颗粒的复合材料的应力-应变曲线。颗粒分布可以是各种确定性分布，也可以是用计算机按一定体积百分比随机生成。界面状况包括理想粘接与完全脱粘两种情况。

(2) 自洽方法(Self-consistent method)。该方法是一种直接考虑宏细观交互作用的研究方法，广义自洽方法则将平均化的胞元与宏观等效介质进行自洽连接。陈浩然等将广义自洽方法与有限元法相结合得到了广义自洽有限元法。该方法可以处理具有复杂细观结构的复合材料，处理非线性的基体本构关系，处理不同的界面几何和物理特征。陈浩然等运用这一计算方法，成功地对 Si/Al 和 B/Al 等金属基复合材料进行了分析，预报了这两类材料的弹性模量、比例极限、屈服极限、后继强化和粘弹性性能。

通过界面损伤和金属塑性损伤的 Gurson 本构方程的结合，可分析界面强度对金属基复合材料细观损伤运动（基体内孔洞的成核与发展，界面脱粘和增强相断裂）及其宏观性能的影响，定量地描述了金属基复合材料细观损伤的三种模式发生和发展的全貌，论述了界面在复合材料从脆性损伤模式向韧性损伤模式转换中的关键作用。另一方面，杨卫等针对纤维增强复合材料和复合材料层板断裂过程的特点，研制了复合材料的断裂模拟软件，该软件能识别复合材料中的断裂路径与强度，有限元网格能够随着裂纹的移动对裂纹尖端进行聚焦。

4.5.2 层状结构的细观模拟计算法（Computation and simulation of layer structure on micro-level）

唐立民等以 Hellinger - Reissner 变分原理为基础，引入混合边界项使之成为真正意义上的混合变量变分原理，改进了 Hamilton 元的生成原理，在不改变系统方程为 Hamilton 正则方程的前提下，用本构关系把并非独立的应力分量表示成独立分量函数，最后在一般曲线坐标系下建立了 Hamilton 元，并克服了一般半解析法不能处理组合边界的困难，因此可以在复杂区域应用 Hamilton 元。提出并逐步完善了可对层合结构进行精细应力分析的混合状态牛半离散半解析方法（Hamilton 层状元），克服了传统有限元方法求解这类问题时遇到的层间应力不连续、单元网格奇异、计算效率低等困难。提出了一种以位移和层间连续应力分量为变量、沿膜面方向离散、沿膜厚方向解析展开的计算方案，来解决单元网格奇异和不同介质间应力张量,既有连续分量(层间应力)又有间断分量所造成的计算困难。

4.5.3　强度的统计计算法 (Computation of statistical strength)

如 4.2 节所述,陶瓷等脆性材料(包括岩石、混凝土、环氧树脂、铸铁等)的强度对微缺陷分布非常敏感,强度不仅与微裂纹的平均密度和平均长度有关,还与微裂纹的长度和密度的涨落有关。其原因在于微裂纹的串接过程取决于微裂纹间的强相互作用。为揭示强度对微裂纹分布的敏感性,需要采用统计计算,考察简单的共线裂纹情况。杨卫等提出:假设共线裂纹的平均长度和平均中心距均为已知,那么,裂纹长度和中心距的涨落可取不同的方差。按断裂力学和最弱链理论来统计模拟微裂纹的串接过程,结果表明:①脆性材料的统计强度遵循 Weibull 分布;②裂纹长度和中心距的方差越大,材料的统计强度越差;③材料的尺度越大,由于缺陷的涨落效应,材料的统计强度越差;④Weibull 模量仅与裂纹长度和中心距的方差有关,与其平均值无关。含不同分布方差特征的共线裂纹串的混凝土实验定量地验证了上述预测。

运用上述研究成果,杨卫等还讨论了脆性材料中宏观裂纹串接微裂纹的过程。在给定的远场应力强度因子下,可以用统计计算法得到宏观裂纹串接微裂纹的期望长度。对非共线微裂纹的串接过程,可以根据主裂纹和微裂纹的断裂力学计算来得到裂纹串接的统计规律。然后,在该统计规律下,由行走模型得到宏观裂纹垂直偏斜的期望值。这一垂直偏斜期望值在非平行宏观裂纹的交汇过程中非常重要。

4.5.4　宏、细、微观三层嵌套模型 (Nested model for atomistic/continuum simulation of interfacial fracture)

宏观、细观、微观三个层次的结合,需要发展多层次交叠的空间离散技术和时间加速计算技术。多层次的空间离散技术包括空间分域技术(即分为具有宏观、细观、微观特征的区域)及不同层次区域的嵌合技术。其技术内涵包括:以嵌盖层与吸收层为特征的缺陷结构透越技术、原子/连续介质的嵌套算法、细微观统计数值计算技术、破坏过程区移动时不同层次区域的跟随—转换技术,等等。多层次计算的一个更艰巨的任务,是在不同时间尺度下的时间加速技术。原子运动的特征时间在飞秒(10^{-15}秒)量级,它与宏观运动的时间相差十几个量级。需要发展在神经网络算法支持下具有跨层次逐步学习功能的计算技术。

清华大学发展了宏细微观三层嵌套模型。其主要构成方案为:①用原子镶嵌模型和分子动力学理论模拟裂纹尖端附近的纳观区行为;②用弹性基体加离散位错来描述细观区行为,位错的运动由位错分解剪应力和位错动力学曲线来支配;③在纳观区与细观区的交界上采用原子/连续介质交叠环和缺陷结构的透越技术,实现了裂尖发射位错的跨层次传递;④在宏观区采用超弹性/黏塑性大变形本构关系和有限元计算方案;⑤在纳观区与细观区的交界上采用位错吸收的界面条件。这一原子点阵/连续介质的嵌套算法还可以模拟界面结构与形貌,并在外载上考虑裂尖混合度的影响。在原子点阵/连续介质连续介质交叠带方案下,首次模拟出从裂尖发射的原子点阵位错运行,以及转变为连续介质位错群的动态过程(见图 4-51),并

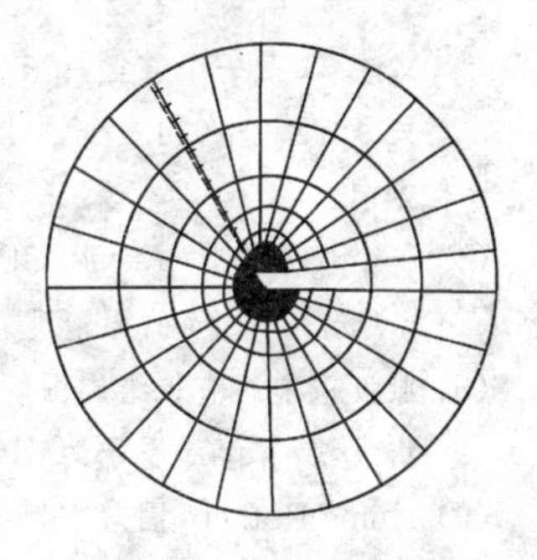

图 4-51　裂尖位错发射的细微观过程

探讨了在不同界面断裂混合度下，波折界面对位错发射的抑制作用。实现了从纳观计算力学到细观计算力学、再到宏观计算力学的贯穿。

参考文献

[1] 辛島誠一，金属．合金の強度[M]．日本金属学会，1972.

[2] Hosomi Koji, Ashida Yoshio, Hato Hiroshi, Ishihara Kazunori, Plane Strain Fracture Toughness and Stretched Zone of an 18% Ni Maraging Steel with Various Prior-Austenite Grain Sizes (in Japanese) [J]. Tetsu-to-Hagane 1978, 64(7):1047 - 1055.

[3] Takashi Yasunaka and Toru Araki, Grain Size Dependence of Fracture Toughness and Fracture Mode in an Fe-Ni-Al Alloy [J]. J. Japan Inst. Metals, 1975, Vol. 39, No. 11, pp. 1194 - 1199.

[4] L. Zhang, T. F. Guo, K. C. Hwang and Y. Huang, Mixed mode near-tip fields for cracks in materials with strain gradient effects [J]. J. Mech. Phys. Solids, 1997, Vol. 45, No. 3, 439 - 465.

[5] S. L. Zhang and W. Yang, Macrocrack extension by connecting statistically distributed microcracks [J]. Int. J. Fracture, 1998, Vol. 90, 241 - 253.

[6] 哈宽富．金属力学性质的微观理论[M]．北京：科学出版社，1983.

[7] 杨道明．金属力学性能与失效分析[M]．北京：冶金工业出版社，1991.

[8] MM的浪潮——金属基复合材料的特性、制法、行情．王磊译．[M]．长春：东北大学出版社，1991.

[9] 肖纪美．金属的韧性与韧化[M]．上海：上海科学技术出版社，1980.

[10] 陈浩然，苏晓风，郑子良．广义自洽有限元叠代平均方法[J]．大连理工大学学报，1995, Vol. 35 No. 6, PP. 790 - 795.

思考题

(1) 在铝的晶体中，有一个刃型位错和螺型位错，以(r, θ)坐标系计算出晶体的静水压力。取$G = 26$ GPa和$b = 0.3$ nm。对于一个给定的r，静水压力的最大值是多少？

(2) 用于制备一系列黄铜的铜-锌(Cu - Zn)合金体系，溶质锌原子的半径是0.133 nm，溶剂铜原子的半径是0.128 nm。计算这种合金由膨胀引起的畸变度ΔV。刃型位错和螺型位错的静水压力为σ_p，用σ_p和ΔV这两个量求合金的畸变能。另外，计算溶质原子锌在铜基体中位错上受到的作用力。

(3) 刃型位错(位于原点)和溶质原子(r, θ)间的相互作用能的计算公式如下：

$$U = \frac{A}{r}\sin\theta$$

式中，A是一个常量，请转化成直角坐标系，绘出不同值的$A/2U$(正和负)所对应的相互作用能的数值关系曲线。在同一个图上，再绘出相互作用力的曲线。当ΔV为正时，用箭头标出溶质原子的迁移方向。

(4) 一个切变模量$G = 40$ GPa和原子半径$r_0 = 0.15$ nm的金属，假定这种金属有一个使畸变度$\varepsilon = (R - r_0)/r_0 = 0.14$的固溶度。请计算每摩尔溶质的弹性畸变能。

(5) 假设铁中所有位错周围的每个位置都有溶质原子占据着，如果1 mm^3的铁中含有大约10^6 mm长的位错线，估算溶质原子的数目(原子百分数)。

(6) Hume-Rothery固溶准则中有一条是：当溶剂A的原子半径和溶质B的原子半径相差大于15%时，B在A中的固溶度可以忽略不计。通过溶质原子和溶剂(Cu)原子半径的比值，求出Ni, Pt, Au, Al和Pb在铜基体中的最大固溶度(原子百分数)，当尺寸比率大约为1.15时，证明Cu中的原子固溶度会突降。

* 参考数据：$r_{Ni}=0.1246$ nm；$r_{Al}=0.143$ nm；$r_{Ag}=0.1444$ nm；$r_{Pt}=0.139$ nm；$r_{Pb}=0.1750$ nm；$r_{Cu}=0.1278$ nm；$r_{Al}=0.1441$ nm

(7) 一个钢试样在应变率为 3×10^{-3} s^{-1} 下进行拉伸试验，试样横截面的长度为 0.1 m。当给试样一个瞬间为 0.2 的应变时，截面上有吕德斯带形成。上述的这种吕德斯带的传递速度是多少？

(8) 一种时效的沉淀强化合金的屈服强度是 500 MPa。计算合金中颗粒的间距，$G=30$ GPa，$b=0.25$ nm。

(9) 在基体中分散着相同尺寸的第二相球状颗粒（半径为 r）的一个立方单元。给定颗粒体积分数 f 为 0.001和球型半径 $r=10^{-6}$ cm 的试样，计算颗粒间的平均距离。

(10) 对于沉淀强化型合金，估算能够经受位错剪切和塑性变形的沉淀相的最大尺寸。取基体的切变模量为 35 GPa，柏氏矢量 $\boldsymbol{b}=0.3$ nm，由剪切引起的沉淀相的界面能为 100 mJ/m^2。

(11) 一个由体积分数为 2% 的沉淀相引起畸变度 $\varepsilon=5\times10^{-3}$ 的铝合金。请确定沉淀相间的平均距离，在此距离下由基体和沉淀相原子因体积的不同，而使强度有一个显著的增加。在此临界距离下，机械装置的屈服性能将会怎样？

(12) 在含 10%Mg 的 Al-Mg 合金中，估算使强化机制由颗粒剪切转变成 Orowan 绕过时的沉淀相的临界半径。

* 参考数据：$\gamma_{Al_2Mg}=1.4$ J/m^2；$G_{Al}=26.1$ GPa；$r_{Al}=0.143$ nm。

(13) 一种以氧化铝颗粒弥散强化的铝合金，氧化铝颗粒为球型，直径为 15 μm，质量百分数为 3%。请估算此弥散强化作用的大小。给定：$G_{Al}=28$ GPa，密度(Al)为 2.70 g/cm^3，密度(Al_2O_3)为 3.96 g/cm^3

(14) 在空气中，金属间化合物高温下的应用需要其具有一定的抗氧化能力。解释某些金属间化合物具有抗氧化性能的原因。

(15) 有序-无序转变经常在金属中发生，而在聚合物中却没有，为什么？

(16) 一种 Al 和 Mg 的金属间化合物在 52Mg-48Al 到 56Mg-44Al(质量分数)的范围内存在。这些混合物应该满足什么样的原子比率？Al 的原子质量数取 27，Mg 的原子质量数取 24.31。

(17) 一种以 FeAl 为基体，以 Ti 为强化层的金属薄片，如果温度由 300 K 升到 325 K，估计这种层压复合材料的膨胀情况如何。你认为会引起什么样的问题？加以解释。

(18) 假定无孔骨头的强度是 300 MPa。计算有孔洞存在的多孔骨头的强度(假定 $C_1=3$)。

第5章 材料的疲劳

(Fatigue of materials)

5.1 疲劳现象

(Fatigue phenomenon)

材料或构件在变动载荷作用下，工作一段时间后发生破坏的现象称为疲劳。疲劳是工程结构件最常见的破坏形式。如火车、汽车的车轴，汽轮机的转子与叶片，齿轮等旋转部件经常会发生疲劳失效；而桥梁、压力容器、船舶、海洋平台等非旋转结构也会发生疲劳破坏，这些疲劳现象的发生均与构件承受的变动载荷有关。

5.1.1 变动载荷 (Cyclic loading)

变动载荷是指载荷的大小、方向随时间做周期性或随机性的变化。如大多数轴类零件承受变动的弯曲和扭转载荷；齿轮的啮合过程中，载荷从零到极大值之间循环变化；发动机的起动-停机，压力容器的升压-降压；连杆的拉-压载荷等都是变动载荷。在变动载荷作用下材料与构件内产生交变的循环应力，如图 5-1 所示。循环应力的大小和方向可以是恒幅周期性变化(见图 5-1(a))，变幅周期性变化(见图 5-1(b))或是随机性变化(见图 5-1(c))。在循环应力作用下，材料内部局部区域的微结构发生变化，并产生损伤的累积，在经一定的应力循环次数后，发生疲劳断裂。

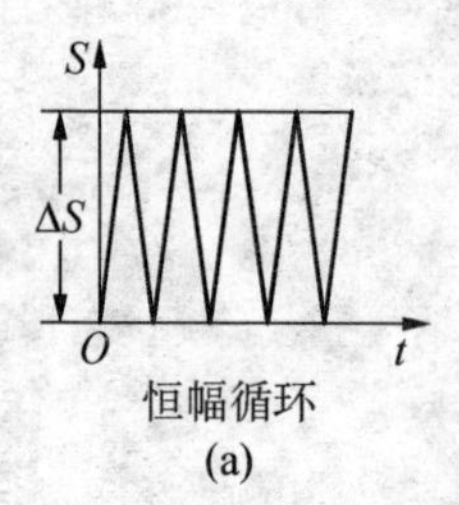

恒幅循环
(a)

S
O
t

变幅循环
(b)

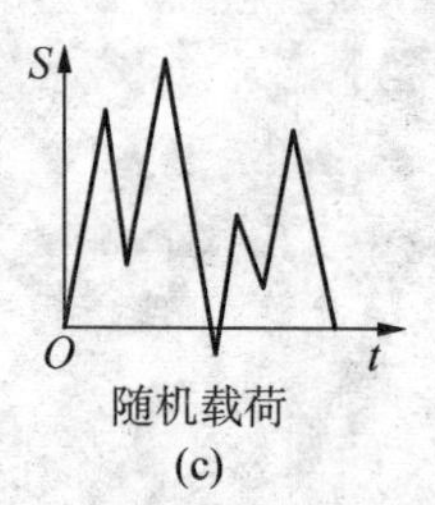

随机载荷
(c)

图 5-1 交变循环应力示意图

最基本的交变应力可以用正弦函数来描述，如图 5-2 所示。图上 σ_m 是应力的平均值，σ_a 是应力幅值，最大和最小应力 σ_{max}，σ_{min} 可以表示为

$$\sigma_{\min}^{\max} = \sigma_m \pm \sigma_a \tag{5-1}$$

定义循环特征 R，它是应力峰值绝对值的最小值与最大值的比值：

$$R = \frac{\sigma_{min}}{\sigma_{max}} \tag{5-2}$$

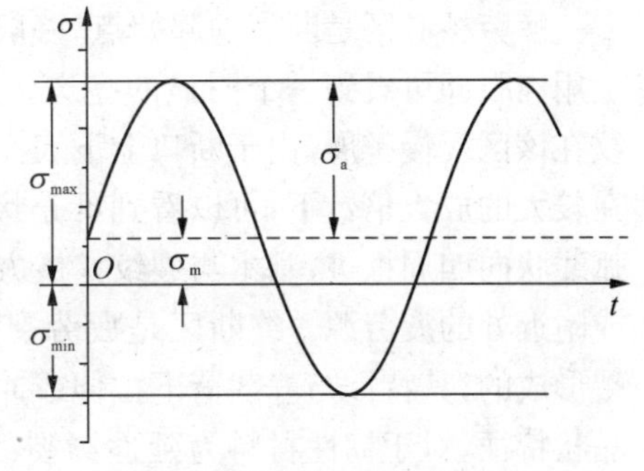

图 5-2　基本的交变应力示意图

R 的范围是 $-1 \leqslant R \leqslant 1$。当 σ_{max} 与 σ_{min} 同号时 R 为正值，异号时 R 为负值。可以将交变应力分成对称循环和非对称循环两种情况。当 $\sigma_m = 0$ 时的循环应力称为对称循环，对称循环的循环特征 $R=-1$。

5.1.2　疲劳断裂的特点 (Characteristics of fatigue fracture)

与静载荷下的断裂相比，疲劳变动载荷作用下的断裂具有以下特点：

(1) 疲劳断裂发生在很低的应力水平下。引起疲劳断裂的交变应力水平一般远小于材料的屈服强度。这主要是由疲劳破坏发生、发展的局部性所决定的。疲劳裂纹一般从构件的局部应力集中处(如缺口、沟槽等几何不连续处)或材料缺陷处萌生，并经很多次的宏观低水平应力循环，逐渐扩展到构件剩余截面，当该截面不能承担载荷时而断裂。

(2) 疲劳断裂前构件无明显塑性变形，宏观上表现为突然的脆性断裂。但和静载下的脆断不同，疲劳断口上具有交变应力作用下裂纹缓慢扩展时留下的贝壳状条纹。

(3) 疲劳断裂是一个损伤累积的过程，断口上清楚地可见有裂纹的萌生、缓慢扩展和最后断裂三个组成部分。

5.1.3　疲劳宏观断口 (Macro-features of fatigue fracture surface)

疲劳断裂是与时间相关的损伤累积的结果，其断裂过程包括：①疲劳裂纹的形成；②裂纹的缓慢扩展；③在构件剩余截面上的快速扩展而导致最后的断裂。相应于这一断裂过程的三个阶段，在宏观断口上可清楚地看到三个区域，即疲劳核心区、疲劳裂纹扩展区和最终断裂区(终断区)，如图 5-3 所示。图 5-4 是一个典型的汽轮机叶片发生疲劳断裂后的宏观断口形貌，断口上存在的三个区域也证实了断裂过程中存在的三个阶段。

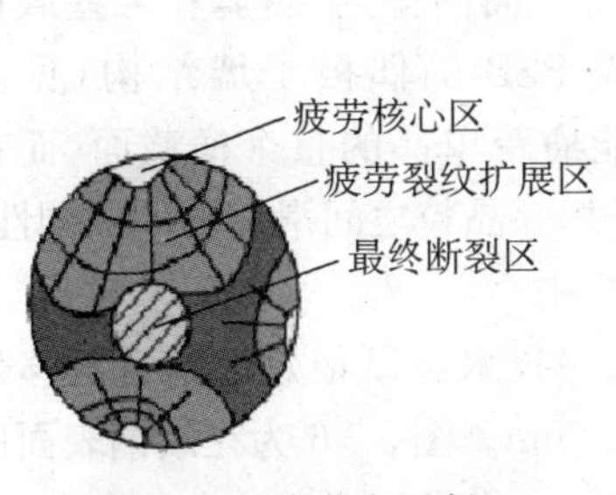

图 5-3　疲劳宏观断口

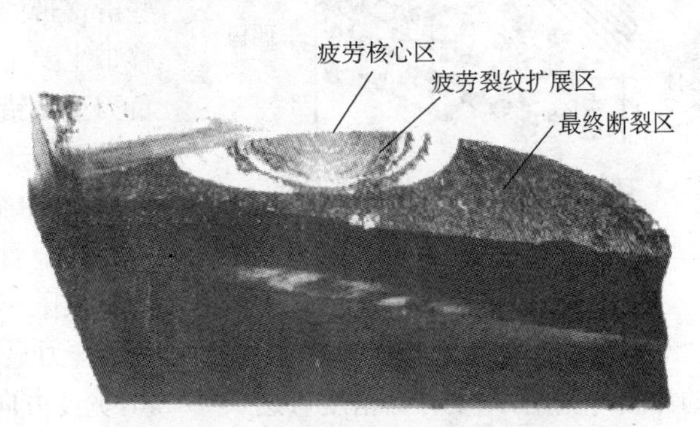

图 5-4　典型疲劳断口的宏观形貌

疲劳核心区是断裂的起始点，一般在部件表面和近表面的局部应力集中处产生，在断口上用肉眼即可看到一个明显的亮斑。疲劳裂纹扩展区是疲劳断口上最重要的特征区域，裂纹在该区缓慢扩展，由于断口上下表面反复受挤压和摩擦，断口显示平滑、光亮的宏观特征；在较大的放大倍数下，可以看到贝壳状条纹线（贝纹线）。贝纹线一般从疲劳源开始，呈同心弧线状向四周推进，基本与裂纹扩展方向垂直。通过这些条纹，常可反向找到位于部件表面或附近处的疲劳源。终断区是疲劳裂纹扩展到临界尺寸后，在构件剩余截面上快速扩展断裂形成的，其特征与静载荷下拉伸或冲击断口的特征相似，对于脆性材料为平坦的放射性结晶状特征，对于韧性材料为延性撕裂的纤维状形貌。上述疲劳断口的宏观特征是一般性规律，具体的断口形态特征及三个区的比例大小与材料性质和变动载荷的特征（即应力的种类和大小）有关，须根据具体情况分析。

5.2 金属疲劳断裂过程及其机理

(Fatigue fracture process and mechanism of metallic materials)

5.2.1 疲劳裂纹的萌生 (Initiation of fatigue crack)

疲劳裂纹的萌生与交变载荷下在构件材料表面形成的驻留滑移带密切相关。随着微观观察技术的进步，人们对疲劳过程中驻留滑移带及疲劳裂纹萌生的机理进行了深入研究。在早期的研究中发现[1]，当循环应力超过一定数值（疲劳极限）时，试件材料表面的一些局部地区的晶粒首先开始滑移，最初的滑移变形是可逆的，在经过多次的滑移变形后，滑移就变成了不可逆。滑移产生的表面台阶经抛光后可暂时消除，如继续循环，滑移台阶又在原处出现，并在循环过程中变成了带状，被称之为驻留滑移带(PSB, Persistent Slip Band)。当循环继续作用时，这些滑移带扩大并产生所谓的挤出和挤入[2]，如图 5-5 所示。在一些金属中可以看到，从滑移带内挤出了该材料的一根细小的带状物，它就是在微观的循环塑性变形情况下的挤出物。而相应的则有一个凹坑（挤入）在滑移带中形成，就如材料已从表面被吮吸下去了那样。虽然已有大量关于位错结构和PSB 变形的文献资料，但迄今人们还未完全了解这些滑移带的真正形成机理。电镜观察表明，驻留滑移带主要由位错密度很高的刃型位错壁构成。由正负刃型位错的钻石形平面内排列结构，在某些载荷条件下能够转变成 PSB 的偶极子墙结构（见图 5-5）。单个 PSB 能横跨单晶的整个横截面，而在多晶体金属中，由于相邻晶粒之间滑移的不协调性，PSB 仅限于各个晶粒中[3, 4]。

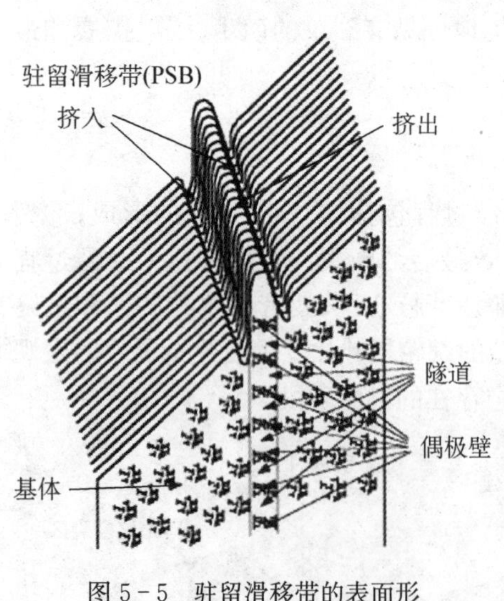

图 5-5 驻留滑移带的表面形貌和内部位错形态

对驻留滑移带的新近观察方法是采用原子力显微镜，这一技术可以很好地定量滑移带的深度与宽度，深度方向精度可达 0.01 nm，宽度方向则达 0.2 nm。图 5-6 为在碳钢表面所测得的滑移带形貌图[5]，图5-6(a)为简单静载拉伸试样在接近拉伸强度时形成的滑移带，图5-6(b)和(c)则是在接近疲劳极限时，在相同试样、相同的循环周次($N=3.00\times10^5$次)下形成的形貌。由此可见，单调静载拉伸和循环载荷下所形成的形貌是很不相同的，单调加载在试样表面上产生几何形状与"楼梯"类似的滑移痕迹。而循环变形的粗糙表面由"峰"和"谷"构成，即所谓的挤出和挤入。

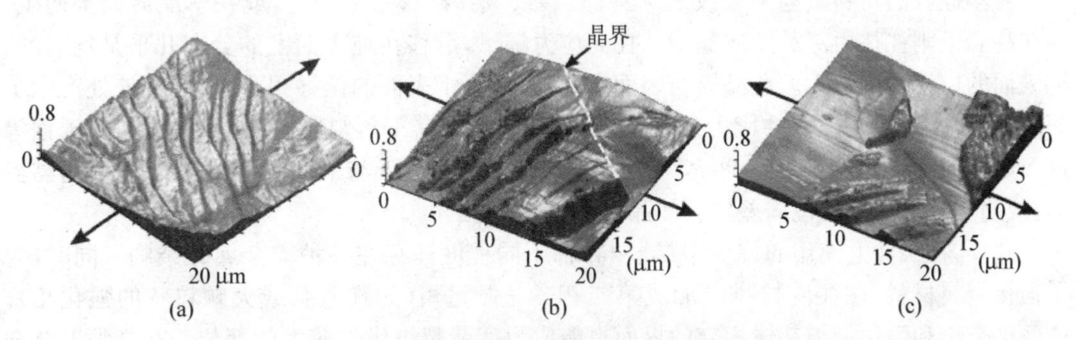

图5-6　在碳钢试样表面所测得的滑移带形貌
(α为滑移带与载荷方向间的角度)

(a) 单调滑移带；(b) 循环滑移带($\alpha=82°$)；(c) 循环滑移带($\alpha=50°$)

驻留滑移带形成后，挤入和挤出逐渐加剧，表面粗糙度增加，在表面形成许多挤出带和浸入沟，这些浸入沟就像尖锐的缺口，引起很高的局部应力集中，从而使疲劳裂纹在该处萌生。通过原子力显微镜对驻留滑移带挤出高度的测量，可以知道裂纹萌生时的循环周次，因此驻留滑移带的发展过程也可看做是裂纹萌生的过程，这一过程如图5-7中的第1～3步所示。

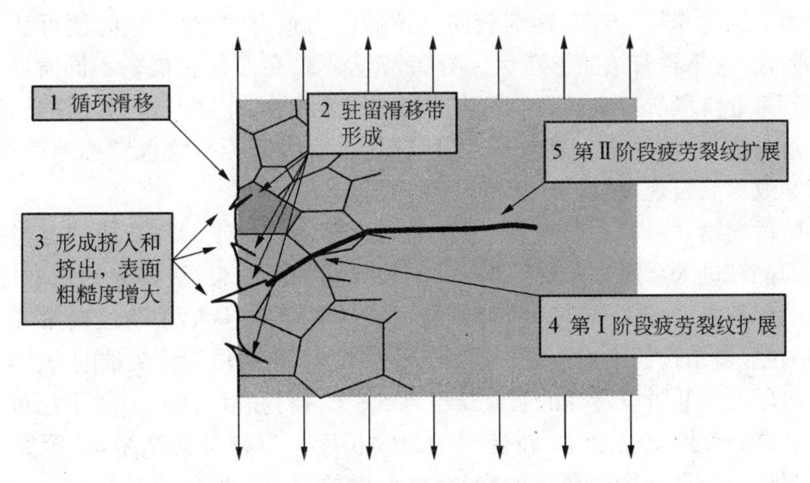

图5-7　疲劳裂纹扩展的不同阶段及模式

通过对裂纹萌生位置的观察发现：纯金属和单相金属的疲劳裂纹多在滑移带萌生；密排六方晶系因滑移带较少，滑移困难，孪晶变形较为常见。如在锌中除了形成滑移带之外还有孪晶形成，铋晶体中则仅出现孪晶。在某些其他金属中，如锆、锑、铜、锌、金和铁中都有孪晶界开裂出现。多晶体金属的孪晶界和晶界都是疲劳裂纹容易萌生的区域[6]。有实验表明，疲劳裂纹附近的狭窄区域内有密集的滑移痕迹，这说明萌生于晶界上的疲劳裂纹，是晶体发生大量滑移的结果；滑移面上的领先位错在晶界上受阻，由此形成位错塞积。位错的塞积在晶界处造成应力集中，当此应力峰值达到某临界值时便引起晶界开裂。材料的晶粒尺寸越大，晶粒内可能形成的位错塞积就越长，晶界上的应变量也越大，更易形成疲劳裂纹。因此，细化晶粒、减小滑移带长度可延长裂纹萌生或不萌生裂纹。

对塑性好的材料室温下裂纹多为穿晶，裂纹或在滑移带上萌生，或在孪晶界面上萌生，而在高温下则往往由穿晶变成晶间。在高应力幅下，滑移在纯表面上的分布几乎是均匀的。纯表面的位移可以很大。在晶界与表面交界处，垂直于表面的位移很小，从而在该处产生了深的挤入槽，造成了很大的应力集中。因此，在高幅载荷下，包括纯铝、铜、黄铜和低碳钢等许多金属的疲劳裂纹都在晶界上萌生。晶间裂纹多萌生于与最大切应力方向相近的晶界上，或萌生于相邻晶粒位向差较大的晶界上。

此外，在工业上使用的许多金属材料，都不同程度地存在各种非金属夹杂物。同时，为了强化金属材料，往往使材料中形成第二相——强化相(如弥散状或大颗粒状的强化相)。这些夹杂物和强化相与基体相交的界面也能成为疲劳裂纹优先萌生的部位。在高强度合金中，硬度高于基体的粗大夹杂物和其他第二相质点的存在，对裂纹萌生起着促进作用。这些材料的屈服强度一般很高，只有在很高的应力幅下才能产生滑移带。但是，在夹杂物或第二相质点处产生了很高的应力集中，从而在较低的基体界面上萌生裂纹，或由于夹杂物或脆性第二相的断裂亦可导致裂纹萌生。

5.2.2 疲劳裂纹的扩展 (Propagation of fatigue crack)

裂纹萌生以后，在延性较好的材料中首先沿接近最大切应力的晶体学平面扩展，称为裂纹扩展的第Ⅰ阶段，当微裂纹扩展到一个晶粒或两三个晶粒的深度以后，裂纹的扩展方向由开始时与应力成接近45°的方向，逐渐转向与拉伸应力垂直的方向，这时便可认为进入裂纹扩展的第Ⅱ阶段，它不再有结晶学特性。图5-7表示疲劳裂纹扩展的不同阶段及模式。第Ⅰ阶段过渡到第Ⅱ阶段所对应的裂纹长度的影响因素很多，主要与材料及加载条件有关，但很少超过几百微米，通常是几个晶粒尺寸，所以第Ⅰ阶段疲劳裂纹也常称为微裂纹，而把第Ⅱ阶段疲劳裂纹称为宏观裂纹。

从第Ⅰ阶段向第Ⅱ阶段的转变，一般认为是内部晶粒难于滑移造成的。当裂纹端部由约束少的表面晶粒进入金属内部时，因内部晶粒各向都受约束，滑移受到强烈抑制，从而使裂纹由开始的剪切扩展方式转变为拉伸扩展方式。实际上，从第Ⅰ阶段向第Ⅱ阶段的转变位置，往往是在显微结构的不连续处。这种转变的发生，主要由裂纹尖端的应力状态决定的。

由第Ⅰ阶段向第Ⅱ阶段转变的裂纹长度，取决于材料和应力幅，一般不超过十分之几毫米。仅在某些高强度镍基合金中，转变时的裂纹长度可以超过几毫米，甚至完全不发生转变。而由高强度合金夹杂物处萌生的裂纹，转变时的裂纹长度仅为几微米。一般应力幅越低，转变时的裂纹长度越长。对于光滑试样，由于第Ⅰ阶段的裂纹扩展速率远比第Ⅱ阶段为低，因此消耗在第Ⅰ阶段的循环数比第Ⅱ阶段要多得多。对于带缺口或预制裂纹的试样，则情况完全相反，第Ⅰ阶段裂纹扩展几乎可以忽略不计。第Ⅰ阶段裂纹扩展受切应力控制，而第Ⅱ阶段裂纹扩展受正应力控制。在室温无腐蚀介质情况下，裂纹扩展多为穿晶的，在高温或有腐蚀介质情况下则变为沿晶的。

实际上,裂纹萌生阶段和裂纹扩展阶段很难划分开来。这完全取决于人们所采用的检测仪器能否观察到裂纹为转移,即取决于所用检测仪器的分辨率。从疲劳机制的角度看,目前就是以电子显微镜的观察为准。但这一定义在工程上使用很不方便,因此在工程应用中又提出了"裂纹形成"的概念。裂纹形成一般定义为形成一条肉眼可见的宏观裂纹,此宏观裂纹的长度一般取为0.25～1 mm。目前,采用断裂力学方法已对疲劳裂纹第Ⅱ阶段扩展的规律进行了广泛研究,对于长疲劳裂纹的扩展寿命已经形成了工程上实用的预测方法,但是对于短(小)裂纹的疲劳裂纹的扩展预测仍有待深入研究。

5.2.3 疲劳短裂纹(Short fatigue crack)

构件或试件上裂纹的扩展寿命在整个疲劳寿命中常常是决定性的,断裂力学的应用促进了疲劳裂纹扩展的研究。当塑性区远小于裂纹尺寸或承载构件尺寸的情况下,线弹性断裂力学很好地描述了在各向同性材料中长裂纹尖端的应力应变场。在含大裂纹弹塑性载荷情况下,可以应用全面屈服断裂力学。但是由于结构材料往往是由大量的各向异性晶体组成的,当裂纹尺寸接近显微组织特征尺寸时,例如晶粒尺寸,断裂力学方法就不能适用了。

人们一般将短裂纹分为[7]:"物理小裂纹"(小于1 mm),"机械小裂纹"(小于塑性区尺寸),"微结构小裂纹"(小于或相当于材料显微组织特征尺寸)和"化学小裂纹"(由于环境影响生长的裂纹)。一般情况下,"小"裂纹和"短"裂纹的表述是等效的。按照微结构小裂纹的定义,在材料晶内或单晶体内形成的任何自然裂纹是小裂纹(或短裂纹)。裂纹扩展一般分成两个阶段。"Ⅰ阶段"裂纹沿微裂纹成核的主滑移平面扩展,"Ⅱ阶段"裂纹在垂直于应力轴平面扩展。在单滑移导向的单晶体内,裂纹沿主滑移平面扩展直至次滑移系激活。在多晶体内,裂纹扩展向"Ⅱ阶段"转换开始得很早,并受到环境的影响。

目前已知的短裂纹扩展机理还很有限。在单晶体的单滑移中,裂纹起始于主滑移平面,并在此平面继续扩展,直至次滑移系出现。单晶体内Ⅰ阶段裂纹扩展机理目前还未完全清楚。已提出的机理是环境引起滑移-未滑移(Slip-Unslip),伴随部分新表面修补,类似于驻留滑移带"挤出"中的裂纹成核。

在小晶粒尺寸低强度材料中,存在循环应变高度局部化的情况,此时裂纹能够萌生但不扩展。循环塑性应变集中至1个或2个驻留滑移带上,或者在孪生晶界上,在此Ⅰ型裂纹沿主滑移平面成核,裂纹本身不能产生明显的塑性区。仅当外加应力在相邻晶界产生足够的应变而引起双滑移时,裂纹才可能沿低指数晶面扩展。如果这一条件不满足,裂纹则不扩展。如果均匀应力场下成核的裂纹不再进一步扩展,那么,在常塑性应变幅载荷下,便达到真正的疲劳极限。

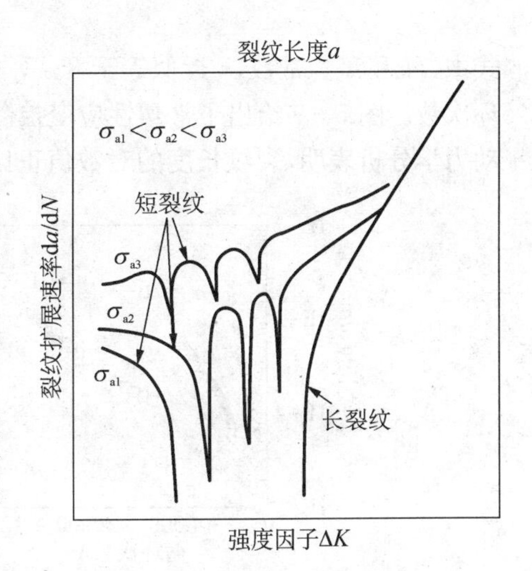

图5-8 在多晶体材料中短裂纹疲劳扩展速率与应力强度因子的关系

在裂纹扩展速率 da/dN 与应力强度因子幅值 ΔK 的关系图中,短裂纹的扩展速率一般高于长裂纹,分散性也更大,并且在低于长裂纹门槛值下扩展。图5-8给出了各种短裂纹在多晶体材料中裂纹扩展速率与应力强度因子的关系。各裂纹扩展速率波动较大，某些裂纹甚至停止扩展。不过，如果选择一个比表面裂纹尺寸更有代表性的参数，如裂纹的面积，可能关联效果会更好，只是裂纹的面积会难以估算。短裂纹扩展速率与应力强度因子无明确的函数关系。即使在有相同应力强度因子的情况下，如果应力幅值较高，则扩展速率也较高。只有当裂纹长度相对较大时，裂纹扩展速率才接近长裂纹的主曲线。

Miller 等人[8, 9]对短裂纹进行了较深入的研究，提出了在裂纹扩展早期应用显微组织断裂力学(MFM)，中间阶段应用弹塑性断裂力学(EPFM)，长裂纹、小应力情况下应用线弹性断裂力学(LFEM)的意见。显微断裂力学主要考虑材料的真实结构和显微特征尺寸，如晶粒尺寸。在显微组织断裂力学和弹塑性断裂力学中，剪应变应力强度因子 $\Delta\gamma$ 认为是裂纹扩展的驱动力。各种情况下，裂纹扩展方程如下：

MFM

$$\frac{\mathrm{d}a}{\mathrm{d}N}=A\Delta\gamma^{\alpha}(d-a) \tag{5-3}$$

EPFM

$$\frac{\mathrm{d}a}{\mathrm{d}N}=B\Delta\gamma^{\beta}(a-D) \tag{5-4}$$

LEFM

$$\frac{\mathrm{d}a}{\mathrm{d}N}=C(\Delta\gamma\sqrt{\pi a})^{n} \tag{5-5}$$

式中，a 为裂纹长度，d 为晶粒尺寸，A, B, C, D, α, β 和 n 为常数，D 表示在 EPFM 下裂纹扩展门槛条件。

对低合金钢自然短裂纹扩展动力学的研究表明[10, 11]，裂纹萌生于滑移带或非常小的表面缺陷处并在常应力幅下扩展。许多材料小裂纹扩展速率可用简单定律描述：

$$\frac{\mathrm{d}a}{\mathrm{d}N}=H\sigma_a^h a \tag{5-6}$$

式中，H 和 h 为常数，h 近似等于 8。等式(5-6)的积分可得到裂纹扩展速率对数正比于循环次数。图 5-9 给出了常塑性应变控制下，双相钢裂纹长度与循环次数的关系。裂纹扩展动力学分析表明，裂纹长度的对数值正比于循环次数，扩展速率正比于裂纹长度。

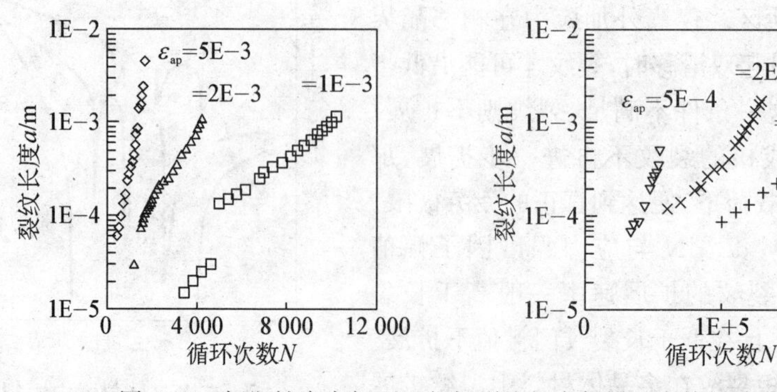

图 5-9　恒塑性应变幅下双相钢裂纹长度与循环次数的关系

对几种材料在恒塑性应变幅循环中发现，裂纹扩展速率与裂纹长度的关系可描述如下：

$$\frac{da}{dN}=k_g a \tag{5-7}$$

式中，k_g 为裂纹扩展系数，表征短裂纹扩展的无量纲参数，为塑性应变幅的函数。不同塑性应变幅下短裂纹扩展研究认为由塑性应变幅确定裂纹扩展系数。对双相奥氏体-铁素体不锈钢(316 L)，此关系见图 5-10[12]。实验数据与幂律拟合，吻合很好。

$$k_g=k_{g0}\varepsilon_{ap}^{d} \tag{5-8}$$

参数 k_{g0} 和 d 为材料常数。方程(5-8)采用最小二乘法拟合。

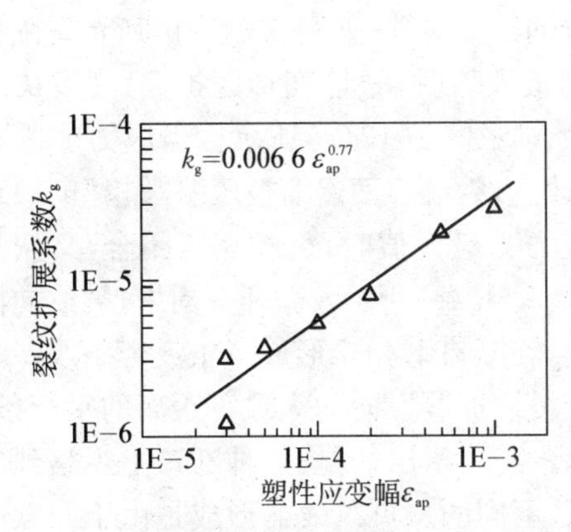

图 5-10　316 L不锈钢裂纹扩展系数与塑性应变幅的关系

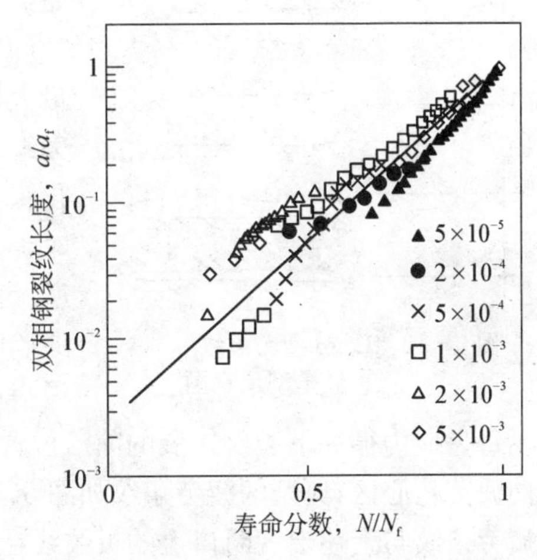

图 5-11　双相钢中裂纹长度与寿命分数的关系

在常幅载荷下疲劳断裂的必要条件是一个或几个裂纹的萌生，短裂纹的扩展，加速扩展，直至突然断裂。对于大多数材料，在通常载荷条件下，裂纹成核的周期不大于疲劳寿命的 5%～20%。从图 5-11 的双相钢裂纹长度与循环次数关系可见，裂纹成核少于 20%的总疲劳寿命。光滑试样寿命的大部分用于短裂纹的扩展。

当裂纹扩展时，裂纹尖端塑性区变得更大，循环塑性应变促使裂纹前行。循环区域由于循环塑性应变引起的扩展速率一般采用断裂力学估算。在没有门槛值条件下，长裂纹扩展可使用 Paris 公式(参见式(5-11))描述：

$$\left(\frac{da}{dN}\right)_l=\nu_0\left(\frac{\Delta K}{K_{a0}}\right)^m \tag{5-9}$$

式中，ΔK 为应力强度因子幅，m，ν_0，K_{a0} 为 Paris 定律的简单参数。

总裂纹扩展速率近似估算即为短裂纹扩展速率与长裂纹扩展速率之和，因此裂纹扩展方程的广义形式如下：

$$\frac{da}{dN}=k_g(\varepsilon_{ap})a+\nu_0\left(\frac{\Delta K}{K_{a0}}\right)^m \tag{5-10}$$

式中，$k_g(\varepsilon_{ap})$是根据方程(5-8)塑性应变幅得到的裂纹扩展系数。在较大塑性屈服条件下，方程(5-10)中的第二项可由 J 积分近似表达。

5.2.4 疲劳裂纹扩展机制与疲劳断口微观特征（Mechanism of fatigue crack propagation and micro-features of fatigue fracture surface）

疲劳裂纹扩展的第Ⅰ阶段主要以晶内沿滑移面分离机制为主，在断口上形成沿滑移面分离的无特征的平坦断口形貌，对某些材料组织，断口上也可看到沿晶界断裂的小裂面特征。由于第Ⅰ阶段只向内扩展一到几个晶粒，需要在高倍电镜下仔细观察，才可以看到这些断口的微观特征。

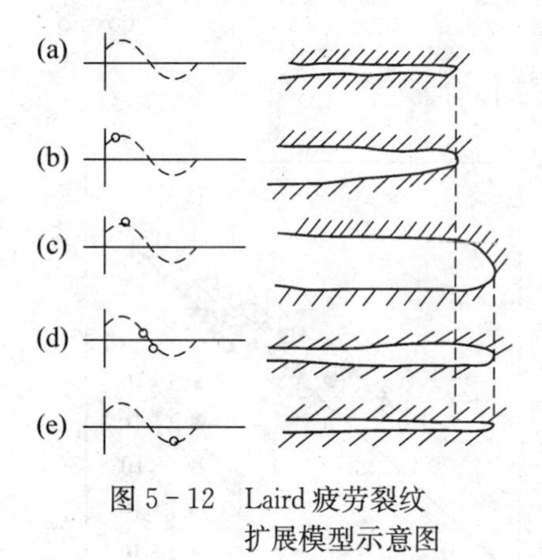

图 5-12　Laird 疲劳裂纹扩展模型示意图

对塑性材料，疲劳裂纹在第Ⅱ阶段的扩展机制，一般都用 Laird 的裂纹张开-钝化-变锐的模型解释。在开始循环的原始状态，交变应力为零，裂纹闭合，如图 5-12(a)所示。随拉应力的增加，裂纹张开，在裂纹尖端沿最大切应力方向产生滑移，如图 5-12(b)所示。随拉应力继续增加到最大值时，塑性变形区扩大，裂纹尖端钝化张开到最大，如图 5-12(c)所示。当应力变为压缩时，滑移方向改变，裂纹表面逐渐被压缩，如图 5-12(d)所示。当压应力为最大值时，裂纹完全闭合，又恢复到原始状态，如图5-12(e)所示。循环一周中，裂纹向前扩展一小段距离，在断口上相应形成一条疲劳条纹。条纹表示每一应力循环下裂纹扩展的前沿位置，垂直于裂纹扩展方向的大致等距离的平行条纹，弯向疲劳核心区，典型的疲劳条纹如图 5-13 所示。需要指出的是，这种断口上观察到的微观疲劳条纹与上述宏观断口上的贝纹线在本质上是不同的。贝纹线的形成是由于间歇性的载荷大小发生变化(如开机-停机)使裂纹扩展过程不连续所留下的宏观印记。对每一贝纹线的高倍电镜断口观察表明，它由上万条或更多的疲劳条纹所构成。疲劳条纹是疲劳断口上最重要的也是区别于其他断裂形式的最有代表性的断裂特征。不同性质的材料，在不同的循环应力下，由于疲劳裂纹扩展机制的差异，条纹形态有所不同。一般分为塑性条纹(见图 5-13(a))和脆性条纹(见图 5-13(b))，前者在塑性较好的材料中容易出现，条纹的产生伴随有较大的塑性变形，断口凸凹不平；后者在较硬的材料中容易出现，断口较为平坦。

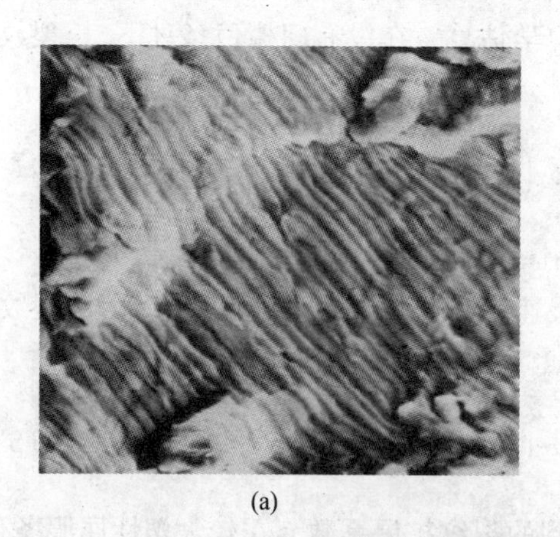

(a)

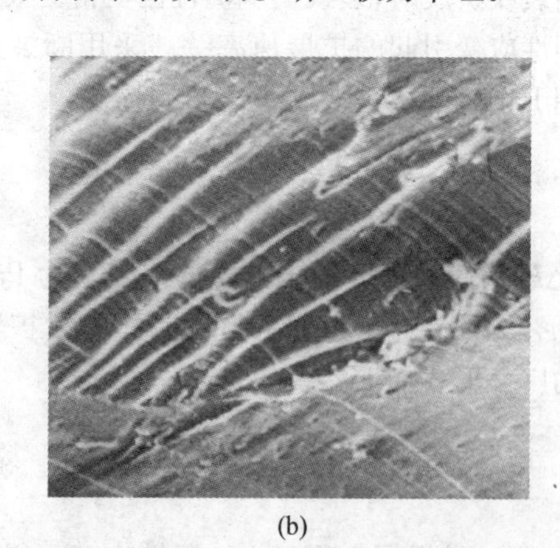

(b)

图 5-13　典型断口上的疲劳条纹

(a) 钛合金的塑性疲劳条纹；(b) 镍基合金的脆性疲劳条纹

由于每一应力循环对应产生一个疲劳条纹，条纹之间的间隔相当于一个应力循环的裂纹扩展长度。所以，可以根据断口上测得的条纹宽度，近似估算出疲劳裂纹扩展速率，也可据此对引起疲劳断裂的载荷特性做定量分析。因此，疲劳条纹是分析疲劳裂纹扩展机制和测量疲劳裂纹扩展速率的最重要的断口金相形貌特征。但通过断口上条纹宽度测量疲劳裂纹扩展速率，需要高清晰的微观观测设备，且实际中的疲劳断口大多被环境污染了，难以观察到清晰的疲劳条纹，目前主要还是基于断裂力学的方法计算疲劳裂纹扩展速率。

5.3 疲劳裂纹扩展速率与门槛值

(Fatigue crack propagation rate and its threshold)

许多工程结构在制造和服役中都可能产生缺陷，疲劳裂纹容易从初始缺陷处起裂和扩展。在这种情况下，疲劳裂纹在第Ⅰ阶段扩展所占时间很短，在第Ⅱ阶段的扩展时间决定了构件的疲劳寿命。因此，需要计算裂纹在第Ⅱ阶段的扩展速率以预测构件的疲劳寿命和确定裂纹扩展到最终断裂时的临界尺寸，用以结构的抗疲劳设计和运行中缺陷的安全性评价。

目前，计算疲劳裂纹扩展速率的方法主要基于断裂力学的理论。最早的疲劳裂纹扩展速率与断裂力学参量的关系是 Paris 和 Erdogan 提出的裂纹扩展速率 da/dN 与应力强度因子范围 ΔK 的关系[13]，一般称为 Paris 公式：

$$\frac{da}{dN} = A(\Delta K)^m \tag{5-11}$$

式中，A 和 m 为试验确定的材料常数。大量的试验证实，该式在一定的裂纹扩展速率范围内适用，对于大多数金属材料，该范围为 $10^{-5} \sim 10^{-3}$ mm/周次。如将 da/dN 对 ΔK 在双对数坐标中作图，则完整的 $\lg(da/dN) - \lg \Delta K$ 曲线呈 S 型，如图 5-14 所示。图中曲线可以分为 A、B、C 三区，其上部边界为 K_{Ic} 或 K_c(平面应变或平面应力断裂韧性)，下部边界为裂纹扩展应力强度因子幅门槛值 ΔK_{th}。

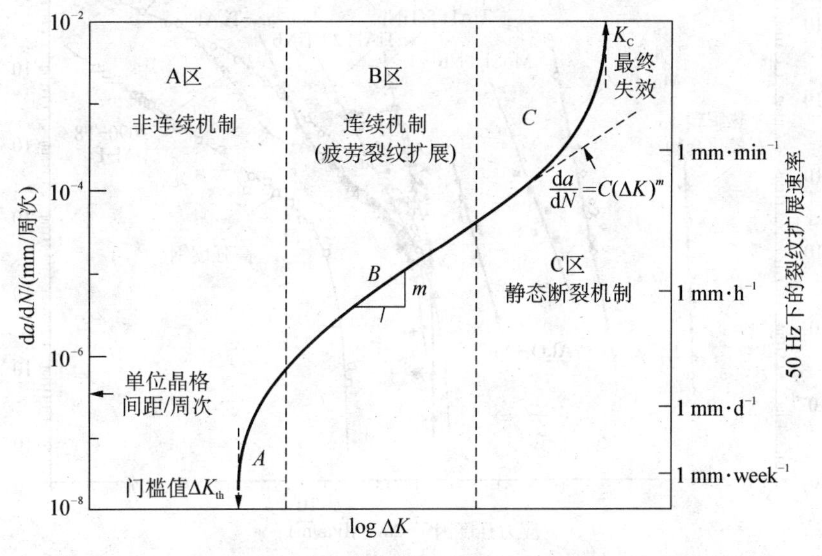

图 5-14　疲劳裂纹扩展速率和应力强度因子幅的关系示意图[14]

ΔK 较高时(C 区),式(5-11)低估了裂纹扩展速率;ΔK 较低时(A 区),式(5-11)高估了裂纹扩展速率。曲线的形状受 K_{Ic}(或 K_c)以及 ΔK_{th} 的强烈影响,例如,某些低韧性材料,B 区很窄甚至完全消失;而在腐蚀介质下的某些高强度钢,根本就不存在明确定义的门槛值。A 区裂纹为非连续的扩展机制,裂纹的扩展受显微组织、平均应力、环境介质的强烈影响;B 区裂纹为连续的条纹扩展机制,扩展速率受显微组织、平均应力及试样厚度等因素的影响相对较小,但对某些腐蚀介质、平均应力和频率的组合可能十分敏感;C 区出现静断型断裂方式,受显微组织、平均应力、试样厚度的影响大,但对环境不敏感。

试验表明,对于大部分钢铁材料,式(5-11)的指数 $m=2\sim4$。考虑到试验结果的分散性,各种钢铁材料疲劳裂纹扩展速率保守的估算方程[15]为

铁素体-珠光体钢

$$\frac{\mathrm{d}a}{\mathrm{d}N}=6.9\times10^{-12}(\Delta K)^{3} \tag{5-12}$$

淬火回火钢

$$\frac{\mathrm{d}a}{\mathrm{d}N}=1.35\times10^{-10}(\Delta K)^{2.25} \tag{5-13}$$

奥氏体不锈钢

$$\frac{\mathrm{d}a}{\mathrm{d}N}=5.6\times10^{-12}(\Delta K)^{3.26} \tag{5-14}$$

式中,$\mathrm{d}a/\mathrm{d}N$ 的单位为 m/周次,ΔK 的单位为 $\mathrm{MPa}\cdot\mathrm{m}^{1/2}$。

钢与其他类型材料疲劳裂纹扩展速率的比较如图 5-15 所示。与钢铁材料相比,铝合金疲劳裂纹扩展速率分散度大。

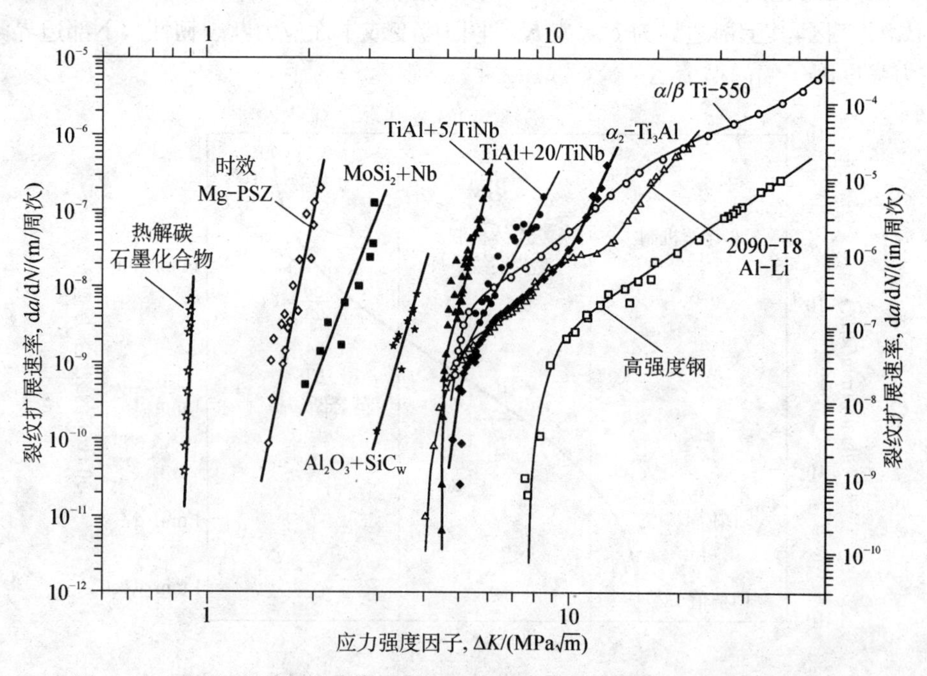

图 5-15 金属、金属间化合物、陶瓷、碳等材料的疲劳裂纹扩展速率的比较[16]

图5-14的A区表明，当ΔK降低到临界值ΔK_{th}时，疲劳裂纹停止扩展或实验难以观察到裂纹扩展。通常规定经10^7循环周次观察不到裂纹扩展的最大应力强度因子范围ΔK，为疲劳裂纹扩展门槛应力强度因子ΔK_{th}，常用的裂纹监测技术精度为0.1 mm，则达到ΔK_{th}时相应的裂纹扩展速率为$da/dN \leqslant 10^{-11}$ m/周次。

多种因素可以影响疲劳门槛值，很明显的是应力比$R(=K_{min}/K_{max})$的影响，当$R>0$时，R对ΔK_{th}的影响可用下述公式近似估计：

$$\Delta K_{th(R)} = \Delta K_{th(R=C)}(1-R)^{r} \tag{5-15}$$

式中，γ为试验确定的材料常数。R对ΔK_{th}的影响在真空中一般明显减小甚至完全消失。

对于低强度钢和奥氏体不锈钢，ΔK_{th}随晶粒度增大而增大；而高强度钢的ΔK_{th}与奥氏体晶粒度无关，因为前者的断裂单元为奥氏体晶粒，后者的断裂单元为马氏体板条束。ΔK_{th}一般随强度的升高而降低，但也有例外，中碳铬钢45Cr和高碳钢T12的ΔK_{th}随回火温度（即强度）的变化存在一个极大值，具有马氏体与铁素体复相组织的中、低碳钢，其疲劳门槛值不仅取决于强度，也取决于两相的相对量[17]。

另一方面，在裂纹扩展的C区，亦即当循环载荷的最大应力强度因子K_{max}接近材料的断裂韧性时，适用于中速扩展区的Paris公式往往低估了裂纹的扩展速率，即式(5-11)不再能用来描述疲劳裂纹的扩展。研究表明，当$K_{max}>(0.5\sim0.7)K_c$（或K_{Ic}）时，静断机制（微观解理、晶界分离和微孔粗化）开始出现或显著增多，部分地或完全地取代B区的条纹机制。疲劳条纹受ΔK的控制，而静断裂则由K_{max}所决定。因此，在疲劳裂纹扩展的C区，da/dN需要由ΔK和K_{max}两个参量来描述。图5-16给出了ΔK和K_{max}对低合金钢da/dN的影响[18]，ΔK小于40 MPa·$m^{1/2}$时，K_{max}对疲劳裂纹的扩展基本上没有影响，其扩展速率由ΔK所单值地决定，裂纹以连续的条纹机制扩展；当ΔK大于40 MPa·$m^{1/2}$时，随ΔK增大，K_{max}的影响急剧增大，疲劳裂纹的扩展逐步由条纹机制过渡到微孔粗化机制。

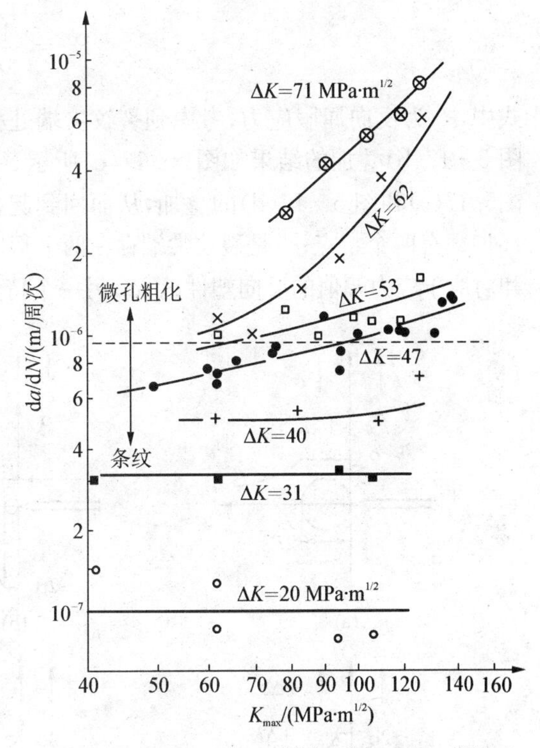

图5-16　ΔK和K_{max}对低合金钢da/dN的影响

对于K_{Ic}较低的脆性材料，即使在B区，疲劳裂纹也不以全部条纹机制扩展，往往伴随有静断型断裂方式的出现，从而使裂纹扩展加速。为了反映K_{max}、K_c和ΔK对疲劳裂纹扩展行为的影响，Forman提出了一个已被广泛接受的表达式[19]：

$$\frac{da}{dN} = \frac{A'\Delta K^{m'}}{(1-R)K_c-\Delta K} \tag{5-16}$$

式中，A'和m'为试验确定的材料常数，K_c为断裂韧性。

裂纹尖端塑性区与裂纹闭合对疲劳裂纹扩展速率也有影响。延性固体裂纹尖端塑性区的前缘,可通过考察裂纹尖端区应力应变来求出。在裂纹尖端区内,Mises 等效应力超过拉伸流变应力 σ_y。裂纹尖端正前方($\theta=0$)的塑性区尺寸 R_y 与应力强度因子的平方成正比。在平面应变条件下的Ⅰ型加载中:

$$R_y=\frac{1}{3\pi}\left(\frac{K_t}{\sigma_y}\right)^2 \tag{5-17}$$

循环加载的理想弹性-塑性材料的裂纹尖端塑性区与应力分布如图 5-17 所示[20]。在加载的半周期内,当名义应力增加到 σ 时,相应的应力强度因子增至 K_{I},裂纹尖端的塑性区及垂直于裂纹扩展方向的应力分量 σ_{yy} 如图 5-17(a)所示。在卸载的半周期内,当应力从 σ 降至 $\sigma-\Delta\sigma$ 时,相应的应力强度因子由 K_{I} 变至 $K_{\text{I}}-\Delta K_{\text{I}}$,此时裂纹尖端的应力状态,可以看成是由 K 和 $-\Delta K_{\text{I}}$ 所造成的应力状态的叠加。单独考虑 $-\Delta K_{\text{I}}$ 时,裂纹尖端附近应力 σ_{yy} 分布如图 5-17(b)所示,图中 R_y^c 为反向塑性区尺寸,可表示为

$$R_y^c=\frac{1}{3\pi}\left(\frac{\Delta K_1}{\sigma_y^c}\right)^2 \tag{5-18}$$

式中,σ_y^c 为反向屈服应力,考虑到裂纹尖端处材料已正向屈服,因此 $\sigma_y^c=\sigma_y$。图 5-17(a)与图 5-17(b)叠加的结果如图 5-17(c)所示。在随后的循环加载中,裂纹尖端的应力场应是图5.17(c)和图 5-17(d)的叠加,从而回到起始状态,如图 5-17(e)所示。上述分析表明,循环加载有两个特点;一是裂纹尖端存在两个塑性区,即对应于循环中最大应力的单调塑性区 R_y 和对应于应力幅值的反向塑性区 R_y^c;另一个特点是卸载后疲劳裂纹尖端存在残余压缩应力。

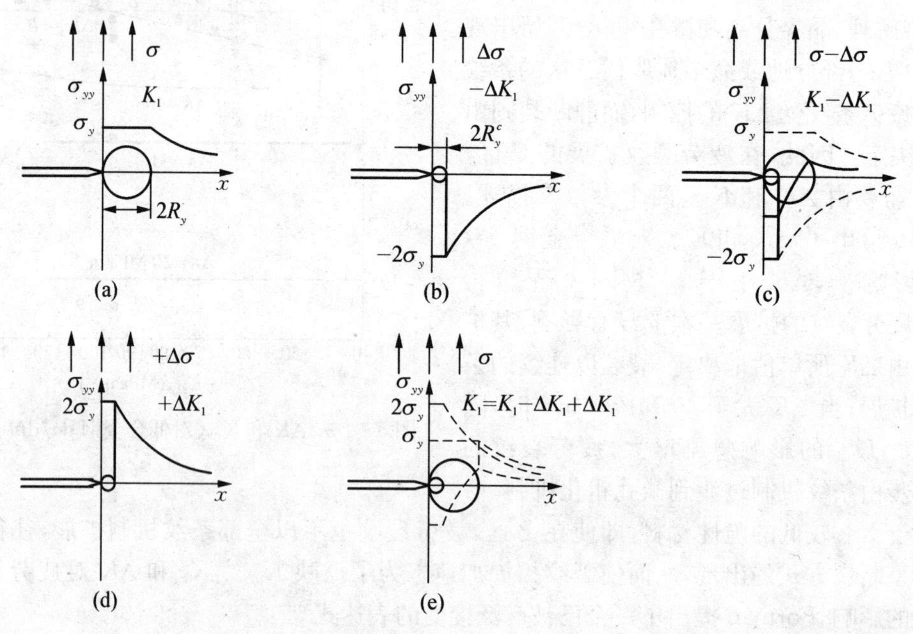

图 5-17 循环加载下裂尖塑性区与应力分布[20]

在恒幅循环载荷作用下,裂纹穿过塑性区扩展,塑性区也随之增大,结果在裂纹面两侧形成了塑性变形材料层,称为塑性尾迹,如图 5-18 所示。如果裂纹是完全张开的,则该塑性

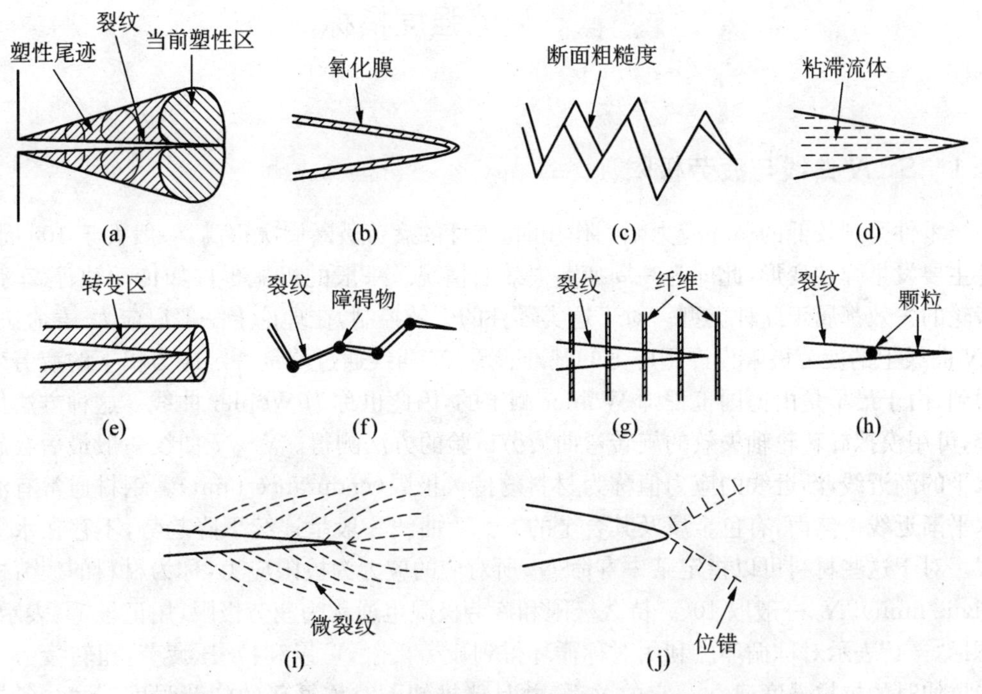

图 5-18　引起疲劳裂纹扩展的有效驱动力降低的各种机制

(a) 塑性诱发的裂纹闭合；(b) 氧化物诱发的裂纹闭合；(c) 粗糙度诱发的裂纹闭合；(d) 流体诱发的裂纹闭合；(e) 转变诱发的裂纹闭合；(f) 疲劳裂纹偏转；(g) 裂纹由连续的纤维连接；(h) 裂纹被颗粒楔塞；(i) 微裂纹使裂尖屏蔽；(j) 位错使裂尖屏蔽

尾迹的存在与否对裂纹扩展没有什么意义；然而在卸载过程中，裂纹尖端张开位移减小了，当载荷降低到某一非零水平时，由于塑性伸展材料尾迹的存在，裂纹面的接触导致了裂纹闭合，这种闭合效应由于周围弹性恢复的压应力作用而得到加强。

除了塑性诱发的裂纹闭合，还存在不同形式的裂纹闭合过程，包括断裂表面腐蚀层、裂纹面粗糙度、裂纹面中间积存的粘滞流体以及应力或应变诱发的相转变、裂纹路径的周期性偏转、裂纹面被纤维或增强基体的颗粒搭桥、微裂纹以及位错造成的裂尖屏蔽等[21]，这些都使得有效应力强度因子范围有所降低，从而使疲劳裂纹扩展速率降低。

鉴于疲劳裂纹只有在完全张开的情况下才有可能扩展，若 K_{op} 为对应使裂纹张开的应力下的应力强度因子，则其相应的驱动力为有效应力强度因子 $\Delta K_{eff}(=K_{max}-K_{op})$，而并非 $\Delta K(=K_{max}-K_{min})$，Elber 定义了参量 U[22]：

$$U=\frac{K_{max}-K_{op}}{K_{max}-K_{min}} \tag{5-19}$$

则式(5-16)变为

$$\frac{da}{dN}=A(\Delta K_{eff})^m=A(U\Delta K)^m \tag{5-20}$$

对应不同的闭合机制，U 值不尽相同，目前 U 值与应力比的关系已较为清楚。

5.4 疲劳强度指标

(Parameters of fatigue strength)

5.4.1 $S-N$ 曲线与疲劳极限 ($S-N$ curve and fatigue limit)

当零件受到较低的循环应力幅的作用时,零件的疲劳破断周次很高,一般大于 10^5 周次,零件主要发生弹性变形,此即为高周疲劳失效的情况。一般的机械零件如传动轴、汽车弹簧和齿轮的失效都属于此种类型。对于这类零件的失效控制,在理论上一般以应力-寿命法,即 $S-N$ 曲线上的疲劳极限为许用应力的基准。$S-N$ 曲线通过测量一定应力幅下的疲劳寿命而得到,由于最早是由德国工程师 Wöhler 测定的,因此也称为 Wöhler 曲线。这种方法比较简单,可用模拟旋转轮轴失效的旋转弯曲疲劳试验的方法测得。$S-N$ 曲线一般最后会趋向于水平的渐近线,渐近线的应力值称为材料的持久极限(endurance limit)。钢材通常有清楚的水平渐近线。然而,有色金属及其合金的 $S-N$ 曲线一般呈连续下降趋势,不存在水平渐近线。对于这些材料可以指定某一寿命 N_0 所对应的应力为极限应力,称为材料的疲劳极限(fatigue limit),N_0 一般取 10^7。持久极限和疲劳极限也通称为疲劳极限,用记号 σ_{-1}表示,其中下标"-1"表示对称循环。利用对称循环得到疲劳极限,可以和拉-压疲劳,扭转疲劳乃至和静拉伸时的抗拉强度建立一定的关系,并且能推知不对称循环的疲劳强度。试验条件一般为:①纯弯曲;②完全对称循环;③应力幅恒定;④频率在 10～100 Hz;⑤小试样有足够大的过渡圆角,表面经过抛光。在不断降载时,试样的破断周次不断增加,若在某应力下旋转 10^7 次仍不断裂,即可认为此应力低于疲劳极限,再选取一较高的应力,若在旋转 10^7 次的过程中发生断裂,然后在这两个应力之间进行内插,缩小范围,直到试样在旋转 10^7 次过程中发生断裂或不断之间的应力差小于10 MPa,便可求出材料的疲劳极限 σ_{-1}。从上面的讨论可知,通常所指的材料疲劳极限是以 10^7 次作参考基准的。对一般低、中强度钢,当 $\sigma_b <$ 1 400 MPa,如能经受住 10^7 周次旋转弯曲而不发生疲劳断裂,就可凭经验认为是永不断裂,相应地不发生断裂的最高应力称为疲劳极限。而对高强度钢,在 $S-\log N$ 曲线上,即使达到 10^7 周次,曲线仍未出现水平的转折,这就是说,不存在一个可承受无限周次的循环而永不断裂的应力,这样,要求的疲劳寿命越高,工作应力越低。因此,对高强度钢人为地规定在 10^8 周次时不发生断裂的应力才是疲劳极限。同样,对铝合金、不锈钢我们都取对应 $N=10^8$ 周次,对钛合金则取 10^7 周次的应力来确定疲劳极限。典型材料的 $S-N$ 曲线如图 5-19 所示,有的铝合金常常在超过 10^8 周次后,仍然难以得到一个稳定的疲劳极限值。目前,超高周疲劳(Ultra high cycle fatigue)已成为疲劳失效研究的一个热点。超高周疲劳是指 10^8～10^{12} 周次区间内的疲劳,由于超高周疲劳发生在传统疲劳极限以下,因此研究超高周疲劳行为不仅对疲劳设计具有指导意义,而且更有助于深入理解疲劳的本质,尤其是对裂纹起源和萌生的认识。目前,已经具备了超高周疲劳研究的基本手段,包括超声疲劳方法、高分辨的断口观测工具等,但仍需发展更进一步的方法,如微小裂纹的测量、小裂纹扩展的连续监测技术等。目前,人们在超高周疲劳的研究中,主要关注的问题包括[23]:进一步理解疲劳裂纹源从表面转入内部的机制及其影响因素;研究裂纹的萌生和初期扩展两者在寿命期所占的比重以及界定两者的范围;研究宏观裂纹进入主导之前试样整体的行为;明确加载频率影响的大

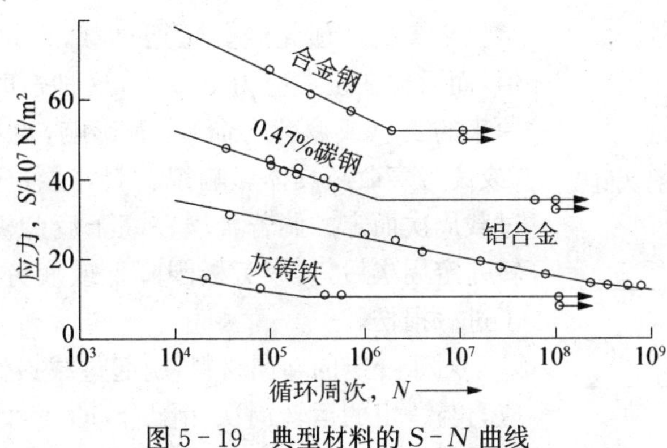

图 5－19　典型材料的 S－N 曲线

小以及相关的时间效应和应变率改变带来的影响等。高循环低应力的条件下大部分材料表现为弹性，只有很靠近缺口的材料才可能变得有塑性，但在这部分材料中塑性带和应变的范围是很有限的。因为应力与应变成正比，在这种条件下的疲劳试验不论是按应力还是按应变来控制差别都不大。

材料的疲劳极限 σ_{-1} 和其抗拉强度 σ_b 之间有一定的关系[24]，如实验研究发现，$\sigma_{-1}=0.42\sigma_b$，对球墨铸铁 $\sigma_{-1}=0.48\sigma_b$，对锻造铜合金有 $\sigma_{-1}=0.35\sim0.4\sigma_b$，对铝合金有 $\sigma_{-1}=0.3\sim0.35\sigma_b$。

上述疲劳极限 σ_{-1} 是在完全对称条件下得到的。实际上有不少构件工作在非对称循环应力下，其疲劳极限可以根据对称应力循环下的疲劳极限来求得。其方法是将非对称循环应力分解为一个平均应力分量 $\sigma_m=(\sigma_{max}+\sigma_{min})/2$ 和在 σ_m 的基础上叠加一个应力半幅 $\sigma_a=(\sigma_{max}-\sigma_{min})/2$。在寿命一定的条件下，$\sigma_m$ 越大，允许的应力半幅 σ_a 应越小；当 σ_m 减小时，允许的 σ_a 可以大些。对于恒定的疲劳寿命，σ_a 和 σ_m 可以有不同的组合，不同的研究者得出了不同的关系[24]：

$$\text{Goodman 关系}\quad \sigma_a=\sigma_{-1}\left(1-\frac{\sigma_m}{\sigma_b}\right) \tag{5-21}$$

$$\text{Gerber 关系}\quad \sigma_a=\sigma_{-1}\left[1-\left(\frac{\sigma_m}{\sigma_b}\right)^2\right] \tag{5-22}$$

$$\text{Soderberg 关系}\quad \sigma_a=\sigma_{-1}\left(1-\frac{\sigma_m}{\sigma_b}\right) \tag{5-23}$$

对于高强钢或脆性金属，用 Goodman 关系估算的疲劳寿命与实验结果吻合良好；对塑性较好的材料，Gerber 关系得到的结果较好；对大多数合金，Soderberg 关系对疲劳寿命的估计比较保守。

5.4.2　过载持久值与过载损伤界 (Overloading duration value and damage boundary)

材料在高于疲劳极限的应力下运行，发生疲劳断裂的应力循环周次，称为过载持久值，也称为有限疲劳寿命，如图 5－20 所示。疲劳曲线倾斜部分越陡直，损伤区越窄，则持久值越高，抗疲劳过载的能力越好。疲劳过载损伤是由裂纹的亚稳扩展造成的，过载损伤界由实验测定。

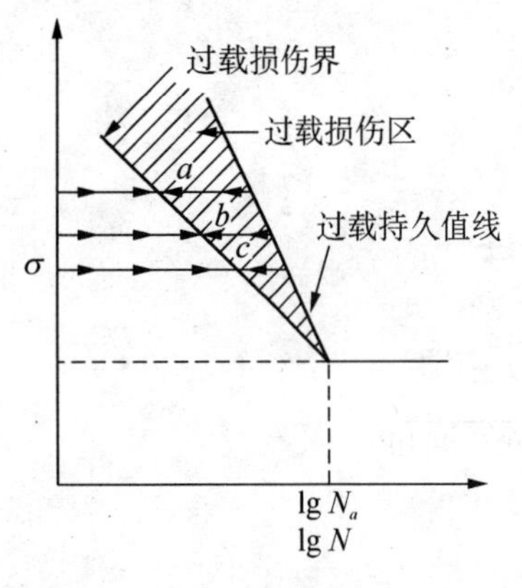

图 5-20　过载持久值与过载损伤界

金属机件预先经受短期过载，但运行周次未达到持久值，而后再在正常应力下工作，这种短时间过载可能对材料原来的 σ_{-1}（或疲劳寿命）没有影响，也可能降低材料的 σ_{-1}（或疲劳寿命），具体影响视材料、过载应力以及相应的累计过载周次而定。倘若金属在高于疲劳极限的应力水平下运转一定周次后，其疲劳极限降低或疲劳寿命减少，这就造成了过载损伤。

对于一定的金属材料，引起过载损伤需要有一定的过载应力与一定的运转周次相配合，即在每一过载应力下，只有过载运转超过某一周次后才会引起过载损伤。过载损伤界由实验确定，试样先在高于 σ_{-1} 的应力下运转一定周次 N 后，再于 σ_{-1} 的应力下继续运转并测出疲劳寿命。如果过载不影响疲劳寿命，说明 N 尚未达到过载损伤界；如果疲劳寿命缩短，则说明已造成疲劳损伤，N 已超过疲劳损伤界。这样反复进行试验，便可确定出某一过载应力水平下开始降低疲劳寿命的运转周次。继续再在几个过载应力水平下进行试验，也分别确定出它们开始出现疲劳损伤的运转周次，如图 5-20 上 a，b，c…点，连接 a，b，c…点便得到过载损伤界。

过载损伤界到疲劳曲线之间的影线区，称为过载损伤区。机件过载运转到这个区域里，都要不同程度地降低材料的疲劳极限，而且离疲劳曲线愈近，降低愈甚。由图 5-20 可见，过载应力愈大，则开始发生过载损伤的循环次数愈少。材料的过载损伤界愈陡直，损伤区愈窄，则其抵抗疲劳过载的能力愈强。例如，不锈钢的过载损伤界很陡直，而工业纯铁则几乎是水平的，显然前者对疲劳过载不太敏感，后者则十分敏感。

疲劳过载损伤可用金属内部的“非扩展裂纹”来解释。众所周知，疲劳极限是金属材料在交变载荷作用下，能经受无限次应力循环而不断裂的应力。如果承认材料内部存在裂纹（包括既存裂纹或在交变载荷作用下产生的裂纹），那么，所谓“能经受无限次应力循环而不断裂”，就意味着在该应力下运转，裂纹是非扩散的。当过载运转到一定循环周次后，疲劳损伤累计形成的裂纹尺寸超过在疲劳极限应力下“非扩展裂纹”尺寸，则在以后的疲劳极限应力下再运转，此裂纹将继续扩展，使之在较小的循环次数下就发生疲劳，说明过载已造成了损伤。低过载下累计损伤造成的裂纹长度小于 σ_{-1} 应力下的“非扩展裂纹”尺寸时裂纹就不会扩展，这时过载对材料不造成疲劳损伤。因此，过载损伤界就是在不同过载应力下损伤累计造成的裂纹尺寸达到或超过 σ_{-1} 应力下的“非扩展裂纹”尺寸的循环次数。

5.4.3　疲劳缺口敏感度（Notch sensitivity of fatigue）

实际结构件中一般具有缺口类几何不连续或缺陷，不可避免地存在有应力集中，缺口对材料疲劳强度的影响通常用缺口敏感度 q 表征，q 的定义如下式：

$$q = \frac{K_f - 1}{K_t - 1} \tag{5-24}$$

式中，K_t 为理论应力集中系数，取决于缺口的几何形状和尺寸；K_f 为有效应力集中系数，其定义为：$K_f = \sigma_{-1}/\sigma_{-1N}$，$\sigma_{-1}$ 和 σ_{-1N} 分别为光滑和缺口试样的疲劳极限。K_f 与缺口尖锐度和材料性质有关。q 的取值范围为：$0<q<1$，当 q 趋近于零时，表示对缺口完全不敏感；$q=1$ 表示对缺口十分敏感。q 一般随材料强度的增加而增加，即高强度材料对缺口更敏感。另外，当缺口根半径 r 小于 0.5 mm 时，q 值急剧减小。

5.5　影响疲劳性能的因素
(Influence factors on fatigue properties)

5.5.1　载荷因素 (Loading pattern)

一般较高的载荷在构件和材料中引起较高的应力，使疲劳裂纹容易起裂和扩展，引起疲劳寿命的降低。加载频率在惰性介质环境中对疲劳裂纹扩展的影响较小，但是在腐蚀性介质中，加载频率则是影响疲劳裂纹扩展速率的一个重要因素，其对疲劳强度的影响，主要取决于一次载荷循环中介质作用时间的长短。当加载频率高时，一个循环中介质作用时间短，且裂纹尖端应变速率很快，环境作用来不及进行，对材料造成的腐蚀损伤小；反之，当加载频率低时，由于介质作用时间较长，对材料造成的腐蚀损伤就大。由此，频率对疲劳的影响程度随着加载频率的增加而降低。此外，加载中的应力比 R 对疲劳门槛值 ΔK_{th} 有影响，一般随 R 的增加，ΔK_{th} 减小。但 R 对疲劳裂纹扩展第二阶段的裂纹扩展速率影响不大。

5.5.2　表面状态 (Surface conditions)

粗糙的表面具有沟槽，产生局部的拉伸应力集中，一般使构件和材料的疲劳强度降低。采用一些表面强化方法使构件和材料表面产生很高的残余压应力，可使疲劳裂纹不容易在表面萌生和扩展，从而提高疲劳寿命。滚压或喷丸处理是一种常用的材料表面强化方法。喷丸是指将大量弹丸以高速撞击受喷工件的表面，滚压或喷丸时表面的塑性变形受到约束，可使表面产生很高的残余压应力。表面热处理也可改变材料表面状态，提高疲劳强度，如采用高频淬火、渗碳、氮化等表面处理方法可在表面产生压缩残余应力并使表面材质得到改善，从而使疲劳强度得以提高。

此外，高能束表面处理技术，如激光相变硬化、表面重熔、表面合金化、表面涂敷、激光冲击、离子注入表面处理等均使疲劳强度显著提高，疲劳强度的提高主要源于表面产生了较高的残余压应力和材料表面组织的改善。

另外，最近的研究发现，纳米金属材料由于晶粒细小、界面密度高，表现出独特的力学和物理化学性能。因此，利用纳米金属的优异性能对传统工程金属材料进行表面结构改良，即制备出一层具有纳米晶体结构的表面层，可提高工程材料的综合力学性能和环境服役能力。表面纳米化还可有效抑制裂纹的萌生和扩展，提高材料的抗疲劳强度。

5.5.3　组织因素 (Microstructure)

材料中的夹杂物是促使疲劳裂纹萌生的重要因素，夹杂物数量的增加和尺寸的增大均使材料的疲劳强度和构件疲劳寿命降低。尤其是不易变形的脆性夹杂物，如 Al_2O_3，硅酸盐等，在淬火过程中由于和周围基体的膨胀系数不同，而使其周围母材产生拉应力，从而在夹杂物与基体之间容易萌生疲劳裂纹。因此，对合金钢采用真空熔炼、电渣重熔等方法减少夹杂物可以提高其疲劳强度。

另外，细化晶粒对提高疲劳裂纹萌生抗力及扩展阻力都有好处。主要是由于细化晶粒相当于减小了位错平均滑移距离，减小了晶界上位错塞积所引起的应力集中。晶粒细化后，晶界的增加对裂纹扩展也有一定的阻止作用。

5.6 低周疲劳

(Low cycle fatigue)

5.6.1 低周疲劳及 $\Delta\varepsilon - N$ 曲线 (Low cycle fatigue and $\Delta\varepsilon - N$ curve)

在大应力，低周次下的破坏称为低周疲劳。由于应力水平较高，在构件的应力集中区域可造成明显的塑性变形，此时应力与应变之间的关系不再是线性的，其基本特征可用滞后回路来描述(见图 5-21)。在这种情况下，疲劳试验结果一般用循环应变表示，而不再用循环应力。例如尽管一个零件所受的名义应力可能低于 σ_{-1}，但由于应力集中，零件切口根部的材料屈服，在切口根部形成塑性区，因此，零件在受到循环应力的作用时，在切口根部材料则受到循环塑性应变的作用，故疲劳裂纹总是在切口根部发生；压力容器的接管是典型的低循环疲劳，容器受恒定的压力循环作用时，远离接管的壳体受弹性应力的作用，而在应力集中区域的应力则可能在正负屈服点之间来回变化。为了模拟应力集中区域材料的特性，低循环疲劳的试验大多是在恒定应变幅的条件下进行的。

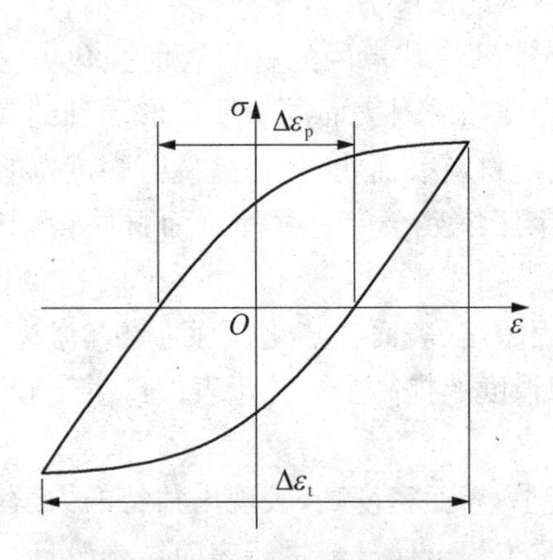

图 5-21　循环应力应变回路

$\Delta\varepsilon_p$ 是塑性应变幅；$\Delta\varepsilon_t$ 是总应变幅；

$\Delta\varepsilon_e = \Delta\varepsilon_t - \Delta\varepsilon_p$ 是弹性应变幅

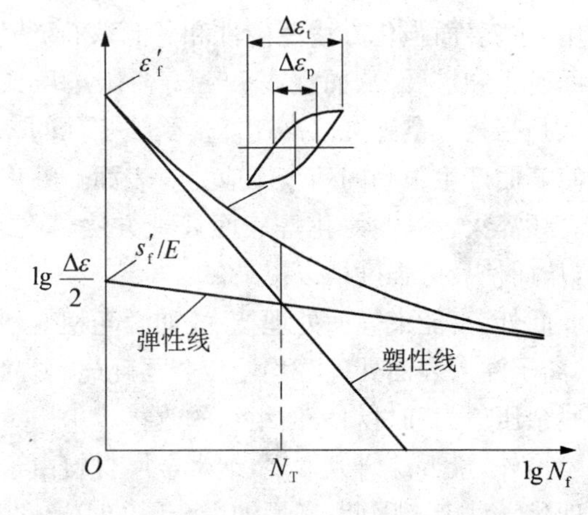

图 5-22　应变疲劳寿命曲线

应变疲劳试验时，应控制总应变范围或者控制塑性应变范围。在给定的 $\Delta\varepsilon$ 或 $\Delta\varepsilon_p$ 下，测定疲劳寿命 N_f，将应变疲劳实验数据在 $\lg N_f - \lg \Delta\varepsilon$ 双对数坐标纸上作图，即得应变疲劳寿命曲线，如图 5-22 所示。

20 世纪 50 年代初，Coffin 和 Manson 独立地提出了用塑性应变幅表征疲劳寿命[25, 26]，在总结应变疲劳的实验结果的基础上，给出了下列应变疲劳寿命公式：

$$\frac{\Delta\varepsilon}{2}=\frac{\Delta\varepsilon_e}{2}+\frac{\Delta\varepsilon_p}{2}=\frac{\sigma_f'}{E}N_f^b+\varepsilon_f'N_f^c \tag{5-25}$$

式中，σ_f'是疲劳强度系数；b 是疲劳强度指数；ε_f'是疲劳塑性系数；c 是疲劳塑性指数。式(5－25)中的第一项对应于图 5－22 中的弹性线，其斜率为 b，截距为 σ_f'/E；式(5－25)中的第二项对应于塑性线，其斜率为 c，截距为 ε_f'。弹性线与塑性点所对应的疲劳寿命称为过渡寿命 N_T。当 $N_f < N_T$ 时，是低周疲劳；而 $N_T < N_f$，是高周疲劳。

上述应变疲劳常数 σ_f'、b、ε_f'和 c 要用实验测定。求得了这 4 个常数，也就得出了材料的应变疲劳曲线。为简化疲劳试验以节省人力和物力，很多研究者试图找出这些常数与拉伸性能之间的关系。Manson 总结了近 30 种具有不同性能的材料的实验数据后给出[26]：

$$\sigma_f'=3.5\sigma_b,\ b=-0.12,\ \varepsilon_f'=\varepsilon_f^{0.5},\ c=0.6$$

将这些数值代入式(5－15)，得

$$\frac{\Delta\varepsilon}{2}=\frac{\Delta\varepsilon_e}{2}+\frac{\Delta\varepsilon_p}{2}=\frac{3.5\sigma_b}{E}N_f^{-0.12}+\varepsilon_f^{0.5}N_f^{0.6} \tag{5-26}$$

只要测定了抗拉强度和断裂延性，即可根据式(5－26)求得材料的应变疲劳寿命曲线。这种预测应变疲劳寿命曲线的方法称为通用斜率法。显然，用这种方法预测的应变疲劳曲线带有经验性。在很多情况下和实验结果符合得不是很好，尤其当 $N_f > 10^6$ 次循环时，估算的寿命偏于保守。

后来，为了计算累积损伤的方便，将 Manson-Coffin 公式作了数值上的修正，得出目前采用的通用形式：

$$\frac{\Delta\varepsilon}{2}=\frac{\Delta\varepsilon_e}{2}+\frac{\Delta\varepsilon_p}{2}=\frac{\sigma_f'}{E}(2N_f)^b+\varepsilon_f'(2N_f)^c \tag{5-27}$$

式中，$2N_f$ 表示加载的反向数，即一次加载循环包含一次正向加载和一次反向加载(卸载)。

5.6.2　循环硬化与循环软化 (Cyclic hardening and softening)

大多数单晶或多晶纯金属，不论其晶体结构如何，在高于 10^{-4} 量级的塑性应变幅的反复作用下，将引起较大程度的内部结构变化，通常反映为试样整体硬度和宏观流变应力的增大或减小，即硬化或软化。在恒应变幅控制下，连续测量循环形变过程中滞后回线的变化，用每周的峰值应力对相应的循环次数或累积应变作图，即可得到“循环硬化曲线”或“循环软化曲线”(见图 5－23)，也可用其他宏观性能，例如能量耗散来表征循环形变引入的结构变化。实验结果还指出，反映循环硬化或软化(Cyclic Hardening or Softening)的宏观性能的变化都具有饱和的性质，即循环载荷作用的最初几周或几十周内，变化很大，然后逐渐缓慢下来而进入基本稳定的饱和阶段。

循环形变中，材料究竟是出现硬化还是软化，或者出现既不硬化也不软化的循环稳定，主要决定于材料的状态、微观结构和试验条件。根据过去 30 年来获得的关于疲劳硬化和软化过程的实验数据，可以大体上归纳出如下的一般规律[28]：

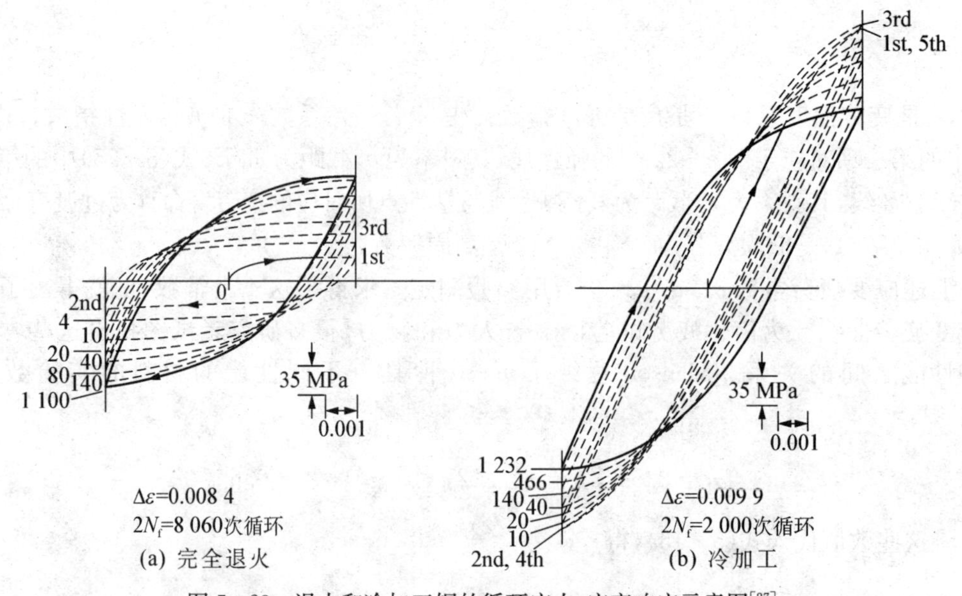

图 5-23　退火和冷加工铜的循环应力-应变响应示意图[27]

(a) 退火状态铜的滞后回线；(b) 冷加工状态铜的滞后回线

(1) 退火态金属一般表现出疲劳或循环硬化，而经各种形式硬化的材料如变形硬化、沉淀硬化、马氏体相变硬化和弥散硬化常常表现出疲劳或循环软化。应当指出的是，疲劳软化是否出现还同材料硬化的状态和稳定加载条件有关。从实用的观点看，疲劳软化通常是不希望发生的。

(2) 饱和之前的硬化或软化阶段在整个疲劳寿命中所占比例主要决定于材料交滑移的难易。对于层错能较高、交滑移较易进行的纯钢来说，疲劳硬化阶段占整个寿命的1%～3%。而层错能低、不易交滑移的Cu－30%Zn合金的疲劳硬化阶段占整个寿命的30%～40%。

(3) 极限拉伸强度σ_{uts}与屈服强度σ_y之比，可以看作是一些材料的循环硬化或软化的十分粗略的表征。当$\sigma_{uts}/\sigma_y > 1.4$时可能出现硬化，当$\sigma_{uts}/\sigma_y < 1.2$时则出现软化，比值在1.2～1.4之间，循环性能只有极微小的变化。特别值得注意的是，这一经验性数据只适用于低周、高应变疲劳。

(4) 有些材料在循环载荷作用下表现出比较复杂的行为，它们可能首先是硬化而后软化，或者相反变化，甚至硬化饱和后还能出现第二次硬化。

循环硬化或软化结束后，试样进入饱和状态，滞后回线的形状和面积不再经历明显的变化。稳定滞后回线的峰值表征饱和应力(Saturation Stress)，它同外加应变幅的大小有关。如果用饱和应力对其相应的塑性应变幅(Plastic Strain Amplitude)作图，得到的"循环应力应变曲线"(Cyclic Stress-Strain Curve)，如图5－24(a)所示。它是定量描述材料疲劳特征的一种重要作图或实验方法，在循环载荷中的作用和地位相当于单向加载的拉伸图，是了解材料性能和进行工程设计的基本依据。图5－24(b)示意地比较了多晶材料的单调拉伸曲线与循环应力应变曲线。

大量实验结果表明，循环硬化材料的循环应力应变曲线高于单向拉伸应力应变曲线，而循环软化材料的情况则正好相反，类似单向拉伸应力应变曲线。多晶材料的循环应力-应变曲线也可用一幂函数表示，即

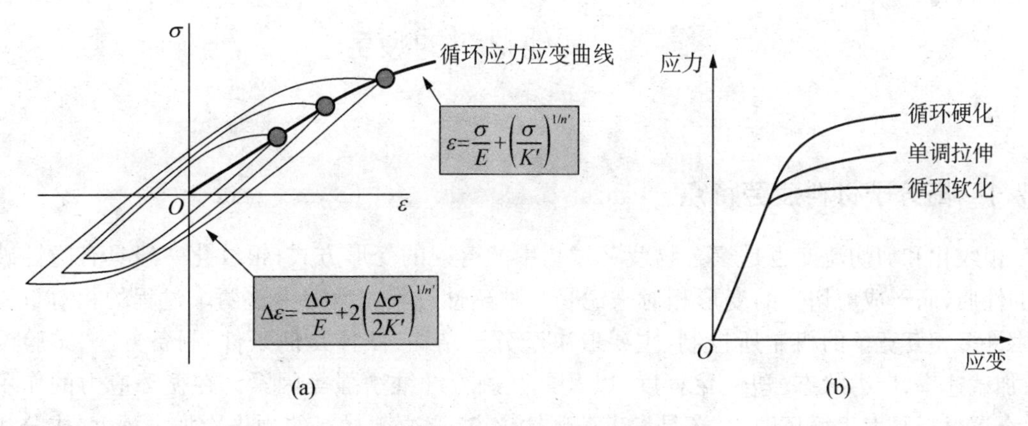

图 5-24 循环应力应变曲线

(a) 饱和应力对相应的塑性应变幅作图；(b) 多晶材料的单调拉伸曲线与循环应力应变曲线

$$\sigma_s = K'(\Delta\varepsilon_p/2)^{n'} \tag{5-28}$$

式中，σ_s——应力幅；

$\Delta\varepsilon_p/2$——塑性应变幅；

n'——循环硬化指数，其值在 0.05～0.3 之间；

K'——循环强度系数。

单晶的循环应力应变曲线有着完全不同于多晶的形式，图 5-25 为取自镍单晶体的典型循环应力应变曲线，将低温下(77 K)的曲线和室温下(293 K)的曲线进行比较，容易看出它们可以清晰地划分为三个不同的区域，分别用 A, B 和 C 表示。B 区是一个饱和流变应力与应变无关的区域，就是通常所说的“平台区”，低温使得平台区的应力水平大大提高，同时平台区的切应变区限也向高端移动。域 A 和 B 对应低应变疲劳，在这里疲劳寿命分别为无限和 10^5 次以上，而区域 C 对应高应变疲劳。

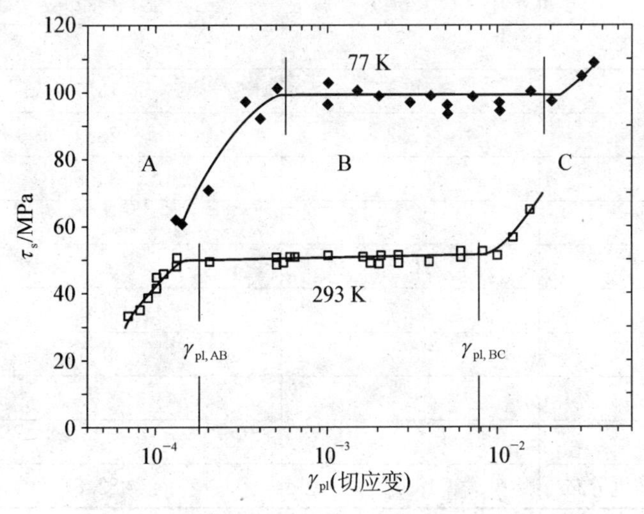

图 5-25 单滑移的镍单晶的典型循环应力应变曲线

5.7 其他材料的疲劳

(Fatigue of other types of materials)

5.7.1 高分子材料疲劳特点 (Fatigue characteristics of polymer materials)

银纹化和剪切流变也是聚合物疲劳过程中的普遍的变形方式;银纹化一般具有脆性破坏的性质,而形成剪切带的变形相对来说是一种延性过程。疲劳中这两个过程的相对重要性由许多相互竞争的机制所控制,主要取决于分子结构、试样几何条件、制备方法、试验温度、加载速率、应力状态、塑性化程度、以及是否进行纤维增强等因素。在循环应力的作用下,金属材料是发生循环硬化,还是发生循环软化,这取决于材料的预先冷加工程度、成分和热处理条件等一些因素,而聚合物材料只会发生循环软化。成分、分子结构、温度和应变速率在大范围内变化也只能改变它的循环软化程度。在这种材料中甚至很难观察到循环稳定现象,可能只有在小应变幅的条件下才会出现这种现象。

大量的试验结果表明,多数聚合物的疲劳强度约为其抗拉强度值的 1/4～1/5。表 5－1 列出了一些聚合物的疲劳强度和抗拉强度。可以看出,热塑性聚合物的疲劳强度约为其抗拉强度的 1/4 左右,而增强热固性的疲劳强度较高,聚甲醛(POM)和聚四氟乙烯(PTFE)其值达 0.4～0.5。聚合物的疲劳强度随分子量的增大而提高,随结晶度的增加而降低。

表 5－1 聚合物的疲劳强度[24]

材 料	静拉伸强度 σ_a/MPa	疲劳强度 σ(10^7 循环)σ_a/MPa	σ_a/σ_u
热塑性聚合物			
醋酸纤维素(CA)	34.5	6.9	0.20
聚苯乙烯(PS)	40.0	8.6	0.21
聚碳酸酯(PC)	68.9	13.7	0.20
聚苯醚(PPO)	72.4	13.7	0.19
聚甲基丙烯酸			
甲酯(PMMA)	72.4	13.7	0.19
尼龙-66(25%水)	77.2	23.4	0.30
聚甲醛(POM)	68.9	34.5	0.50
聚四氟乙烯(PTFE)			
40 Hz	20.7	4.1	0.20
30 Hz	20.7	6.2	0.30
20 Hz	20.7	9.6	0.47
热固性聚合物			
玻璃纤维增强			
环氧树脂(纤维方向随机分布)	186.1	82.8	0.45

图 5－26 为典型高分子材料的 $S-N$ 曲线。Ⅰ区是高应力区,外应力 σ_a 超过了材料银纹

引发应力，因此在疲劳初期试样上便产生银纹，进而银纹破坏变成裂纹，裂纹快速扩展直至疲劳断裂。这时疲劳寿命很短，$S-N$ 曲线相当平坦，断口特征呈镜面状。

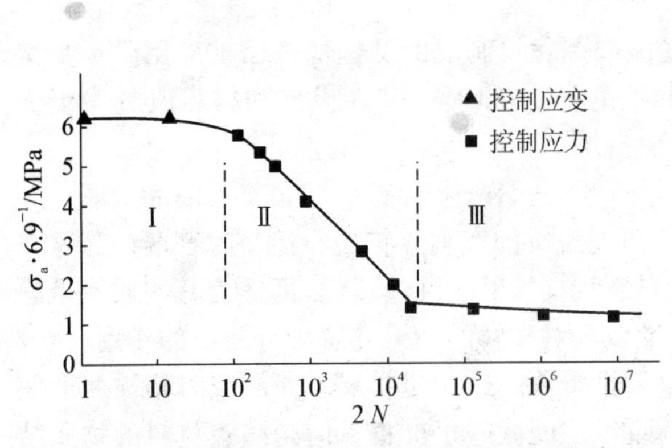

图 5-26　聚苯乙烯拉-压疲劳时的 $S-N$ 曲线

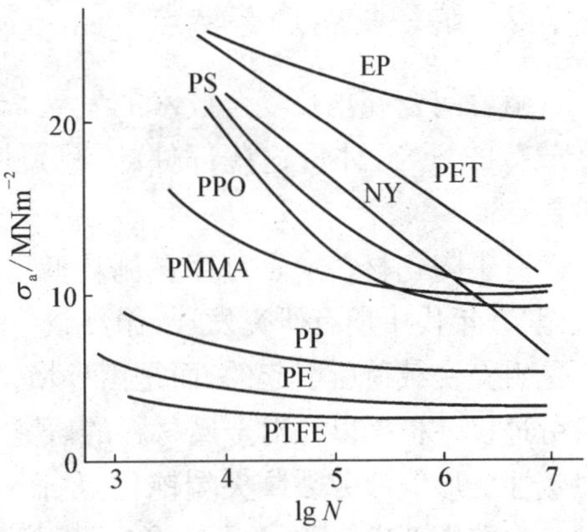

图 5-27　几种刚性聚合物的 $S-N$ 曲线

Ⅱ区是中应力区，这时 σ_a 大约为静拉伸强度或屈服应力的 1/2～1/4。$\sigma_a-\lg N$ 曲线基本上呈线性下降。在中应力区，引发银纹，银纹转变为裂纹且裂纹扩展的速度都比Ⅰ区低。

Ⅲ区是低应力区，这时 σ_a 难以引发银纹。在交变应力作用下，聚合物损伤积累及微观结构变化产生了微孔洞和微裂纹。$S-N$ 曲线接近水平状态。

以上是容易产生银纹的非晶态聚合物（聚苯乙烯）的疲劳过程。对于低应力下易产生银纹的结晶态聚合物的疲劳过程，出现以下现象：

(1) 疲劳应变软化而不出现应变硬化。

(2) 分子链间剪切滑移，分子链断裂，晶体精细结构发生变化。

(3) 产生显微孔洞。

(4) 微孔洞复合成微裂纹，微裂纹扩展成宏观裂纹。

但是一般刚性聚合物的 $S-N$ 曲线则并不出现图 5-26所示的三个阶段，如图 5-27 所示。

由于聚合物是滞弹性材料，具有较大面积的滞后回线，这部分能量将转化为热，又因聚合物导热性差，致使试样本身温度很快上升，直至高于熔点温度或高于玻璃化转变温度。因此，聚合物疲劳与金属不同，热疲劳往往是聚合物的主要失效机理。例如聚甲基丙烯酸甲酯在频率为 30 Hz 和 $\sigma_{max}=15$ MPa 条件下，进行疲劳试验时，试样会很快熔化。对于滞后回线面积小的聚苯乙烯材料，其温升现象则很小（<2 K）。

疲劳裂纹扩展是高分子聚合物材料的另一个重要性质。聚合物在疲劳过程中，由循环应力引发银纹，然后转变为裂纹，裂纹扩展导致疲劳破坏。利用断裂力学来研究疲劳裂纹扩展问题应是有效的。聚合物的疲劳裂纹扩展规律一般也符合 Paris 公式，图 5-28 为部分聚合物疲

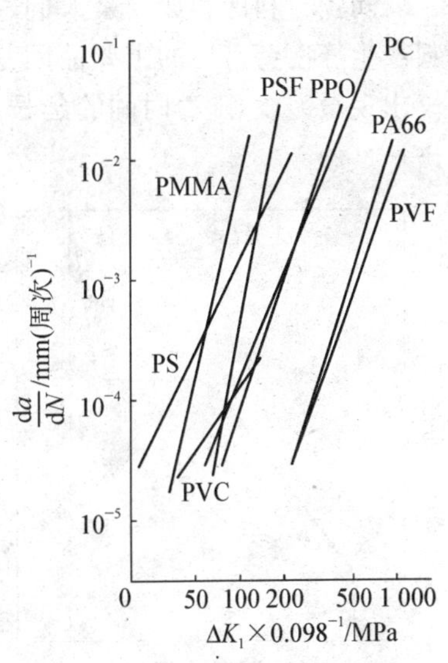

图 5-28　部分聚合物疲劳裂纹扩展速率 $da/dN-\Delta K$ 的关系

PMMA—有机玻璃；PSF—聚砜；PS—聚苯 乙烯；PPO—聚 2，6—二甲基对苯醚；PVC—聚氯乙烯；PC—聚碳酸酯；PA66—尼龙 66；PVF—聚偏氟氯乙烯

劳裂纹扩展速率 da/dN 与应力强度因子幅 ΔK 的关系，从中可见其扩展行为与金属有所不同，一般不出现三个阶段，往往仅出现一个阶段(相当于金属中的第二阶段)。

5.7.2 陶瓷材料疲劳特点 (Fatigue characteristics of ceramic materials)

随着陶瓷韧化及复合技术的发展，高性能陶瓷材料制成的结构部件已被应用于承受交变载荷的场合，评价这些部件的疲劳性能，预测其寿命，对于部件设计和材料改进均十分重要[29]。

对于陶瓷材料中是否存在循环疲劳这一问题，长期以来人们一直有着不同的看法。20世纪70年代中期有研究发现，循环载荷下会出现裂纹的亚临界扩展。但当时普遍认为这并不是由交变载荷所引起的，而是由环境介质对裂纹尖端的腐蚀造成的，即认为其实质上是静疲劳过程。根据以往对金属材料的研究，塑性变形对材料的疲劳起着十分重要的作用，加载时塑性变形使疲劳裂纹尖端钝化，从而可以阻止裂纹的进一步扩展。而卸载时塑性变形使裂纹尖端重新尖锐化，为下一循环载荷下的裂纹扩展做好了准备。但是陶瓷材料的物质结构决定了材料中很难有位错运动，缺乏宏观塑性变形能力，因此一般认为陶瓷材料无循环疲劳可言。同时，以前的一些实验结果也倾向于静疲劳的观点。例如，陶瓷材料在循环载荷作用下的寿命与在恒定载荷(其值等于循环载荷最大值)作用下的寿命大致相当，循环载荷下的裂纹扩展速率不依赖于载荷频率等。因此，虽然有些学者认为陶瓷材料中存在循环疲劳，但静疲劳观点一直占据上风。最近几年，人们发现了越来越多的陶瓷材料循环疲劳的特征，并且在真空条件下观察到了疲劳裂纹的稳定扩展，这就排除了环境因素的作用，从而确认循环载荷会造成陶瓷材料的疲劳。

陶瓷材料的静疲劳是人们较早认识到的一种陶瓷材料的失效形式。一般认为，陶瓷材料产生静疲劳破坏的主要原因是材料内的慢速裂纹长大。在恒定应力的作用下，材料中逐渐出现微裂纹，随着时间的延长，微裂纹缓慢长大，当其长度达到临界尺寸时材料发生失稳破坏。

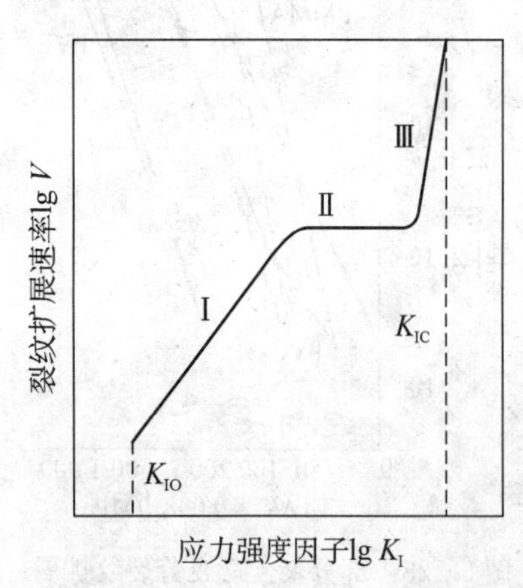

图5-29 静疲劳微裂纹长大速率与应力强度因子之间的关系

研究表明，陶瓷材料中的慢速裂纹长大实际上是一个应力腐蚀过程，这和弹性接触状态下发生的磨损过程是类似的。空气中的水分及其他腐蚀介质不断地对应力作用下的材料微裂纹进行腐蚀，降低了裂纹尖端区域的断裂抗力，从而使得微裂纹在低于材料强度的应力作用下逐渐长大。作用于微裂纹的应力强度因子与微裂纹长大速率之间的关系可用图5-29表示。由图可知，当裂纹尖端应力强度因子 K_I 大于产生应力腐蚀的临界值 K_{Io} 时，裂纹开始扩展。随着应力强度因子由小到大的变化，裂纹扩展速度可分为三个阶段，在不同的阶段扩展由不同的因素所控制，因而扩展速度不同。第一阶段为起始扩展阶段，这一阶段中裂纹扩展速度依赖于环境介质与应力强度因子的共同作用。第二阶段为稳定扩展阶段，水分等腐蚀介质的扩散速度控制了此阶段的裂纹扩展速度，因而扩展速度变成与应力强度因子无关的恒定值。第三阶段为加速扩展阶段，裂纹扩展速度强烈地依赖于应力强度因子，而与环境介质关系不大。由于裂纹的长大，裂纹尖端的应力强度因子不断增加，当 K_{I} 达到材料的断裂韧度及 K_{IC} 时，裂纹扩展失稳而导致材料的断裂。

裂纹扩展第一阶段中的 $V-K_{\mathrm{I}}$ 关系通常可用式(5-29)表示：

$$V = A(K_{\mathrm{I}}/K_{\mathrm{IC}})^n \tag{5-29}$$

式中，A，n 为材料常数，n 又称为应力腐蚀指数，是表征陶瓷材料静疲劳特性的重要参数，其值一般很大，且分布范围宽，可以从玻璃的10～20至非氧化物陶瓷的100以上[30]。

自1986年以来，大量的研究表明，循环载荷对陶瓷材料造成附加损伤。对于 Al_2O_3、MgO、Si_3N_4、SiC 等非相变增韧陶瓷而言，这种附加损伤较小。对于相变增韧 ZrO_2 陶瓷，由于循环应力引起的附加损伤比较严重，存在明显的循环应力疲劳效应，如图5-30所示。

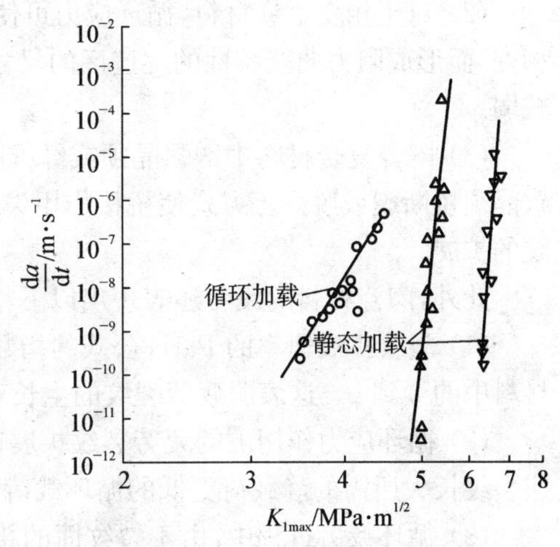

图5-30 PSZ(MgO)材料循环疲劳与静疲劳 $da/dt-K_{1\max}$ 的比较[24]

实际上，在循环载荷作用下任何材料都将出现损伤，只是损伤的具体表现形式和程度有所不同。只要在裂纹尖端的过程区内，材料在卸载时的行为不同于加载时的行为，就会产生不可逆的损伤。这种不可逆的损伤如同金属疲劳中不可逆的滑移一样，将耗散部分能量，产生循环载荷效应。事实上，陶瓷材料中也存在着一些非弹性的变形机制，如形成微裂纹、产生相变以及晶须或纤维复合材料中基体与增强物之间的摩擦滑动和界面脱开等。这些变形机制的存在一方面造成材料中的不可逆损伤，另一方面使得材料表现出阻力曲线(R 曲线)特性，即在裂纹扩展初期，裂纹尖端的屏蔽效应随裂纹的长大而增加，只有不断增大裂纹尖端的应力强度因子，才能维持裂纹的亚稳态扩展。这些非弹性变形机制在陶瓷疲劳中所起的作用与塑性变形在金属疲劳中所起的作用是相类似的。循环应力作用下陶瓷材料应力—应变迟滞迴线的出现，就是这些非弹性变形机制在宏观上的反映。

研究表明[31, 32]，陶瓷材料的疲劳机理可分为本质机理与非本质机理两类。本质机理是指仅与循环疲劳有关的裂尖损伤区内微观结构的变化，主要包括以下几个方面：

(1) 微裂纹及微塑性在裂纹尖端区域的累积，使得材料局部弱化，从而裂纹得以亚稳态扩展。

(2) 裂纹表面的粗糙不平或裂纹面间的碎粒在卸载过程中引起裂纹的闭合并产生楔子效应。这种楔子效应一方面使裂纹面产生错配，而造成裂纹尖端较大的剪应力和张应力，从而导致Ⅰ型或Ⅱ型裂纹的扩展，另一方面会产生类似于压痕的损伤，导致裂纹前沿的扩展。

(3) 裂纹尖端的永久不可逆应变在卸载过程中引起残余拉应力，而使疲劳裂纹短距离扩展。有限元计算表明，由不可逆应变导致的残余拉应力可超过材料的抗拉强度。

(4) 裂纹面及裂纹尖端在应力循环过程中因摩擦而发热，使材料晶界上的玻璃相弱化，从而更易于发生晶间断裂。

陶瓷材料的裂纹在扩展过程中裂尖会出现屏蔽效应，而阻碍裂纹的长大。当材料受循环载荷作用时，循环应力会减弱这种屏蔽效应，降低裂纹扩展阻力、使裂纹得以生长。陶瓷材料的这种疲劳裂纹扩展机理就是非本质疲劳机理。具体包括：

(1) 在非相变增韧材料中，裂纹表面的粗糙不平造成裂纹面上晶粒的桥接与互锁作用，使材料出现阻力曲线特性并韧化了材料。在循环应力作用下，裂纹面间由于反复的滑动摩擦以及卸载，造成桥接晶粒的开裂和压碎等，导致桥接与互锁作用的降低，裂纹得以向前扩展。对 Al_2O_3 材料的扫描电镜原位观察证实了这一机理的存在[33]。

(2) 对于相变增韧材料，循环应力可使裂纹前端更长距离内的亚稳态四方相 ZrO_2 发生相变，而形成阻力曲线特性的尾迹区的尺寸却是一定的，因而循环载荷导致相变屏蔽效应的减弱。

(3) 陶瓷复合材料中增强晶须或纤维的桥接作用会阻碍裂纹的扩展，而循环应力通过导致晶须桥断裂或脱开等方式使桥接作用失效，从而降低了裂纹的屏蔽效应，造成材料疲劳裂纹的扩展。

此外，陶瓷材料的疲劳还表现出以下特点：

(1) 裂纹扩展速率的 Paris 公式的指数 n 具有相当高的值，可以从 21 到 42，远高于金属材料中的 2 到 4。这表明疲劳裂纹的生长对裂纹尖端应力强度因子具有极大的依赖性。

(2) 循环应力作用下的疲劳裂纹扩展速率比静载下大很多，且裂纹可以在比环境导致慢速裂纹长大所需的静载荷更低的循环载荷下扩展。疲劳门槛值仅为材料 K_{IC} 的 50%左右。

(3) 循环疲劳过程中，由于裂纹面的粗糙不平产生的楔子效应会造成裂纹的闭合，从而对裂纹的扩展产生影响。但随着 ΔK 的增加，这种闭合效应的影响作用将减小。

(4) 陶瓷材料循环疲劳的过载行为与金属材料相类似。当振幅由低到高变化时，裂纹扩展出现瞬间加速；而当振幅由高到低变化时，裂纹扩展出现瞬间延迟。

(5) 陶瓷材料的 $S-N$ 曲线在双对数坐标系中通常为一直线，即使在很高的循环周次下也难以观察到平台的出现，因此陶瓷是否存在疲劳极限仍无定论。循环载荷的应力比对材料的寿命有较大影响，拉-压载荷下的寿命明显低于拉-拉载荷下的寿命。对应于 10^8 循环周次拉-压载荷的条件疲劳极限约为材料拉伸强度的 50%。

(6) 在陶瓷材料的疲劳断口上有疲劳辉纹出现(一般很难观察到)，这表明了疲劳裂纹的周期性扩展。

5.7.3 复合材料疲劳特点 (Fatigue characteristics of composite materials)

依据复合材料的类型不同，其疲劳断裂行为各异。在此仅介绍典型纤维强化复合材料，与颗粒增强复合材料的疲劳行为特点以及提高疲劳抗力的一些思路。

纤维强化复合材料的失效机制有基体开裂、分层、纤维断裂和界面脱胶等四种。这些机制的组合产生了疲劳损伤，由此造成材料强度和刚度的降低。其损伤的类型和程度取决于材料的性能、铺层排列及其顺序以及加载方式等。图 5-31 为复合材料层压板疲劳损伤发展过程的示意图。损伤过程分为两个明显的阶段。第一阶段是均匀开裂阶段，在这一阶段裂纹仅限于在单层内；第二阶段是裂纹相互作用，导致局部损伤加剧。图中 CDS 为损伤状态(Characteristic Damage State)，表征由第一阶段向第二阶段转变，处于无裂纹相互作用的裂纹饱和状态。

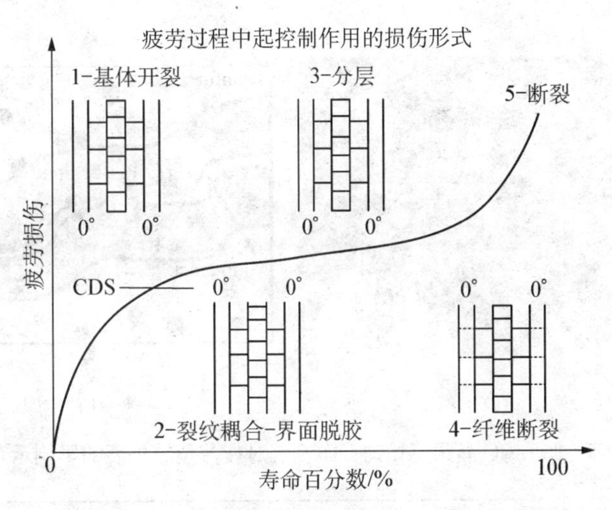

图 5 - 31　复合材料层压板疲劳损伤扩展

对 SiC 晶须强化铝合金疲劳裂纹扩展行为的研究表明，如图5 -32 所示，在 Paris 区域（疲劳裂纹扩展的第二阶段）复合材料的裂纹并非像单一基体铝合金那样平直扩展，而是出现了反复转向。由此可见，这种裂纹粗糙度诱发的闭合机制和裂纹桥接与裂纹分叉机制，均有利于减缓裂纹扩展速率，提高材料的抗疲劳性能。为此，小林俊郎等提出采用将增强材非均匀分布的方法，即将 SiC 晶须做得有密有疏（参照图 5 - 33(a)），进而利用高密度强化材区域高的裂纹扩展抗力，提高复合材料疲劳裂纹扩展的整体阻力，其机理示意图如图 5 - 33(b) 所示。

有关 SiC 颗粒增强高强度铝合金疲劳性能的研究表明，SiC 粒子尺寸对疲劳裂纹第二阶段的扩展速率影响不大，但却提高了材料的疲劳裂纹扩展门槛值。图 5 - 34 为 Ritchie 等的实验研究结果，可见，选择合适的增强颗粒尺寸非常关键。

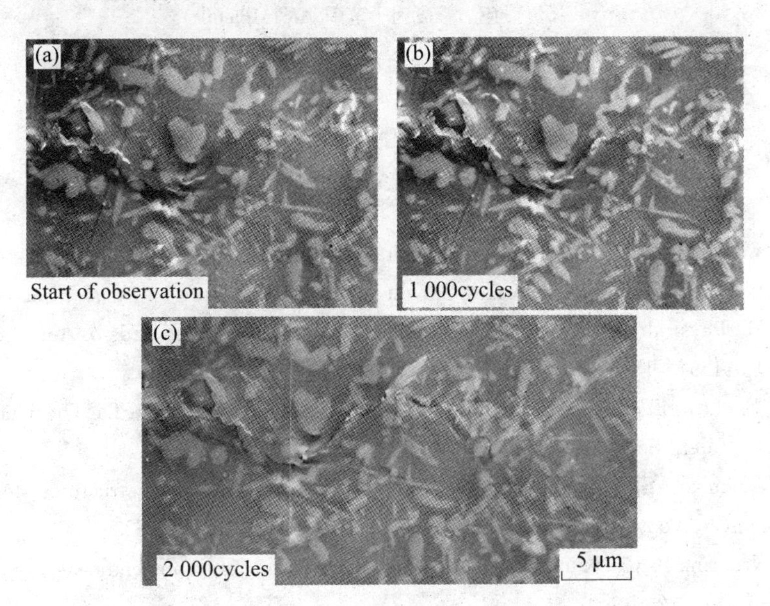

图 5 - 32　SiCw/6061Al 复合材料疲劳裂纹扩展行为（第二阶段）

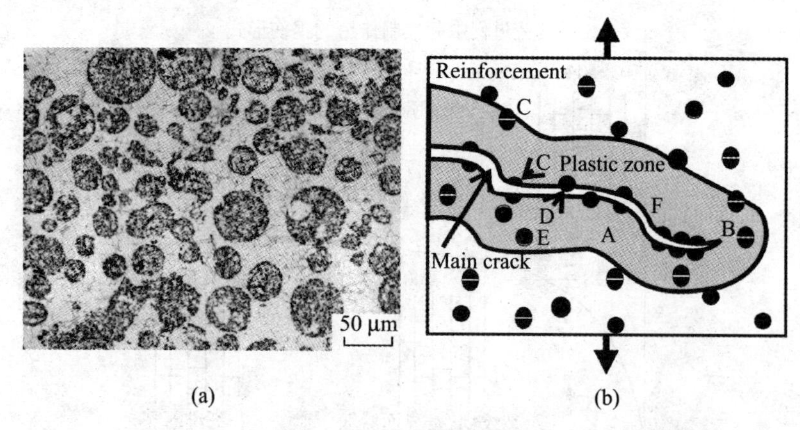

图 5-33　SiC 晶须不均匀分布及其对疲劳裂纹扩展的影响示意图

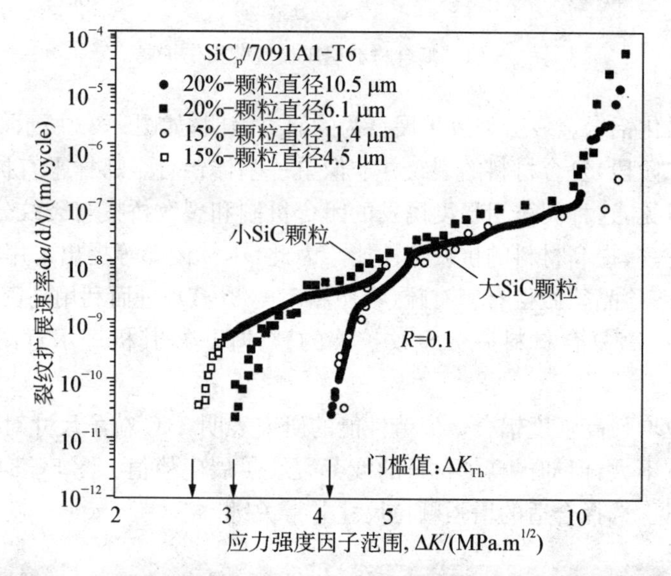

图 5-34　增强颗粒直径对复合材料疲劳裂纹扩展速率的影响

参考文献

[1] Ewing Sir J. A., Humfrey J. C. W [J]. Phil. Trans. Roy. Soc. 1903, A 200:241.

[2] Forsyth P. J. E. Fatigue Damage and Crack Growth in Aluminum Alloys [J]. Acta. Meta., 1963, 11:703.

[3] Neumann P. Physical Metallurgy [M]. Cahn, R. W., Haasen, P. (Eds.) Amsterdam: Elservier Science, 1983:1554-1593.

[4] Neumann P. Low Energy Dislocation Configurations: A Possible Key To The Understanding Of Fatigue [J]. Mater. Sci. Eng., 1986, 81:465-475.

[5] Nakai Y, Fukuhara S, Ohnishi K. Observation of fatigue damage in structural steel by scanning atomic-force microscopy [J]. Int J of Fatigue, 1997, 19, Supp. 1: S223-S236.

[6] Heinz A, Neumann P. Crack initiation during high cycle fatigue of an austenitic steel [J]. Acta Metall. Mater. 1990, 18:1933-1940.

[7] Suresh S, Ritchie R. O. Propagation of short fatigue cracks [J]. Int. Metals Rev. 1984, 29:445-476.

[8] Miller K. J. Materials science perspective of metal fatigue resistance [J]. Mater. Sci. Technol, 1993, 9:453-462.

[9] Miller K J. The three thresholds for fatigue crack propagation, In: Fatigue and Fracture Mechanics [M]. R. S. Piacsik, J. C. Newman, N. E. Dowling, Eds. ASTM STP 1296, Philadelphia: ASTM, 1997:267-285.

[10] Nishitan H. Behaviour of small cracks in fatigue and relating phenomena, In: Current Research on Fatigue Cracks [M]. Tokyo, Japan: Society Materials Science, 1985:1-21.

[11] Murakami Y, Harada S, Endo T, et al. Correlations among growth of small cracks, low cycle fatigue law and applicability of Miner's rule [J]. Eng. Fract. Mech. 1983,18:909-924.

[12] Obrtlík K, Polák J, Vašek A. Short Fatigue Crack Behaviour in 316L Stainless Steel [J]. Int. J. Fatigue. 1997,19:471-475.

[13] Paris P, Erdogan F. A Critical Analysis of Crack Propagation Laws [J]. J. Bas. Eng., Trans. ASME, Series D. 1963,85(4):528-534.

[14] Ritchie R. O. Influence of microstructure on near-threshold fatigue crack propagation in ultra-high strength steel [J]. Metal Science, 1977,11:368-381.

[15] Barsom J M. Fatigue-Crack Propagation in Steels of Various Yield Strengths [J]. J Eng Ind Trans ASME. Series B. 1971,93(4):1190-1196.

[16] Ritchie R O. Mechanisms of fatigue-crack propagation in ductile and brittle solids [J]. International Journal of Fracture 1999,100:55-83.

[17] 邓增杰,周敬恩.工程材料的断裂与疲劳[M].北京:机械工业出版社,1995年6月第1版.

[18] Griffiths J R, Mogford A T, Richards CE [J]. Met. Sci., 1979,5:150[转引自:邓增杰、周敬恩,工程材料的断裂与疲劳[M],北京:机械工业出版社,1995年6月第1版].

[19] Forman R G, Kearney V E, Engle R M. Numerical analysis of cycle-loaded structures [J]. Trans. ASME, Series D. 1967,89:459.

[20] Rice J R. Mechanics of crack tip deformation and extension by fatigue. In Fatigue crack propagation [M]. ASTM STP 415. Philadelphia: ASTM, 1967:247-312.

[21] H.米格兰比.材料的塑性变形与断裂[M].北京:机械工业出版社,1998年6月第1版.

[22] Elber W. The significance of fatigue crack closure. In Damage tolerance in aircraft structures [M]. ASTM STP 486. Philadelphia: ASTM, 1971:230-242.

[23] 周承恩,谢季佳,洪友士.超高周疲劳研究现状及展望[J].机械强度,2004,26(5):526-533.

[24] 石德珂,金志浩.材料力学性能[M].西安:西安交通大学出版社,1998年5月第1版.

[25] Coffin Jr L F. A study of the effects of cyclic thermal stresses on a ductile metal [J]. Trans of ASME, 1954. 76:931-950.

[26] Manson S S. Behaviour of Materials under Conditions of Thermal Stress. National Advisory Commission on Aeronautics (NACA) [R]. Report 1170, Cleveland: Lewis Flight Propulsion Laboratory, 1954.

[27] Hertzberg R W. Deformation and Fracture Mechanics of Engineering Materials. 4th Ed [M]. New York: John Wiley & Sons, 1996. [美]R. W. 赫次伯格著. 王克仁,等译. 工程材料的变形与断裂力学[M].北京:机械工业出版社,1982年9月第1版.

[28] 王中光.疲劳(第四章),曲敬信,汪泓宏.表面工程手册[M].北京:化学工业出版社,1998:88-92.

[29] 周洋,詹国栋,张以增. 陶瓷材料疲劳特性的研究进展[J]. 1994,16(2):58-62.

[30] Pletka B J, Wiederhorn S M. A comparison of failure Predictions by Strength and Fracture Mechanics Techniques [J]. J. Mater Sci, 1982,17:1247-1268.

[31] Dauskardt R H, Yu W, Ritchie R O. Fatigue Crack Propagation in Transformation Toughened Zirconia Ceramic [J]. J Am Ceram Soc, 1987,70:C248 - 252.

[32] Ritchie R O, Dauskardt R H. Cyclic Fatigue of Ceramics: A Fracture Mechanics Approach to Subcritical Crack Growth and Life Prediction [J]. J Ceram Soc Japan, 1991,99:1047 - 1062.

[33] Lathabai S, Rodel J, Lawn B R. Cyclic Fatigue from Frictional Degradation at Bridging Grains in Alumina [J]. J Am Ceram Soc, 1991,74(6):1343 - 1348.

思考题

(1) 什么是材料的疲劳？这一问题的研究对于实际有何意义？

(2) 疲劳裂纹为什么一般萌生于构件表面？

(3) 疲劳裂纹是如何萌生的？又是如何扩展的？

(4) 疲劳宏观断口有什么特征？

(5) 疲劳裂纹扩展机制与疲劳断口微观特征之间有何关系？

(6) 影响疲劳裂纹扩展速率的因素是什么？

(7) 为什么会存在裂纹扩展的门槛值？

(8) Paris 公式是什么意思？它有何实际意义？

(9) 影响材料疲劳性能的因素有哪些？

(10) 材料循环硬化与循环软化的机理是什么？

(11) 构件表面引入压缩残余应力，对疲劳寿命将产生什么影响？为什么？

(12) 如何提高材料的疲劳强度？

(13) 高分子材料和陶瓷材料的疲劳各有什么特点？

(14) 很多工艺，如机械加工、磨削、电镀以及表面硬化等可能会导致材料中存在残余应力。讨论这些残余应力对材料疲劳寿命的影响。

(15) 具有下述性质的钢：杨氏弹性模量 $E = 210\,\text{GPa}$，断裂应力 $\sigma_f = 2.0\,\text{GPa}$，断裂应变 $\varepsilon_f = 0.6$，指数 b(循环) $= 0.09$；c(循环) $= 0.06$。由此钢材制成的棒状试样，在循环应力的作用下，求其未发生断裂前 1 500次循环所产生的总应变。

(16) 对一种微合金化钢施以±500 MPa 和±300 MPa 的两组载荷进行疲劳实验。试样分别在 10^3 和 10^5 个周期后断裂。假设由这种微合金钢制成的一个零部件，先在±350 MPa 下循环 10^4 个周次，求其继续在±400 MPa 条件下运行的疲劳寿命。

(17) 具有下列特性的一钢铁材料：屈服应力 $\sigma_v = 700\,\text{MPa}$，临界应力场强度因子 $K_{IC} = 165\,\text{MPa m}^{1/2}$。由这种钢铁材料制成的一平板，表面含有一个裂纹，在 $\Delta\sigma = 140\,\text{MPa}$，$R = 0.5$，$a_0 = 2\,\text{mm}$ 的参数下进行疲劳实验。通过实验数据确定钢中裂纹的传播公式 Paris. $\frac{da}{dN}(\text{m/cycle}) = 0.66\times10^{-8}(\Delta K)^{2.25}$，其中，$\Delta K$ 的单位是 $\text{MPa}\cdot\text{m}^{1/2}$。请问：

(a) 在 σ_{max} 下裂纹的临界尺寸是多少？

(b) 这种钢材的疲劳寿命是多少？

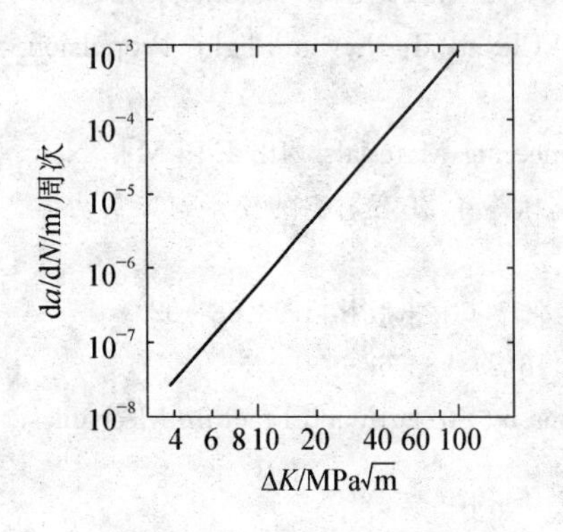

(18) 如图所示为铝合金 705 - T6 的相关数据，求其 Paris-type 关系中的相应参数。如果裂纹起始长度为0.2 mm，疲劳实验中初始循环时 $\Delta K = 10\,\text{MPa}\cdot\text{m}^{1/2}$。计算这一裂纹经过 10^5 个循环周期后的长度。

(19) 假定一个有预制裂纹的试样的疲劳寿命是完全由裂纹扩展来决定的。如果在某一情况下初始裂纹扩展的速率为 $\frac{da}{dN} = C\Delta K^3$ 和

$\Delta K=2\alpha\Delta\sigma\sqrt{\pi a}$，试推导出下式 $C=\dfrac{1}{4N\Delta\sigma^2\alpha^2\pi}\ln\dfrac{a_f}{a_0}$，其中，$\alpha$ 是一个常量，N 是疲劳寿命，a_0 为试样的起始裂纹长度，a_f 是最后裂纹长度。

(20) 在聚合物中疲劳裂纹扩展过程可以用下面的关系式描述：$\dfrac{da}{dN}=0.5\times10^6\Delta K^{3.5}$，$da/dN$ 的单位是 m/cycle，ΔK 的单位为 $MPa\cdot m^{1/2}$。一试样上有一个位于中部、且跨过整个厚度的裂纹，尺寸如下：厚度 $B=10$ mm，宽度 $W=50$ mm，裂纹长度 $2a=10$ mm。对该试样进行疲劳实验，最大载荷为 200 N，最小载荷为 0 N。对 ΔK 取一合适的表达式，计算这个试样的裂纹扩展速率 da/dN。

(21) (设计题) 一种由 304 L 不锈钢制造的植入式髋骨，其上含有长度为 $2c=200\ \mu m$，高为 $2a=100\ \mu m$ 的一个初始裂缝，计算这种植入式髋骨的寿命。假设作用在人造髋骨的力如下：走：3W；跑：7W。W 为这个人的重量。304 L 的疲劳过程可以用下式表示：$\dfrac{da}{dN}=5.5\times10^{-9}\Delta K^3$。$da/dN$ 的单位是 mm/cycle，ΔK 的单位为 $MPa\ m^{1/2}$。假设这个人(a)每天走 3 h；(b)每天走 3 h、慢跑 20 min。计算过程中可以做一些其他有必要的假设。

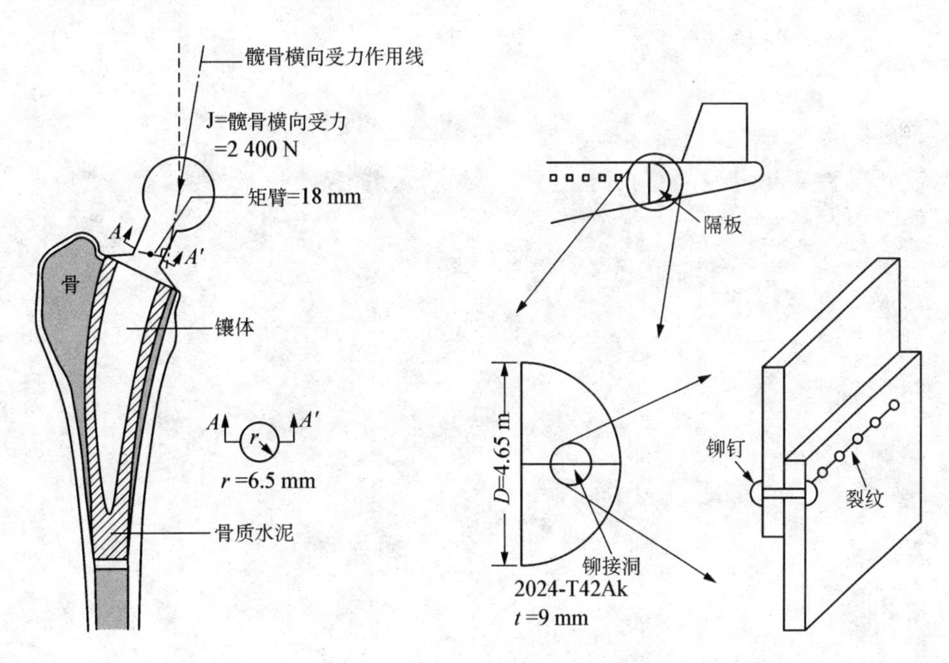

(22) (设计题)这是一起造成 520 个生命逝去的飞机事故，成为人类历史上最严重的空难之一。而这一事故仅仅是由一架波音 747 飞机的舱壁背面上的一个疲劳裂纹的扩展而造成的(见下图)。在一次修理中地勤将某些位置上的双排铆钉换成了单排，从而引起了疲劳断裂。这次悲剧是在飞机飞到7 200 m的高空中发生的，海拔每上升 1 m 大气压下降12 Pa。(a)计算飞机每次起飞-降落时，加压的机舱和舱壁上所受到的循环应力。(b)确定将造成灾难性扩展裂纹的临界长度。(c)假定疲劳断裂是在某个铆接洞(直径 12 mm)上开始，扩展至后面的铆接洞，计算摧毁这只"大鸟"所需要的周期数。给定下列数据：Paris 公式常数 $C=5\times10^{-8}$，$m=3.6$，$\sigma_y=310$ MPa，$\sigma_{UTS}=345$ MPa。

(23) 一合金钢平板，被加以相同振幅单轴的拉-压应力进行疲劳实验。应力振幅是 100 MPa。平板的屈服强度为1 500 MPa，断裂韧性为 50 $MPa\ m^{1/2}$，且有一个 0.5 mm 的裂纹。如果 $da/dN(m/cycle)=1.5\times10^{-24}\Delta K^4$，$K$ 的单位为 $MPa\ m^{1/2}$。计算致使平板断裂的疲劳周期数？在断裂韧性方程中取$Y=1$。

(24) 一部件被加以频率为 50 Hz 的周期载荷。裂纹的尖端的应力场强度因子刚超过疲劳裂纹门槛值 ΔK_{th}，da/dn 为 10^{-8} mm/s。求一周后裂纹的长度？取 $m=3$。

(25) 合金的低周疲劳中的断裂周期数 N_f 和弹性应变 $\Delta\varepsilon_{pl}$ 可以由 Cofin-Manson 关系式来描述，$N_f^{0.5}\Delta\varepsilon_{pl}=0.4$。如果合金在弹性应变为 5×10^{-3} 的情况下断裂，计算其循环周期数。

(26) 一用于制造飞行器骨架的 2024 - T6 铝合金，在一 400 r/min(呈正弦变化的应力，平均应力为 0)旋转 Wohler-type 机器上进行测试。得到的结果如下：应力幅度为 310 MPa; $N=10^4$ 周期；应力幅度为 230 MPa; $N=10^7$ 周期。如果以相同的频率在幅度为 180 MPa 的应力下每天飞行 16 个小时，计算飞行器的寿命。2024 - T6 铝合金符合 Basquin 法则。

(27) 解释下列设计和环境因素对疲劳寿命的影响：(a)高度抛光的表面粗糙度。(b)铆钉洞。(c)在不改变幅度的情况下增加平均应力。(d)腐蚀性的大气环境。

(28) 当应力幅为 43 MPa 时，一聚合物的疲劳断裂周期 N_f 为 50，当应力幅为 15 MPa 时疲劳断裂周期为 5 000。计算当应力幅度为 20 MPa 时的疲劳断裂周期。

(29) 一合金疲劳裂纹扩展符合 Paris 公式：$\frac{da}{dN}(\text{m/cycle})=0.8\times10^{-6}(\Delta K)^2$。如果在应力幅度 $\Delta\sigma=100$ MPa 下进行疲劳实验，求 1 000 周期后裂纹的长度。取裂纹初始长度为 0.5 mm。

第 6 章

材料的高温力学性能

(Mechanical properties of materials at elevated temperature)

物理与化学的基本原理表明,提高机器或设备的工作温度,可以提高能源的利用效率与物质的化学转化效率。因此现代大工业生产装置大多在高温高压环境下运行,如超临界发电、新一代核电、石油炼制、乙烯裂解、煤气化与液化、航空发动机等装置均在高温下运行。但在较高的温度下,温度对材料的性能有重要的影响,如对P91钢,当工作温度从常温提高到600℃时,其抗拉强度下降达一半;又如当工作温度从550℃提高到560℃时,在183 MPa下,钢的断裂时间便从3万小时降到1万小时。通常,温度对高分子和橡胶材料的性能有更为显著的影响。为此,设计制造的机器如在高温下工作,材料必须具有相应的高温力学性能。根据材料在不同高温场合的应用,其基本性能包括高温蠕变特性、高温短时拉伸特性、持久强度、应力松弛、高温硬度,拓展性能包括高温疲劳特性、高温腐蚀特性,及不同损伤机制的相互作用特性等。

本章主要介绍材料的高温蠕变特性及其描述、蠕变损伤及断裂机制、短时试验结果向长时寿命的外推、高温蠕变韧性、高温蠕变松弛、高温疲劳,以及改善高温力学性能的途径等内容。

6.1 材料的蠕变及高温力学性能

(Creep and mechanical performance of materials at elevated temperature)

6.1.1 材料的蠕变现象 (Creep phenomenon of materials)

在材料的线弹性变形阶段,当施加一个载荷,变形一般将稳定在一个固定值(见第1章)。但若材料在高温下拉伸,则将发生蠕变,即使该载荷维持不变,变形仍将继续增加,金属材料的变形随时间变化的曲线可用图6-1表示,此即为标准的蠕变曲线(随着时间的增加,材料逐渐劣化,在一定的时间下,试样能在持续变形中出现断裂)。

如果在不同的载荷水平下进行一组蠕变试验,则可以得到一组蠕变曲线,如图6-2所示。最早定量描述这些现象的是一个英国科学家Andrade(1910)[1]。他发现这些曲线一般均可分为几个阶段,初始都有一个与时间无关的弹性变形阶段,此后蠕变曲线大体可分为三个阶段:第一阶段的蠕变速率逐渐降低,第二阶段(或称稳态蠕变阶段)的蠕变速率几乎为

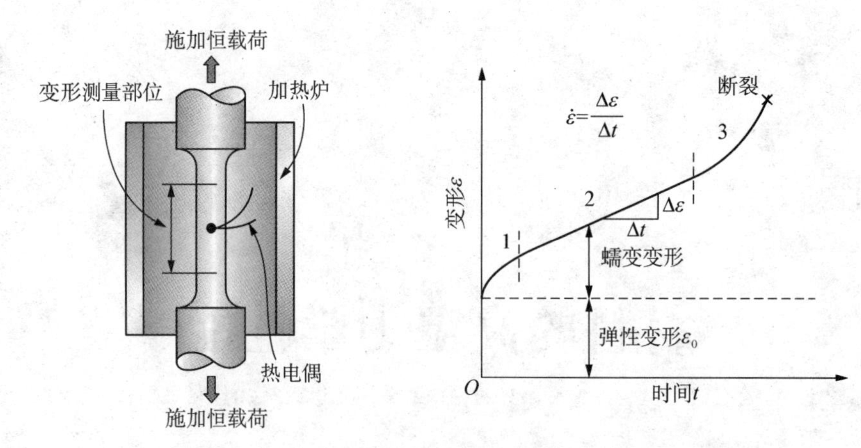

图 6-1　蠕变试验及蠕变变形随时间变化的曲线

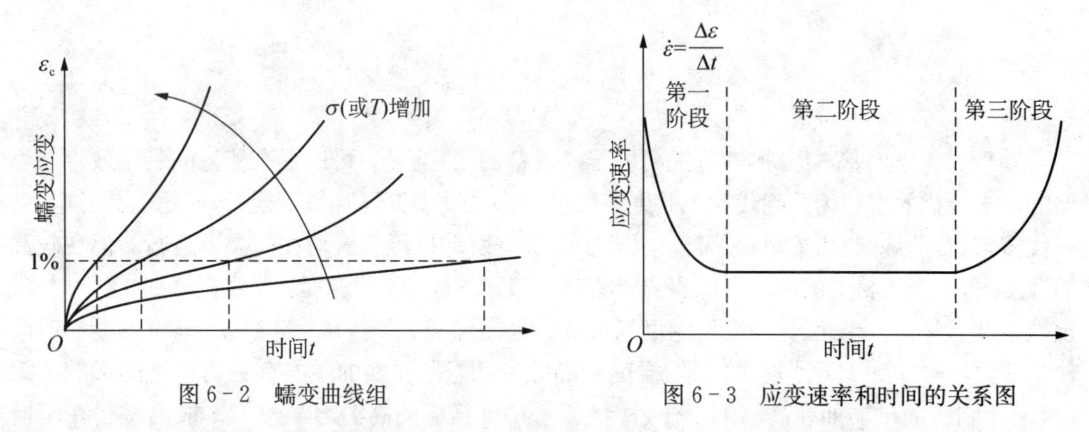

图 6-2　蠕变曲线组　　图 6-3　应变速率和时间的关系图

常数，第三阶段为蠕变速率剧增的阶段，并最终导致断裂。作出应变速率和时间的关系图，这三个阶段就更加明显(见图 6-3)。在恒常载荷试验条件下，蠕变第一阶段和第二阶段的试样截面上的应力是基本恒定的，但在蠕变的第三阶段，应变速率的增加主要是由于变形过程中试样截面减小的结果，同时材料内部孔洞的出现也会减少有效承载截面，因此第三阶段的描述较为复杂。必须指出，这种划分的方式不是绝对的，对于单晶或定向凝固晶体材料，在第一阶段启动前还有一段位错开动的孕育期。

从基本的蠕变曲线中，可以演绎出许多可供工程设计用的信息，比较有用的信息有最小蠕变速率和应力的关系(见图 6-4)，以及初始应力和蠕变破坏寿命之间的关系(见图 6-5)。

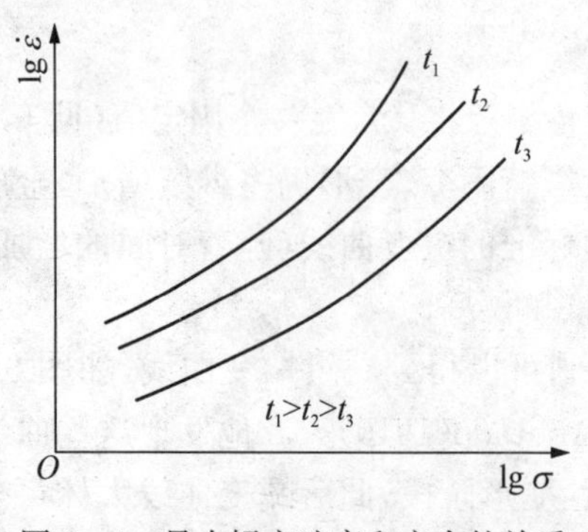

图 6-4　最小蠕变速率和应力的关系

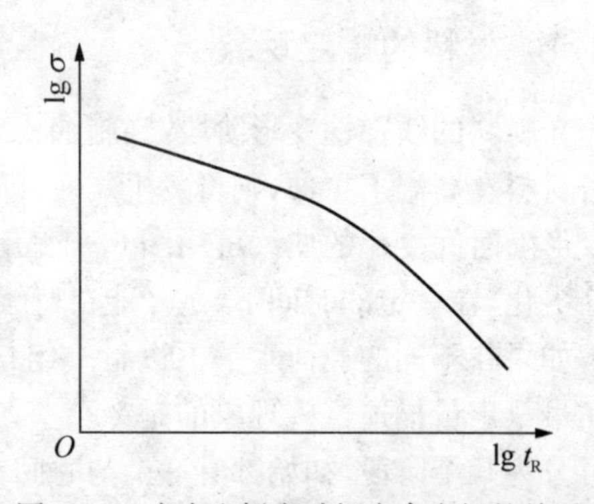

图 6-5　应力和蠕变破坏寿命之间的关系

蠕变是材料温度激化的结果，因此蠕变强度对温度的依赖性是不言而喻的。一般认为，蠕变发生与否，与金属材料的熔点温度 T_m 有关，粗略地可根据工作温度是否大于 $0.5T_m$ 进行判断（T_m 是以绝对温标表示的熔点温度），实际合金则多在 $(0.4\sim0.6)T_m$ 之间；而陶瓷材料的蠕变则多发生在 $(0.4\sim0.5)T_m$ 之间，高分子材料则在其玻璃化转变温度 T_g（高分子材料在玻璃态与高弹态之间的转变温度）之上。当工作温度高于 $0.5T_m$ 时，即使应力小于材料屈服极限，蠕变也会发生。而当工作温度低于 $0.5T_m$ 时，若要产生蠕变变形，应力必须接近或者大于屈服极限，蠕变曲线以第一阶段蠕变为主。连续纤维增强陶瓷基复合材料（CFCC）具有优异的抗蠕变性能，其蠕变曲线与金属材料类似，应力和温度对这三个阶段有显著影响。如：低应力下，加速蠕变阶段不会出现。

表 6－1 列出了若干金属的熔点温度和产生蠕变时的温度。为了使读者对不同温度下各种材料的蠕变强度有个概貌的认识，我们将各种材料的蠕变强度—温度关系示于图 6－6 中。

表 6－1　金属的熔点温度与蠕变温度

材料	熔点温度/℃	蠕变温度/℃
铅	327	27
铝	660	194
铜	1 083	405
钛	1 690	708
铁	1 530	629
镍	1 453	590

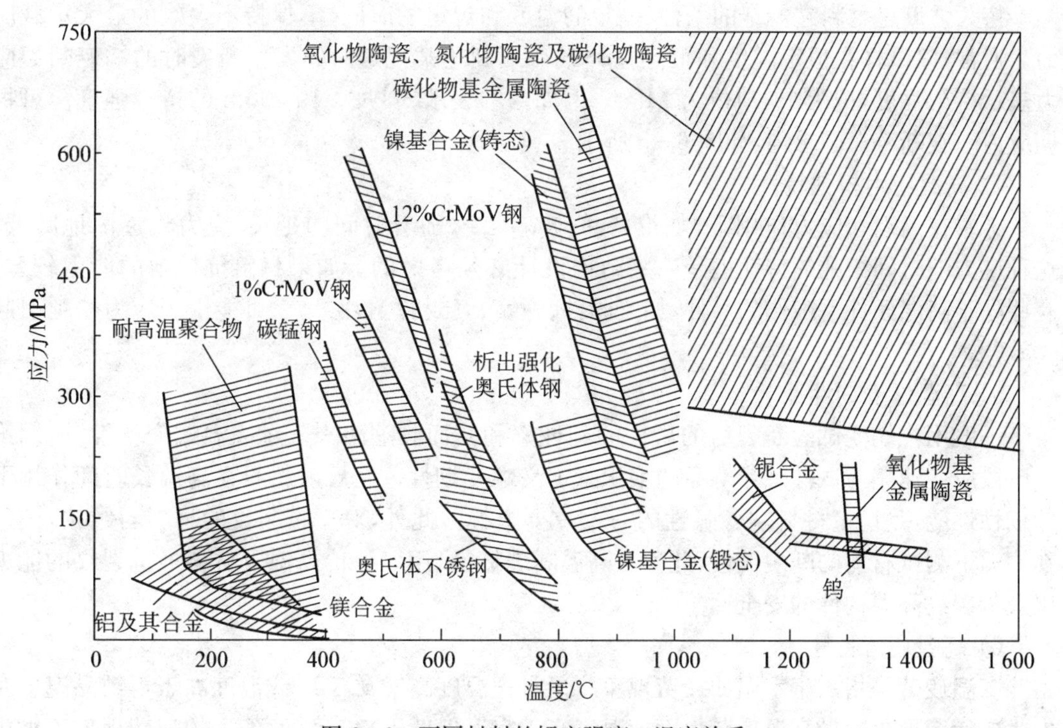

图 6－6　不同材料的蠕变强度—温度关系

6.1.2 材料的高温力学性能指标 (Mechanical properties of materials at elevated temperature)

常见的高温强度性能指标主要包括：

1）高温短时拉伸

高温短时拉伸试验从本质上说和常规拉伸没有太大的差别，常规拉伸的性能指标在高温拉伸过程中也需记录。这里强度性能指标包括：比例极限、弹性极限、条件屈服强度、抗拉强度。塑性指标包括：延伸率、断面收缩率，刚性指标包括：弹性模量等。

2）蠕变极限

蠕变极限是材料在长时间高温和载荷作用下的塑性变形抗力指标，在该应力水平下材料长期工作后将不至产生过量的蠕变变形。在工程上以"条件蠕变极限"作为统计依据。根据不同的需要，条件蠕变极限有不同的定义，通常应用的有两种。一种是在给定温度下，引起规定变形速度的应力值。这里所指的变形速度是蠕变第二阶段的恒定变形速度。在电站锅炉、汽轮机和燃气轮机制造中规定的变形速度大多是 1×10^{-5}%/h 或 1×10^{-4}%/h。如：$\sigma_{1\times10^{-5}}^{500}=100$ MPa，表示温度 500℃，稳态蠕变速率为 1×10^{-5}%/h 下的条件蠕变极限为 100 MPa。

另一种是在给定温度下和在规定的使用时间内，使试样发生一定量蠕变总变形的应力值。例如 $\sigma_{1/10^5}^{500}$ 代表在 500℃下经 100 000 h 蠕变总变形为 1%的条件蠕变极限。有的零件如汽轮机和燃气轮机叶轮的叶片，在长期运行中，只容许产生一定量的变形，设计时就必须考虑到这种条件下的蠕变极限。

以上两种蠕变极限都需要试验到稳定的蠕变第二阶段后才能确定(见图 6-3)。

3）蠕变持久强度

持久强度是材料在规定的条件(一定的温度和规定的时间)下保持不失效的最大承载应力。通常，以试样在恒定温度和恒定拉伸载荷下到达某规定时间发生断裂时的蠕变断裂应力表示持久强度，记为 σ_{τ}^{T}，单位为 MPa。例如，$\sigma_{10^4}^{600}$ 表示 600℃、10 000 h 的持久强度。可根据应力—破断寿命图求得，如图 6-5 所示。

4）高温应力松弛特性

金属在高温和应力作用下，如维持总应变不变，随着时间的延长，应力将逐渐地减低。这种应力随时间松弛的特性也是一些结构设计必须考虑的。如果材料抗松弛的能力较差，有些处于高温条件下工作的零件，如紧固件、弹簧、气封弹簧片等，就可能由于应力松弛引起失效。

5）高温蠕变韧性

一般用经蠕变试验断裂后的试样的延伸率和断面收缩率来表示高温蠕变塑性，而用第二阶段应变速率与试样破断寿命的乘积来定义蠕变韧性。它反映材料在高温长时间作用下的韧性性能，是衡量材料蠕变脆性的一个重要指标。此外，对于带裂纹的材料与结构，还须在高温下测试材料的断裂韧性，此称为高温断裂韧性，用以评价高温下材料抵抗裂纹的能力以及带裂纹高温构件的安全性。

6）高温疲劳特性

高温疲劳是指高于室温的疲劳现象。通常把温度高于 $0.5T_m$ 或温度高于再结晶温度时发生的疲劳现象叫做高温疲劳。而把温度高于室温但低于 $0.5T_m$ 时发生的疲劳现象称做中温疲劳。在中温时，疲劳强度比室温疲劳强度降低不多，这时仍可采用常规的疲劳设计方法。当温度高于 $0.5T_m$ 时，疲劳强度往往会急剧下降，蠕变会起重要作用，此时必须考虑疲劳与蠕变的交互作用。

此外，高温材料的硬度、高温冲击、高温腐蚀等也都是重要的高温力学性能。

6.2　蠕变变形、损伤与断裂的物理机制

(Physical mechanisms of creep deformation, damage and rupture)

在蠕变过程中，金属微观组织结构的变化是颇为复杂的，不但各个阶段有其特点，而且在同一阶段中往往也有多种机制共同作用。一般认为，高温下的蠕变变形由两种物理机制控制：一种是扩散蠕变，另一种是位错蠕变。它们均和空位或位错的运动相关。空位是晶格的一种点缺陷，正常点阵上的一个原子在转移成为间隙原子的同时，便出现一个空位。位错是一种线缺陷，位错通过滑移和攀移在晶格中运动。扩散蠕变是在很高的温度、较低的应力水平下材料所产生的与牛顿型黏性流动相似的过程。其机理是晶体中的大量空位在应力作用下向平行于应力的晶界面上扩散，同时有大量的原子跑到垂直于应力的晶界面上，或者说有大量的原子由平行应力的晶界面上，通过晶体内部传输到垂直于应力的晶界上去，而空位做与此相反的传输。这也可以解释为是原子从局部压应力区域向局部拉应力区域的流动，并为空位相反方向的流动所平衡。在变形过程中不出现位错的运动，称之为 Herring-Nabarro 蠕变。

在略低的温度和更低的应力水平下，蠕变会通过晶界扩散而产生，这叫做 Coble 蠕变。在这蠕变变形中，蠕变速率随应力近于线性变化。在应力水平很低时，扩散蠕变只是在接近材料熔点的高温时才可观察到，这在工程上意义不大。但对于晶粒较细小的金属，扩散蠕变也是一个不可忽略的因素。

位错蠕变的机制发生在应力水平较高，服役温度在 $(0.3\sim0.5)T_m$ 以上，但一般不超过 $0.7T_m$ 的构件上。蠕变变形时，位错运动的形式主要是攀移。攀移可以导致异平面内正负位错的湮灭，正攀移吸收空位，负攀移产生空位。所以空位在位错间的扩散决定着位错攀移及进一步导致反号位错的消失(湮灭)速度。位错消失导致恢复和软化，由此导致在恒应力下进一步的变形。这种蠕变速度决定于空位的扩散速率，其中包含着空位产生和空位运动两个过程。所有决定着蠕变速率的热激活能就是空位产生激活能与空位运动激活能之和，它等于原子自扩散激活能，亦即其速率可以用 Arrhenius 方程来表示[2]：

$$\dot{\varepsilon} = A e^{-\frac{Q}{RT}} \tag{6-1}$$

式中，A 为无量纲常数，Q 为激化能，R 为气体常数，T 为绝对温度。

若考虑位错和细观尺度的影响，蠕变速率还可用 Mukherjee-Bird-Dorn 方程来描述[3]：

$$\dot{\varepsilon} = \frac{A_1 G\boldsymbol{b}}{kT} D_0 e^{-\frac{Q_c}{RT}} \left(\frac{\boldsymbol{b}}{d}\right)^p \left(\frac{\sigma}{G}\right)^n \tag{6-2}$$

式中，A_1 为无量纲常数，D_0 为频率因子，G 为剪切模量，$\boldsymbol{b}$ 为位错的 Burgers 向量，k 为 Boltzman 常数，σ 为施加的应力，d 是晶粒尺寸，p 为晶粒尺寸的反指数，n 为应力指数，Q_c 为蠕变表观激活能。通常情况下，蠕变表观激活能与自扩散激活能是相等的($Q_c = Q_D$)。图 6-7给出了 20 余种金属的 Q_c 和 Q_D 的测量值，可以看出对于所有金属，两者均相等。

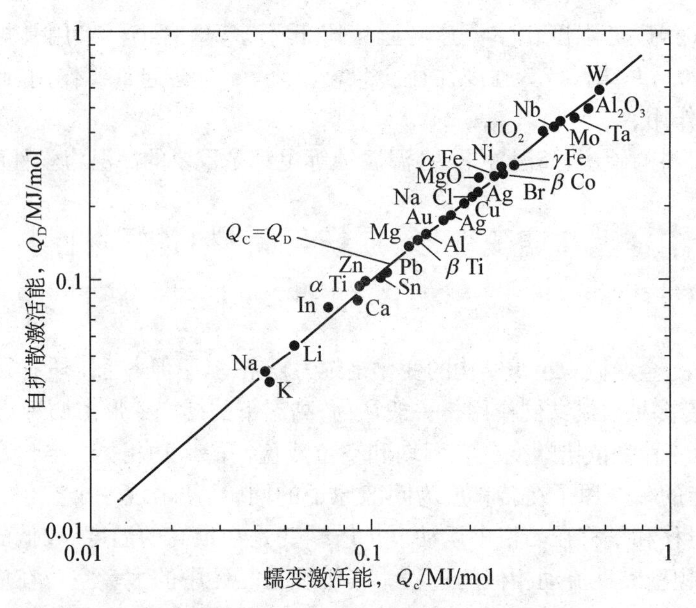

图 6-7　各种金属的蠕变表观激活能与自扩散激活能的关系

在复杂的合金中，还须考虑各种强化机制对位错运动的作用，如杂质原子对 Cottrell 气团钉扎、扩展位错区的铃木作用(化学作用)，应力诱导有序区、反相畴界、第二相粒子强化等等。处于稳态蠕变时，这些障碍(杂质元素，溶质原子)阻碍着位错运动，即蠕变变形受其扩散速度限制，或者靠位错攀移而绕过障碍。一般地，位错蠕变的速率随应力的变化是非线性的，常用应力的幂函数或指数函数表示。

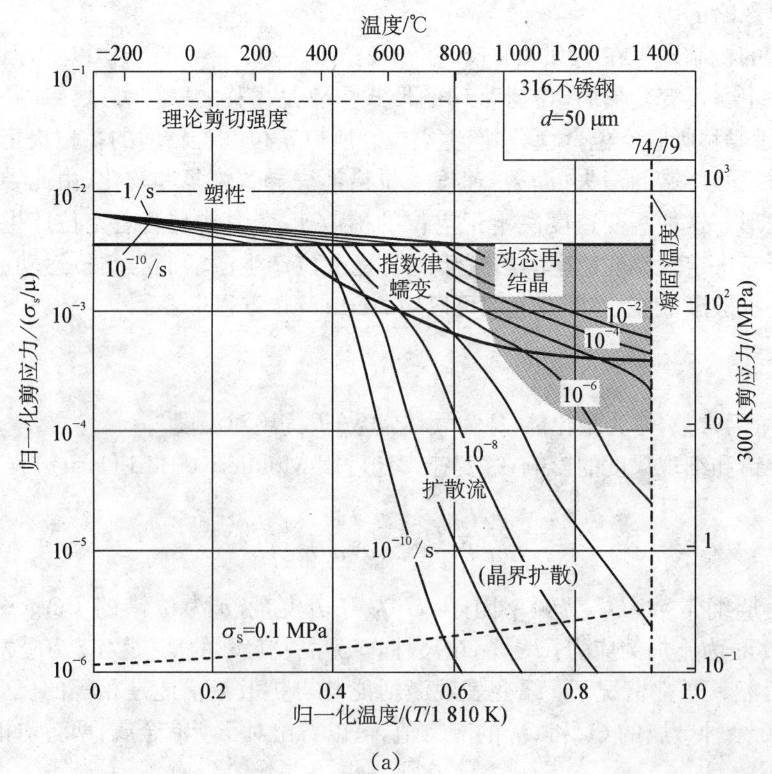

(a)

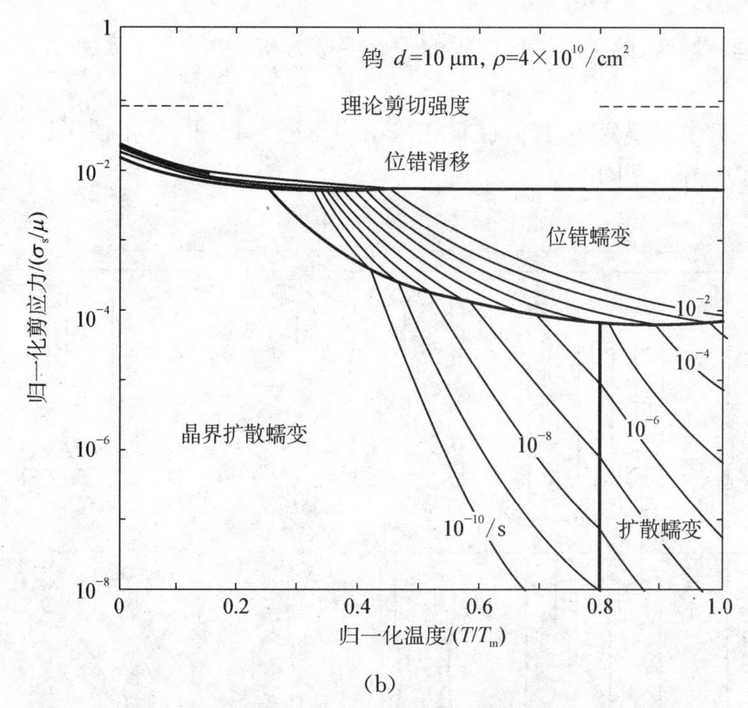

(b)

图6-8　316 不锈钢的变形机制图(晶粒=50 μm)(a)和钨的变形机制图(晶粒=10 μm)(b)

蠕变对于应力和温度的依赖性可用变形机制图加以说明。图 6-8(a)和图 6-8(b)分别为 316 不锈钢和钨的变形机制图。该图可分为两个主要区域:其一是蠕变速率由位错的滑移和攀移为主导并服从应力的指数律,而在另一区域的蠕变则由应力导向的原子扩散所控制[4]。

对于蠕变的三个阶段的变形大致可做如下解释:在蠕变的第一阶段,由于在加载的瞬间产生大量位错并出现滑移运动,产生快速变形,然后随着应变硬化而减速,这在蠕变曲线中,导致了第一阶段的斜率的减小。蠕变的第二阶段可解释为应变硬化和损伤弱化的平衡,即产生位错等缺陷而强化和位错等缺陷消失而软化的速率相等,导致了近乎不变的蠕变速率,这时材料化学反应导致第二相在晶界析出。在蠕变的第三阶段由蠕变断裂的机制所确定,材料内部或外部的损伤过程开始起作用,第二相在晶界的剥离形成空洞,如图 6-9 所示[5],晶界处的空洞与微裂纹的形成,导致了载荷抗力的减小或净截面应力的严重增加,并与第二

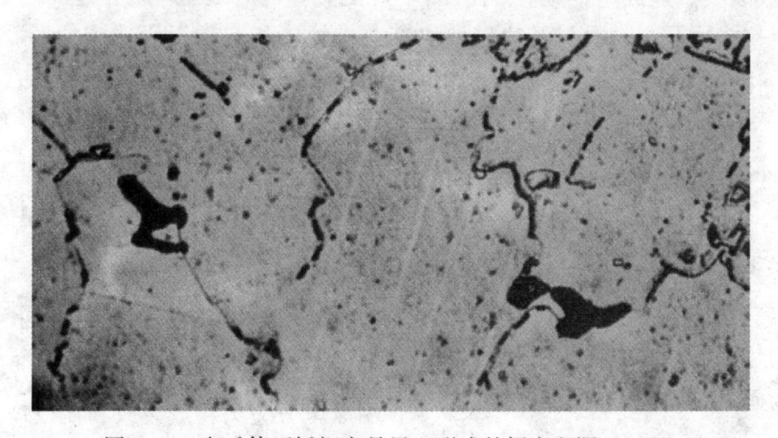

图 6-9　奥氏体不锈钢在晶界上形成的蠕变空洞(×500)

阶段的弱化过程相耦合，第二阶段所取得的平衡便被打破，并进入蠕变速率迅速增长的第三阶段。

金属材料在高温下蠕变断裂的机制与形态示于图 6-10 中，为了便于比较，把较低温度下的断裂模式也一并示于图中。

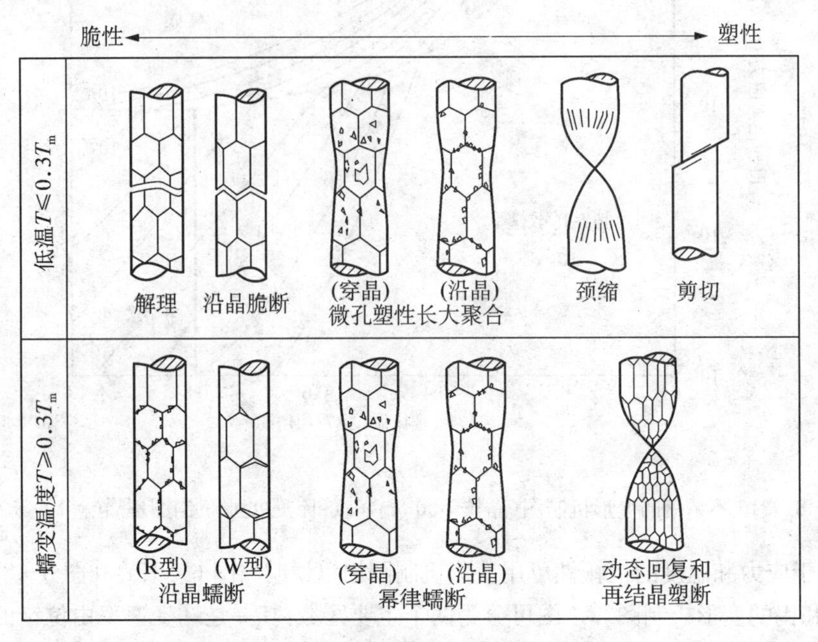

图 6-10　金属在高温下蠕变断裂机制与形态

和其他断裂类型一样，蠕变断裂也是由裂纹萌生、稳态扩展以及失稳扩展而导致的。蠕变断裂的特殊性在于裂纹的萌生与稳态扩展均是与时间相关的，并可在恒定的应力下发生。在应力水平较高时，开裂可以是穿晶的，在中、低应力水平下则是沿晶的。比较有工程意义的是中、低应力水平下的开裂模式[6]，包括①空洞型，空洞相连而形成裂纹；②楔型开裂。

空洞的萌生以及楔型裂纹的出现通常认为是由于边界开滑所造成的，如图 6-11 所示。晶格的相对滑移造成晶角以及边界不规则处的应力集中。这些应力造成空洞处的局部剥离，并由此形成裂纹。造成空洞萌生的沿晶不规则物，一般认为是边界处的凸台和阶梯，这是由于滑移轨迹或次晶界与晶界及边界处的第二相粒子相互作用所造成的。不过应力集中可由晶界滑移本身而松弛掉。目前所提出的形成及缓和应力集中的机制多有不同，因此空洞萌生的理论也各异。空洞的成长大都归结于纯扩散控制机制，晶界滑移控制机制以及这两者的结合，而楔型裂纹大致可归结为晶界滑移的结果。一般楔型开裂在中等应力水平(或应变率)下可以观察到，而空洞则在低应力水平下可以观察到。这些现象有时被用以区分应力释放裂纹和在役蠕变失效。

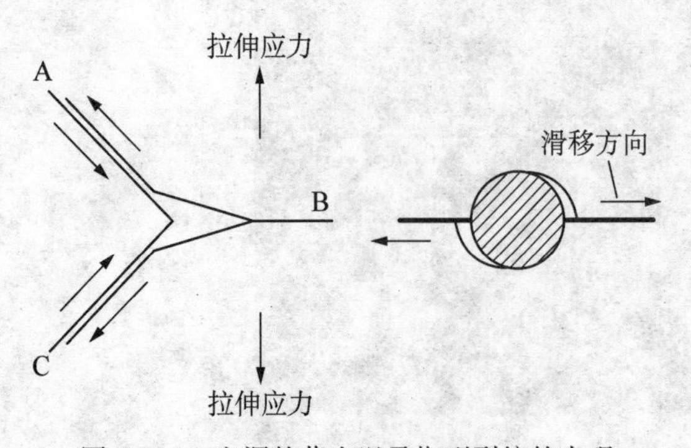

图 6-11　空洞的萌生以及楔型裂纹的出现

陶瓷材料也是晶体材料，因此其高温变

形与断裂机制也可用金属材料的理论进行解释，但是，绝大部分陶瓷材料（氧化物、碳化物与氮化物等）的滑移系均很少（少于5个），因此其抵抗变形的能力较差，不待屈服发生就会产生断裂。

高分子材料的蠕变一般包括普弹性形变（键角、键长的变化）、高弹性形变（链段运动）和黏性形变（整链运动）三部分组成。高分子材料在恒定应力的作用下，分子链由卷曲状态逐渐伸展，导致蠕变变形。当外力减小或去除后，普弹性变形迅速回复，而高弹性变形则缓慢地部分回复，体系自发地趋向熵值增大的状态，分子链由伸展状态向卷曲状态回复，表现为高分子材料的蠕变回复特性，这是与金属蠕变的明显区别。一般地，分子链的柔顺性越大，蠕变越快；分子量越大，蠕变越慢；分子交联发生也使蠕变变慢；同时分子运动能力增加，蠕变将加速。应该指出，所有分子运动的速率一般都可以用 Arrhenius 方程进行描述，但高分子材料只有当工作温度高于粘流温度（t_f）和低于玻璃化温度（t_g）时才适用。当工作温度介于粘流温度与玻璃化温度之间时，属高弹性，其弹性变形量可达1 000%，自由体积（空穴大小）与温度相关，流动活化能不再是常数，因此，Arrhenius 方程不再适用。

6.3 蠕变特性的描述与参数外推

（Description of creep characteristics and parameter extrapolation）

6.3.1 蠕变特性的描述（Description of creep characteristics）

在实验室里多用单向加载的试样进行蠕变试验，目前已提出了许多相对简单的单轴本构关系来描述标准的蠕变曲线。

在构造蠕变本构方程时，首先须在总应变中去除弹性部分应变 ε_E：

$$\varepsilon_C = \varepsilon - \varepsilon_E$$

一般地，恒载荷试验中所得的蠕变应变可以写作为应力 σ，时间 t 和温度 T 的函数：

$$\varepsilon_C = f(\sigma,\ t,\ T) \tag{6-3}$$

一般假定 σ, t, T 的作用是可分离的，亦即

$$\varepsilon_C = f_1(\sigma) f_2(t) f_3(T)$$

迄今已提出了许多函数关系来描述上式，如表6-2所示的各种函数的表达式。

表6-2 描述蠕变应变的函数表达式

	$f_1(\sigma)$	$f_2(t)$	$f_3(T)$
$\varepsilon_C = f_1(\sigma) f_2(t) f_3(T)$	$K\sigma^n$ $A[\mathrm{Sin}\,h(\alpha\sigma)]$ $D\exp(\alpha\sigma)$ $A[\mathrm{Sin}\,h(\alpha\sigma)]^n$ $B(\sigma-\sigma_i)^n$	t $(1+bt^{1/3})\exp(kt)-1$ bt^m（通常 $1/3\leqslant m\leqslant 1/2$） $\sum a_j t^{mj}$ $\theta_1(1-\exp(-\theta_2 t))+\dot{\varepsilon}_s t$	$A\exp(-Q/RT)$
	$\theta_1[1-\exp(-\theta_2 t)]+\theta_3[\exp(\theta_4 t)-1]$		

上述模型主要用于描述第一和第二阶段蠕变，对包括第三阶段的蠕变应变，一般采用内变量理论进行描述。如 Kachanov 早期提出的连续性因子，以及后来相应的损伤参量便是用内变量方法解决问题的典型例子。引入 D 作为损伤内变量，一般地在单轴状态下，应变和损伤的演化方程可写成：

$$\dot{\varepsilon}_c = \frac{K\sigma^n}{(1-D)^m} \tag{6-4}$$

$$\dot{D} = \frac{A\sigma^p}{(1-D)^q} \tag{6-5}$$

式中，K, A, n, m, p, q 均为材料常数，可通过拟合单轴蠕变试验的曲线获得。

求解上述微分方程可以得到应力不变条件下蠕变应变和时间之间的关系：

$$\varepsilon_c = \lambda\dot{\varepsilon}_0 t_R \left[1 - \left(1 - \frac{t}{t_R}\right)\frac{1}{\lambda}\right] \tag{6-6}$$

式中，$t_R = \dfrac{1}{(q+1)A\sigma^p}$，$\lambda = \dfrac{q+1}{q+1-m}$，$\dot{\varepsilon}_0 = K\sigma^n$。采用上述公式描述的蠕变曲线与试验数据的比较如图 6-12 所示。

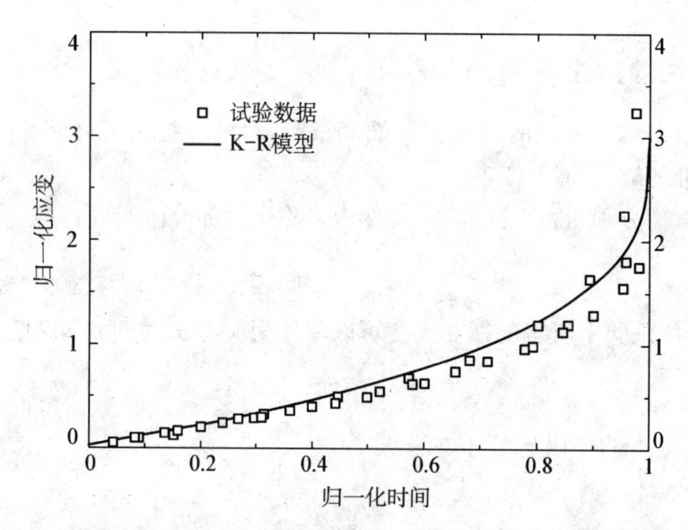

图 6-12　0.5Cr0.5Mo0.25V 焊缝试样的 $\varepsilon_c/\varepsilon^*$ 与 t/t_R 的关系曲线 ($\lambda = 3$)

6.3.2　蠕变性能的参数外推方法 (Parameter extrapolation methods of creep properties)

材料的许用应力水平的确定可以采用强度准则或变形准则：①强度准则：在 10 万小时或 20 万小时(设计所要求的寿命范围内)材料发生破断所需要的应力水平。②变形准则：在设计所要求的寿命范围内产生一定应变所需的应力水平。

但是实验室里所进行的试验很少有 10 万小时以上，因此为了确定上述定义的许用应力水平，必须采用参数外推的方法，亦即根据短时的实验数据推断出 10 万小时以上的数据。参数外推法可用以预测断裂和变形的特性，不过由于蠕变脆断往往比蠕变变形的后果要严重得多，同时实验室里长时测量蠕变应变的难度也很大，因此用于预测蠕变破断的外推法得到了更多的关注。本节着重讨论这类外推方法。

早在 1934 年，White 和 Clarke 就提出了基于对数应力与对数时间关系的线性外插方法，即认为对数应力随对数时间是线性变化的[7]。但如 6.2 节所述，由于在低应力水平下和高应力水平下开裂机制不同，导致高应力段和低应力段的斜率不同，因此这种线性外推方法不尽适用，易于导致过于乐观的估计。Bailey 于 1935 年提出另一种方法，假设对数时间和温度之间是线性关系[8]，如图 6-13 所示。尽管这是最早提出的方法之一，但却为目前一些常用方法的发展提供了思路。迄至 20 世纪 50 年代，Larson 与 Miller 提出了时间—温度等效参量[9]，将时间和温度的影响用单一参数描述，通过这一参数，可以将反映时间、温度对强度影响的一组曲线用单一的主曲线(Master Curve)描述，这使得设计工程师可以很简便地从图线上获得材料的外推数据。稍后提出的 Dorn 参数与 Larson-Miller 参数有异曲同工之妙，此后又发展了许多经验型参数，如 Manson-Haferd (1953)，Manson-Brown (1953)，MCM (Minimum-Commitment Method)参数等。

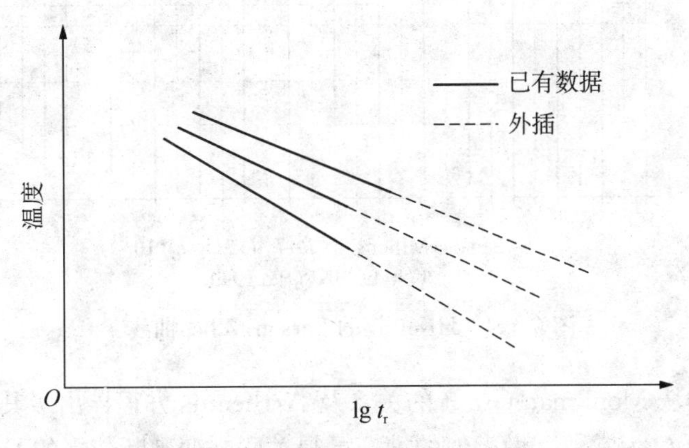

图 6-13　对数时间和温度之间的线性关系

诸多参数中，Larson-Miller 参数使用得最为普遍，它可以从 Monkman-Grant 的关系及 Arrhenius 方程导出。对于许多合金体系，Monkman-Grant 的研究表明，最小蠕变速率 $\dot{\varepsilon}$ 和断裂时间 t_r 之间的关系可以表示为

$$t_r\left(\frac{d\varepsilon_c}{dt}\right)_{min} = \text{常数} \tag{6-7}$$

由式(6-1)，上式可写为

$$At_r\exp\left(-\frac{Q}{RT}\right) = \text{常数} \tag{6-8}$$

此式即为 Larson-Miller 参数的出发点。

Larson 和 Miller 假设 A 为常数，只有 Q 为应力的函数，对式(6-8)两边取对数，并求出与应力相关的部分，可得：

$$p_{LM}(\sigma) = \frac{Q}{2.3R} = T(c + \lg t_r) \tag{6-9}$$

式中，仅有 C 为常数，可在 $\lg t_r$ 与 $1/T$ 的关系图中求得。

Larson 和 Miller 认为对许多材料 $C = 20$ 是较为准确合理的。事实上对不同的材料，C 的取值应有不同,如对高温合金常取 $C=15$。在大量试验数据的基础上所得的 HK40 材料的 Larson-Miller 曲线如图 6-14 所示。根据这一曲线,若已知材料的工作应力和温度,便可以通过 Larson-Miller 参数估算出材料的使用寿命。

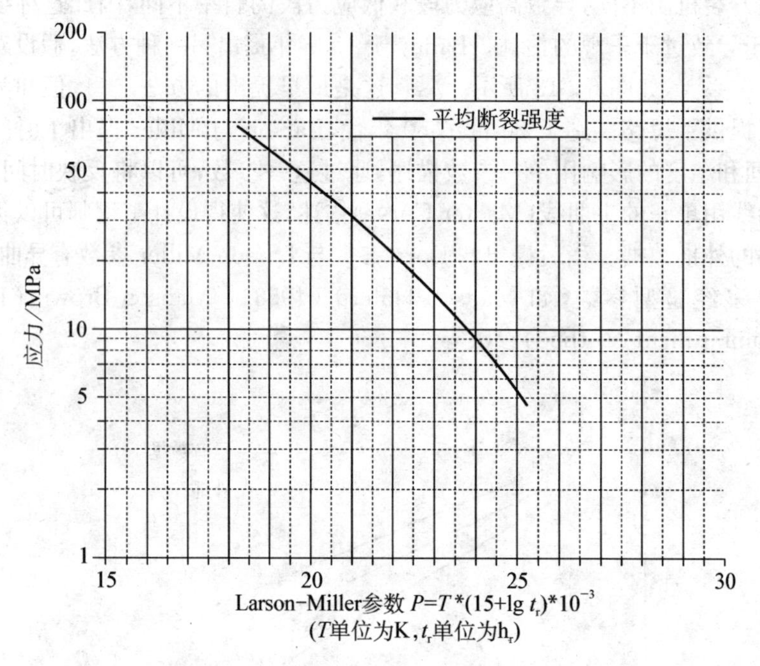

图 6-14 HK40 钢的 Larson-Miller 曲线

Dorn 等人同样从 Monkman-Grant 的关系及 Arrhenius 方程导出了其参数,不过他假定 A 为应力的函数,而 Q 为常数。做类似的推广可得关联蠕变破断数据的 Dorn - θ 参数:

$$p_D(\sigma)=t_r\exp\left(-\frac{Q}{RT}\right) \tag{6-10}$$

其对数形式可写为

$$\lg P_D=\lg t_r-\frac{Q}{2.3RT} \tag{6-11}$$

6.4 材料在高温下的韧性

(Toughness of materials at elevated temperature)

材料在高温下的韧性对高温设备的安全服役具有重要影响。实际运行的高温构件在破坏前必须有一定的变形,才能较好地吸收破坏的能量,以使操作者具有足够的时间控制破坏发生,避免灾难性事故。这就要求材料在高温下长期服役后仍有足够的韧性。

金属材料的韧性与应力水平、温度之间关系的一般规律如图 6-15 所示,在高应力水平(寿命短)下,韧性很高且变化不大,破坏模式为穿晶开裂。当应力低于某一门槛水平时,韧性骤降,破坏模式逐渐转变为沿晶开裂。同样应力水平下,温度增加,韧性也明显增加。

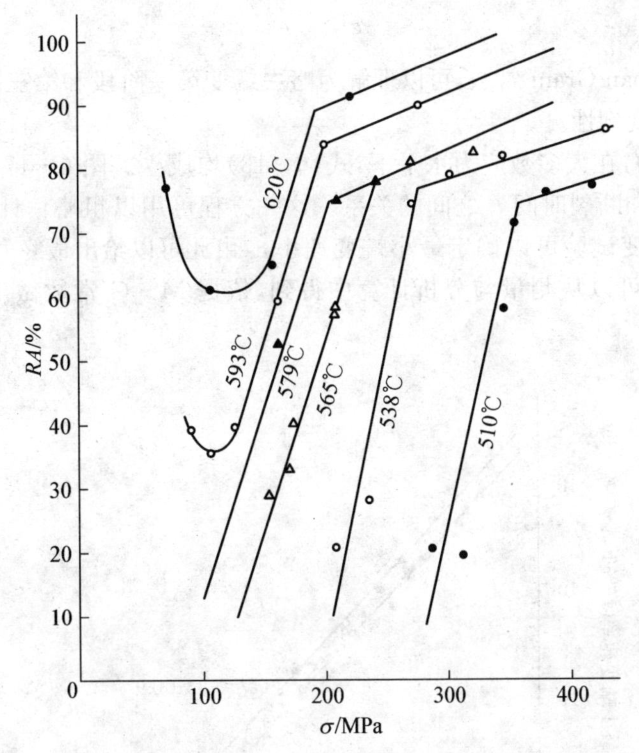

图 6-15　韧性(断面收缩率)与应力水平、温度之间关系(1CrMo)

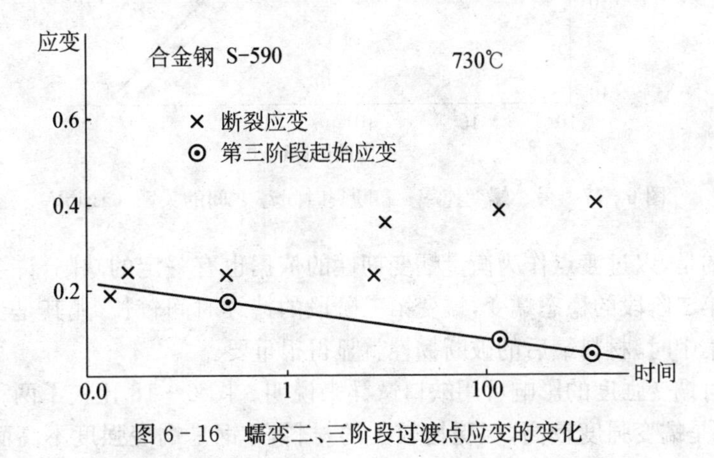

图 6-16　蠕变二、三阶段过渡点应变的变化

许多实验表明,由断面收缩率表示的韧性或由总伸长量计算出的断裂应变的离散性很大,因此它们都很难作为变形的控制参量。但是如果我们考察蠕变第二阶段和第三阶段过渡点的应变,可以看出这一应变和破断时间有一定的关系,如图 6-16 所示。由此可见,将这一过渡点应变作为变形控制参量应较为合适。

这一结论得到了金属蠕变冶金学研究的支持。Grant 等人的研究发现,对于许多合金体系,最小蠕变速率 $\dot{\varepsilon}$ 和断裂时间 t_r 之间的关系可以表示为

$$\lg t_r + m\lg\dot{\varepsilon} = e \quad 或 \quad \dot{\varepsilon}^m t_r = e \tag{6-12}$$

式中,m、e 为材料常数,对于大多数材料,m 值接近于 1,于是上式可以写成:

$$\dot{\varepsilon} t_r = e \tag{6-13}$$

e 即是 Monkman-Grant 常数，可以理解为略去蠕变第一阶段和第三阶段以后的应变累积，称之为可用蠕变韧性。

对于许多钢种，在大多数应力水平下，式(6－13)均成立。图 6－17 为 CrMoV 转子钢最小蠕变速率 $\dot{\varepsilon}$ 和断裂时间 t_r 之间的关系。这一方程可用以粗略估计蠕变破断寿命，在实验室，用短时蠕变试验可以确定最小蠕变速率 $\dot{\varepsilon}$，由此可以给出最终寿命的估计；在实际构件中，蠕变速率可以从测量与分析计算中得到，依据 M－G 常数做出断裂寿命的粗略估计。

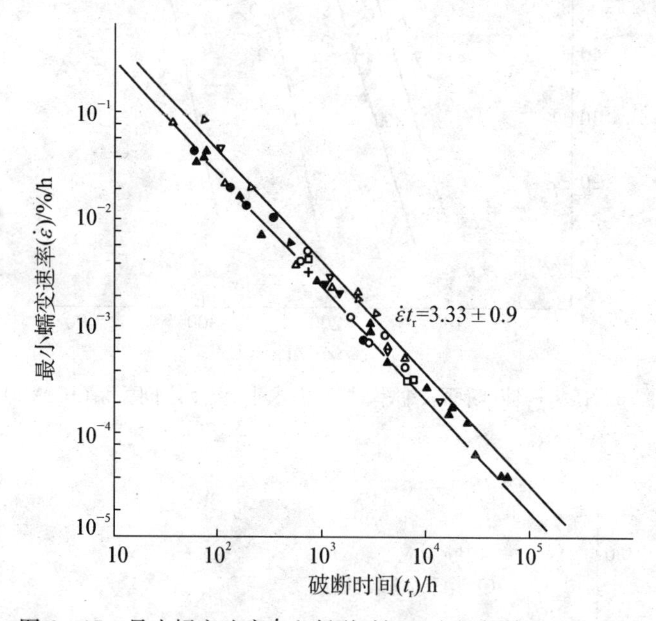

图 6－17　最小蠕变速率 $\dot{\varepsilon}$ 和断裂时间 t_r 之间的关系(CrMoV)

必须指出的是，以过渡点作为衡量蠕变韧性的依据也有一定的缺陷，许多材料并不一定表现出明显的第二阶段的稳态蠕变，蠕变第三阶段的持续时间较长，尤其是当材料结构中存在局部的应力集中时，材料最后的破断韧性就显得很重要。

韧性对长时蠕变强度的影响可用缺口试样来说明。图 6－18 比较了两种材料的蠕变强度的变化，A 钢是蠕变强度较高，但脆性较大的材料，B 钢是蠕变强度不高而韧性较好的材料。当用均匀试棒试验时，A 钢明显地优于 B 钢。但是当引入一缺口来模拟应力集中时，A 钢的蠕变强度急骤跌落，而 B 钢则相对稳定。对于低应力水平下长期服役、又不可避免地存在缺陷的材料，选择 B 钢将是更为合适的。A 钢可称作是缺口敏感性材料，B 钢为缺口不敏感材料。一般地说，蠕变韧性大的材料对缺口较不敏感，其长时间服役的蠕变强度较高。有的研究表明，如果蠕变断裂能达到 10%以上的断面收缩率，便可避免缺口敏感性[10]。

高温材料经长时间使用后，其内部可能出现裂纹或类似裂纹的缺陷，此时进行结构设计时应根据高温断裂理论及工作寿命的要求给出允许的裂纹尺寸和允许的裂纹扩展速度。一般地，对于高温脆性材料以裂纹起始时间选材较为合适，对于高温延性材料则应考虑裂纹扩展时间。

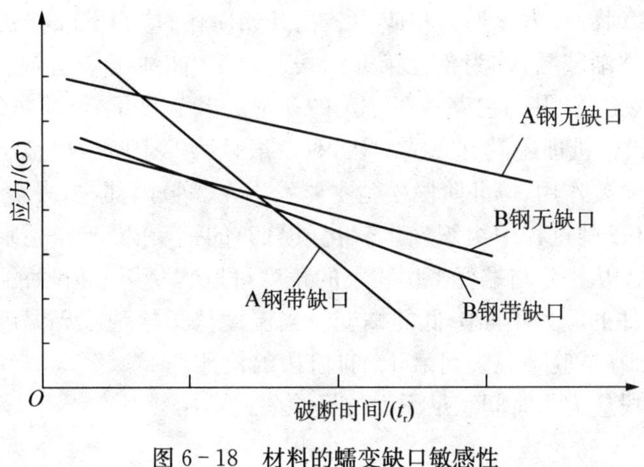

图 6-18　材料的蠕变缺口敏感性

6.5 材料的应力松弛特性

(Stress relaxation behavior of materials)

材料在一定温度和恒定应变下(维持总变形量不变),随着时间的延长,应力逐渐降低的现象叫应力松弛。

可以用下列条件来表示松弛:

$$\varepsilon_o = \varepsilon_e + \varepsilon_p = \text{常数} \tag{6-14}$$
$$T = \text{常数}, \sigma \neq \text{常数}$$

式中,ε_o——总变形;

ε_e——弹性变形;

ε_p——塑性变形;

T——试验温度(或工作温度);

σ——试样或零件所受的应力。

由上面条件可以看出,试样或工件的松弛过程是弹性变形减小、塑性变形增加的过程,两者是同时且等量发生的。

高温管道法兰、锅炉、汽轮机和燃气轮机的许多零件,如紧固件、弹簧、气封弹簧片等处于松弛条件下工作,当这些紧固零件应力松弛到一定程度后,就会引起汽缸和阀门漏汽,安全阀过早起跳。聚合物制成的密封件、紧固件或承力结构一般也均具有应力松弛问题,这在设计、制造和使用中必须加以考虑。

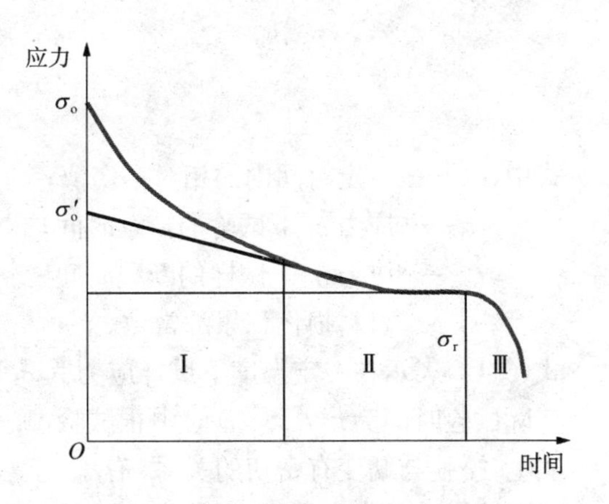

图 6-19　典型的应力松弛曲线

根据应力随时间逐步降低的规律,可以应力和时间为坐标绘出松弛曲线,如图 6-19 所示。图中，一开始瞬时的应力 σ 称为初应力。在开始阶段，应力下降很快，称为松弛第Ⅰ阶段。以后应力下降逐渐减缓，称为松弛第Ⅱ阶段。最后，曲线逐渐趋向于与时间轴平行，此时的剩余应力称为松弛极限。它表示在一定的初应力和温度下，不再继续发生松弛的剩余应力(σ_r)。目前对松弛机理还没有完整的认识，一般认为第Ⅰ阶段松弛主要发生在晶界上，晶界的扩散过程起主要作用，第Ⅱ阶段松弛主要发生在晶粒内部，由嵌镶块的转动或移动所引起。此外，对于在松弛过程中组织发生软化(损伤)的钢，在高于松弛临界温度下，还会出现松弛的第Ⅲ阶段。从松弛与蠕变密切相关的角度可以解释第Ⅱ阶段的存在。松弛可以看作是总变形不变条件下应力不断降低的蠕变。当温度低于松弛临界温度时，由于不可逆变形值极小，因而很难在试验中观察到第Ⅱ、Ⅲ阶段的松弛。

在松弛第Ⅱ阶段应力与时间满足下面的经验公式：

$$\sigma = \sigma'_0 e^{-\frac{t}{t_0}} \tag{6-15}$$

上式两边取对数，得：

$$\lg \sigma = \lg \sigma'_0 - \frac{t}{t_0} \lg e \tag{6-16}$$

上式表明，应力的对数值与时间呈线性关系。在工程上需要知道 10 000 h 或 20 000 h 后的剩余应力，运用公式(6-16)的半对数关系就可求出。

处于应力松弛条件下工作的零件，在使用中亦会发生破坏(如螺栓在使用中断裂)。这说明高温松弛会给金属造成损伤。如前所述，在应力松弛条件下，一方面应力不断下降，另一方面金属又会同时产生软化(损伤)。当金属的软化速度显著大于应力降低速度时，就会导致零件断裂。

由于温度和应力同时对金属起作用，因而要直接研究应力松弛条件下金属的软化是很困难的。若把松弛看作是有效应力分级降低时的蠕变，用研究金属蠕变损伤的方法来研究松弛损伤，则问题就变得简单得多。试验证明这种简化是可行的。损伤的积累可以看作是在应力作用下蠕变空洞萌生和积聚，而使金属弱化的过程，据此在一定时间内金属的相对损伤值可表示为

$$D_i = \left(\frac{t_i}{t_{\sigma_i}}\right)^m \tag{6-17}$$

式中，D_i——一定时间内的相对损伤值；

t_i——应力 σ_i 下试验的持续时间；

t_{σ_i}——应力 σ_i 下试样的断裂时间；

m——材料损伤积累的常数。

式(6.14)表示在一定温度下试样应力为 σ_i 时，其断裂时间为 t_{σ_i}；若在同样温度同样应力下，实际试验时间为 t_i($t_i < t_{\sigma_i}$)时中止试验，则这段时间内试验给试样造成的相对损伤为 D_i。事实上，松弛与蠕变有密切的关系，有了蠕变本构关系后，通过现代计算工具可以方便地求解高温结构上的应力变化(再分布)，由此可得应力松弛过程。采用损伤耦合的本构关系还可望预测出第三阶段的松弛[11]。

6.6 材料的高温疲劳性能

(Fatigue properties of materials at elevated temperature)

6.6.1 高温疲劳的概念 (Concept of fatigue at elevated temperature)

高温疲劳是指高于室温的疲劳现象，但实际上用室温来划分是不严格的，因为材料的性能取决于材料使用温度(T_s)和该材料熔点温度之比值。随着这一比值的增加，温度对材料的作用在增加。对于某些低熔点合金例如铅来说，室温就足以使它产生高温行为，发生晶界滑移和断裂。在 $T_s/T_m < 0.5$ 的中温下，疲劳强度比室温疲劳强度降低不多，蠕变也不起重要作用。这时仍可采用常规的疲劳设计方法，只要考虑温度对材料疲劳极限的影响就行。$T_s/T_m > 0.5$ 时，疲劳强度和蠕变持久强度均会下降，蠕变强度降低更加剧烈，疲劳机制与蠕变机制会同时作用。因而也有人把高温疲劳称为在蠕变范围内的疲劳，而把中温疲劳称为亚蠕变范围内的疲劳。

当环境温度在材料或结构循环加载过程中保持不变时，称为等温疲劳。等温疲劳中通常含有蠕变因素，它通过常应变下的保持时间或循环周期中应变速率的减小而引入到疲劳循环周期中。在高温下由于晶界强度比晶内低，疲劳裂纹多从晶界处萌生。

高温疲劳也可以在变温度条件下出现。变温度疲劳一般称为热疲劳，热疲劳是指部件在反复加热和冷却时，会在内部形成不均匀的温度场，产生循环热应力而导致疲劳破坏。热应力是由温度分布不均匀和零件在热胀冷缩方面受到限制或不协调造成的。若零件在受到循环变化的温度载荷外，还受到循环变化的机械载荷作用，就称为热机械疲劳(简称为热疲劳)。根据温度和机械载荷的相位关系，热机械疲劳可分为两种极限形式，同相热疲劳(In-Phase, IP)和异相热疲劳(Out-of-Phase, OP)。同相热疲劳是指当温度升高时，作用在试件上的拉伸载荷也相应增大，温度升高到最大时，拉伸载荷也加大到最大值；相反，当温度下降时，作用在试件上的压缩载荷也相应加大，当温度下降到最小时，作用于试件的压缩载荷也加大到最大值。异相热疲劳则正好与之相反。在实际工程问题中，温度和载荷的相位关系是复杂的，但由于同相和异相最具代表性，大多数研究者都主要研究这两种典型情况。

6.6.2 高温疲劳—蠕变的交互作用 (Interaction between creep and fatigue at elevated temperature)

在高于再结晶温度时，疲劳与蠕变往往不是独立起作用，两者之间存在协同的相互作用。蠕变疲劳交互作用可以理解为疲劳造成的损伤影响着后续的蠕变行为。材料发生循环软化后再经受高应力蠕变时，其蠕变第Ⅱ阶段的速率会有数量级的增加，而若随后经受低应力蠕变，则交互作用较小或不存在。若材料是循环硬化的，其交互作用的危害一般也较小。蠕变停留时间同样有很大的影响，由于在拉伸保持时间内，晶界空洞易于成核、长大，拉应力下的停留造成的损伤较大；而压缩保持时间的作用则正好相反。交互作用的大小与材料的持久韧性有关，材料的持久韧性越好，则交互作用程度越小，反之则交互作用的程度可能越大。

由于高温下材料的疲劳损伤机制除了与时间无关的塑性变形外，还有与时间相关的蠕变和环境作用，这些损伤机制的同时存在及其交互作用使得其定量描述非常复杂，有的模型还只能在实验室里使用。目前在工程规范中比较常用的是线性损伤累积法则。

线性损伤累积法则假定无论是疲劳抑或蠕变损伤，均以线性方式累积。亦即

$$D_f + D_c = 1 \text{ 或} \sum \frac{n_i}{N_i} + \sum \frac{t_i}{T_i} = 1 \tag{6-18}$$

当疲劳与蠕变损伤分数的累积达到1时，失效发生。在蠕变/疲劳交互作用图中，可表示为直线，适用于 Ni-Fe-Cr 类合金，如 800H。

由于线性累积损伤法则仅依赖于等幅疲劳试验数据，数学形式简单，因而受到了工程界的欢迎。但线性累积损伤法则无法反映疲劳/蠕变交互作用对寿命的影响，其预测结果常常存在着较大的分散性。因此对一些材料宜采用双线性作为设计的下限，如图 6-20 所示。

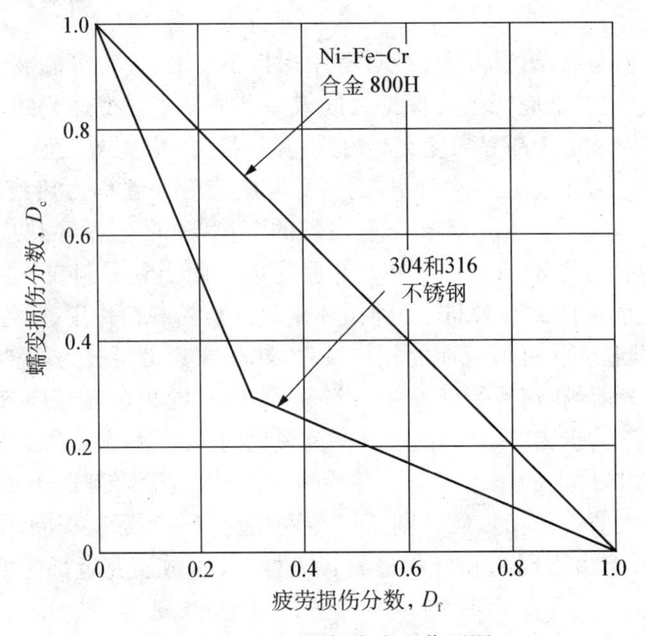

图 6-20　疲劳/蠕变交互作用图

除了直接用时间作为蠕变损伤的度量，也可用蠕变应变或应变速率作为度量[12]。这种想法早就有了(见 1965 年 Goldenhoff 的工作[13])，但却经历了很长的时间才得到普遍的认可，现在一般称之为“韧性耗损法”。

对于稳态蠕变破损，在给定应力下的蠕变损伤分数可以表示为

$$D_c = \sum \frac{\Delta\varepsilon_c}{\varepsilon_R(\sigma)} \text{ 或} \int \frac{\dot{\varepsilon}_c(\sigma)}{\varepsilon_R(\sigma)} dt \tag{6-19}$$

式中，$\varepsilon_R(\sigma)$为蠕变破断韧性，随应力水平和寿命而变化。对大多数工程合金，寿命增加，则韧性下降。事实表明，对于蠕变疲劳交互作用，在上式中采用常应变速率下所得蠕变韧性，可获得更精确的寿命预测。于是上式可进一步写成：

$$D_c = \int \frac{\dot{\varepsilon}_c(\sigma)}{\varepsilon_R(\dot{\varepsilon})_c} dt \tag{6-20}$$

如用上式计算 D_c,则仍可用 $D_f + D_c = 1$ 作为蠕变疲劳失效之判据。

Manson 等认为循环应变的各个非弹性应变分量对损伤的贡献并不相同[14],于是提出应变范围划分(SRP)模型。在常温下(无蠕变),不论拉伸或压缩载荷,所产生的非弹性应变只能为塑性应变,两者组合构成疲劳循环。但在高温下同时有蠕变变形发生时,则拉伸、压缩载荷下的应变可分成(或区分)四种不同的应变分量,这四种不同分量的组合,成为 SRP(Strain Range Partitioning)模型的基础。其划分方法如图 6-21 所示。

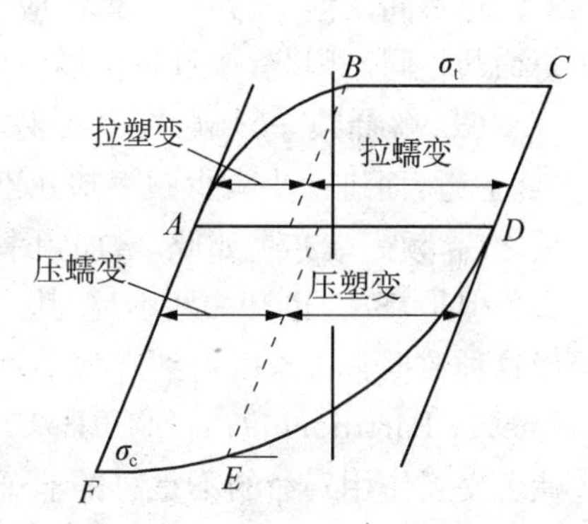

图 6-21　非弹性应变范围划分方法

$$\Delta\varepsilon_{in} = \Delta\varepsilon_{pp} + \Delta\varepsilon_{cc} + \Delta\varepsilon_{cp} + [\Delta\varepsilon_{pc}] \tag{6-21}$$

式中,$\Delta\varepsilon_{pp}$——拉伸塑性变形与反向的压缩塑性变形的较小值 $\min(\varepsilon_{AB},\ \varepsilon_{DE})$;

$\Delta\varepsilon_{cp}$——拉伸蠕变变形与反向为压缩塑性变形;

$\Delta\varepsilon_{pc}$——拉伸塑性变形与反向为压缩蠕变变形;

$\Delta\varepsilon_{cp}$,$\Delta\varepsilon_{pc}$不能在同一环上并存,在计算时,它们之中的一个,等于非弹性应变的剩余部分,即为 $\varepsilon_{BC} - \varepsilon_{EF}$;

$\Delta\varepsilon_{cc}$——拉伸蠕变变形与反向为压缩蠕变变形,为两个方向中较小的一个蠕变变形;

四种应变分量 $\Delta\varepsilon_{ij}$ 中,i 为拉伸,j 为压缩,c 为蠕变,p 为疲劳。

由此可计算划分出来的各种非弹性应变在总非弹性应变变形中所占分数:

$$F_{ij} = \frac{\Delta\varepsilon_{ij}}{\Delta\varepsilon_{in}} \tag{6-22}$$

在寿命估算中,设对于每一种基本分量 $\Delta\varepsilon_{ij}$,均有 Manson-Coffin 关系式存在,即

$$N_{ij} = C_{ij}(\Delta\varepsilon_{ij})^{\beta_{ij}} \tag{6-23}$$

先按上式计算出每个应变变形分量 $\Delta\varepsilon_{ij}$ 对应的损伤 $1/N_{ij}$,然后根据线性法则将各分量引起的损伤按比例进行加和,由此得到每一循环引起的总损伤:

$$\frac{1}{N_f} = \sum\left(\frac{F_{ij}}{N_{ij}}\right) \tag{6-24}$$

SRP 的主要优点在于其较好的普遍性,它可直接分析高温疲劳滞后回线路径,不用对复杂的应变循环做任何假设,因而它的预测准确度较高(特别是在蠕变作用显著的场合),预测范围也较广。其显著的优点在于:

(1) 建立寿命上、下限:SRP 可将任一复杂滞后回线(循环)区分成 4 个可能的分量,损伤最大的寿命关系式处于寿命的下限,损伤最轻者处于上限。寿命界限概念把复杂的分析简化,提供了可靠的失效寿命估算。

(2) 简化温度影响:Halford 等提出 4 个分量的每个寿命关系式都与温度无直接关联。但是,温度对总寿命的影响反映在将非线弹性应变范围区分成分量这一步骤,在相同加载条

件下，如果温度不同，则所区分的应变分量不同（如蠕变分量就会随温度升高而增加），疲劳寿命也不同。但是，如果非弹性应变相等，所区分的分量也相等，则即使试验温度不同，疲劳寿命却相同。因此，一旦把所加应变区分成分量，寿命估算就与温度无关了。

(3) 解释频率影响：在高低频率两极存在着失效寿命界限值，低频下限值使应变量向 $\Delta\varepsilon_{cc}$ 趋近，而进一步减少频率却并不一定增加 $\Delta\varepsilon_{cc}$ 量。因此失效寿命 N_{cc} 就停止，不再减少。反之，高频一端亦是如此，增加频率，$\Delta\varepsilon_{pp}$ 与相应的 N_{pp} 也不再增加。

但是，SRP 也有一些不足，其主要缺点是必须将疲劳数据表示为塑性应变分量的函数，而这种数据常常难以得到。为了克服这一问题，何晋瑞等[15]亦提出了应变能划分法（Strain Enevgy Partitioning，简称 SEP 法），认为蠕变与疲劳是两种不同性质的损伤，因此决定蠕变-疲劳交互作用寿命的不是总的非弹性应变能，而应区分为蠕变应变能分量和塑性应变能分量。但这些方法尚未得到充分印证和广泛应用。此外，该模型没有很好地反映环境的影响，若环境作用大于蠕变作用，则误差较大，这也是不能回避的问题。

例题：2.25Cr1Mo 试样在 540℃下承受循环应变载荷。根据半寿命滞后回线图，可以得到如下信息：

$$\Delta\varepsilon_{cp} = 0.000\,95;\ \Delta\varepsilon_{pp} = 0.011\,92;\ \Delta\varepsilon_{cc} = 0.009\,5$$

从独立的试验测试中得到如下关系式：

$$\Delta\varepsilon_{pp} = 0.559(N_{pp})^{-0.570}$$
$$\Delta\varepsilon_{cp} = 0.233(N_{cp})^{-0.515}$$
$$\Delta\varepsilon_{cc} = 0.15(N_{cc})^{-0.52}$$

试计算当试样失效时的总循环寿命。

解：总非弹性应变变程为

$$\Delta\varepsilon_{in} = \Delta\varepsilon_{pp} + \Delta\varepsilon_{cp} + \Delta\varepsilon_{cc} = 0.023\,7$$

$$F_{pp} = \frac{0.011\,92}{0.022\,37} = 0.532\,9$$

$$F_{cp} = \frac{0.000\,95}{0.022\,37} = 0.042\,5$$

$$F_{cc} = \frac{0.009\,5}{0.022\,37} = 0.424\,6$$

$$N_{pp} = \left(\frac{0.559}{0.011\,92}\right)^{1/0.57} = 856$$

$$N_{cp} = \left(\frac{0.233}{0.000\,95}\right)^{1/0.515} = 43\,627$$

$$N_{cc} = \left(\frac{0.150}{0.009\,5}\right)^{1/0.52} = 200$$

把上述各式代入交互作用准则 $\frac{1}{N_f} = \frac{F_{pp}}{N_{pp}} + \frac{F_{cc}}{N_{cc}} + \frac{F_{cp}}{N_{cp}}$ 得：

$$\frac{1}{N_f}=\frac{0.0425}{43627}+\frac{0.5329}{856}+\frac{0.4246}{200}$$

$$N_f = 364\text{cycles}。$$

针对高温蠕变与疲劳的交互作用还有许多新模型，如频率修正模型，其形式简单，使用方便，但不能准确反映波形的影响，当蠕变作用显著时，可能造成严重误差；还有连续损伤力学模型、基于能量的韧性耗损模型(Energy-based ductility exhaustion model)等，值得进一步研究，使用经验还有待进一步积累。

对于陶瓷与高分子材料，目前针对高温疲劳与蠕变交互作用积累的试验数据还不多，鲜见成熟的寿命预测模型。

6.7 影响材料高温力学性能的因素

(Influence factors on the mechanical properties of materials at elevated temperature)

影响材料高温力学性能有多种因素，内在的因素主要是晶内和晶界的原子扩散过程，主要由材料的成分与制造工艺所决定；外在的因素主要是加载方式与环境的影响。

6.7.1 材料的成分与制造工艺的影响 (Effect of chemical composition and fabrication processes)

从材料的变形机制看，要降低蠕变变形速率，提高蠕变极限，必须控制位错攀移的速度；要提高蠕变持久强度，必须抑制晶界的滑动，通过控制材料的化学成分、改进冶炼与热处理工艺，可以有效抑制与此相关的原子扩散过程，从而达到提高材料高温力学性能的目的。

1) 材料化学成分的影响

耐热钢及合金的基体材料一般选用熔点高、自扩散激活能大或层错能低的金属及合金。熔点愈高的金属，如Cr、W、Mo、Co、Nb等，自扩散激活能大，自扩散就愈慢，因此它们也常被用作为添加的合金元素，形成单相固溶体，同时还将降低层错能。材料层错能降低时，易形成扩展位错，使位错越难以形成割阶、交滑移及攀移，这将有利于降低蠕变速率；面心立方结构的材料(如Ni)层错能较低，因此面心立方结构的材料一般比体心立方结构的材料高温强度大，如镍基合金高温性能稳定性比铁基合金高。弥散相能强烈地阻碍位错的滑移与攀移，因此添加能形成弥散相的合金元素有利于高温强度的提高，V、Nb、Ti等可强烈地形成碳化物，在钢中形成弥散分布的沉淀相，有良好的强化效果。在合金中添加能增加晶界扩散激活能的元素(如B、稀土等)，则既能阻碍晶界滑动，又能增大晶界裂纹的表面能，对提高蠕变极限，特别是持久强度有很好的效果。碳含量小于0.4%时，高温强度随碳含量的增加而增加。必须注意，每种合金元素的作用与其质量分数并不成正比，往往有一最佳值。

2) 材料组织结构的影响

对金属材料，碳化物的形状分布对高温力学性能有重要的影响，片状弥散分布的碳化物有利于提高材料高温强度，而球状聚集则会降低材料的高温强度。

当使用温度较低时，晶界的强度要高于晶粒内的强度，此时细晶粒钢有较高的强度；当使用温度较高时，晶界的强度下降，晶界越少则材料的强度反而会越高，因此，粗晶粒钢及合金在高温下会有较高的蠕变抗力与持久强度。但是晶粒太大会使持久塑性和冲击韧性降低。晶粒度的不均匀性也对高温强度有所影响，在大小晶粒交界处易出现应力集中，裂纹就易于在此产生而引起过早的断裂。

3）冶炼工艺的影响及热处理工艺的影响

晶界处的偏析、夹渣等对材料高温力学性能影响很大，因此应减小有害元素，选择适宜的冶炼方法，以降低夹杂物和冶金缺陷的含量；通过定向凝固工艺可减少横向晶界，甚至可以冶炼出单晶合金，由于避免了晶界弱化的影响，能大幅度地提高持久强度。热处理是保证材料高温力学性能的重要手段，珠光体耐热钢一般须采用正火加高温回火工艺，回火温度应高于使用温度 100～150℃以上，以提高其在使用温度下的组织稳定性；奥氏体耐热钢或合金一般进行固溶处理和时效，使之得到适当的晶粒度，并改善强化相的分布状态。采用形变热处理改变晶界形状（形成锯齿状或弯曲晶界），并在晶内形成多边化的亚晶界，可使高温材料进一步强化。

对于陶瓷材料，在烧结成型过程中，要尽量减少气孔率，一方面由于气孔减少了有效承载面积，蠕变速率将增大，另一方面，当晶界发生黏性流动时，由于气孔体积可以吸纳晶粒所发生的变形，导致变形更容易发生。

图 6-22 为高温材料发展的进程，可以看出它们是材料成分、组织结构和生产工艺不断创新和改良发展的结果。

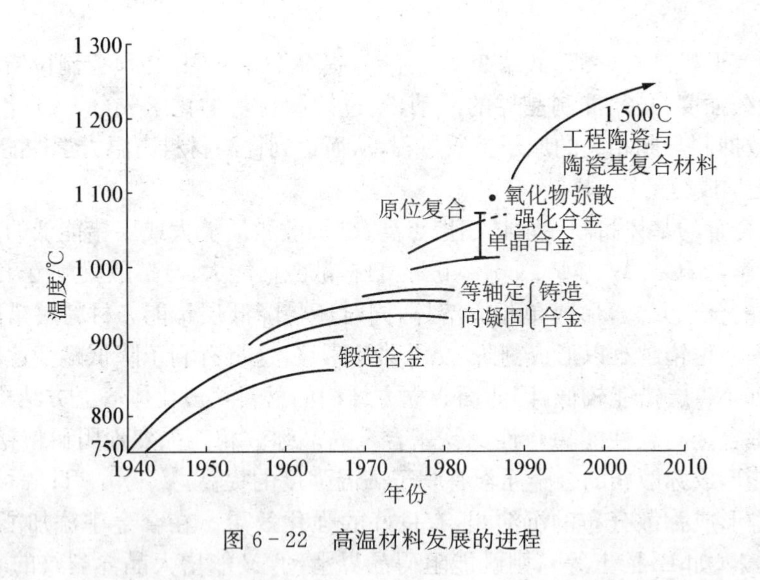

图 6-22　高温材料发展的进程

6.7.2　材料使用环境的影响 (Effect of service environments)

材料一旦选定以后，影响材料高温力学性能的关键因素是其服役的温度，这是本章主要讨论的内容，同时必须考虑的因素还有环境介质与加载方式等。

许多材料在高温条件下工作时，由于表面氧化或受其他化学介质的侵蚀，高温疲劳强度大大降低。近年来，介质的影响已愈来愈引起人们的注意。经常遇到的介质有 O_2、H_2、H_2O、CO、CO_2、H_2S、Cl 等，其中最为普遍的是 O_2。用铜、铅、金做过的试验表明，与在空气中相比，在 10^{-3} mmHg 的真空下，铜的疲劳寿命提高 10 倍，铅提高 5 倍，金则完全相同。可见这与氧化膜的形成有关。氧化膜的形成又与氧的分压有关。事实上对于不同的材料氧的作用也不同，甚至相反，若氧化膜在裂纹尖端起着楔子的作用，则加速疲劳裂纹的扩展，另一方面氧化膜也有可能使裂纹尖端钝化，使应力集中下降，减慢了裂纹扩展。

渗碳在一些生产工艺中也常常发生，如石油化工的高温裂解、重整，以及包含一氧化碳、甲烷和碳氢化合气的热处理等。破坏通常以内部碳化物形式出现，尤其在晶界上，在 1 050℃以上时情况最严重。渗碳会明显地降低疲劳寿命，也会降低长时的蠕变强度。强烈的渗碳气氛（碳活度＞1）在 425～800℃之间，能使金属生成类焦炭层，出现所谓的金属尘化现象，金属像尘粒一样迅速剥离（常常在几天之内便发生）。高温硫腐蚀对强度也有显著影响，硫化物（如硫蒸汽、硫化氢）常见于燃烧室、蒸汽透平、煤气化等装置，金属硫化物的生成速度比金属氧化物更快，硫化物熔点低、体积较大，易产生金属剥落。其他环境影响还包括卤化、渗氮及熔融物的热腐蚀等。高温下卤素（如 Cl）的破坏通常有表层剥落并伴随合金的内部损坏出现（高挥发性物质膨胀所致）。在 700～900℃下，则有可能出现氮化造成的破坏。热腐蚀通常在氧和硫同时出现时形成，典型的破坏是由在 700℃以上处于半熔融状态的碱金属盐引发的[16]。

6.7.3　载荷性质的影响 (Effect of loading types)

材料是受单向应力还是受多向应力作用，所表现出的变形特性有很大的不同。人们在工业革命的早期便观察到，如铁条带有缺口，则断裂时的变形很少，是脆性的断裂，说明多轴拘束度减少了材料的韧性。从微观机制上亦可很好地解释多轴应力下韧性的降低。图 6－23 为单向拉伸和双向拉伸的比较[17]。比较孔洞在单轴和多轴应力、平面应变条件下的扩展，单轴情况下初始为圆形的孔洞将沿拉力方向伸长，随着应变增加，应变集中减小，最后的失效类似于单轴拉伸试样，在孔洞处颈缩断裂，这一过程的塑性变形是很大的。但在双向应力作用下，由于塑性变形时，变形体的体积保持恒定，若要产生变形，则要以内部体积的减少、即孔洞的产生为代价。但是，即使是有很大的孔洞，其所能导致的外部体积的增加也是很少的，因此，这一过程必然是脆性的。实际合金的蠕变孔洞的发展更为复杂，其中还有晶界处的应变集中等，但基本原理是类似的。

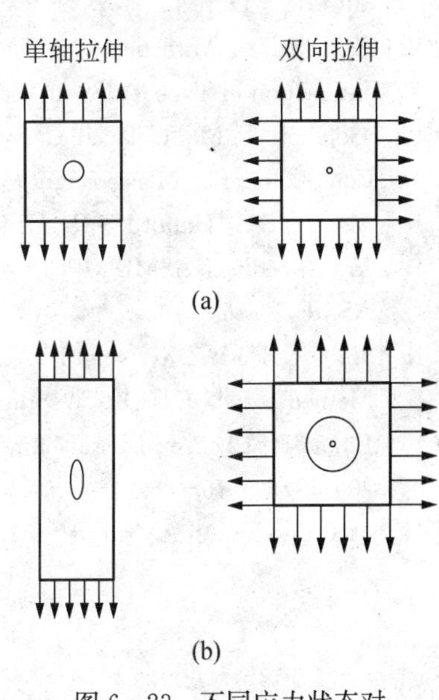

图 6－23　不同应力状态对空洞扩展的影响

(a) 变形前；(b) 变形后

参考文献

[1] Andrade E N daC. On the Viscous Flow in Metals and Allied Phenomena [J]. Proc Roy Soc Lond, 1910, A84:1－12.

[2] Sheby O D, Burke P M. Mechanical Behaviour of of Crystalline Solids at Elevated Temperatures [J].

Prog Mater Sci, 1967,13:325.
[3] Mukherjee A K, Bird J E, Dorn J E. Experimental Correlations for High-Temperature Creep [J]. Trans ASM, 1969,62:155-179.
[4] Frost HJ, Ashby MF. Deformation-mechanism maps - The plasticity and creep of metals and ceramics [M]. Oxford: Pergamon Press, 1982.
[5] ASM Handbook, Vol. 7 [M]. ASM International, Materials Park, OH 44073. 1994.
[6] Logneborg R. Creep Fracture Mechanisms. in Creep of Engineering Materials and Structures. [M]. Eds G Bernasconi, G Piatti. London: Appl Sci Publs, 1979:35-46.
[7] White A E, Clarke C L. Influence of Grain Size on High Temperature Characteristics of Ferrous and non-Ferrous Alloys [J]. Trans ASM, 1934,22:1069-1088.
[8] Bailey R W. The utilization of creep test data in engineering design [J]. Proc IMechE, 1935,131:131-349.
[9] Larson F R, Miller J. A Time-Temperature Relationship for Rupture and Creep Stress [J]. Trans ASME, 1952,74:765-771.
[10] Livesey V B, Wareing J. Influence of Slow Strain Rate Tensile Deformation on Creep-Fatigue Endurance of 20Cr-25Ni-Nb Stainless Steel at 593℃ [J]. Met Sci, 1983,17(6):297-303.
[11] 郭进全,轩福贞,王正东,涂善东. 基于蠕变的高温构件应力松弛损伤模型[J]. 核动力工程,2009,30(4):9-12.
[12] Zamrik SY, Mirdamadi M, Davis D C. Ductility Exhaustion Criterion for Biaxial Fatigue-Greep Interaction in Type 316SS at 115℉(62.1℃) [J]. ASMF-PVP 1994, Vol. 290,107-134.
[13] Goldhoff R M. Uniaxial Creep-Rupture Behaviour of Low Alloy Steel Under Variable Loading Conditions [J]. J Basic Engng, 1964:86.
[14] Manson S S, Halford G R, Hirschberg M H. Creep-Fatigue Analysis by Strain Range Partitioning. In Proceedings ASME-MPC Symposium on Creep/Fatigue Interaction[M]. MPC-3. New York: ASME, 1976.
[15] He J R, Duan Z X, Ning Y L, Zhao D. In Proceedings Int Conference on Advances in Life Prediction Methods [M]. Eds D A Woodford, J R Whitehead. New York: ASME, 1983:27-32.
[16] Elliott P. Choose materials for high-temperature environments [J]. Chemical Engineering Progress, 2001,97(2):75-85.
[17] McClintod F A. A Criteria for Ductile Fracture by Growth of Holes [J]. Trans ASME, 1968,35:363-371.

思考题

(1) 一圆柱形试样以一定的速率蠕变 10 000 小时,固定载荷为 1 000 N。试样的初始直径和长度分别为 10 mm和 200 mm,蠕变率为 $10^{-8}\ h^{-1}$。试求:(a)在蠕变 10^4, 10^6, 10^8 小时后的试样长度;(b)在这些时间后的真应变和工程应变;(c)在这些时间后的真应力和工程应力。

(2) 绘图说明如何由同一温度下不同应力的蠕变曲线建立起等时应力—应变曲线。

(3) 假定纯银的蠕变满足于 Dorn 等式,试推断在 400℃、50 MPa 的环境下断裂所需的时间。已知在 300℃、50 MPa 环境下断裂时间为 2 000 h。

(4) 一种铅基合金(熔点为 327.5℃)在 23℃、三个不同的应力等级:8.5、9 和 10 MPa 下进行测试。测试结果曲线如下图所示。(a)从温度角度出发,确定室温是否为铅的蠕变范围。(b)求出三个应力等级下的最小蠕变速率。(c)求出在 8.5 MPa 下如表 6-2 $\varepsilon_t = \theta_1(1-\exp(-\theta_2 t)) + \dot{\varepsilon}_s t$ 所示的曲线参量。

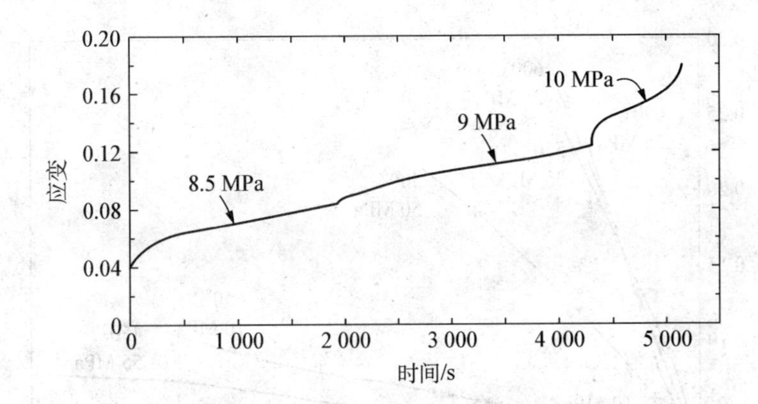

(5) 钨被应用于它的二分之一熔点温度(T_m≈3 400℃)、160 MPa 载荷的环境下。有一名工程师建议提升 4 个晶粒尺度可以有效降低蠕变速率。(a)你同意这名工程师的观点吗?为什么?如果应力等级为 1.6 MPa呢?(b)如果试样的初始长度为 10 cm,求在 10 000 h 后预测试样长度的增加量。(提示:使用变形机制图)

(6) 聚合物的应力松弛是由分子中的错位导致的。也就是说,我们可以期望温度对应力松弛的影响同其他热激活过程是相似的。Arrhenius 表达式描述了这个参量的时间依存性。因此,松弛时间是逆转率 $\frac{1}{\tau} \propto \exp\left(\frac{-Q}{KT}\right)$。试简述如何从这个表达式确定导致松弛的分子过程激活能 Q。

(7) 一条被用来系麻袋的尼龙绳初始应力为 2 MPa。如果该绳的松弛时间为 250 天,需要多少天后应力将降至 0.1 MPa?

(8) 对于某指定聚合物,应力松弛激活能测得为 10 kJ/mol。如果在室温下该聚合物的应力松弛时间为 3 600 s,那么 100℃时松弛时间将是多少?

(9) 实验室在一次蠕变变形测试实验中,发现一合金的蠕变率($\dot{\varepsilon}$)在 780℃和 650℃时分别为 0.5%/h 和 10^{-2}%/h。试计算:(a)在给定温度范围内蠕变激活能是多少?(b)在 550℃时,蠕变率大约是多少?

(10) 某一化工厂使用的构件被用在 600℃、25 MPa 载荷的环境中。相应的蠕变率为 $3\times10^{-12}\ s^{-1}$。如果应力增加至 35 MPa、温度增加至 650℃,相应的蠕变率将是多少?已知:$Q = 150$ kJ/mol, $n = 4.5$(应力指数)。

(11) 室温下,某聚合物的松弛时间为 100 天。如果其激活能降至当前值的四分之一,那么松弛时间将是多少?

(12) (a)下图给出了锆合金的不同蠕变测试的结果,试确定应力指数。已知 $G(T) = 36.27(\text{GPa}) - 0.02T(℃)$;$D_0 = 5\times10^{-4}\ m^2/s$;$Q = 270$ kJ/mol;$b = 3.23\times10^{-10}$ m。(b)已知在 600℃、25 MPa 的环境下断裂时间为 10 h,使用 Monkman-Grant 等式计算图中其他状态的断裂时间。

(13) 钢铁产品通常是用铬或锌涂层来作为保护层的。立足于电镀系列,你认为它们在保护钢铁方面能力有什么不同?

(14) 马口铁(一般用在制罐工厂)并不是盘状或薄板状的,其实它是薄锡镀层的钢板。讨论用锡层来保护钢的利弊。

(15) 铝在淡水中有一种腐蚀方式叫做点蚀。如名字中所描述的,这种腐蚀是在铝表面以点的形式存在的。点的深度 d 随着时间 t 的立方根变化:$d = At^{1/3}$。一般,在铝的表面会形成 5 μm 厚的 Al_2O_3 薄层。如果我们将该膜的厚度翻倍,那么哪些因素会增加穿孔所需的时间?

(16) 结构陶瓷材料如 SiC, Si_3N_4, $MoSi_2$ 等在高温有氧环境中会被氧化。请给出氧化反应式,并说明氧化产物如何保护这些材料以防止进一步氧化。分析它会不会对这些材料的高温性能产生负面影响?

(17) 某镍基高温合金有 0.2 μm 厚的氧化层,当把它放在燃烧器中测试氧化时,发现氧化层在 1 h 内生长至

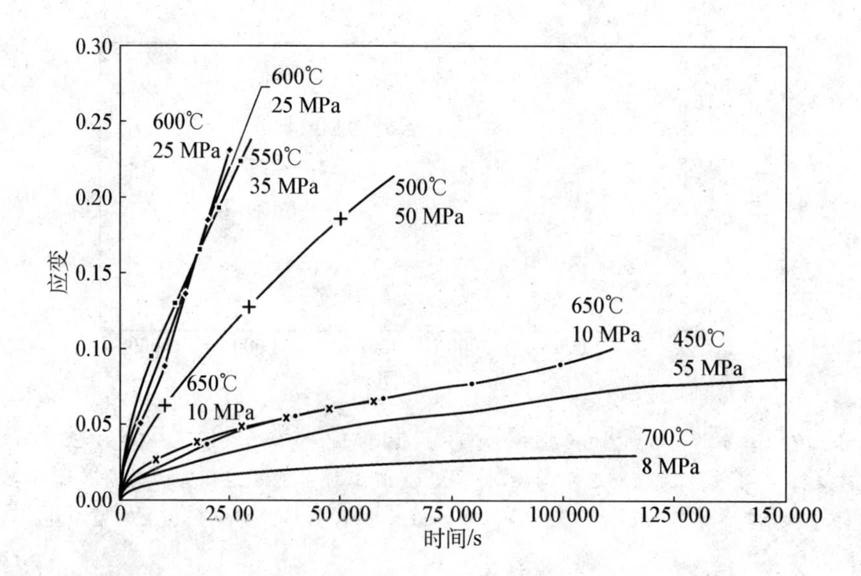

0.3 μm。如果该高温合金满足于抛物线氧化法则（$x^2 = a + bt$，其中 x 为厚度，t 为时间，a 和 b 是常数），一周以后氧化膜厚度将是多少？

(18) 在侵蚀环境下聚合物中的稳定、慢速裂纹扩展速度可以用下式表示：$\frac{da}{dt} = 0.03K_{\mathrm{I}}^2$。其中，$a$ 是裂纹长度，单位为米，t 是时间，单位为秒，K_{I} 是应力强度因子，单位为 MPa·m$^{1/2}$。K_{I} 对于这种聚合物的值为 5 MPa·m$^{1/2}$。计算在恒定载荷 50 MPa 下失效所需的时间，使用 $K_{\mathrm{I}} = \sigma\sqrt{\pi a}$。

第7章

材料的磨损

(Wear of materials)

物体表面发生相对运动时,会产生摩擦,并往往伴随有物质损失或残余变形,对于运转的机器,或将可能导致严重失效事故。因此,材料的摩擦及由此导致的失效也是材料强韧学中的重要课题。摩擦是两个接触物体在外力作用下发生相对运动(或有相对运动趋势)时产生切向运动阻力的物理现象,磨损是由于接触表面间的摩擦而导致固体表面发生物质转移和材料损耗、几何尺寸(体积)变小的过程。

按照上述定义,要厘清相应的失效过程与机制,必须考虑下列相关参数:

(1) 环境:真空、气体、液体、两相流体(气液、液固、气固);

(2) 材料:金属、陶瓷、聚合物、复合材料等;

(3) 表面:光滑的、粗糙的、弯曲的、平直的、清洁的、污染的、润滑的、有保护层的;

(4) 接触或加载类型:稳态的、振荡的、滑动的、滚动的、碰撞的;

(5) 电子与原子的交互作用:吸引力、排斥力、吸附、扩散;

(6) 变形:弹性、弹塑性、塑性、局部、整体;

(7) 热的产生与传导:吸附、脱附、化学反应、蒸发、熔化、软化、相变;

(8) 磨损粒子的运动:迁移、反迁移、混合、嵌入、磨伤、移出;

(9) 断裂:韧性、脆性、疲劳、蠕变等;

在上述这些作用中,(1)~(4)是给定的摩擦和磨损条件,而(5)~(9)是最终的现象。所有这些交互作用将改变摩擦和磨损的性质。因此,可以用初始态和稳定态来表征摩擦和磨损状态。在初始状态下,(1)~(4)的初始条件通过(5)~(9)的综合效应逐渐发生改变。在稳定状态下,(1)~(4)中所有条件均达到饱和状态,摩擦和磨损过程由(5)~(9)的综合效应之间的平衡所控制。因此摩擦和磨损是对系统非常敏感的现象。除了了解每一个作用对摩擦和磨损的影响外,还必须了解他们之间的交互作用[1]。

7.1 摩擦与磨损的基本概念
(Basic concepts of friction and wear)

7.1.1 摩擦及类型 (Friction and its types)

两个相互作用的接触物体或物体与介质间发生相对运动(或相对运动趋势)时出现的阻碍运动作用,称为摩擦,而该阻力即为摩擦力。根据运动状态,摩擦可以分为静摩擦和动摩擦两种,其中动摩擦又可分为滑动摩擦和滚动摩擦。

物体由静止而开始运动时所需要克服的摩擦力,称为静摩擦力;在运动状态下,为保持匀速运动所需要克服的摩擦力,称为动摩擦力。在一般情况下,对于相同的摩擦物体,静摩擦力比动摩擦力大。动摩擦时,由于摩擦力作用点的转移,动摩擦力便做了功。这个功的一部分(可达 75%)转变为热能(摩擦热),使工作表面层周围介质的温度升高,其余部分(约 25%)消耗于表面层的塑性变形。摩擦热是一种能量损失,导致机器的机械效率降低,所以,生产中一般总是力图尽可能地减少摩擦系数与摩擦热,从而提高机械效率。另一方面,摩擦热引起摩擦表面温度升高,引起表层一些物理、化学和机械性能变化,导致磨损量的变化,所以,在研究磨损问题时,必须重视摩擦热。

一个物体在另一个物体上滑动产生的摩擦,叫做滑动摩擦,也叫做第一类摩擦,例如蒸汽机活塞在汽缸中的摩擦、汽轮机轴颈在轴承中的摩擦,都属于滑动摩擦。如果一个球形或者圆柱形物体在另一个物体表面上滚动,这时产生的摩擦叫做滚动摩擦,或者叫做第二类摩擦。例如火车轮在轨道上转动时的摩擦、齿轮间的摩擦、滚珠轴承中的摩擦,都是滚动摩擦。实际上,发生滚动摩擦的机件中,有许多同时带有或多或少的滑动摩擦。滚动摩擦系数比滑动摩擦系数小得多。一般来说,前者只有后者的十分之一甚至百分之一。

根据润滑状态,摩擦又可分为液体摩擦、半液体摩擦、边界摩擦和干摩擦[2]。

7.1.2 磨损及类型 (Wear and its types)

零件的磨损一般分为三个阶段,即跑合阶段、稳定磨损阶段和剧烈磨损阶段,如图 7-1 所示。跑合阶段即是摩擦副的初始运动阶段。由于表面存在粗糙度,微凸体接触面积小、接触应力大,磨损速度快。在一定载荷作用下,摩擦表面逐渐磨平,实际接触面积逐渐增大,磨损速度逐渐减慢;稳定磨损阶段出现在摩擦副的正常运行阶段,经过跑合,摩擦表面加工硬化,微观几何形状改变,实际接触面积增大,接触压力降低,磨损量随时间增大缓慢增加。一般而言,稳定磨损阶段占据了整个零件磨损寿命的主要部分;在剧烈磨损阶段,由于摩擦条件发生较大变化(如温度急剧增加等),磨损速度急剧增加。这时零部件可能出现异常的噪音及振动,最终导致失效。

磨损现象非常复杂,影响的因素很多,不同的学者提出了不同的分类方法[3]。图 7-2 为磨损的主要分类。按照接触表面的性质,可以分为固体与固体接触引起的磨损、固体材料与磨料接触引起的磨损以及流固相互作用导致的磨损。按照环境与介质的不同,可以分为干磨损、湿磨损以及流体磨损。按照磨损机理的不同,磨损可以分类为:①磨料磨损;②粘着磨损;③疲劳磨损;④冲蚀磨损;⑤腐蚀磨损;⑥微动磨损。本章据此做相应的介绍。

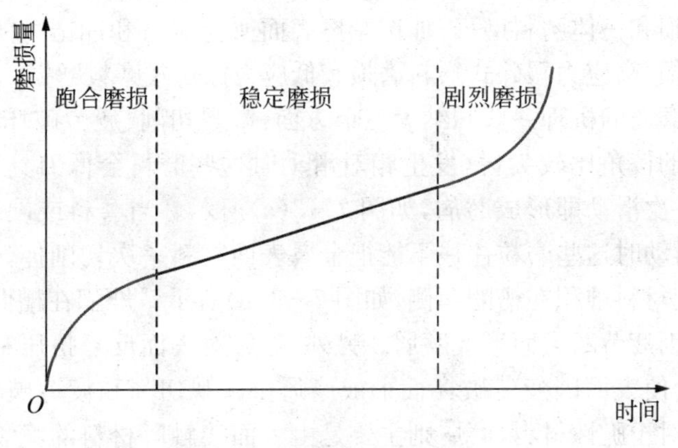

图7-1　磨损的三个阶段

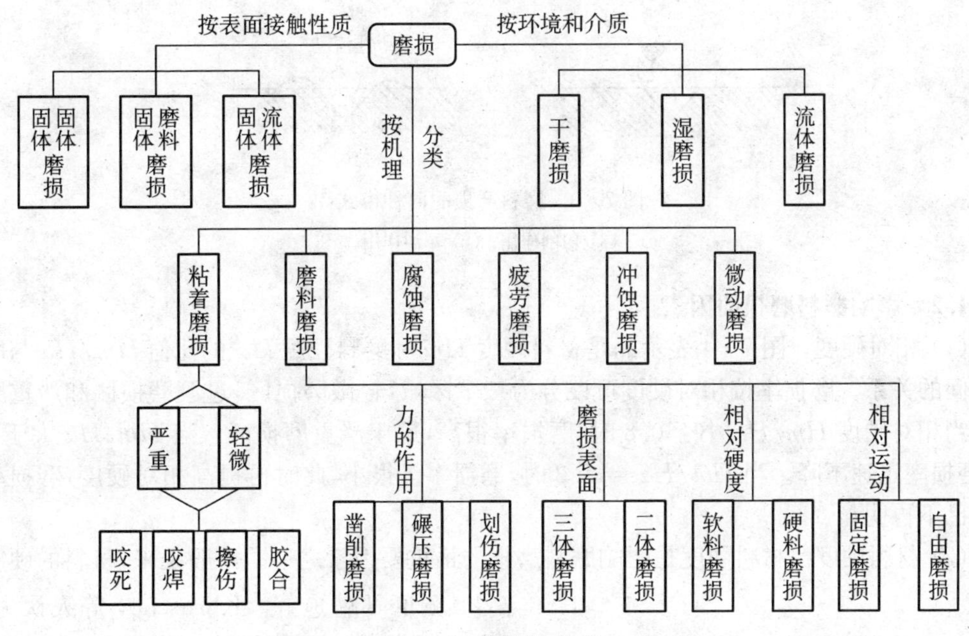

图7-2　磨损的类型

7.2　金属磨损机制及影响磨损抗力的因素

(Wear mechanism and influencing factors on wear resistance)

7.2.1　磨料磨损 (Abrasive wear)

7.2.1.1　概述 (Introduction)

在上述各种类型的磨损定义中，磨料磨损的定义较为清晰和成熟。这是一种最为常见和重要的磨损形式，统计显示，磨料磨损在实际磨损中发生的比例约占所有磨损形式的50%[4]。所谓磨料磨损，就是在摩擦过程中，由于硬的颗粒或表面硬的突起物引起材料从其表面分离出来的现象[5]。磨料磨损的分类方法有几种。如按磨料和表面的相互位置来分，可以分为二体磨料磨损和三体磨料磨损；如按摩擦表面所受应力和冲击力的大小来分，则可以分为凿削式磨料磨损、高应力碾碎式磨料磨损和低应力擦伤式磨料磨损。

磨料磨损形成磨屑的机理一般归纳为三个方面：微观切削、疲劳破坏和脆性剥落。当磨料或硬表面微凸体的棱角比较尖锐，发生相对滑动时这些磨料会像刀具一样对金属表面产生微观切削作用，一次滑动即形成磨屑，如图 7-3(a)所示。当磨料或硬表面微凸体的棱角比较圆滑时，相对滑动时这些磨粒往往不能把金属表面材料一次切削掉，而是像犁田一样把表面犁成一条槽，把材料堆积在槽的两侧，如图 7-3(b)所示。堆积在槽两侧的材料，在载荷的反复作用下最终因疲劳断裂而形成磨屑。另外，磨粒对表面反复挤压和冲击，在没有相对滑动的情况下，也会使表面因疲劳破坏而形成磨屑。微观切削和疲劳破坏主要是塑性材料的磨屑形成机理。对于脆性材料，磨屑则主要是由表面接触区材料的脆裂与剥落而形成的。对于实际零件的磨料磨损过程，往往是几种磨屑形成机理在同时作用。

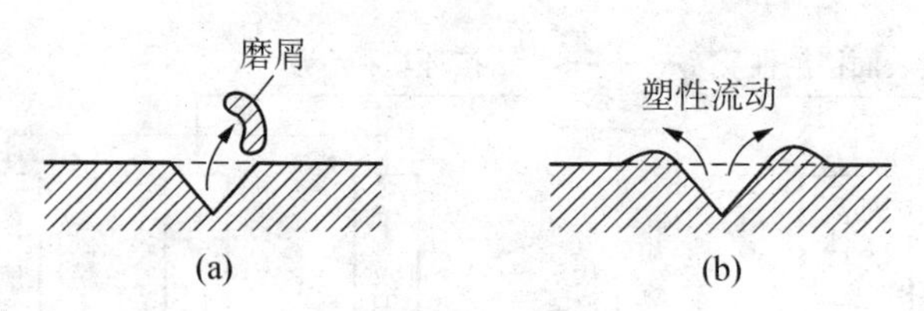

图 7-3 磨料磨损的两种模式

(a) 切削作用；(b) 犁沟作用

7.2.1.2 影响磨料磨损的因素 (Influence factors on abrasive wear)

(1) 相对硬度。图 7-4 表示的是材料硬度 Hm 和磨料硬度 Ha 的比值 Hm/Ha 与磨损量之间的关系。磨损率按相对硬度可以分为三个区域：轻微磨损区，过渡磨损区和严重磨损区。当相对硬度 Hm/Ha 小于 0.8 时，磨损率很高，属于严重磨损区。当 Hm/Ha 大于 0.8 时，磨损率迅速下降。当 $Hm/Ha = 1.3$ 时，磨损率已很小，此时再提高相对硬度，磨损率的下降已不再明显[4]。

(2) 材料硬度。材料硬度是影响磨料磨损的最重要因素之一。一般说来，材料的硬度愈高，其耐磨性就愈好。Khruschov 等人认为[6]：纯金属和未经热处理的钢，其相对耐磨性与硬度成正比；经热处理的钢，其耐磨性随硬度增大而提高，但比未经热处理的钢要增加得慢一些；钢中的含碳量及碳化物生成的含量愈大，其相对耐磨性就愈高；通过塑性变形使钢材冷作硬化，不能提高其耐磨料磨损的能力。

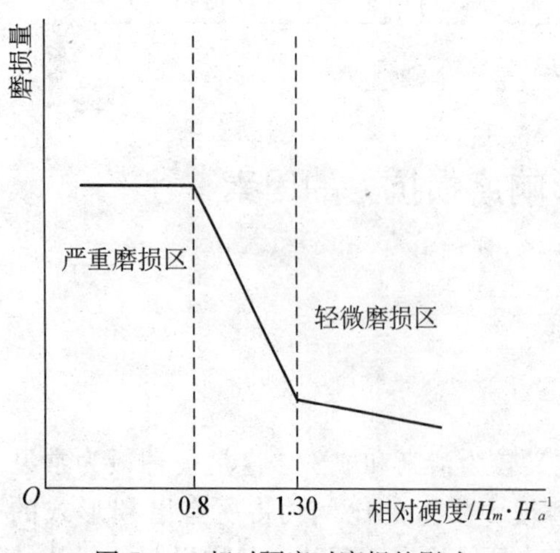

图 7-4 相对硬度对磨损的影响

(3) 磨料特性。一般而言，磨料的数量、尺寸和尖锐程度都会影响磨料磨损。磨料磨损随磨料尺寸的增大而增大，但这种影响存在一临界值，超过临界值后，磨料尺寸的增大几乎不再使磨料磨损增加。

(4) 弹性模量。材料的弹性模量对磨料磨损也有显著影响。弹性模量减小，磨损也减小。由于硬度升高，磨损减小。因此，硬度与弹性模量的比值 H/E 是一个影响磨料磨损的重要参数。一般来说，H/E 愈大，其耐磨性就愈好。

(5) 载荷。磨料磨损的磨损率与压力成正比，但当压力达到某临界值后，磨损率随压力的增加变得平缓。这与磨损机理的转变有关。

(6) 表面粗糙度。对于软-硬表面组合的摩擦副，硬表面微凸体起磨料作用，影响磨损的主要参数是微凸体峰顶的尖锐程度，而不是它们的高度。峰顶愈尖锐，其磨损率就愈大。

(7) 材料微观组织。材料的微观组织与机械性能有密切关系，因而对材料的耐磨性也有很大影响。耐磨性随硬度提高而提高，但在同样的硬度条件下，奥氏体、贝氏体组织优于珠光体和马氏体组织。

7.2.1.3 磨料磨损的控制 (Control of abrasive wear)

在设计阶段，可通过材料的选择、润滑方式的选择、许用载荷的确定和加工工艺的设计进行磨料磨损的控制。

(1) 材料的选择。材料表面硬度是影响磨料磨损的重要因素，对各项同性的材料，比如金属、陶瓷和塑料，抗磨料磨损能力与材料的硬度成正比[6]。在设计选材时要尽量保证表面硬度不低于磨料硬度的 80%。如果磨料的硬度比所有能用的材料都高 25%以上，这时材料的韧性更起作用，选择高韧性材料是减少磨料磨损的重要方式[5]。一般说来，马氏体优于珠光体，珠光体优于铁素体；回火马氏体常常比不回火的耐磨；马氏体中的二次渗碳体细匀分布较粗大为好；某些合金钢淬火后磨削时切削用量过大易发生二次淬火现象，虽硬但不好；网状碳化物不好；单相组织不如多相组织耐磨；对于珠光体的形态，片状的比球状的耐磨，细片的比粗片的耐磨。

(2) 润滑方式的选择。对摩擦面进行润滑时，尽量采用闭式结构，防止外界灰尘进入形成磨料。对于回流的润滑油要进行过滤，去除杂质颗粒，改善工作环境，提高空气的清洁度。在有润滑的场合，还应考虑所选择的材料便于形成润滑油膜。

(3) 许用载荷的确定。设计时应考虑表面承载能力，尽量使单位面积上的载荷不超过许用值，防止由于载荷过大而导致磨料磨损的迅速发展。

(4) 加工工艺的设计。表面粗糙度应尽可能控制在最佳状态，因为大量的研究表明，对于一定的磨损工况条件，表面粗糙度存在一个最优值，在这个最优值下磨损量将达到最小状态，这样可以减少表面凸起尖峰对配合面的犁削作用，从而减少磨料磨损。在结构设计上应采用防护措施，防止外界灰尘颗粒进入摩擦表面；采用循环润滑系统，不断将产生的磨料颗粒带出摩擦面；尽量避免不必要的相对运动，减少磨料磨损发生的可能性。此外，摩擦表面的加工痕迹方向对磨损的影响也不容忽视。

在制造阶段，可通过表面处理进行磨料磨损的控制：

(1) 表面机械加工。表面机械加工的方法可以改变金属表面的组织和结构，致使表面硬度提高，并且通常使表面层产生相当大的残余压应力，因而使摩擦表面的耐磨料磨损性能提高。

(2) 表面涂层技术。当采用热喷涂技术提高材料摩擦表面的耐磨料磨损能力时，涂层材料的选择与磨料的类型和硬度相关。目前，热喷涂制备耐磨涂层主要集中在金属陶瓷复合涂层和陶瓷复合涂层(金属氧化物、碳化物、硼化物、硅化物、氮化物等)两个方向。对于航空航天、石油化工和机械制造中某些特殊领域的机械零部件表面性能要求较高的硬质耐磨涂层，主要是以碳化物（WC、TiC 和 Cr_3C_2 等）为增强相的金属陶瓷涂层。不同类型热喷涂对于在遭遇硬度较低的磨料作用时，它们的耐磨性差异不大，但随着磨料硬度的增加，不同类型热喷涂的耐磨性差异变大，其中 WC－Co 涂层的耐固定磨料磨损性能最好，Mo 涂层最差。此外，只有 WC－Co 涂层对磨料磨损的种类的敏感性最小，说明其可以广泛用于各种固定磨料磨损作用的工况，采用其他几种热喷涂层做耐磨保护层时，必须考虑它们对固定磨料磨损种类的选择性。随着涂层技术和材料的发展，耐磨涂层材料正向纳米掺杂微米涂层及纳米涂层发展。但是，在高速重载条件下，涂层与基体的机械结合以及涂层内部的微观缺陷，可能导致涂层的抗磨损性能降低。

(3) 表面薄膜改性技术。采用化学和物理气相沉积、表面电镀和化学镀方法，在工件表面沉积抗磨损薄膜，提高表面的耐磨料磨损能力。采用电镀或化学镀方法强化金属表面是改善低载荷下表面耐磨料磨损能力的重要方式之一。耐磨镀层除常用的铬、镍、钴、铁及其合金镀层以及化学镀镍层外，近年来又发展了以 Cr、Co、Fe、Ni 及化学镀 Ni－P、Ni－B 等为基质金属，弥散第二相硬质点 Al_2O_3、Cr_2O_3、TiO_2、SiC、WC、金刚石等的复合镀层。

(4) 表面热处理技术。采用化学热处理技术提高摩擦表面耐磨料磨损能力。对摩擦表面进行渗碳、渗氮、碳氮共渗、渗硼、渗铬、渗矾或多元共渗等工艺可以很好地起到耐磨料磨损的能力。

(5) 表面淬硬技术。采用表面淬火技术提高摩擦表面耐磨料磨损能力。采用激光表面淬火、电子束表面淬火、感应表面淬火可以提高摩擦表面的耐磨料磨损的能力。

(6) 激光改性技术。为了提高工件表面的硬度以及表面涂层与基体的结合强度，激光气体氮化技术、激光熔覆技术、激光冲击技术和激光绗磨技术等已经逐渐在一些零部件的抗耐磨性提高上有所应用。其中，激光熔覆技术由于不受熔覆材料的限制，已经在现代工业中广泛应用，并逐渐取代传统的热喷涂技术，制备无裂纹、高硬度、与基体冶金结合的涂层。

(7) 深冷处理。材料冷处理温度一般达－196℃（液氮温度），在常规热处理后应用。该工艺不仅能提高钢的硬度，而且能改善材料的微观组织和性能，延长工模具的使用寿命。钢经深冷处理后残余奥氏体减少而马氏体增加，由此使得钢强化[7]，同时深冷处理可改变微观缺陷的数量从而进一步影响钢的强化效果[8]。经多年的实践，采用深冷处理成倍乃至十几倍地提高工具的耐磨损寿命已成为可能。这一技术对材料的耐粘着磨损、疲劳磨损、冲蚀磨损、腐蚀磨损、微动磨损等性能均有不同程度的改善作用。

7.2.2 粘着磨损 (Adhesive wear)

7.2.2.1 概述 (Introduction)

当摩擦表面发生相对运动时，表面层会产生塑性变形，表面的污染膜或氧化膜会出现破裂，导致新鲜金属表面裸露出来。由于分子力的作用使两个表面发生粘着，粘着节点在摩擦力作用下发生剪切和断裂，产生表面材料的转移或脱落而形成的磨损统称为粘着磨损。按照磨损严重程度不同，粘着磨损可以分为轻微磨损、一般磨损、擦伤磨损和胶合磨损等四种形式。粘着磨损的一般过程为：当两金属表面相互接触时，较高的微凸体首先发生接触，由于真实接触面积很小，接触应力很大，使得微凸体产生塑性变形并出现粘着，摩擦副相对运动时，滑动使粘着点产生剪切破坏，并把材料从较软表面转移到较硬的表面，进一步滑动时，在摩擦作用下又使转移材料从硬表面脱落，形成磨屑。

所谓轻微磨损是指，当粘着点的强度低于摩擦副两材料的强度时，剪切发生在界面上，此时虽然摩擦系数增大，但磨损却很小，材料转移也不显著。通常在金属表面有氧化膜、硫化膜或其他涂层时发生这种粘着磨损。一般磨损是指，当粘着点的强度高于摩擦副中较软材料的剪切强度时，破坏将发生在离结合面不远的软材料表层内，因而软材料转移到硬材料表面上。这种磨损的摩擦系数与轻微粘着磨损的差不多，但磨损程度加重。擦伤磨损是指，当粘着点的强度高于两对磨材料的强度时，剪切破坏主要发生在软材料的表层内，有时也发生在硬材料表层内。转移硬材料上的粘着物又使软材料表面出现划痕，所以擦伤主要发生在软材料表面。胶合磨损是指，如果粘着点的强度比两对磨材料的剪切强度大得多，而且粘着点面积较大时，剪切破坏发生在对磨材料的基体内。此时，两表面出现严重磨损，甚至使摩擦副之间咬死而不能相对滑动。图7-5为粘着磨损的微观示意图。

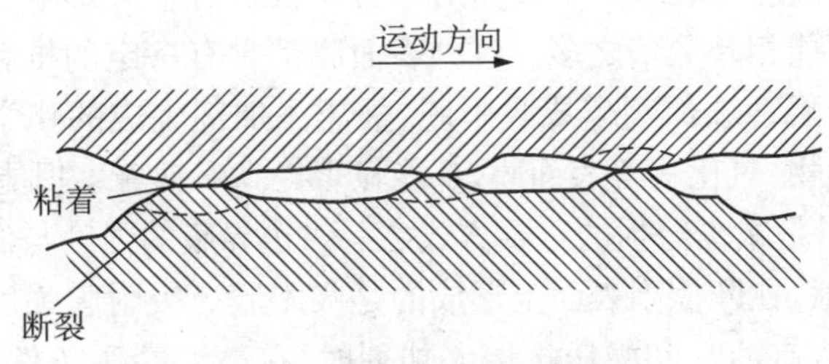

图7-5　粘着磨损的微观示意

易于发生粘着磨损的零部件包括：刀具、磨具、量具、齿轮、凸轮、滑动轴承、钢轨等，在航天设备中，由于工作环境中缺乏氧气，易于形成金属的直接干接触，发生粘着磨损的几率较高。

7.2.2.2　影响粘着磨损的因素 (Influence factors on adhesive wear)

(1) 材料特性。配对材料的相溶性愈大，粘着倾向就愈大，粘着磨损就愈大。一般来说，相同金属或互溶性强的材料组成的摩擦副的粘着倾向大，易于发生粘着磨损。异性金属、金属与非金属或互溶性小的材料组成的摩擦副的粘着倾向小，不易发生粘着磨损。多相金属由于金相结构的多元化，比单相金属的粘着倾向小，如铸铁、碳钢比单相奥氏体和不锈钢的抗粘着能力强。脆性材料的抗粘着性能比塑性材料好，这是因为脆性材料的粘着破坏主要是剥落，破坏深度浅，磨屑多呈粉状，而塑性材料粘着破坏多以塑性流动为主，比如铸铁组成的摩擦副的抗粘着磨损能力比退火钢组成的摩擦副要好。

(2) 材料微观结构。铁素体组织较软，在其他条件相同的情况下，钢中的铁素体含量愈多，耐磨性愈差。片状珠光体耐磨性比粒状珠光体好，所以调质钢的耐磨性不如未调质的。珠光体的片间距愈小，耐磨性愈好。马氏体，特别是高碳马氏体中有较大的淬火应力，脆性较大，对耐磨性不利。低温回火马氏体比淬火马氏体的耐磨性好。贝氏体组织中内应力小，组织均匀，缺陷比马氏体少，热稳定性较高，因而具有优异的耐磨性。多数人认为残余奥氏体在摩擦过程中有加工硬化发生，表面硬度的提高可使耐磨性明显提高。不稳定的残余奥氏体在外力和摩擦热作用下可能转化成马氏体或贝氏体，造成一定的压应力，再有，残余奥氏体有助于改善表面接触状态，并能提高材料的断裂韧性，增加裂纹扩展的阻力，这些对耐磨性均为有利。

(3) 载荷及滑动速度。研究表明,对于各种材料,都存在一个临界压力值。当摩擦副的表面压力达到此临界值时,粘着磨损会急剧增大,直至咬死。滑动速度对粘着磨损的影响主要通过温升来体现,当滑动速度较低时,轻微的温升有助于氧化膜的形成与保持,磨损率也就低。当达到一定临界速度之后,轻微磨损就会转化成严重磨损,磨损率突然上升。

(4) 表面温度。摩擦过程产生的热量,使表面温度升高,并在接触表层内沿深度方向产生很大的温度梯度。温度的升高会影响摩擦副材料性质、表面膜的性质和润滑剂的性质,温度梯度使接触表层产生热应力,这些都会影响粘着磨损。金属表面的硬度随温度升高而下降。因此温度愈高粘着磨损愈大。温度梯度产生的热应力使得金属表层更易于出现塑性变形,因而温度梯度愈大,磨损也愈大。此外,温升还会降低润滑油黏度,甚至使润滑油变质,导致润滑膜失效,产生严重的粘着磨损。

(5) 环境气氛和表面膜。环境气氛主要通过影响摩擦化学反应来影响粘着磨损。如在环境气氛中有无氧气存在及其分压力大小,对粘着磨损都有很大影响,在空气中和真空中同种材料的摩擦系数,可能相差数倍之多。各种表面膜都具有一定的抗粘着磨损作用,润滑油中加入的油性添加剂、耐磨添加剂生成吸附膜、极压添加剂生成的化学反应膜,以及其他方法生成的硫化物、磷化物、氧化物等表面膜,都能显著提高耐粘着磨损能力。

(6) 润滑剂。润滑是减少磨损的重要方式之一。边界膜的强度与润滑剂类型密切相关。当润滑剂是纯矿物油时,在摩擦副表面上形成的是吸附膜。吸附膜强度较低,在一定的温度下会解吸。当润滑油含有油性和极压抗磨添加剂时,在高温高压条件下会生成高强度的化学反应膜,在很高的温度和压力下才会破裂,因此具有很好的抗粘着磨损效果。

7.2.2.3 粘着磨损的控制 (Control of abrasive wear)

在设计阶段,可控制的因素包括:

(1) 材料的选择。尽量选择不同的材料或互溶性小的材料作为摩擦副配对;塑性材料往往比脆性材料易于发生粘着磨损;材料表面硬度是影响粘着磨损的重要因素,因为摩擦副之间微凸体的真实接触面积与屈服强度成正比,硬度愈高,发生粘着的真实面积愈小,所以产生粘着磨损的可能性或程度愈小,因此提高硬度可以减小粘着磨损;材料的熔点、再结晶温度、临界回火温度愈高或表面能愈低,愈不易发生粘着磨损;多相结构的金属比单相结构的金属抗粘着磨损能力强,金属与非金属匹配时的抗粘着磨损能力强。

(2) 润滑方式选择。选用含有油性添加剂和极压添加剂的润滑剂进行润滑,可以大大提高抗粘着磨损的能力。此外,在可能的情况下,尽量采用全油膜润滑,在保证摩擦副表面微凸体之间完全可以分离的前提下就不会发生粘着磨损。

(3) 许用载荷确定。因为载荷大小会严重影响粘着磨损,设计时应考虑表面承载能力,尽量使单位面积上的载荷不超过许用值,防止由于载荷过大而导致粘着磨损的迅速发展。

(4) 许用表面温度确定。因为表面温度的升高会导致材料表面硬度下降、润滑油黏度下降、变质,这些因素都会使粘着倾向增加。因此,在设计时应考虑确保摩擦副表面的平衡温度不超过许用值。此外,由于滑动速度过大也会导致摩擦表面的温度过高,也要在设计中加以考虑。

在制造方面,可通过表面处理进行粘着磨损的控制:

(1) 采用激光表面改性或热喷涂技术增加摩擦表面耐粘着磨损能力。有研究表明:Mo层,Al_2O_3 层,Cr_2O_3 和 WC-Co 涂层,在与 Cr12Mo1V1 钢组成摩擦副时,在边界润滑条件下均不出现粘着擦伤失效，具有较好的抗粘着磨损作用，而且摩擦系数也较小。

(2) 采用堆焊技术提高摩擦表面的耐粘着磨损能力。堆焊被广泛应用于减少粘着磨损工况下，它可以提供良好的抗胶合和抗咬死能力。因此可以用于处于无油润滑或润滑条件不良的工况下工作的金属滑动摩擦副以控制粘着磨损，例如控制阀、牵引车和铲土机的活动底架及高性能轴承。

(3) 采用化学热处理技术提高摩擦表面耐粘着磨损能力。在对摩擦表面进行渗碳的基础上再进行其他的处理可以有效地提高抗咬死能力。如果渗碳后再进行渗硼表面处理可以大幅度提高碳钢的耐磨性和抗咬合性能。此外，渗矾、渗硼、渗铬、碳氮共渗、电解渗硫、硫碳氮共渗、钒氮硫共渗等工艺都可以在不同程度上提高摩擦表面的抗粘着磨损能力。

(4) 采用化学和物理气相沉积工艺提高摩擦表面的耐粘着磨损能力。化学气相沉积技术(CVD)主要应用于提高硬质合金、高速钢等刀具、模具和工具的耐粘着磨损能力。物理气相沉积(PVD)用于较软的金属基体耐磨损功能。

(5) 采用电镀和化学镀层提高摩擦表面的耐粘着磨损能力。采用电镀或化学镀方法强化金属表面也是改善表面耐粘着磨损能力的重要方式之一。耐磨镀层除常用的铬、镍、钴、铁及其合金镀层以及化学镀镍层外，近年来又发展了金属基复合镀层等技术。

7.2.3 疲劳磨损 (Fatigue wear)

7.2.3.1 概述 (Introduction)

疲劳磨损是指当两个接触体相对滚动和滑动时，在接触区形成的循环应力超过材料的疲劳强度情况下，表面层将引发裂纹，并逐步扩展，最后使裂纹以上的材料断裂剥落下来的磨损过程。与粘着磨损和磨料磨损不同，疲劳磨损一般是不可避免的，即使在良好的润滑条件下，疲劳磨损也会发生。

疲劳磨损有两种基本形式：宏观疲劳磨损和微观疲劳磨损。前者发生于滚动接触或滚动与滑动接触的表面，比如齿轮、凸轮、滚动轴承等高副接触零件，主要由于宏观剪切应力作用而导致；后者指发生于滑动接触时的磨损，各种低副滑动配合都有可能发生这种形式的磨损，主要是由于零件表面微观粗糙度较大而导致。

疲劳磨损发生的过程类似于整体疲劳断裂发生的过程，同样包含裂纹的萌生、扩展及最后断裂。但是，整体疲劳的裂纹几乎都是从表面开始的，而疲劳磨损的裂纹可能从表面和次表面萌生。此外，疲劳磨损与表层的物理化学变化、载荷分布、油膜状况等因素相关，寿命可能比整体疲劳寿命低很多。因此，过去对疲劳磨损的研究多从疲劳角度出发，早期对磨损形式进行分类时，没有把接触疲劳划入磨损的范畴。后来的研究发现，不仅在滚动接触，而且在滑动接触和其他磨损形式中，也都发现了表面接触疲劳过程。因此，疲劳磨损逐渐被认为是一种独立的、而且相当普遍的磨损形式。

疲劳裂纹的萌生受许多因素的制约。一般来说，对于润滑良好，材质均匀无损伤的纯滚动接触表面，裂纹多发生于次表面层最大剪应力处，裂纹的扩展比较缓慢，其损伤的断面比较有光泽。对于有滑动的情形，由于滑动摩擦力的作用，改变了最大剪切应力或最大剪切应力幅值的位置，裂纹萌生的位置将移近表面。在润滑不良、表面有伤痕的情况下，裂纹将起源于表面，然后沿与滚动方向成20°～30°的方向向表面层下扩展，最后产生材料点状脱落，形成剥落坑，如图7-6所示。

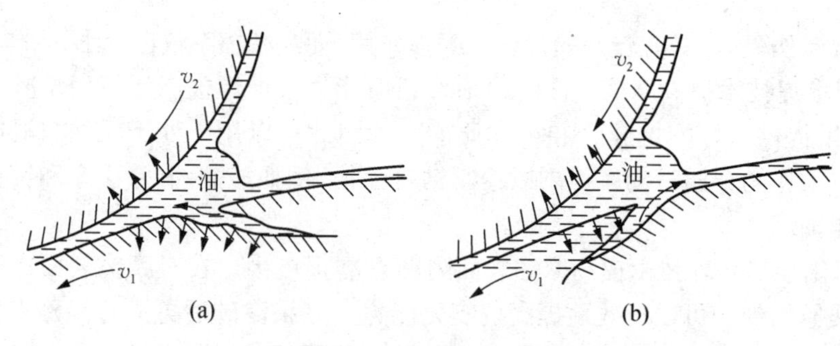

图 7-6 疲劳裂纹的产生与扩展

对于滚动接触或滚动与滑动接触下的疲劳也称接触疲劳或称表面疲劳磨损。接触疲劳的宏观形态特征是在接触表面上出现许多小针状或痘状凹坑,有时凹坑很深,呈贝壳状,有疲劳裂纹发展的痕迹。根据剥落裂纹起始位置及形态不同,接触疲劳破坏分点蚀、剥落和剥层三类。点蚀一般从表面开始,向内倾斜扩展,最后二次裂纹折向表面,裂纹以上的材料折断脱落下来即形成点蚀。点蚀坑深度较小,表面形貌常表现为"扇形";剥落与点蚀,就其本质来讲是相同的,都属于接触疲劳失效的形式,但其特征有所区别。剥落裂纹一般起源于亚表层内部较深的层次(可达到几百个微米),沿与表面平行的方向扩展,最后形成片状的剥落坑。就其形成机制而言,剥落裂纹是由亚表层的切应力引起的。剥层深度和表面强化层深度相当,裂纹走向与表面垂直。接触疲劳的裂纹形成过程一般消耗时间较长,而裂纹扩展阶段只占总破坏时间很小的一部分。

接触疲劳曲线(最大接触压应力-破坏周次关系曲线)也有两种类型:一种是有明显的接触疲劳极限;另一种是对于硬度较高的钢来说,最大接触压应力随循环周次增加连续下降,无明显的接触疲劳极限。在接触压应力作用下,接触疲劳破坏与表面层塑性变形有关,因而表面层塑性变形的深度决定剥落坑的深度,而塑性变形进行的剧烈程度则决定了剥落坑的发展速度。

齿轮、轴承、钢轨与轮箍的表面经常出现接触疲劳磨损。少量点蚀坑不影响机件的正常工作,但随着时间延长,点蚀坑尺寸逐渐变大,数量也不断增多,机件表面受到大面积损坏,结果无法继续工作而告失效。对于齿轮而言,点蚀坑愈多,啮合情况则愈差,噪音也愈来愈大,振动和冲击也随之加大,严重时甚至可能将齿轮打断[9]。

7.2.3.2 影响疲劳磨损的因素 (Influence factors on fatigue wear)

(1) 载荷和摩擦。两物体相互接触时,在表面上产生的局部压入应力,称为接触应力。载荷决定着接触应力的大小(接触应力的计算方法有多种,一般的解析公式可从相关的手册查到,对于复杂的材料与几何非线性的情况,可用有限元方法进行计算)。载荷是影响疲劳磨损的最重要因素,载荷愈大,疲劳寿命就愈短。接触区的摩擦对疲劳磨损也有显著影响,少量的滑动可能会显著降低接触疲劳磨损寿命;应力循环速度越大,表面积聚的热量和温度越高,使金属软化而加速疲劳磨损。

(2) 材料性能。材料内部微观缺陷(如夹杂和孔洞)破坏了基体的连续性,在循环应力作用下与基体材料脱离形成空穴,构成应力集中源,从而导致疲劳裂纹的早期出现。一般来说,夹杂物尺寸愈大、分布愈不均匀,疲劳寿命降低愈多;钢中的残余奥氏体对接触疲劳性能影响很大。一般认为,增加残余奥氏体量可以增加接触面积,使接触应力下降,会发生形变强化和应变诱发马氏体相变，提高表面残余压应力，阻碍疲劳裂纹的萌生与扩展，因此其含量愈多，疲劳寿命也愈长；通常增加材料的硬度可以提高抗疲劳磨损能力，但硬度过高，材料脆性增加，反而会降低接触疲劳寿命。

(3) 表面粗糙度。由于实际加工的表面存在粗糙度，会使理想光滑表面上的接触应力分布发生“应力调幅”现象，使一个半椭圆分布的应力场变成了很多分散的微观应力场，每个接触微凸体上出现一个应力峰，从而引发很多微观点蚀，构成宏观点蚀裂纹的起源。所以，降低表面粗糙度将有利于提高疲劳磨损强度。

(4) 润滑剂与添加剂。疲劳寿命一般随润滑油黏度的提高而增加。增加润滑油黏度可使油膜增厚，从而减轻粗糙峰的相互作用。但润滑油中如果有水分存在，将降低疲劳寿命，因为水的存在会加速裂纹的扩展；而且，在高温环境下，润滑油的分解，会在高应力区造成酸性物质的堆积，降低接触疲劳寿命。在润滑油中加入适当的添加剂是改善润滑效果的重要方式。但润滑油及其添加剂的类型对疲劳寿命有重要影响。一般来说，多数极压抗磨添加剂会降低疲劳寿命。润滑油膜厚比对疲劳寿命有很大的影响，膜厚比愈大，疲劳寿命也愈长。

7.2.3.3　疲劳磨损的控制 (Control of fatigue wear)

在设计阶段，可控制的因素包括：

(1) 材料的选择。材料的硬度对疲劳磨损的影响很大，一般来说，在临界范围之内，材料的硬度愈高，疲劳寿命愈长。因此，选择材料时应考虑选择具有一定硬度的材料作为摩擦副；材料的硬度过高、过脆，也会导致抗接触疲劳磨损能力的下降；材料的内部缺陷、夹杂物愈多，愈容易产生内部疲劳裂纹，这一点也应在材料选择时加以考虑；设计时还应减小零件表面粗糙度，但是需要注意的是，表面粗糙度降低到一定程度后，再继续降低表面粗糙度，对疲劳寿命的影响则不大。

(2) 润滑方式选择。常见的润滑方式包括边界润滑、混合润滑和流体润滑。对于前两种润滑方式来说，固体的直接接触不可避免，因此疲劳寿命低于流体润滑下的接触疲劳寿命，因为流体润滑状态可以保证摩擦表面微凸体不直接发生接触。流体润滑又可以分为流体动压润滑和流体静压润滑，设计时应尽量保证摩擦表面的最小油膜厚度满足条件：$\lambda = h_m / \sqrt{\sigma_1^2 + \sigma_2^2} > 3$（$h_m$ 为最小油膜厚度，σ_1 和 σ_2 分别为两个摩擦表面的粗糙度均方根偏差）。

(3) 润滑油和添加剂的选择。润滑油中应尽量消除水分，因为水分的存在会促使疲劳裂纹的扩张，这一点应在设计中加以考虑。添加剂的类型对疲劳寿命也有很大的影响，多数极压添加剂会降低零件的疲劳寿命。表7-1列出了加入不同添加剂对圆锥滚子轴承疲劳寿命的影响，从中可以看出，使用不加极压添加剂润滑油的零部件的疲劳寿命最长，这点也应该在设计中加以考虑。

表7-1　不同添加剂对圆锥滚子轴承疲劳寿命的影响

润滑油的SAE等级	加入的添加剂类型	L_{50}相对疲劳寿命
90	无添加剂	1.00
90	铅—硫型	0.24
80	铅—硫型	0.34

（续表）

润滑油的 SAE 等级	加入的添加剂类型	L_{50} 相对疲劳寿命
80	磷—硫型	0.32
90	锌—磷—硫型	0.17
90	锌—磷—硫—氯型	0.40
90	磷—硫型	0.67

(4) 许用载荷确定。载荷决定了接触区的接触应力的大小，因此载荷愈大，疲劳寿命愈短。此外，载荷愈大则接触面的摩擦力也愈大，而摩擦力会影响滚滑比，滚滑比会影响疲劳寿命。一般来说，滚滑比增大，摩擦力增大，疲劳寿命就下降。因此设计时应考虑使载荷不要超过许用数值。

在制造阶段，可通过如下表面处理工艺对疲劳磨损进行控制：

(1) 表面机械硬化。通过喷丸、滚压、冷作硬化等机械表面处理可以使表面硬度提高，并在表面形成残余压应力。大量疲劳磨损研究证明了表面的这种加工硬化可以减少裂纹的形成，阻止早期裂纹的扩展，可以提高表面疲劳强度。

(2) 采用化学热处理技术提高摩擦表面耐疲劳磨损能力。对摩擦表面进行渗碳、渗氮和碳氮共渗及其复合处理，在摩擦面上形成硬碳、氮化合物相，可以很好地提高材料的疲劳磨损强度。但是渗氮处理后的氮化层具有一定的脆性，接触应力较大时容易发生剥落。一般而言，碳氮共渗处理后的接触疲劳寿命较渗碳、渗氮高。

(3) 磷化处理。磷化处理的目的在于增加表面润滑效果，降低摩擦系数。磷化处理是将零件置于磷酸及其他化学成分的稀释溶液中，使金属表层与磷酸发生化学反应而生成一层磷酸盐保护膜的过程。磷化处理主要作用于防止磨损早期（跑合期）的擦伤，形成良好的跑合表面，提高疲劳磨损寿命。现在，磷化处理已经广泛应用于滚动轴承的保持架、内外套圈、凸轮和齿轮等零部件。

(4) 采用表面淬火和表面合金化处理提高摩擦表面耐疲劳磨损能力。采用表面淬火处理可以提高表面硬度，同时使表面仍保持良好的塑性和韧性，这对提高其疲劳磨损强度有益。表面的合金化处理也可以提高摩擦表面的硬度，进而提高耐疲劳磨损能力。

(5) 表面镀层及自熔性合金涂层。随着热喷涂技术和激光表面熔覆技术的发展，合金涂层也逐渐被用于提高零件的抗疲劳磨损性能上。目前用于表面涂层的材料主要是自熔性合金，如镍基、铁基等。涂层中含有一些硬质元素或者硬质增强相，可以提高材料的耐磨性。表面镀层的目的是在磨损过程中，在零件表面形成一层固体润滑层，避免金属与金属之间的直接接触。而且，如果固体薄膜选用得当，还可降低剪切强度和摩擦系数，显著降低基体材料的塑性变形，抑制疲劳裂纹的萌生。常见的固体润滑剂有石墨、二硫化钼和聚四氟乙烯等。

7.2.4 冲蚀磨损 (Erosion wear)

7.2.4.1 概述 (Introduction)

冲蚀磨损是指固体表面同含有固体颗粒的流体接触做相对运动而导致材料表面发生损

耗的过程。冲蚀磨损可以分为三种基本类型:固体颗粒的冲蚀磨损、液滴冲蚀磨损和气蚀磨损。广义上说,大自然的风雨对建筑物造成的破坏以及地形地貌随时间的演变,都包含着冲蚀作用,这种现象在工程上表现为冲蚀,在自然界则表现为水土流失。常发生冲蚀磨损的场合包括:管道中物料对管道的冲蚀、飞机螺旋桨受空气中的灰尘冲蚀、雨水对飞机导弹外表面的冲蚀、火箭发动机尾部喷嘴受燃气的冲蚀、各种流体对泵体的冲蚀、汽轮机叶片受水滴的冲蚀、水轮机叶片受到的汽蚀等等。

固体颗粒的冲蚀磨损机理与靶材特性和固体颗粒的冲击角有关。对于塑性材料,当冲击角比较小时,磨损主要以切削为主,此时固体颗粒像微型刀具,把材料从表面切除。当冲击角较大时,磨损以变形机理为主,此时颗粒反复冲击使靶材产生加工硬化,不断作用产生疲劳裂纹并扩展脱落形成磨损。对于脆性材料,磨损以断裂机理为主,在颗粒冲击作用下,在有缺陷的地方产生裂纹并扩展成碎片脱落。

液滴冲蚀磨损主要以疲劳机理为主,当液滴以高速喷射到固体表面时,表面将承受很大压力,因而在表层内产生裂纹,经过反复冲击作用使材料发生疲劳从而产生材料脱落。

气蚀磨损产生的原因是由于液体流经固体表面时局部压力低于蒸发压力形成气泡,气泡流入高压区时,压力超过气泡压力产生炸裂,瞬间产生很大的冲击力,并有高温作用在固体表面上,如此反复作用形成材料的表面疲劳脱落。

7.2.4.2　影响冲蚀磨损的因素 (Influence factors on erosion wear)

(1) 固体颗粒特性。固体颗粒的特性主要有两个方面,即磨粒形状和磨粒粒度。就磨粒形状而言,多角状磨粒比球状圆滑磨粒在同样条件下有更严重的冲蚀磨损。一般认为,球状圆滑磨粒是以犁削变形方式为主,而多角形磨粒则以切削方式为主。磨粒对冲蚀磨损率的影响,一方面是磨粒尺寸效应,另一方面是脆性材料磨损特性变化。一般,磨粒尺寸在 20～200 μm 时,材料磨损率随磨粒尺寸的增大而上升,但磨粒尺寸增加到某一临界值 Dc 时材料磨损率几乎不变或变化很缓慢,这一现象被称为“尺寸效应”。Dc 值随冲蚀条件的不同而变化。

(2) 冲击角。冲击角是指靶材表面和入射粒子运动轨迹之间的夹角,又称为入射角或攻角。冲击角的影响与材料类型有关。塑性材料冲击角在 20°～30°时,破坏最大,而脆性材料在垂直冲击时破坏最大。

(3) 液滴特性。影响液滴冲蚀的主要因素包括:冲击速度、冲击角、液滴尺寸、靶材特性、液体特性等。一般说来,液滴冲击速度愈高冲蚀磨损愈大;冲击角度愈小液滴冲蚀磨损量也愈小;液滴的尺寸愈小,冲蚀磨损也愈小。靶材性质对液滴冲蚀磨损影响很大,但起主要作用的是材料的韧性而不是硬度。

(4) 气蚀磨损的影响因素。影响气蚀磨损的因素有零件外形、气体含量、流体运动速度、压力、温度、腐蚀性以及被冲蚀材料性能。零件外形设计成流线型可避免局部区域出现涡流,可有效地减少气蚀磨损;被流体包容的零件要尽量减小振动以减小气蚀。流速是诱发气泡生成和构成流场中固体表面高压区的因素,在多数情况下,气蚀磨损率与速度的 5～6 次方成正比。材料的韧性与强度愈高,抗气蚀磨损的能力就愈强。

7.2.4.3　冲蚀磨损的控制 (Control of erosion wear)

在设计阶段,可控制的因素包括:

(1) 材料的选择。材料的强度、硬度和韧性对冲蚀磨损的影响很大,一般来说,在一定的范围内，硬度愈高，耐冲蚀磨损的能力愈强；韧性和强度愈高，吸收冲击波和抗破损能力愈强，耐冲蚀磨损的能力愈强，这点应在设计选材时加以考虑。

(2) 零件的形状设计。针对易于发生气蚀磨损的工况，零件的外形应尽量设计成流线型，减少流动死区及流场的突然变化。

(3) 控制环境温度和介质。温度的高低也会影响冲蚀磨损的大小，一般来说，因为材料在高温下屈服极限下降，磨损同样体积的材料所消耗的能量减小，所以随温度的升高，冲蚀磨损量增加。因此控制温度不能太高是控制冲蚀磨损的重要措施之一。介质的性能包括含气率和腐蚀性，腐蚀性愈高，冲蚀磨损率愈大。

(4) 控制流体流动的速度。对于气蚀磨损来说，流体流动的速度是诱发气泡生成和构成流场中固体表面高压区的敏感因素，在多数情况下，气蚀磨损率与速度的5～6次方成正比，因此在设计时应加以考虑。

(5) 其他因素。冲蚀颗粒对靶材的冲击角大小是一个重要因素，在设计时应考虑将塑性材料和脆性材料的冲击角度设计成不在最大冲蚀磨损的角度范围内；冲蚀颗粒的尺寸、尖锐程度、介质的工作压力等，也应在设计时加以考虑以控制冲蚀磨损。

在制造阶段，可通过如下表面处理工艺进行冲蚀磨损的控制：

(1) 表面机械硬化。通过冷作硬化效应提高的表面硬度对冲蚀磨损强度没有增强作用[10]。表7-2列出了若干材料的抗冲蚀磨损能力。

表7-2 在室温氮气中若干材料的相对冲蚀磨损因子[10]

材 料	制造方法	组 合	相对冲蚀磨损因子
99P	挤压烧结	$99Al_2O_3$(Krohn陶瓷公司)	12.49
ZRBSC-M	热压	ZrB_2-SiC-石墨(Norton公司)	6.36
铬铁	挤压烧结	联合碳化公司	2.44
K151A	挤压烧结	19镍粘结剂(Kennametal有限公司)	1.37
K162B	挤压烧结	25镍+6钼粘结剂	1.35
98D	挤压烧结	$98Al_2O_3$	1.29
Ti-6Al-4V	锻造		1.26
海纳(Haynes)93	锻造	17Cr-16Mo-6.3Co-3C-其余铁	1.25
Graph-Air	锻造	1.4C-1.9Mn-1.2Si-1.9Ni-1.5Mo-其余铁(Timken滚动轴承公司)	1.19
25Cr-Fe	铸造	25Cr-2Ni-2Mn-0.55Si-3.5C-其余铁	1.19
斯太利特6K	锻造	30Cr-4.5W-1.5Mo-1.7C-其余钴	1.08
斯太利特3	铸造	13Cr-12.5W-2.4C-其余钴	1.04
K90	挤压烧结	25粘结剂	1.01
斯太利特6B	锻造	30Cr-4.5W-1.5Mo-1.2C-其余钴	1.00
304不锈钢	锻造	17Cr-9Ni-2Mn-1Si-其余铁	1.00

(2) 其他表面处理。采用某些化学热处理技术可以提高表面的耐冲蚀磨损能力，比如对摩擦表面进行渗碳、渗氮和碳氮共渗及其复合处理等；采用表面淬火和表面合金化处理也能提高摩擦表面的硬度进而提升表面耐冲蚀磨损能力。

7.2.5 腐蚀磨损 (Corrosive wear)

7.2.5.1 概述 (Introduction)

腐蚀磨损是在摩擦作用促进下，摩擦副的一方或双方与中间介质或环境介质中的某些成分发生化学或电化学反应形成反应膜，反应膜不断地被磨掉，又不断地生成所构成的磨损称为腐蚀磨损。腐蚀磨损进一步可以分为氧化磨损和特殊介质腐蚀磨损两种基本类型。

除金、铂等少数金属外，大多数金属表面都被氧化膜覆盖着，纯净金属瞬间即与空气中的氧起反应而生成单分子层的氧化膜，且膜的厚度逐渐增长，增长的速度随时间以指数规律降低，当形成的氧化膜被磨掉以后，又很快形成新的氧化膜，可见，氧化磨损是由氧化和机械磨损两个作用相继进行的过程。同时应指出的是，一般情况下氧化膜能使金属表面免于粘着，氧化磨损一般要比粘着磨损缓慢，因而可以说氧化磨损能起到保护摩擦副的作用。在摩擦副与酸、碱、盐等特殊介质发生化学腐蚀的情况下而产生的磨损，称为殊殊介质腐蚀磨损。其磨损机理与氧化磨损相似，但磨损率较大，磨损痕迹较深。金属表面也可能与某些特殊介质起作用而生成耐磨性较好的保护膜。

7.2.5.2 影响腐蚀磨损的因素 (Influence factors on corrosive wear)

(1) 影响氧化磨损的主要因素。影响氧化磨损的主要因素有氧化膜与基体金属的连接强度、氧化速度、氧化膜的硬度与基体金属硬度的比值、表面润滑状态、滑动速度、载荷和周围介质的含氧量等。

脆性氧化膜与基体金属结合强度弱，氧化膜极易被磨掉，因而氧化磨损率较大。韧性高的氧化膜与基体金属结合强度高、氧化膜不易被磨掉，磨损率较低。当氧化膜的生成速度高于磨损率时，它们的磨损量小。当氧化膜的生成速度小于磨损率时，磨损率较大。载荷愈大，氧化磨损愈大。周围介质的含氧量愈高，氧化磨损愈大。

当氧化膜硬度比基体金属硬度高得多时，则由于载荷作用时两者变形不同，氧化膜容易破裂而脱落，此时磨损率较大。当氧化膜硬度与基体硬度相近时，则由于载荷作用时两者能同步变形，氧化膜不易脱落，因而磨损小。当氧化膜和基体的硬度都很高时，即使硬度值相差较大，但因载荷作用时变形小，氧化膜也不易脱落，耐磨性好。

润滑可以减小摩擦，并使摩擦表面与周围空气隔绝，因而减少氧化磨损。滑动速度对氧化磨损的影响较为复杂。当速度比较低时，氧化磨损量随滑动速度的升高而增加。当滑动速度较高时，氧化磨损量反而略微下降。而当滑动速度更高时，氧化磨损转化为粘着磨损，磨损量剧增。

(2) 影响介质腐蚀磨损的主要因素。影响介质腐蚀磨损的主要因素有介质的腐蚀性、温度、材料性质和润滑剂等。一般来说，介质的腐蚀性愈强、温度愈高，材料愈易与介质起反应，腐蚀磨损趋势愈大。润滑剂中的许多添加剂，通常对金属有腐蚀作用，因而加大了腐蚀磨损。

7.2.5.3 腐蚀磨损的控制 (Control of corrosive wear)

在设计阶段,可控制的因素包括:

(1) 材料的选择。只要没有导电性要求,可尽量采用陶瓷或塑料,避免采用金属材料[11];必须采用金属材料时,则尽量选择耐腐蚀性强的材料进行零件设计,比如不锈钢系列的材料;镍、铬、钛等金属在特殊介质中能生成结合力强、结构致密的钝化膜,可以防止腐蚀产生。钨、钼是抗高温腐蚀的金属,它们可以在500℃以上生成保护膜。碳化钨和碳化钛组成的硬质合金,其抗腐蚀能力都较高。

(2) 润滑方式和环境介质。采用合适的润滑可以使摩擦表面与周围的氧隔开,起到减少腐蚀磨损的作用。此外,润滑剂可以将摩擦产生的热量带走,降低摩擦表面的温度,减缓氧化速度。但需要指出的是,轴瓦材料中的铅和镉容易被润滑油生成的具有腐蚀性的有机酸所氧化,在材料设计时应加以注意。此外,润滑剂中的许多添加剂对金属有腐蚀作用,会加剧腐蚀磨损,这点也应在设计中加以考虑;环境介质的腐蚀性也是影响腐蚀磨损的重要因素,一般来说,介质的腐蚀性愈强、温度愈高,材料愈易与介质起反应,使腐蚀磨损加快,因此在设计中对介质的选择和温度的控制应加以考虑。

(3) 载荷与速度。载荷较高时,容易使产生的表面氧化膜磨去,使纯金属面暴露于环境介质中和氧发生充分接触,使腐蚀磨损升高。滑动速度升高时也使生成的表面膜易于磨掉,从而加速腐蚀磨损。因此,在设计时应考虑对载荷和滑动速度进行控制。

在制造阶段,可通过表面处理工艺抑制腐蚀磨损:对3Cr13进行电弧喷涂可使耐腐蚀性较原45钢锻造产品大大提高,寿命延长3倍[12];对钢材表面进行渗铬、渗钒、渗铌等扩散处理,可以在材料表面形成超硬碳化物层,提高了抗氧化磨损能力。

7.2.6 微动磨损 (Fretting wear)

7.2.6.1 概述 (Introduction)

微动磨损是指受压的配合表面在小幅振动下发生的磨损现象。由于多数机器在工作过程中都会产生振动,因此微动磨损也是一种十分常见的磨损形式。微动磨损发生的工况包括:各种连接件,如各种螺栓、铆钉、销连接和搭接;各种紧固机构和夹持机构,如内燃机车柴油机连杆与连杆大端紧配合的齿形结合面上产生微动疲劳裂纹、电缆在其夹持器边缘产生的微动磨损;各种配合如榫槽配合、花键配合、过盈配合、间隙配合、电接触部件等。

微动磨损是一种典型的复合式磨损,它由粘着磨损、腐蚀磨损、磨粒磨损和疲劳磨损等几种形式的磨损所组成。微动磨损可以分为微动腐蚀磨损和微动疲劳磨损两种。在磨损过程中,表面之间的化学反应起主要作用的微动磨损称为微动腐蚀磨损。直接与微动磨损相联系的疲劳磨损称为微动疲劳磨损。微动磨损发生的机理是:在载荷作用下,相互配合表面的接触微凸体产生塑性变形并发生粘着,当配合表面受外界小幅振动时,粘着点将发生剪切破坏,随后剪切面被逐渐氧化并发生氧化磨损,形成磨屑。由于表面紧密配合,磨屑不易排除,在结合面上起磨料作用,因而形成磨料磨损。裸露的金属接着又发生粘着、氧化、磨料磨损等,如此反复循环。微动磨损过程可以分为三个阶段:第一阶段是微凸体的粘着和转移,第二阶段是氧化磨损,第三阶段是磨料磨损和疲劳磨损。图7-7(a)反映了这一过程。在 OA 段,材料表面发生粘着磨损,在 AB 段时伴随发生磨料磨损,

CD 段进入稳定磨损过程，当稳定磨损积累到一定程度时，出现疲劳剥落，如图 7－7(b)所示。

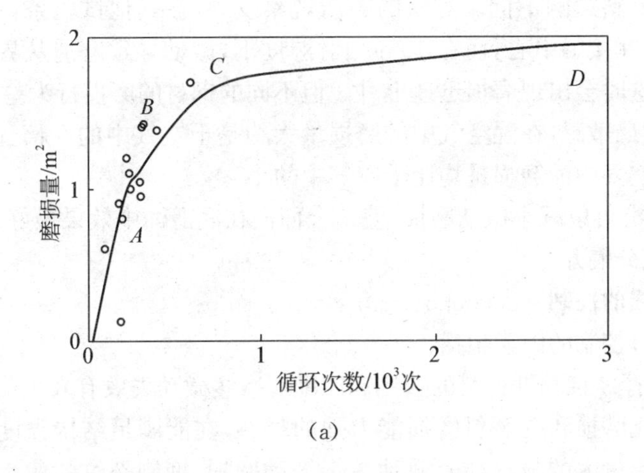

(a)

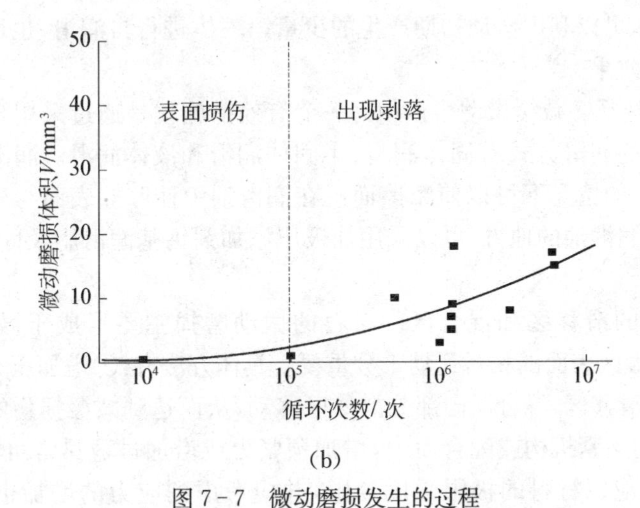

(b)

图 7－7　微动磨损发生的过程

(a) 微动磨损的不同阶段；(b) 从表面损伤到出现剥落的过程

7.2.6.2　影响微动磨损的因素 (Influence factors on fretting wear)

(1) 载荷的影响。载荷或结合面上的正压力对微动磨损有重要的影响。在同样的振幅和频率下，磨损量与正压力成抛物线关系。初始阶段微动磨损随压力增加而上升，随后因表面氧化膜的生成而下降。即存在使微动磨损率最大的载荷。

(2) 振幅、频率与循环次数的影响。微动磨损量随振幅的增加而增加，随循环次数的增加磨损量增加，而振动频率的增加使微动磨损量减小，到达一定程度后趋于稳定。

(3) 材料特性。由于微动磨损是由粘着、化学、磨料、疲劳磨损等形式构成的，所以影响上述几种形式磨损的因素都会影响到微动磨损。材料的硬度愈高，抗微动磨损能力愈强；脆性材料比塑性材料抗粘着磨损能力强；同一种金属或晶格类型、点阵常数、电化学性能、化学成分相近的金属或合金组成的摩擦副易发生粘着，也易造成微动磨损。

(4) 环境因素。介质的腐蚀性对微动磨损影响很大，氧气介质中的微动磨损比空气中大,空气中的微动磨损速率比真空、氮气、氢气以及氦气高。随温度的升高微动磨损量下降,对低碳钢只有达到530℃以上才会出现磨损量的突然上升。湿度对微动磨损的影响比较复杂,而且对不同的材料影响不同。对铁的磨屑观察发现,在其他试验条件相同时,干空气中产生的磨屑能保留在接触中心,而在10%相对湿度下,微动导致磨屑从界面分散,形成与金属直接接触,所以这时会出现磨损迅速上升。但不同的钢材的磨损行为差别很大,如9310齿轮钢对湿度的影响最敏感,在湿空气中的磨损量大约是干空气中的5倍,而几种轴承钢的表现与此相反,在湿空气中的磨损量均比干空气中的小。

(5) 润滑。润滑可以减小微动磨损,使结合面浸在润滑油中效果最好。因为润滑可以使表面与空气中的氧分隔开。

7.2.6.3 微动磨损的控制 (Control of fretting wear)

在设计阶段,可控制的因素包括:

(1) 材料的选择。接触副材料的选用和匹配对减缓微动失效有较大的作用。一般来说,抗粘着磨损、抗氧化磨损和抗磨料磨损能力强的材料,在能满足结构强度的条件下,选择其中柔性好、弹性变形量大的材料能有效地减轻微动磨损、抑制裂纹的萌生和扩展。此外,通过材料的合理选配,可以利用微动初期产生的少量第三体进行自润滑,也可以达到减缓接触材料进一步损伤的效果。

(2) 润滑方式选择。减缓微动磨损的另一个有效措施就是通过采用合理的润滑方式降低摩擦系数。常用的润滑方式有固体润滑、半固体润滑和液体润滑。润滑不仅可以减小摩擦系数,同时在可能的情况下可以使摩擦面浸在润滑油中使摩擦表面与外界空气中的氧气隔绝。在不便使用润滑油的地方,可以采用加极压添加剂钙基润滑脂及固体润滑剂(如石墨和二硫化钼)。

(3) 消除微动的滑移区和混合区。材料的微动磨损主要形成于微动滑移区和混合区[13],因此减小接触区表面的相对运动十分重要。具体方法有:①增加压力。法向压力的增加可以使微动区从滑移区、混合区向部分滑移区移动,从而达到减缓损伤的目的。诸如在螺栓固定机构、缆索的夹紧机构或配合面中,增加预紧力或增加过盈量常可以减少微动磨损。但法向压力的增加应以材料的极限强度为限,并应考虑到应力的增加也会增大裂纹萌生的危险性,在外界有疲劳载荷的情况下更应当心,因此两者应同时兼顾。②降低切向刚度。在接触配合处插入一个较母体为软的夹层,如橡胶垫片就能有效地降低相对滑移,减轻微动磨损,当然,夹层的强度和寿命是一个较为困难的问题,而且配合面能否允许使用垫片也要根据具体情况而定。③改变结构设计。通过对结构的改动,有时可以收到很好的减轻微动磨损的效果。其指导思想是:通过结构的改变可以改变接触区的压力分布、几何接触模式或接触面的刚度,从而改变微动运行区域,可以使相对运动处于部分滑移区。比如:改变缆索内部结构、改变夹紧方式、改变槽头的几何尺寸、改变轮廓配合中空心车轴等。

在表面处理方法中,可应用的技术:

(1) 表面机械硬化。通过喷丸、滚压等机械表面处理可以使表面硬度提高,并在表面形成残余压应力。大量微动磨损研究证明了表面的这种加工硬化可以减少裂纹的形成,阻止早期裂纹的扩展,可以提高表面疲劳强度。喷丸产生的粗糙表面织构有利于抵抗微动疲劳,同时也有利于储存润滑油[13]。喷丸有时可以和其他的一些表面技术共同使用效果更佳。比如离子渗硫前后分别进行喷丸处理的抗微动磨损效果很好，摩擦系数也很低[14]。

(2) 表面热处理与化学处理。表面热处理在表层获得马氏体组织，提高了表面硬度和强度，并产生表层残余压应力，有利于减缓微动磨损。化学热处理主要包括渗C和渗N[15]。扩散处理使钢件表面产生残余压应力，大大提高常规疲劳强度，但不一定能最大限度地提高抗微动磨损能力。氮化对微动疲劳的减缓作用明显高于渗碳。表面化学处理通常是指磷化、硫化和阳极氧化，可以使金属表面形成一层非金属涂层。硫化是最好的化学处理，抗微动磨损能力最好。磷化也具有较好的抗微动磨损性能。阳极氧化可以提高某些材料的抗微动磨损性能，但对微动疲劳没有什么影响。

(3) 电镀、热喷涂和气相沉积。对材料表面电镀 Ag, Cu, Zn, Sb, Pb, Ni, Cr 等金属涂层，可以使微动疲劳极限增大。工业中使用的镀 Zn 钢板可以提高抗微动损伤能力。高耐磨性的热喷涂有利于提高抗微动磨损的能力。比如对钛合金等离子喷涂 $Al_2O_3-TiO_2$, Co 基 WC, Cr_2O_3 和铝青铜等均可以提高抗微动损伤能力。气相沉积也是一种很有效的抗微动磨损方法。TiN 涂层可以有效提高抗微动磨损能力[13]。

(4) 高能密度处理。激光束淬火获得的马氏体组织比基体有更高的强度和硬度，从而提高微动磨损抗力。对纯钛表面进行等离子喷涂 NiCr 合金后再进行气体激光氮化，以及对 6061 铝合金表面进行激光合金化都可以大大提高抗微动磨损能力。离子注入使注入层形成压应力，可增加微动疲劳寿命。

7.3　金属材料磨损试验方法

(Testing methods for measuring the wear of metals)

7.3.1　试验方法分类 (Types of testing methods)

磨损试验方法可分为现场实物试验与实验室实验两类[9]。现场实物试验具有与实际情况一致或接近一致的特点，因此，试验结果的可靠性大。但这种试验所需时间长，且外界因素对试验的影响难以掌握和分析。而实验室实验虽然具有试验时间短、成本低，易于控制各种因素的影响等优点，但试验结果常不能直接反映实际情况，因此，研究重要机械的耐磨性时往往兼用这两种方法。

7.3.2　磨损试验机 (Wear testing machines)

摩擦磨损试验机的种类繁多，分类的方式各不相同，最具代表性的分类方法有前苏联 крагепbскид 的分类法和美国润滑工程师协会的分类法。前者是根据模拟摩擦面的破坏形式以查明各种影响因素，而将摩擦磨损试验机分为 8 种类型[16]。后者是根据摩擦副的几何形状，为便于在选定了摩擦副的形式之后去查找相应的试验装置和了解该装置的主要技术指标，而将试验机分为十二个大类[17]。为了便于采用设计方法学原理对试验机进行设计，可按摩擦系统的结构和摩擦副的相对运动形式对摩擦磨损试验机进行分类[18]，这种方法将摩擦磨损试验机分成五大类：

第一类是固体-固体摩擦磨损试验机(见表 7-3)。

表 7-3 固体-固体摩擦磨损试验机

摩擦元素	固体-固体(润滑剂)				
	单项滑动	往复滑动	旋转滑动(含润滑)	冲击	微动
相对运动形式	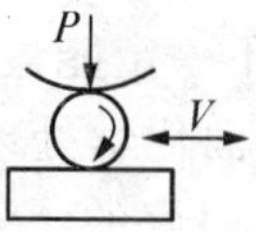	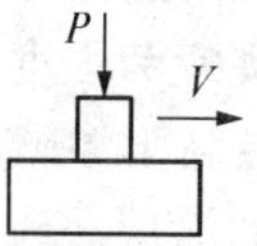	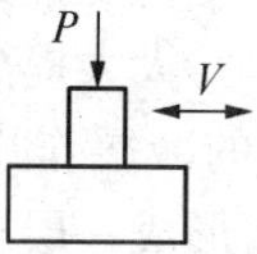	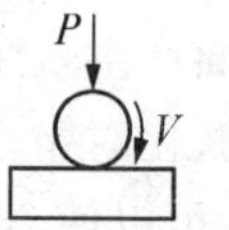	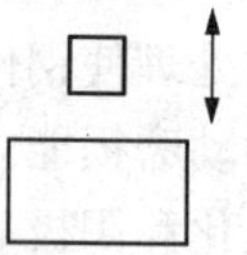
磨损类型	滑动磨损 粘着磨损 磨粒磨损	滑动磨损 粘着磨损 磨粒磨损	旋转滑动磨损 粘着磨损 磨粒磨损	冲击磨损 粘着磨损 磨粒磨损	微动磨损 粘着磨损 磨粒磨损
磨损机制	表面疲劳磨损 摩擦化学磨损	表面疲劳磨损 摩擦化学磨损	表面疲劳磨损 摩擦化学磨损	表面疲劳磨损 摩擦化学磨损	表面疲劳磨损 摩擦化学磨损
特殊功能要求	相对单项滑动	相对往复滑动	相对旋转滑动	相对冲击	微动
试验机类型	摩擦磨损试验机	往复滑动摩擦磨损试验机	旋转滑动摩擦磨损试验机	冲击磨损试验机	微动摩擦磨损试验机
试验机举例	动摩擦系数机密测定装置(日本)	RFT-Ⅱ型往复摩擦试验机(日本)	AMSLER 试验机(瑞士)Timkon试验机(美国)	冲击磨损试验机(美国)	SRV型标准化微动摩擦磨损测试机(德国)

这类试验机根据摩擦副的运动形态又分为五小类,即单向滑动、往复滑动、旋转滑动(含滚滑)、冲击和微动摩擦磨损试验机(根据需要可以在摩擦元素间加或不加润滑剂)。每一小类试验机的摩擦副形式又有很多种,因为它们又各包含有多种形式的试验机。可以认为,大部分摩擦磨损试验机种都属于这一大类,它们可以重现粘着磨损、磨粒磨损、表面疲劳磨损和摩擦化学磨损。从设计的角度来看,这一大类试验机体现了摩擦磨损试验机的基本结构特点。

根据试件的磨损特性和运动特性可以将其分为三小类,即三体磨粒磨损、二体磨粒磨损和动载磨粒磨损试验机。与第一类试验机相比,三体磨粒磨损试验机要在摩擦副的摩擦面上加磨粒。固定磨粒磨损试验机的摩擦副一方面是固定磨粒(一般都是采用砂布盘),另一方面则可以设计成各种不同形式,其特例是研究单个磨粒磨损的试验机。在这一小类试验机中,摩擦副多为销—盘式(转动)或销—板式(往复运动)。为了防止偏磨,销设计成能够自旋,但是摩擦路迹一般不重复。自由磨粒磨损试验机可以设计成试件运动、磨粒运动和试件与磨粒同时运动等 3 种形式。

第二类固体-固体加磨粒(或固体-磨粒)的试验机,统称为磨粒磨损试验机。

第三类固体-液体加磨粒(或固体-液体)试验机(见表 7-4)。

该类试验机的最大特点是使含磨粒(或不含磨粒)的液体冲刷固体表面,因而其关键是要在试件表面形成具有一定流速的液流,通常利用泵、势能和离心力来实现。从相对运动的原理出发,也可以让试件相对于液体运动。液流和试件形成的冲击角是一个重要参数,通常要求可调。

第四类是固体-气体加磨粒的试验机(见表 7-4)。

表7-4 第三、四、五类摩擦磨损试验机

摩擦元素	固体-液体（加磨粒）	固体-气体（加磨粒）	其　他		
相对运动形式	冲刷	冲刷	滑动	滑动	冲击
磨损类型	侵蚀磨损	喷射磨损		高温或低温磨损	变载荷磨损
磨损机制	磨粒磨损	磨粒磨损			表面疲劳磨损
特殊功能要求	含或不含磨粒液体冲刷固体表面	含磨粒的气流冲刷固体表面	试验机气氛可控（例如真空等）	摩擦副加热至高温（或制冷到低温）	载荷随摩擦行程变化并可改变其变化规律
试验机类型	液流磨损试验机	气流磨粒磨损试验机	可控气氛摩擦磨损试验机	高温或低温摩擦磨损试验机	控载荷摩擦磨损试验机
试验机举例	液流磨粒磨损试验机（国产）	喷砂试验机（国产）	超真空摩擦试验机（国产）	Hcaan6型摩擦磨损试验机（美国）	

其功能是使含磨粒的气流去冲刷固体表面。作为这类试验机的特例是单颗磨粒冲击装置。这种试验机有以下三种形式：

(1) 供气系统加磨粒加喷咀加试件；

(2) 高速运动的试件加供给的磨粒。这种试验机一般都要抽真空，以避免转子旋转时所产生的空气动力学现象对磨粒的影响；

(3) 利用离心力抛出磨粒。对于这类试验机来说，磨粒向试件的冲击角也是一个重要参数，同样要求可调。

第五类是除了以上所述之外的特殊磨粒磨损试验机（见表7-4）。

可控载荷、可控气氛、高温或低温磨损试验机均可归入此类。这类试验机在摩擦过程中摩擦元素所受的载荷时有变化。可控气氛摩擦磨损试验机有抽真空、通入或不通入特种气体和控制或不控制湿度等特殊要求。密封问题对这类试验机而言十分重要，非接触式传动——磁力传动在这类试验机上也得到了应用。高温或低温摩擦磨损试验机要求在高温或低温下工作，因而需要考虑高温隔热和低温防护，其选材也要能够满足高温或低温要求。

7.3.3 耐磨性及磨损率的测量方法 (Abrasion resistance and the measurement methods for wear rate)

7.3.3.1 耐磨性 (Abrasion resistance)

耐磨性是材料抵抗磨损的性能，由上述各类磨损过程来看，可以认为材料的磨损主要是一个力学过程，是断裂的一种形式。但是，由于磨损与摩擦副材料、接触形式、应力大小、环境介质和温度都有关系，因此，磨损又不是一个简单的力学过程。材料的耐磨性实际上是一个系统性质。迄今为止，还没有一个统一的意义明确的耐磨性指标。通常是用磨损量来表示材料的耐磨性；磨损量愈小，耐磨性愈高。磨损量既可用试样摩擦表面法线方向的尺寸减小来表示，也可用试样体积或质量损失来表示。前者称为线磨损，后者称为体积磨损或质量磨损。若测量单位摩擦距离、单位压力下的磨损量，则称为比磨损量。为了和通常的概念一致，有时还用磨损量的倒数来表征材料的耐磨性[9]。

磨损计算是建立在固体表面接触理论基础上的。实践表明:材料的弹性性能、零件的运转状态、外界条件以及摩擦副的设计等因素对磨损也有影响。磨损过程的定量计算是一个复杂而困难的问题。现仅以翟玉生等编著的《应用摩擦学》著作中的部分内容加以说明。以线磨损率为例,通常表示为

$$I_{\mathrm{k}} = \frac{V_L}{A_{\mathrm{a}} L} = \frac{W_{\mathrm{h}}}{L} \tag{7-1}$$

式中,I_{k}——线磨损率;

L——滑动距离;

V_L——滑动距离为 L 时的磨损体积;

A_{a}——名义接触面积;

W_{h}——线磨损率。

但任何机器的配合表面上大都具有经过磨合的再生的最佳表面粗糙度。由此,可以得到工程磨损计算公式:

$$I_{\mathrm{k}} = K_2 \alpha K_{\mathrm{ty}} p^{1+\frac{t_y}{2\nu+1}} E^{\frac{2\nu t_y}{2\nu+1}-1} \Delta^{\frac{\nu t_y}{2\nu+1}} \left(\frac{k f_{\mathrm{m}}}{\sigma_0}\right)^{t_y} \tag{7-2}$$

式中,$k_2 = 0.5^{t_y-1-\frac{1}{2\nu}} \cdot 2^{\frac{1}{2\nu}} \cdot k_1$;

$k_1 \approx 0.2$;

$\alpha = A_{\mathrm{a}}/A_{\mathrm{f}}$——重叠系数;

t_y——弹性接触时摩擦疲劳曲线的指数;

ν——支承面曲线参数;

E——弹性模量;

K_{ty}——考虑接触点载荷不稳定以及疲劳因素的参数;

f_{m}——考虑分子作用组成的摩擦系数;

Δ——表面粗糙度参数;

P——名义比压,$\Delta = \frac{R_{\max}}{r b^{1/\nu}}$;

σ_0——摩擦疲劳极限。

7.3.3.2 耐磨性的影响因素 (Influence factors on abrasion resistance)

因为润滑条件和作用是有限的,在许多情况下总会出现摩擦面之间金属和金属的接触;其次,在有些条件下又不适宜于采用润滑油;有时,出于经济上的原因,又不宜于采用复杂的润滑系统,所以深入研究材料表面的耐磨性是非常必要的。本节主要介绍硬度与韧性、晶体结构及其互溶性和温度对耐磨性的影响。

1) 硬度与韧性

影响材料磨损的机械性能有硬度、韧性等。通常认为,材料的耐磨性可以由材料的硬度来衡量。这主要是因为材料的硬度反映了材料表面抵抗过应力的能力。此外,硬度试验方法可以用来近似确定表层材料的强度,判断材料的耐磨性也比较方便。从这个意义上讲,常常认为导致材料硬度高的金属组织,一般也能提高材料的耐磨性。但是对硬度的要求和选择,除了要满足耐磨性的要求以外,还应考虑所选硬度值是否和负载条件相适应。如锻模的

模腔经表面处理强化可明显提高耐磨性，但是表面强化又可能导致表面材料的断裂韧性下降，在冲击条件下，在模腔的转角处易出现开裂现象。其次，硬度大小还不能完全作为比较耐磨性的前提条件，这是因为其成分和组织还有差别，某些材料不适应这种磨损条件。又如，某些耐磨粒磨损的零件，要选用白口铸铁和高锰钢；而齿轮则要采用调制钢表面强化或者采用渗碳钢。再如，火车车轮沿铁轨曲线通过时，轮缘处于大气中无润滑的重载滚动条件下工作。车轮材料的组织是铁素体和珠光体，其磨损主要由于材料塑性流变的结果。在这种特定情况下，耐磨性和材料的拉伸做功大小有关。不同钢种，在退火状态下，其磨损率和硬度之间的关系和纯金属一样成线性关系。但是经淬火回火后，磨损率和硬度之间就出现了不同的比例系数。对任何一种钢，其磨损率随其硬度上升而减少，但并不因其淬火回火后硬度的增加成比例地减少。所以，在使用硬度值大小来判断材料的耐磨性时必须充分考虑金属组织的影响以及磨损的具体形式。

在滑动摩擦条件下已经找到了材料硬度和作用在材料表面的名义压力大小与磨损率的关系。通常认为，名义压力大于材料硬度的某一百分数时，许多金属由轻微磨损向严重磨损转变。对于大多数金属来讲，当压强大于材料硬度的 1/3 时，就发生由轻微磨损向严重磨损的转变。为了避免严重磨损，就应该提高材料表面的硬度，或者减低表面的接触强度。金属由轻微磨损向严重磨损的转变可能是由于接触部位产生严重塑性变形而引起的。在轻载时，显微凸起端部接触产生的塑性区较小，相邻显微凸起端部接触产生的塑性区是独立的，但在重载下，塑性区则较大且相互作用，所以产生严重塑性变形，而导致粘着的急剧增加和磨损率的急剧上升。

但对某些材料而言，韧性是控制其磨损抗力的主要因素，如 Kim 等人[19]对中碳钢的研究结果就证明了这一点。此外，对于多相材料而言，韧性的影响涉及到材料间的匹配。当摩擦副由硬度适当的韧性材料组成时(如 Al、Cu、Ni、Fe)，在磨损作用下材料的塑性变形严重。由于磨损表面粗糙度较大，且表面的保护层易于剥落，此时大的塑性变形量将导致磨损率增加。若在韧性基底上嵌入硬质增强相可以降低基体材料韧性，从而提高基体材料的抗磨损性能。当摩擦副由脆性材料构成时(如 Al_2O_3、Si_3N_4、SiC)，材料磨损处易于发生脆性断裂，导致磨损率增加。在脆性基体材料中嵌入软的增强相将提高脆性材料的韧性，从而降低基体材料的磨损率[20]。图 7-8(a)是 SiC 颗粒尺寸与体积分数对 Ni 基体磨损性能的影响，这是硬质相增强韧性基体的例子。由图可见，当 SiC 的体积分数为 10%时，基体的磨损率降低了近一半。图 7-8(b)是软的共晶 HfO_2 - Al_2O_3 的体积分数和硬度对磨损率的影响，这是软的第二相材料增韧性基体的例子。可见，硬度较低的共晶相成分为 10%时，基体的磨损率降低了近一半。

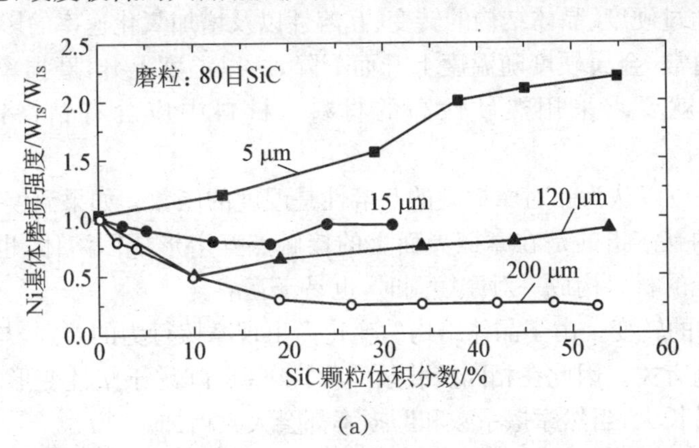

(a)

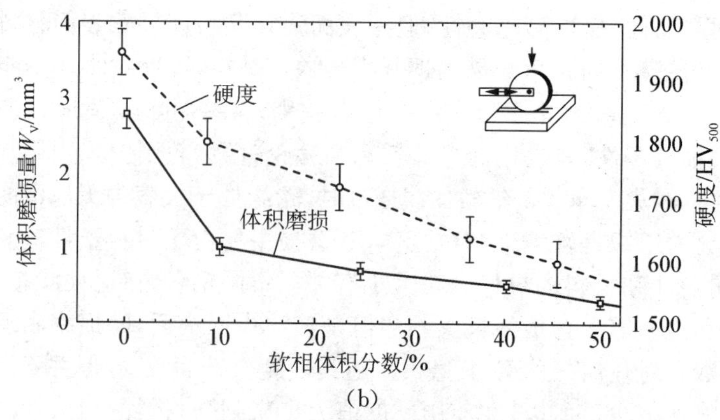

(b)

图 7-8　增强相对基体磨粒磨损性能的影响[21]

(a) SiC 增强 Ni 基体, (b) HfO_2 合金化氧化铝

2) 晶体结构和晶体的互溶性

密排六方点阵金属材料即使摩擦面非常干净,其摩擦系数仍为 0.2～0.4,磨损率也较低。钴就是这种典型的材料。钴可以作为硬度高的耐磨合金的重要组成元素,特别是近年来在许多尖端技术领域得到广泛应用,如宇宙飞船的舱门铰链以及核反应堆内部不可接近部位的摩擦偶件,既要求材料强度高,又要求在完全净化的条件下可靠运行,钴具备这种性能。石墨是六方层状结构,沿片层分布的碳原子的间距为 1.42 Å,原子间是强的共价键结合,片层间的间距为 3.40 Å,片层间的吸引力较小,片层的表面能比其余晶面的表面能低。整个石墨晶体为各向异性结构。这种结构在剪切力作用下很快取向而且剪切滑动总是沿基面进行,所以石墨的摩擦系数小,磨损率低。不过需要指出的是,如果在 10^{-10} 托真空条件下,石墨的摩擦系数较高,约为 0.5;在大气条件下,由于石墨表面吸附了水分子,所以摩擦系数可下降到 0.2。

此外,试验研究表明,冶金上互溶性差的一对金属摩擦副可以获得低摩擦系数,降低磨损率。所谓金属互溶性可以从金属学中两元平衡图加以判断。如和钢形成一对摩擦副的材料在铁中的溶解度很小,或者这个材料为一种金属间化合物,那么这一对摩擦副表面的耐磨性就比较好。当然,也有例外,如钙和钡在铁中是不溶解的,但是和钢形成摩擦副的抗粘着性能就差,而钢和镉却不是这样。

3) 温度

温度主要是通过硬度、晶体结构的转变、互溶性以及增加氧化速率的影响起作用。

(1) 硬度。通常,金属硬度随温度上升而下降,所以温度上升,磨损率增加。有些摩擦零件如高温轴承就要求采用热硬性高的材料。材料中应含有钴、铬、钼和钨等合金元素。

(2) 互溶性。可以认为一对摩擦副的互溶性是温度的函数。如果温度上升,则材料易于互溶。这里所讲的互溶指的是在摩擦界面上的接触点互溶形成固溶体,也就是通常讲的咬合。再结晶温度低的材料构成一对摩擦副时,也易于互溶。

(3) 晶体结构的转变。由于晶体结构的变化而出现摩擦行为的差别,与不同晶体结构的不同塑性变形机制有关。因此在相同负载条件下,某些点阵易于塑性变形时,摩擦面上的粘着点会增多且容易长大,当然摩擦系数和磨损率都会大大增加。

(4) 氧化速率。由于温度上升对增加氧化速率起着促进的作用,而且对生成氧化物的种类有显著的影响,所以对摩擦和磨损性能也有重要作用。

7.3.3.3　磨损量的测量方法 (Wear measurement methods)

精确而可靠地测定磨损试验的结果,是获得材料耐磨性准确信息的保证,也是评定耐磨性的依据。首先,必须根据实际零件的使用情况和工作条件来选择便于模拟的磨损试验装置。然后,再来确定适当的测定磨损量的仪器、工具和评定方法。

目前,对磨损量的测定方法主要有:失重法、尺寸变化法、形貌测定法、刻痕测定法以及放射性同位素测定法等[22]。

在一些宏观的或磨损量较大的磨损过程中(如磨料磨损),大多采用失重法。而在某些情况下,磨损零件往往只是在局部位置产生较大的尺寸变化,因而采用失重法不易反映局部严重磨损的特征。这时,可以采用在预定部位测量磨损尺寸的变化或其他方法来评定磨损的结果。

(1) 失重法。这种方法比较简单,它较广泛地适用于各种高、低精度磨损量的测定。但要注意称量前试样的清洗和干燥以及合适的称量天平的选择。一般,对于中等硬度的材料可以选用万分之一的天平。对于某些产生不均匀磨损或局部严重磨损的零件,以及在磨损过程中发生粘着转移时,失重法就不够准确。

对密度相差较大的材料比较磨损量时,一般可采用将磨损失重换算成体积变化量来评定磨损结果。

(2) 尺寸变化测定法。采用普通的测微卡尺或螺旋测微仪,可以很方便而精确地测出零件某个部位磨损尺寸(长度、厚度或直径)的变化量。例如,内燃机缸套主要是测定其内径的磨损量;拖拉机履带板主要是测其销孔、跑道和节销部位尺寸的变化。这里的关键在于前后多次测量位置的一致性。所以,一般需要标明或确定测定位置或预先选定不产生磨损的基准面。由于实际零件形状比较复杂,有的表面比较粗糙或根本找不到理想的基准位置,这时可能需要制造专门的夹具以达到精确测量的目的。

对某些可拆卸的零件如齿轮等,还可以通过投影仪等专门仪器来精确测量其形状和尺寸的变化量。

(3) 表面形貌测定法。利用触针式表面形貌测量仪可以测出磨损前后表面粗糙度的变化。这种方法可以全面地评价磨损表面的特征,但它不易定量地估计出零件或试样的磨损值。这种方法主要适用于磨损量非常小的超硬材料(如陶瓷、硬涂层)磨损或轻微磨损的情况。

(4) 刻痕法。这种方法主要是测量预制刻痕尺寸在磨损后的变化。一般用专门的金刚石在经受磨损的零件或试样表面上预先刻上压痕,然后测量磨损前后刻痕尺寸的变化,以确定其磨损量。这种方法的优点是零件经短期使用就可确定其磨损量,精确度较高。同时,它还能测定不同部位磨损的分布,且不受零件变形的影响。这种方法可方便地使用于测定气缸套和机床导轨的磨损。国内已试制出 WDA＃2 型静态磨损测试仪。据报道,其测量精确度绝对误差可达 0.45 μm。另外,还可采用干涉显微镜,利用磨损表面产生的干涉条纹测出磨痕的高度差,以确定磨损量。

(5) 同位素测定方法。这种测量方法和通常的磨损试验方法不同,它所测量的是磨损产物在单位时间内原子的衰变数。只要有足够的放射性,极微量的磨屑中也可显示可观的原子衰变数而被探测仪器测定出来。这种方法的优点是：

● 灵敏度和精确度高；

● 可对磨损过程连续测定而无需拆卸被测试样；

● 如果在摩擦副中分别引入不同的同位素，可以同时测出两个摩擦表面各自的磨损量及其变化，这是其他方法所不能实现的。

其缺点是：必须采用适当的安全措施，因此多限于实验室应用。目前，主要有三种测量方法：

● 用放射性计数器或自照相技术测量转移的金属量；

● 测量从零件或试样上磨下来的磨屑的放射性强度；

● 测量零件或试样的磨损表面产生的放射性递降值。

最近，国内报道了利用放射性同位素研究喷油嘴精密偶件的磨损研究。这种方法是将试样事先放进反应堆中，用中子轰击并使其具有放射性，然后测量试样 Fe^{59} 的 β 射线。10^{-7} g的 Fe 相当于约 7 脉冲/min，然后，根据一定的公式计算出它的磨损量，求出磨损率和跑合时间。

对于磨损试验结果的测量同样可以通过对收集到的磨屑进行称量和分析，以此来定性和定量地评定磨损的速率。

近年来对磨屑的分析，铁谱方法应用比较广泛。铁谱技术是利用高梯度磁场分析磁性磨屑的原理而发展起来的。到 1972 年已开始用来对机器运转状态进行监控。目前，国内已研制成功 FTP♯1 型铁谱仪，并对内燃机传动系统的磨损状态进行了监控分析。

表 7－5 列出了几种磨损结果测定方法的比较及应用范围。

表 7－5　磨损结果的测定方法比较及应用范围

测定方法	仪　器	数据来源	仪器灵敏度	特　点	应用
失重法(体积法)	化学天平	平均值	10^{-3} g	仔细清洗、保持干燥，操作要小心	试样
测定尺寸变化法	卡尺 测微仪 气动传感器 光学干涉仪	平均 平均 局部 局部	10^{-4} mm 10^{-6} mm	操作简单 安装要小心 测定比较困难	零件 试样
形貌测定法	表面粗糙度仪	局部 (平均)	10^{-3} mm	测定的是绝对值	零件试样
放射性同位素测定法	计数器 照相	平均 分布	10^{-8}～10^{-7} g 10^{-12} g	连续记录，敏感，对人体有损，需采用保护装置	试样 微型零件
刻痕测定法	显微镜 硬度计	局部	10^{-4} mm	沿压痕深度测量	零件试样

7.4　非金属材料的磨损性能

(Wear properties of non-metallic materials)

7.4.1　陶瓷材料的磨损及机理 (Wear of ceramics and its mechanisms)

通常的陶瓷磨损有两种形式,即粘着磨损与磨粒磨损。通常在大气或者润滑的条件下,陶瓷材料的粘着磨损率是非常低的,如氧化铝陶瓷即是如此。这种材料优良的耐磨性使它能在要求极小磨损的机械上得到很广泛的应用。当两个表面接触时,如果其中之一的硬度显著低于另一方时,将发生磨粒磨损[23]。

(1) 陶瓷材料磨损的各向异性。与金属相似,不论氧化物陶瓷或非氧化物陶瓷,其磨损性能也具有各向异性。图 7-9 所示即为氧化物陶瓷磨损各向异性的例子。当金属铁在 Al_2O_3 蓝宝石表面上滑动时,表面与其面的夹角以 θ 表示,图 7-10 表示磨损率与 θ 角之间的关系。从中可以看到,在 Fe 沿着基面台阶进行滑动(A 方向)比逆基面台阶滑动具有较高的磨损率,而且磨损率随 θ 而变化的幅度是顺台阶比逆台阶方向变化要大。这种台阶效应在金属材料中还从未发现过。

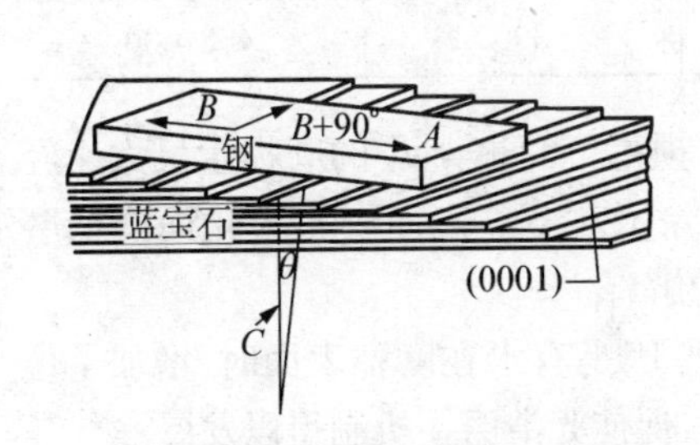

图 7-9　Fe-Al_2O_3 滑动示意图

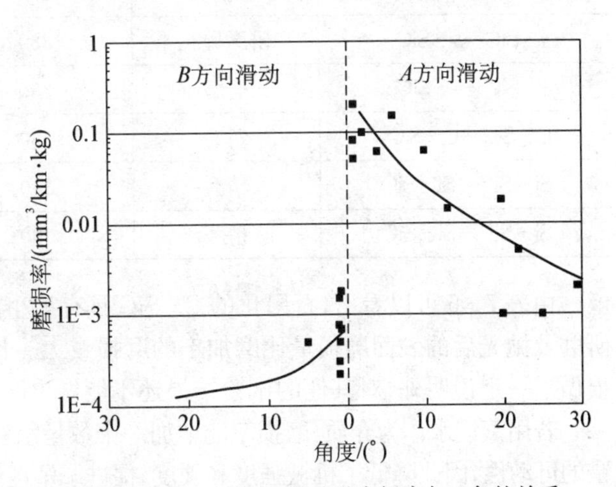

图 7-10　Fe-Al_2O_3 滑动时磨损率与 θ 角的关系

对于非氧化物陶瓷,例如用顶部曲率半径为 0.02 mm 的金刚石球形压头在碳化硅表面上进行相对滑动,当载荷为 30～40 g 时,碳化硅表面由于塑性变形而形成变形沟槽,并在较大载荷下,可能在表面引发裂纹。如当载荷为 40 g 时,可以看到两种类型的裂纹:一种是沿磨损沟槽垂直于滑动方向向下传播的微小裂纹,这种微小裂纹是沿$\{10\bar{1}0\}$解理面进行的;第二种类型的裂纹主要是分布在磨损沟槽的两边向外沿$\{10\bar{1}0\}$晶面传播的。因此,SiC 表面裂纹的出现均与在$\{10\bar{1}0\}$晶面上因载荷作用而引起解理断裂有关。

(2) 陶瓷材料的滑动磨损。关于陶瓷材料的滑动磨损已有不少试验研究。可用 K_D 表示无量纲磨损系数,即 $K_D=(3H\cdot V)/(L\cdot X)$。式中,$H$ 为表面硬度,V 为磨损体积,X 为滑动距离,L 为法向载荷。

对 Al_2O_3 陶瓷与钢在干摩擦情况下进行的环块磨损试验表明:在不同速度及不同载荷

下，磨损体积随载荷增加而增加，但却随滑动速度增加而减少。其原因首先是由于滑动速度的增加引起摩擦温度上升，使 Al_2O_3 软化，因而减少了断裂；其次是作为磨粒的氧化物粒子发生软化，对减少磨损也起了作用。

Fischer 等用销盘试验机对韧性和脆性 ZrO_2 在多种环境下的磨损性能进行了研究[24]。韧性 ZrO_2 是含有 3%克分子浓度的 Y_2O_3 的正方相，脆性 ZrO_2 是含 5.5%克分子浓度的 Y_2O_3 的立方相。试验环境包括大气、干燥的空气、十六烷、含有 0.5%质量浓度的硬脂酸的十六烷以及水等。试验结果表明：磨损率随滑动距离增加而减少。脆性 ZrO_2 的磨损率在 $10^{-5} \sim 3\times10^{-4}$ $mm^3/N\cdot m$ 范围，而韧性 ZrO_2 则在 $10^{-7} \sim 10^{-6}$ $mm^3/N\cdot m$ 范围内。不同环境对磨损率的影响可能与应力分布及摩擦化学有关，其真正的原因还不能做满意的解释。Breval 等[25]对 α - SiC 陶瓷的磨损性能进行了研究。他们将不同粗糙度的 α - SiC 和经过石墨化的 C - SiC 及硅化的 Si - SiC 相互配对，进行磨损试验，结果示于表 7 - 6 中。

表 7 - 6　碳化硅陶瓷磨损数据

摩擦副	加工状态	磨损体积/mm^3		滑动循环周数
		上试样	下试样	
α - SiC—α - SiC	粗磨	130	150	864,000
α - SiC—α - SiC	精磨	160	100	576,000
α - SiC—α - SiC	研磨抛光	280	290	468,000
α - SiC—α - SiC	研磨	260	160	152,000
C - SiC—C - SiC	精磨	130	80	468,000
Si - SiC—Si - SiC	精磨	390	440	468,000
Si - SiC—Si - SiC	精磨	390	390	468,000

由表 7 - 6 可以看出，石墨化的 C - SiC 具有最小内磨损量，而 Si - SiC 的磨损量最大。经研磨及抛光后的表面磨损量比磨加工的磨损量大。作者除了对 SiC 表面因石墨化而降低磨损做了一定说明外，对其他的试验结果还不能做出明确的解释。

若用蒸馏水作为介质，磨损率能增加一个数量级。其原因是有水在陶瓷表面时，增加了位错的可动性，因此降低了机械强度和硬度，促进了塑性流动，促使光滑磨损机制得以发展。

(3) 陶瓷基复合材料的磨损(Wear of ceramic matrix composite)。目前关于陶瓷基复合材料的摩擦学研究大体分为两类，一类是 SiC 基复合材料，另一类是 Al_2O_3 基复合材料。对三维 C/SiC 陶瓷基复合材料的摩擦学性能的研究表明[26]：C/SiC 复合材料表现出非常优异的摩擦磨损性能，摩擦系数变化规律呈典型的马鞍状，平均摩擦系数为0.34，摩擦性能稳定，磨损率低；摩擦性能几乎不受湿度的影响，湿态衰减仅为2.9%；在摩擦磨损过程中，C/SiC 复合材料的表面能够形成连续稳定的摩擦面，并存在明显的磨粒磨损方式。采用化学气相渗透法制备碳纤维增强碳化硅(C/C - SiC)陶瓷基复合材料，可得到不同密度和组分含量的 C/C - SiC 刹车盘试样。研究表明：C/C - SiC 复合材料摩擦系数对制动次数不敏感，具有良好的摩擦稳定性。在 SiC 含量较低时，C/C - SiC 摩擦系数较高[27]。

对 Al_2O_3 及 Al_2O_3 基陶瓷复合材料的摩擦学性能的研究发现[28]：在 Al_2O_3 中添加 TiO_2 及 Cu 等增韧相都能不同程度地提高 Al_2O_3 的耐磨性。在 Al_2O_3 中添加质量分数为 13%的

TiO_2 能明显降低材料的硬度，提高材料的韧性，从而提高耐磨性，但是如果继续提高 TiO_2 含量到40%，耐磨性相对于 Al_2O_3－13% TiO_2 基复合材料反而变低。在此基础上，如果向 Al_2O_3－40% TiO_2 中加入13%的Cu，耐磨性又会提高，如图7－11所示。

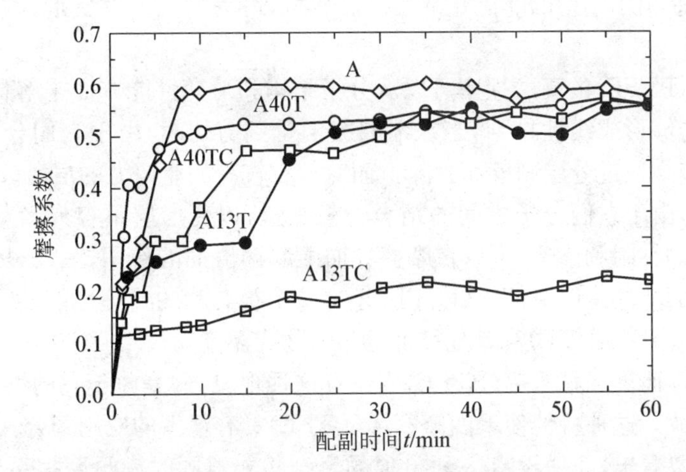

A—Al_2O_3，A13T—Al_2O_3＋13% TiO_2，A13TC—Al_2O_3＋13% TiO_2＋13%Cu，
A40T—Al_2O_3＋40% TiO_2，A40TC—Al_2O_3＋40% TiO_2＋13%Cu

图7－11　不同涂层与 Al_2O_3＋TiO_2（40wt/%）配副时的磨损率与摩擦因数

Srivastar等人[29]研究了 MoS_2 在 Al_2O_3 涂层中的摩擦学作用，结果表明：通过减小犁沟和塑性变形的作用，Al_2O_3－MoS_2 复合涂层降低了未涂层金属的磨损量。涂层移走和破坏以后，磨损量突然增加。在涂层中添加 MoS_2，可减慢 Al_2O_3 基体中的裂纹扩展，从而延迟涂层的破坏。MoS_2 在 Al_2O_3 涂层中的重量百分比为40%时耐磨性最好，其磨损量比 Al_2O_3 涂层降低了9倍。可见，在陶瓷基体中加入一些增韧相能够明显提高陶瓷材料的耐磨性。

7.4.2　高分子材料的磨损及机理（Wear of polymers and its mechanisms）

聚合物材料的磨损和其他材料一样，涉及几种引起材料磨损的机理，如平面滑动磨损，磨粒磨损和冲蚀等[24]。对于平面滑动及磨粒磨损机理引起的磨损率可采用Archard定律表示：

$$\dot{W} = K_1 \frac{f}{H} = K \frac{A}{A_0} \tag{7-3}$$

说明无量纲的磨损率是与有效的实际接触面积 A 成正比关系，f 代表压应力，磨损系数 K 则由磨损物质的去除机理所决定。如果去除机理相同，则它是一个常数，并与硬度无关。

在聚合物中物质的去除机理及其磨损系数 K 可以在很大的范围内发生变化。如将聚合物与金属进行比较，由于前者的硬度很低，因此其磨损率常高于普通金属。如果将不同的聚合物进行比较，则会发现当摩擦力较低时，其磨损率也应相应较低。但聚四氟乙烯（PTFE）和尼龙（PA）与这个规律相矛盾，前者具有最低的表面能及最低的摩擦系数，但却表现出较高的磨损率，而后者具有较高的摩擦系数却表现出很小的磨损率，至少在熔点以下的试验温度范围内是如此。从这些试验中可知，具有低表面能的材料其分子之间的结合强度也较弱，因而在不大的摩擦力作用下，也容易发生磨损。聚合物的这种摩擦和磨损相对立的特性限制了它们的实际应用。因此寻找合适分子结构的聚合物，使其摩擦和磨损都减到最小，是一个很复杂的问题。

至于半晶化聚丙烯(PP)的磨粒磨损，其摩擦系数随无机混合量的增加而上升，但其磨损率也降低了。这是出于结构的非晶化部分硬度较低，容易发生塑性变形，因此分子去除的几率降低了。

聚四氟乙烯(PTFE)的高磨损率可以从分子结构和形变性能方面来解释：在中等温度范围内，刚性分子能够形成线性排列，当在滑移方向受到剪切时，由于它们分子间的结合力很弱，因此材料很容易通过分层剥落而去除。而对于有较高的摩擦力的尼龙(PA)，可以在表面形成一个变形层，由于它们分子之间的结合力较强，所以变形层不容易剥落，并且由于水分子在尼龙表面上的粘附和渗透，可以在摩擦界面上起润滑剂的作用，因此显示了较高的磨损抗力。具有低表面能的聚四氟乙烯(PTFE)还有一个很有利的物理性能，即它具有较高的熔点。当尼龙(PA)、聚乙烯(PE)和其他类似的聚合物在温度超过100℃以后，其摩擦系数和磨损量均显著增加。而聚四氟乙烯(PTFE)则没有这种现象，这是由于它的熔点要比大多数聚合物高得多的缘故。这种特性使聚四氟乙烯(PTFE)具有很多的应用场合。

综上所述可以看出，几乎没有一种单独的聚合物能够同时满足摩擦系数低而磨损率又小的要求。如果在一个较大的温度范围内要求具有低的摩擦系数，而其磨损抗力可以忽略的话，聚四氟乙烯(PTFE)将是最好的选择。如在室温下使用，低的磨损率是主要的要求，而摩擦系数的大小无所谓的话，最合适应用的是尼龙(PA)。

在很多应用场合，常需要摩擦与磨损两方面性能具有最佳的结合。然而这是比较困难的。近来，发展了一种高密度聚乙烯(HDPE)材料，它的对称分子结构表面能与摩擦系数仅比聚四氟乙烯(PTFE)稍高一点，然而它具有较强的分子间结合力，较高的晶化程度以及较高的密度，所以这种材料在显示较低摩擦系数的同时，还能维持较低的磨损率，图7-11表示了几种聚合物在不同的滑动速度下，对钢表面滑动时的摩擦磨损性能。可见，高密度聚乙烯(HDPE)具有优良的摩擦学性能。

高分子基复合材料或许是满足多种服役性能的较佳选择，如钛酸钾晶须(PTW)增强聚四氟乙烯复合材料(PTW-PTFE)，其磨损量仅是纯PTFE的1/10；负荷极限和滑行速度极限分别是纯PTFE的110%和160%；PTW的加入使摩擦系数更为稳定，但大小无明显改变；PTW的质量分数为5%时，复合材料磨损量最小，拉伸强度最高。观察磨损表面的微观形貌发现，PTW的加入明显阻止了裂纹大规模的产生和扩展，提高了耐磨性[30]。

7.4.3 人工关节材料的磨损性能 (Wear properties of artificial joint materials)

在保证人工关节实现完全的流体润滑的条件下，只需根据生物相容性和弹性流体润滑的影响因素，即弹性模数选择其材料。但关节的运动不仅仅是正常步行，而且常碰到各种难以预测的复杂运动，往往出现润滑膜破裂、固体对直接接触的情形。而且，即使理论计算值能保证弹性流体润滑，在体内长年使用的结果也会产生变形，这也是直接接触的原因[31]。这就是说，即使可期待流体润滑，也必须像机械轴承一样使摩擦面具有耐磨性。

由于磨损是很难预测的现象，因此不是只要选定了相互摩擦的两物体的材质，就能确定磨损条件的。润滑剂有效引入两物体界面的程度、摩擦面的形状、摩擦运动等不确定时磨损条件即为不确定。而且润滑剂在磨损中的作用至关重要。因此为研究人工关节材料的耐磨性，必须采用具有最终人工关节形状的试样在步行模拟器上做长期试验。但是，这需要相当多的劳力、费用和时间。作为其前期阶段，最好进行较简单的磨损试验。

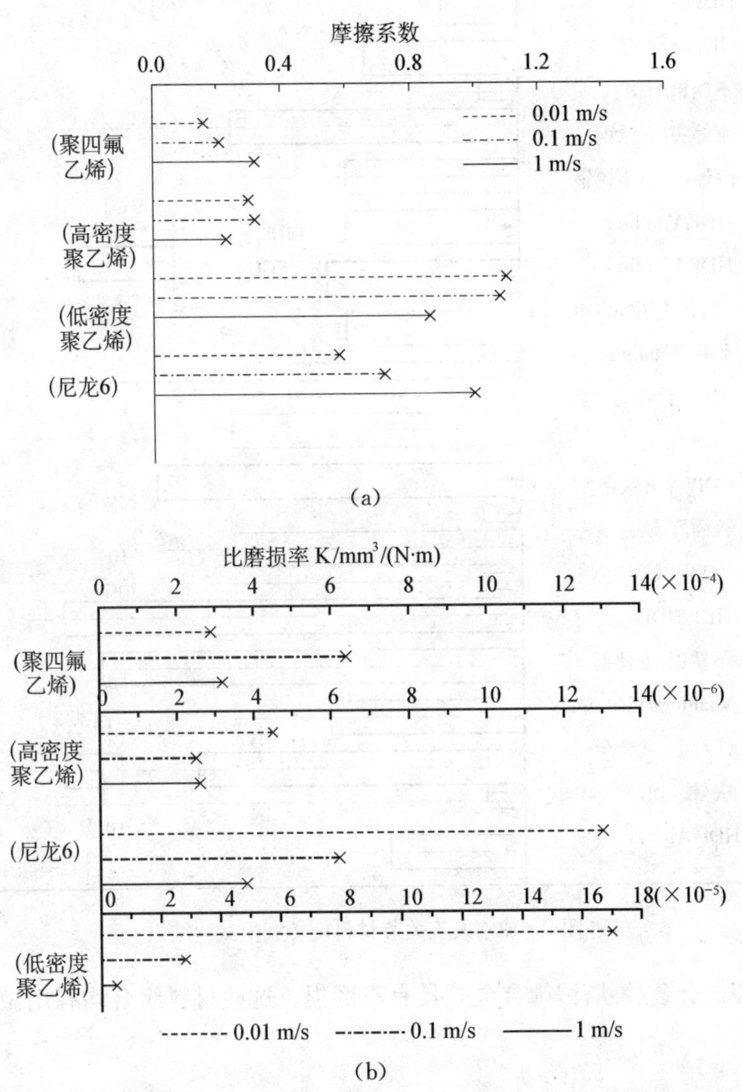

图 7 - 12 几种聚合物在不同的滑动速度及稳定状态下的摩擦磨损性能

(a) 摩擦系数；(b) 比磨损率

图 7 - 13 所示为各种材料的磨损试验结果。图中的箭头符号表示达不到天平称量的测定范围的微量磨损，即意味着比磨损量 $\omega_s < 10^{-12}\ mm^2/N$。其中，①和③形状完全相同，只是髋臼和股骨头的材质互换而已。在这里列举的 20 种材料组合中，比磨损量较小的是：①SUS33不锈钢；②SUS316L 不锈钢；③同②；⑦使用特殊形状髋臼；⑪不完全淬火硬化的钛合金，箭头表示 $\bar{\omega}_s < 10^{-12}\ mm^2/N$；⑫ 高密度聚乙烯(HDP)/淬火钛合金；①、②、③HDP/不锈钢；⑥、⑦、⑧HDP/维塔留姆(Vitallium)合金；⑳ HDP/氧化铝(Al_2O_3)陶瓷。

上述这些组合都是现今人工关节正在使用的。以下两种正好相反：

⑨ 聚酯/维塔留姆合金；

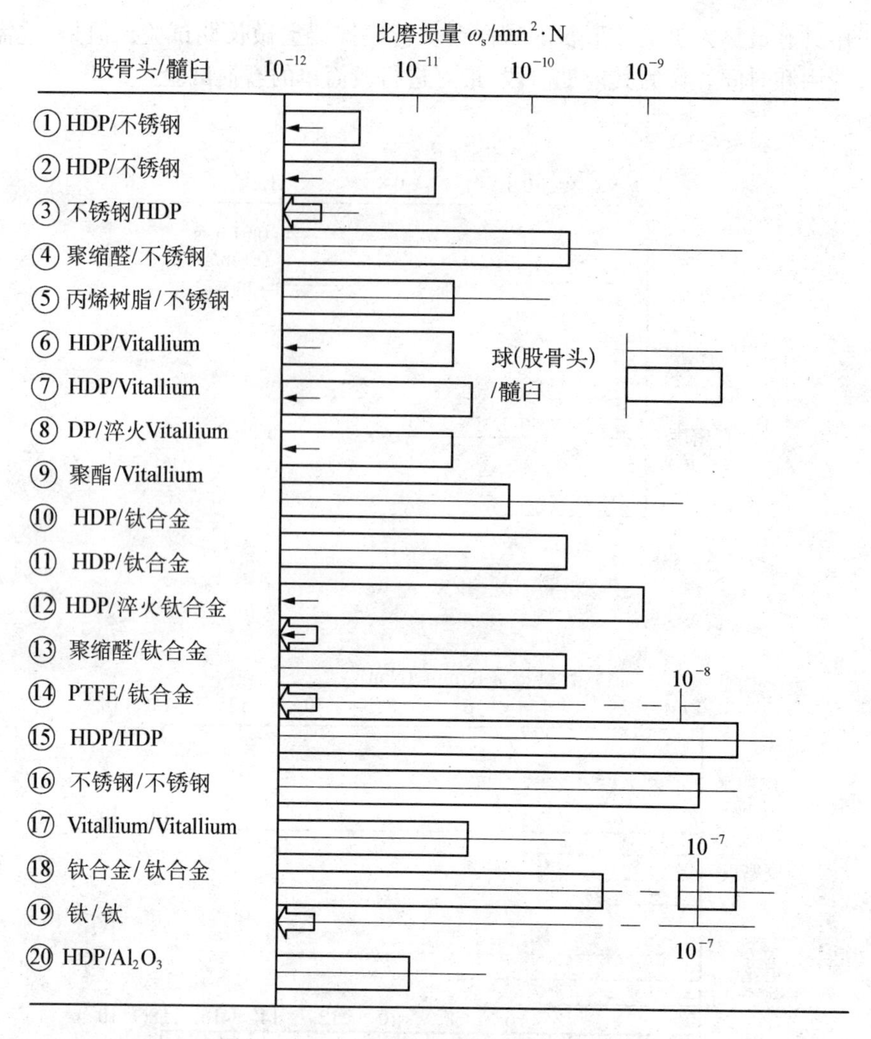

图 7-13　人工关节材料旋转磨损试验结果

⑰ 维塔留姆合金/维塔留姆合金等具有高磨损。这些材料组合均有用做人工髋关节而失败的历史记录。

参考文献

[1] 米格兰比. 材料科学与技术丛书[M]. 颜鸣皋等译. 北京：科学出版社，1998.

[2] 王磊. 材料的力学性能[M]. 沈阳：东北大学出版社，2007.

[3] 全永昕. 工程摩擦学原理[M]. 杭州：浙江大学出版社，1994.

[4] 李金桂. 现代表面工程设计手册[M]. 北京：国防工业出版社，2000.

[5] Bhushan B, Gupta BK. Handbook of tribology [M]. New York：McGRAW-HILL，INC. 1991.

[6] Khruschov MM. Resistance of metals to wear by abrasion as related to hardness [C]. Proc. Conf. on Lubrication and wear [J]. London：institute of Mechanical Engineers，1957:655-659.

[7] 晋芳伟. 超低温处理改善高速钢刀具性能及机理研究[J]. 新技术新工艺，1999，15(2):22-24.

[8] 安丽丽，李钢，李士燕. 深冷处理对 W6Mo5Cr4V2 钢强度和冲击磨损性能影响的研究[J]. 理化检验.

物理分册,2002,38(7):283-285.
[9] 束德林.金属力学性能[M].北京:机械工业出版社.1995.
[10] 温诗铸.摩擦学原理[M].北京:清华大学出版社,1996.
[11] 王启义.中国机械设计大典[M].南昌:江西科学技术出版社,2002.
[12] 李国英.表面工程手册[M].北京:机械工业出版社,1998.
[13] 周仲荣,Leo Vincent.微动磨损[M].北京:科学出版社,2002.
[14] Xu GZ, Liu JJ, Zhou ZR, et al. The fretting wear-resistant-properties of steel with ion-sulphuration shot-peening and shot-peening ion-sulphuration duplex treatments [J]. Tribology International, 2001, 34:1-6.
[15] Beard J. Palliative for fretting fatigue. Fretting Fatigue, ESIS Vol. 18 [M]. Eds. R B Waterhouse, T C Lindley, London: Machanical Engineering Publications, 1994:419-436.
[16] и. в. крагеnвский 等著.摩擦磨损计算原理[M].王一麟等,译.北京:机械工业出版社,1982.
[17] DIN50320, Verschleiss, Begriff, Systemanalyse von Verchleissvorgengen [M]. Gliiederung des Verschleiss Gebietes, 1979.
[18] 桂常林,沈键.摩擦磨损试验机设计基础[J].固体润滑,1990,1:48-55.
[19] Kim SH, Kim YS. Effect of ductility on dry sliding wear of medium carbon steel under low load condition [J]. Metals and Materials, 1999,5:267-271.
[20] Kato K. Wear in relation to friction-a review [J]. Wear, 2000,24:151-157.
[21] Zum Gahr KH. Wear by hard particles, New Direction in Tribology [M]. London: First World Tribology Congress, 1997.
[22] 蔡泽高,刘以宽,王承忠等.金属磨损与断裂[M].上海:上海交通大学出版社,1985.
[23] 刘家浚.材料磨损原理及其耐磨性[M].北京:清华大学出版社,1993.
[24] Fischer TE, Anderson MP, Jahanmir S. Friction and wear of tough and brittle zirconia in nitrogen, air, water, hexadecane and hexadecane containing stearic acid [J]. Wear, 1998,124:133-148.
[25] Breval E, Breznak J, Macmillan NH. Sliding friction and wear of structural ceramics, part Ⅰ [J]. Journal of Materials Science, 1986,21:931-935.
[26] 徐永东,张立同,成来飞,等.三维针刺碳/碳化硅陶瓷基复合材料及其摩擦磨损性能[J].航空材料学报,2007,27(1):28-32.
[27] 张亚妮,徐永东,楼建军,等.碳/碳化硅复合材料摩擦磨损性能分析[J].航空材料学报,2005,25(2):49-54.
[28] Fervel V, Normand B, Coddet C. Tribological behavior of plasma sprayed Al_2O_3 - based cermet coatings [J]. Wear, 1999,203:70-77.
[29] Srivastava A, Kapoor A, Pathak JP. The role of MoS_2 in hard overlay coatings of Al_2O_3 in dry sliding [J]. Wear, 1992,155:229-236.
[30] 冯新,陈东辉,江晓红,等.钛酸钾晶须增强聚四氟乙烯复合材料的摩擦磨损性能[J].高分子材料科学与工程,2004,10:129-132.
[31] 笹田直,塚本行男,马渕清资.生物摩擦学:关节的摩擦和润滑[M].北京:冶金工业出版社,2007.

思考题

(1) 磨损有几种类型?举例说明它们的负荷特征、磨损过程及其表面损伤形式。
(2) 试述黏着磨损产生的条件、机理及防止措施。
(3) 说明腐蚀磨损的产生条件及防止措施。

(4) 试述耐磨性的影响因素。

(5) 试比较疲劳磨损和普通机械疲劳的异同。

(6) 端面密封摩擦副是由45号钢法兰和聚碳酯密封环组成的。法兰盘摩擦面用外圆磨削加工,名义压力是 $50\ N/cm^2$,摩擦系数是0.2,试求密封环摩擦100 km行程的磨损量。聚碳酯密封环在使用时的机械性能:$E = 1.2\times 105\ N/cm^2$,$\sigma_0 = 84\,000\ N/cm^2$;$t_y = 2.9$。法兰盘表面粗糙度综合系数$\Delta = 0.01$,$\nu = 2$。$\alpha = 1$,$K_{ty} = 2.4$。

(7) 零件的表面渗碳层为0.8 mm,极限磨损量 $W_{kmax} = 0.65$ mm(渗碳层厚度的80%)。若在第三次定期修理时测量它的磨损量为0.55 mm,问是否应修理该零件?零件的允许磨损量 $[W_k] = W_{kmax}\dfrac{K}{1+K}$,$K$ 为修理次数。

(8) 说明陶瓷材料的磨损类型与特点。

(9) 浅述外界环境因素对材料腐蚀磨损行为的影响。

(10) 说明磨损量的测量方法和各自优缺点。

(11) 高速重载的闭式蜗杆传动可能出现"胶合"失效属于何种磨损形式,并说明机理。

(12) 浅述增韧相对陶瓷基复合材料耐磨性的影响。

第8章 材料强韧学的应用及其展望

Application and prospects for the strengthening and toughening of materials

8.1 三大材料强度与塑性比较

(Strength and ductility comparison of three major types of materials)

如前各章所述,金属材料的良好延展性源自于其位错的易动特点,因此金属材料的硬度较低。然而,作为表征在外力作用下材料缺陷的敏感性指标,换言之,对衡量有缺陷材料的强度降低程度的断裂韧性 K_{Ic}而言,金属材料基本上反映其裂纹周围位错运动的难易程度或塑性变形程度。即含有易动位错的金属材料,其断裂韧性值高。其原因在于,裂纹周围的位错运动具有屏蔽裂纹周围外加应力的效果。由此可知,无论是单晶还是多晶材料,位错的有无及其运动程度是理解金属材料的硬度、延展性、断裂韧性等大多数力学行为的基础,同时这亦是这些性能所共有的微观物理过程的本质之所在。正是由于如此,上述的物理量并非单独存在,如高延性低硬度,即暗示着高韧性。

脆性材料的代表陶瓷材料,具有高硬度,工程上常常作为耐磨材料应用。一般地,具有高硬度的材料的结晶对称性较低,由此可独立存在的位错系有限,这样增大了位错运动的难度,因而材料的硬度高,表现出脆性特征。在具有共价键或离子键的陶瓷材料中,即使观察到位错运动,大多数仅仅是位错网络(dislocation network)在很有限范围内的运动。由此可见,陶瓷材料的高硬度,其本质是脆性的、低韧性的。如果将脆性定义为"非延性"的话,那么陶瓷材料是脆性和高硬度兼而有之,其起因在于位错的难动性。

换言之,脆性陶瓷材料不同于金属材料,在其裂纹周围根本不出现位错的应力屏蔽效应,其断裂韧性值由金属材料的位错运动机制被微裂纹、相变、晶界裂纹转向等应力屏蔽机制所替代。因此,取决于位错微观物理过程的延性/脆性和与位错无关联的断裂韧性,实际上并不存在直接的关系,这与前述的金属材料有着本质的区别。这种差异在运用维氏硬度评价材料硬度上有典型的体现,运用此方法既可以评价金属材料的延性,又可以评价陶瓷材料的脆性。对于金属材料而言,维氏硬度计的金刚石压头形成的压痕(残余变形)基本上可以代表材料的塑性变形程度。而对于陶瓷材料,压头压入时由于在表面产生的弹性变形很大，但卸载后观测到的压痕大小无法忽视弹性变形的回弹部分，由此导致硬度的测量依赖于所施加的载荷大小。由此可见，当弹性变形回弹比例较高时，使用压痕来评价材料的硬度，其物理意义有些含糊，换言之，采用硬度来评价材料的脆性/延性就会出现问题。

在此，让我们从最简单的、最常见的硬度测试中压痕形成过程分析入手，探讨从延性金属材料到脆性陶瓷材料均使用的、"工程上"广泛应用的评价材料脆性/延性的实验方法。

8.1.1 压头引起的表面变形 (Surface deformation by indenter)

图 8-1 描述的是维氏硬度计的锐角压头在平滑材料表面压入与卸载的过程。如果压入深度为 h、压头棱锥夹角为 2ϕ、压头与材料表面的接触半径为 $2a$、材料弹塑性表面变形系数为 γ，则有：

$$h = \gamma a \cdot \cos\phi \tag{8-1}$$

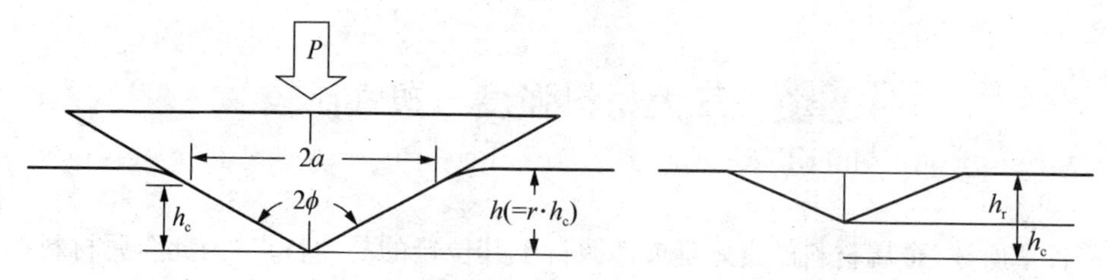

图 8-1 硬度机压头压入过程及完全卸载后锐角压头与光滑表面的关系

若在载荷 P 的作用下，用压痕在材料平滑表面的投影面积($\alpha_0 \cdot a^2$)除以 P 则获得平均应力$\bar{p}$(此处 α_0 为形状因子)

$$\bar{p} = P/\alpha_0 \cdot a^2 \tag{8-2}$$

假定材料能保持其线性特征，由锐角压头的几何关系，可以推导出与载荷无关的代表材料变形抗力的参数。当材料成为纯塑性体时，$\bar{p}$就是纯塑性体的硬度 H，即

$$\bar{p} \equiv H \tag{8-3}$$

这样的条件下，H 与纯塑性体的屈服应力 σ_Y 之间有 $H = C \cdot \sigma_Y$ (此处的 C 为约束系数，其值约为 3)。若为纯弹性体的话，则按照 Sneddon 的解析方法，可以获得平均压应力为

$$\bar{p} = \frac{E'}{2}\cot\phi \tag{8-4}$$

式中，E' 为弹性模量，用式(8-4)可将平均应力与弹性模量相联系。

根据材料的不同，可以将压头压入材料表面的过程用图 8-2 来分类表示。即可分为完全塑性、弹塑性和纯弹性。对于绝大多数的延性金属材料可用图 8-2(a)来描述其行为，即卸载时与压入深度相比弹性回复可以忽略。这样，加载-卸载履历曲线所包围的面积(U_r)具有能量量纲，其值等于外力在形成压痕时对材料所做的功。纯弹性体的加载-卸载履历曲线如图 8-2(c)所示，此时卸载时的弹性恢复巨大，几乎使卸载曲线与加载曲线重合，难以分辨

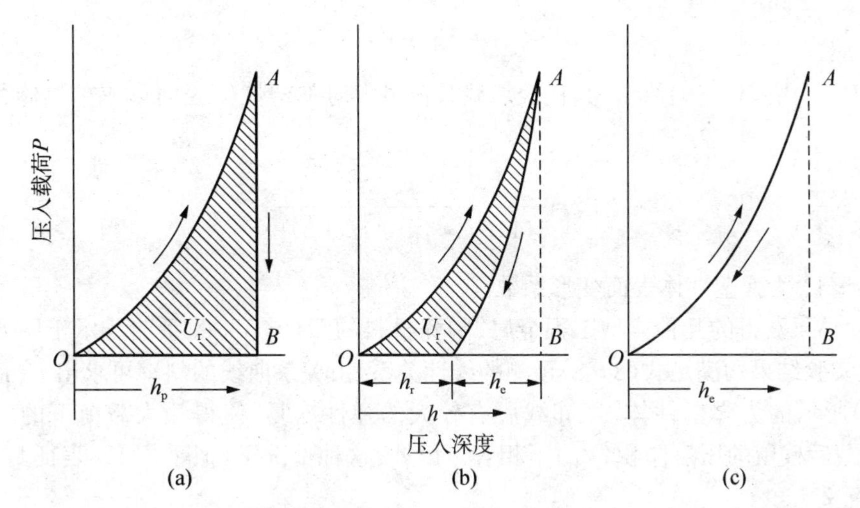

图8-2　压头压入塑性、弹塑性及弹性的压入-卸载过程中载荷(P)与压入深度(h)的关系

(a) 塑性；(b) 弹塑性；(c) 弹性

出加载-卸载过程。典型的例子如非常脆性的富玻璃态碳素材料以及有机高分子弹性体的表面变形行为，均属于这种情况。而熟知的脆性材料的代表，大多数陶瓷材料的压头变形行为，则可用图8-2(b)来描述，即可视为弹塑性体，当卸载时有相当于压痕深度的一半因弹性恢复而消失。对于这种弹塑性体的硬度，既不能用式(8-3)的纯塑性体的平均压应力表示，也不能用式(8-4)的弹性模量来表示。而只能定义一个表象硬度($\overset{*}{H}$)的概念，将塑性部分按照式(8-3)、将弹性部分按照式(8-4)来表征，即

$$\dot{H}(\equiv \bar{p}) = \frac{H}{(\gamma_H^{-1} + k\sqrt{H/E'})^2} \tag{8-5}$$

式中，γ_H 与式(8-1)中的 γ 一样代表弹塑性体表面变形系数；k 与完全弹性体的表面变形系数 γ_e 具有如下关系：

$$k^2 = 2\left(\frac{\gamma_e}{\gamma_H}\right)^2 \tan\phi \tag{8-6}$$

有关真实硬度 H 与表观硬度 $\dot{H}$ 的物理意义，将从能量的立场出发，在8.1.2节中加以论述。

8.1.2　表面变形的能量理论 (Energy theory of surface deformation)

由图8-2中的(a)与(b)的封闭环能量 U_r 可知，其中包含了压痕形成的重要信息。对于纯塑性体，封闭环能量应 U_r 与外力所做的功 U_t(相当于 OAB 的面积)相等，如果最大载荷下压痕体积为 V_I(由于假定纯塑性体卸载后的弹性恢复可以忽略)，则有下式成立：

$$U_r(\equiv U_t) = H \cdot V_I \tag{8-7}$$

式(8-7)看起来很简洁，但不难得出重要的结论：真正的硬度 H 乃是在纯塑性体表面形成的单位体积压痕对应外力所做的功。

图8-2(b)所代表的大多数陶瓷材料，理论上讲其封闭环能量 U_r 可以由沿加载与卸载曲线进行积分获得，即：

$$U_r = \Gamma_I \cdot V_I \tag{8-8}$$

上式中的 Γ_I 可由式(8-9)给出，其代表加载载荷最大时弹塑性体表面形成单位体积压痕消耗的能量：

$$\Gamma_I = \frac{H}{(1 + k \cdot \gamma_H \sqrt{H/E'})^3} \tag{8-9}$$

式中，$\gamma_H(\approx 1)$ 为弹塑性体表面变形系数。

由实验结果获得的几种典型工程金属、陶瓷材料的 U_r 与 V_I 关系曲线示于图 8-3 中。可见，这些实验结果均满足式(8-8)预测的线性关系，由关系曲线的斜率可求出 Γ_I 值。由于图 8-2(b)所示的为弹塑性体，当卸载后有较大的弹性恢复，使得最大载荷下的压痕体积(V_I)与卸载后残留的压痕体积(V_F)不相等。因此，这种情况下，似乎用 V_F 表征 U_r 更有真正的物理意义。

$$U_r = \frac{1}{\gamma_H^2} \cdot \overset{*}{H} \cdot V_F \tag{8-8'}$$

在式(8-8′)中，以能量理论为基础对弹塑性体定义了表观硬度 $\overset{*}{H}$。换言之，可以将完全卸载后获得的单位压痕体积，对应消耗的能量称之为表观硬度 $\overset{*}{H}$。以真实硬度 H 对表观硬度 $\overset{*}{H}$ 以及 Γ_I 进行归一化处理后的关系如图 8-4 所示。可见对于完全塑性体 ($H/E' \equiv 0$) $\overset{*}{H}$ 和 Γ_I 均与真实硬度 H 一致，伴随 H/E' 增大，即随弹性变形比例的增加，归一化的这些物理量降低。这预示着弹性变形累加在塑性变形之上，由此表观硬度 $\overset{*}{H}$ 降低。

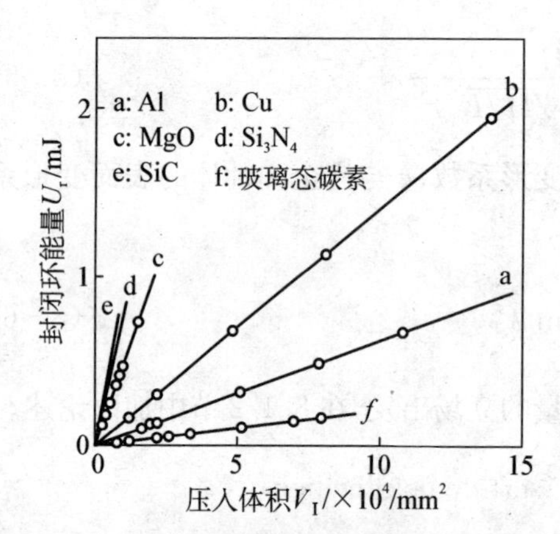

图 8-3 各种工程材料的封闭环能量(U_r)与压入体积(V_I)的线性关系

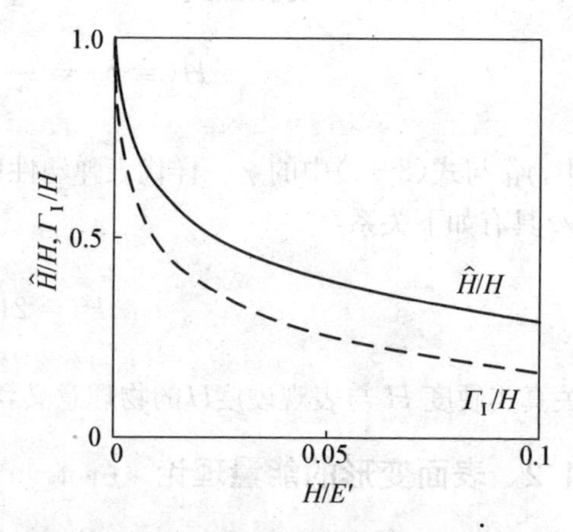

图 8-4 以真实硬度 H 对表观硬度 $\dot{H}$ 以及 Γ_I 进行归一化处理后的关系曲线

上述以能量理论为基础建立的表征弹塑性体表面变形特征的参量——弹塑性体硬度 Γ_I 和 $\dot{H}$，具有实用价值，但应该注意的是，式(8-5)与式(8-9)所记述的，分别与延性度量的真实硬度 H、弹性模量 E' 相关，由此并不能直接用于评价“延性/脆性”。然而，可以由封闭环能量 U_r 与加载载荷 P 的定量关系，将塑性变形部分区分开来进行评价：

$$U_r = \left(\frac{1}{3}\sqrt{\frac{1}{\alpha_0 \tan^2\phi}}\right) \cdot \frac{1}{\sqrt{H}} \cdot P^{3/2} \tag{8-10}$$

换言之，因为 U_r 与 $P^{3/2}$ 呈线性关系，那么可由图 8－5 所示的实验数据连线的斜率来求得真实硬度，作为度量延性/脆性的指标。

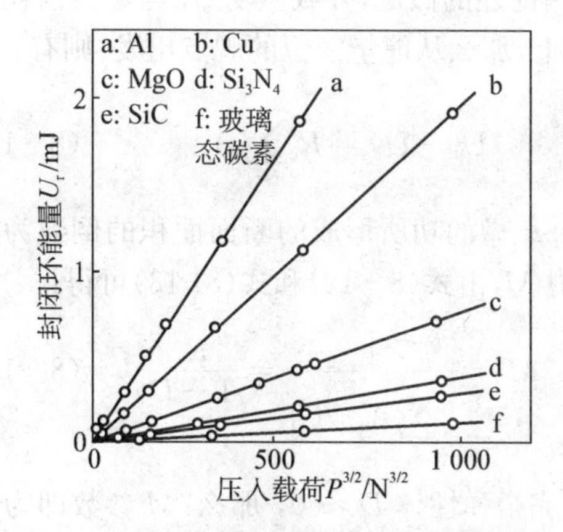

图 8－5　各种工程材料的封闭环能量(U_r)与压入载荷($P^{3/2}$)的线性关系

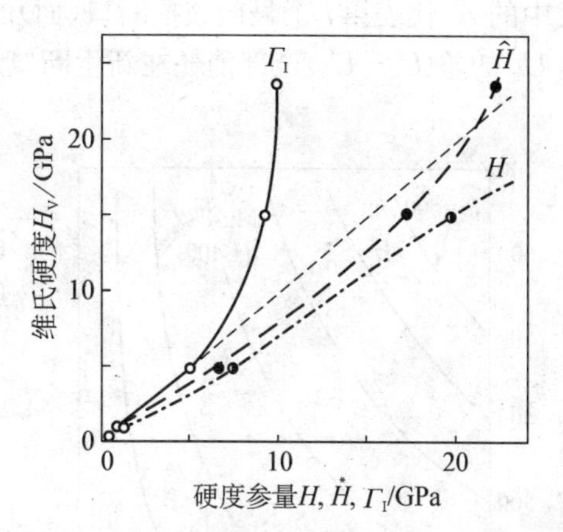

图 8－6　维氏硬度(H_v)与其他各种硬度参量的比较

值得注意的是，对于陶瓷材料这样的脆性材料，人们习惯上使用维氏硬度(H_v)来衡量其硬度。但请不要忘记对于这类材料由于压头卸载时有较大的弹性回复发生，因此 H_v 的物理意义并不明确。那么，前述的由能量理论定义的 H、Γ_I 和 $\overset{*}{H}$ 与 H_v 又有何种关系呢？这是众所关心的问题。在此，先将常用的一些工程材料的实验数据整理成图 8－6 所示的曲线。如所周知，对于金属材料大多数硬度在 H_v 小于 1 GPa，这时 H_v 与真实硬度 H 基本上一致。然而，随着 H_v 的增大，即伴随材料脆性的增大，H_v 与 H 的差异逐渐加大。由图 8－6 中的曲线不难看出，在 $0 \leqslant H_v \leqslant 10$ GPa 范围内，H_v 值与 $\overset{*}{H}$ 值比较相近。由这些实验结果可知，维氏硬度确实可作为评价脆性材料表面弹塑性变形能力的一个度量指标，然而其物理意义实际上并不明确，并非严格表征脆性材料“延性/脆性”的参数。

8.1.3　机械加工损伤抗力 (Damage resistance to machining)

工程上为了表征脆性材料在机械加工中造成的损伤，假定机械加工造成的表面损伤与硬度压头引起的损伤具有相同的效果。图 8－2 所示的是履历封闭环能量 U_r 与主要由伴随塑性变形发生的热损以及压痕周围留下的残余弹性应变能。以图 8－2 中封闭环能量 U_r 和最大的外载荷所做功 U_t(相对于图 8－2 中的 OAB 面积)之比，可以定义下式的延性参量 D：

$$D = \frac{U_r}{U_t} \tag{8-11}$$

参照图 8－2 很容易由式(8－11)得出，对于纯塑性体、完全弹性体、弹塑性体的 D 值分别为 1、0、0～1。因此可以说，延性参量 D 是材料固有的物理特性值，亦可作为表征前述 H/E' 普遍关系来理解。

考察机械加工损伤时，可将外载做功 U_t 与塑性消耗能量 U_r 的差($U_t - U_r$)作为衡量诱发表面损伤的势能。另一方面，引起的裂纹扩展抗力视为形成断口(新表面)的断裂能，记为 R_c，那么：

$$R_c \sum_{i=1}^{n} A_i \tag{8-12}$$

式中的 A_i 代表第 i 个显微破损断口(面)的面积。由前述的假定,外载做功 U_t 与塑性消耗能量 U_r 的差$(U_t - U_r)$全部消耗在新生断口的表面能上,那么从能量守恒的观点出发,则有:

$$U_t - U_r = R_c \sum_{i=1}^{n} A_i \tag{8-13}$$

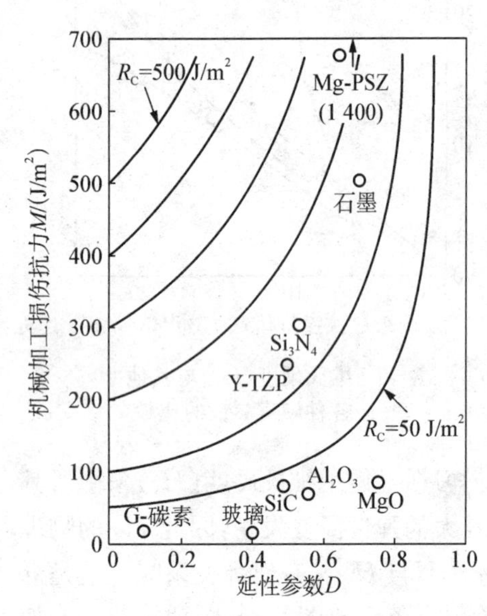

图 8-7　机械加工损伤抗力 M 与延性参量 D 的关系

定义单位外载做的功所形成的断面面积的倒数为加工损伤抗力 M,由式(8-12)和式(8-13)可得:

$$M = \frac{1}{\left[\sum_{i}^{n} A_i\right]/U_t} = \frac{R_c}{1-D} \tag{8-14}$$

可见,对于完全弹性体 $D \approx 0$,那么,M 参数即为破损能量 R_c;对于纯塑性体($D \approx 1$),机械加工的抗力则成了无限大。图 8-7 给出了多种陶瓷材料的 M 值与 D 值,图中的实线为 R_c 值在 50～500 J/m² 范围内,由式(8-14)求得数值解。图 8-7 的结果得到了很多实际经验的验证,如 Mg-PSZ 以及碳素材料的 M 值很大,其机械加工损伤较小。又如 MgO 与其他陶瓷材料相比虽然 D 值很大,但机械加工损伤抗力 M 却很小,其原因在于 MgO 的 R_c 很小。

8.2　三大材料断裂韧性的比较

(Fracture toughness comparison of three types of materials)

第 3 章已对材料的断裂及断裂韧性进行了叙述,在此欲就传统上的三大材料的断裂韧性进行比较。首先要声明的是这是一个很困难的比较,原因很多。一方面,三大材料由于其各自的原子结合方式有着本质的区别(参照图 1-4,金属材料以金属键相结合;陶瓷材料则以共价键和离子键相结合;高分子材料链内以共价键相结合,而链间则以范德华力相结合);另一方面,材料的断裂韧性实际上受外部环境的影响十分强烈,而三大材料的应用环境又有着较大的不同。为此,这里且从三大材料均为连续介质力学这一最基本点出发,比较各自的特点。

8.2.1　三大材料的断裂特点及机制 (Fracture characteristics and mechanism of three types of materials)

第 2 章中已经叙述了材料在静载条件下的力学行为,作为材料最基本的力学性能,那就是静态拉伸。图 8-8 给出了在静态拉伸下各种断裂形式的示意图。这里,最基本的应该是图 8-8(a)与(d)分别代表解理型脆性断裂与韧窝型韧性断裂。下面以典型材料为例,对三大材料的断裂特点及机制分别进行分析。

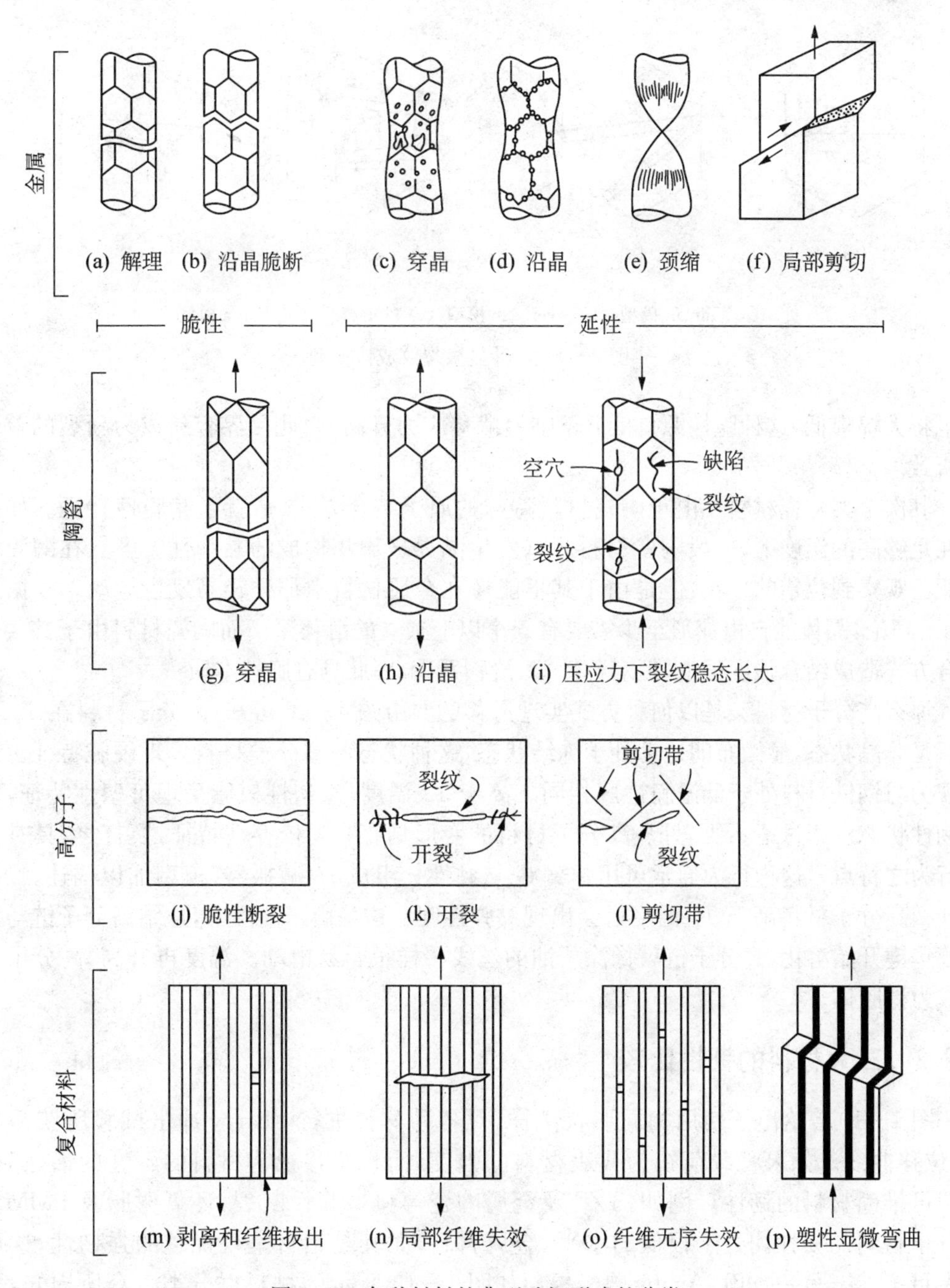

图 8-8　各种材料的典型破坏形式的分类

首先以钢铁材料为例考察金属材料的断裂问题。在 3.1 节中叙述了脆性裂纹形成的三种典型机制，其他几种裂纹形成机制如图 8-9 所示。其中有在滑移面上的显微裂纹生成的 Gilman 模型(图 8-9(a))；滑移带松弛形成裂纹的 Averbach 模型(图 8-9(b))；孪晶相交形成裂纹的 Hull 模型(图 8-9(c))；平行滑移面上正负号位错构成的空孔排形成裂纹的 Fujita 模型(图 8-9(d))。值得注意的是，一般认为黑色金属材料以及部分密排六方结构的金属材料经常发生低温脆性，而面心立方金属材料不发生低温脆性。事实上，低温下铝合金等的韧

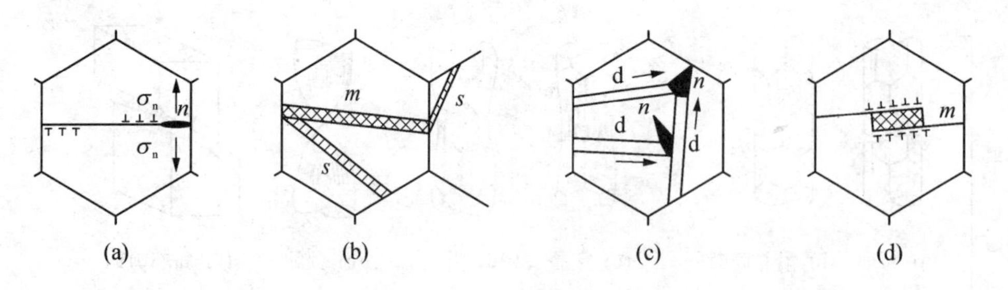

(a) Gilman 模型;(b) Averbach 模型;(c) Hull 模型;(d) Fujita 模型

图 8-9 几种显微裂纹成核模型

性也将大幅降低,这种脆性源自低温下临界滑移应力升高,由此晶界容易成为断裂的首选路径所致。

其次考察陶瓷材料。由于陶瓷材料特殊的原子结合方式,造就了其脆性特征。如果不是在足够高的温度下,一般陶瓷材料难以发生晶界玻璃相构成的黏弹性。虽然在陶瓷材料中业已观察到位错的存在,但是由于其不能像在金属材料中那样轻易发生运动。根据 Von Mises 理论,晶体能自由变形至少需要有 5 个以上独立的滑移系。而陶瓷材料由于其共价键结合方式造成结合强度很强,但对称性差、滑移系少,因此具有脆性本质。

那么高分子材料又是以何种方式实现滑移的?由图 4-46 可知,高分子材料在 T_g 温度以下是非晶状态,显微布朗运动处于冻结状态,这种状态的高分子材料呈现硬脆特征。这可以视为与钢铁材料处于低温脆性区相同。高于 T_g 温度,热塑性树脂呈现可塑性特征,即成为韧性状态。不过请不要忘记,高分子材料的变形具有时间依存性特征,换言之,具有黏弹性行为之特点。这种行为通常可用弹簧 G 与黏性 η 组成的"减振器"模型加以描述。那么,为什么高分子材料高于 T_g 温度后会出现黏弹性呢?这是由于高温下,连结高分子链与链的范德华键开始溶化,高分子链就像涂了油的丝线一样很容易滑动。温度再升高,高分子材料将成为橡胶体。

8.2.2 三大材料的韧性比较 (Fracture toughness comparison of three types of materials)

图 1-10 曾给出了使用相同形状试样,对各种材料进行 Charpy 冲击试验所获得的载荷-位移曲线。如果将载荷视为代表材料的强度,而将位移视为材料的延性的话,那么由此图可推断材料的韧性。例如,TZP 及金属陶瓷等典型脆性断裂,环氧树脂及 PMMA 等高分子材料的韧性均处于很低的水平,金属材料,尤其是钢材呈现优越的强韧性,这可以说一目了然。另一方面,Ashby 曾经提出如图 1-13 所示的材料群分类。众所周知,裂纹尖端形成的塑性区或过程区的大小可用 $1/\pi(K_{Ic}/\sigma_f)^2$ 来估算,即此值大的材料的韧性高。图中 $K_{Ic}/\sigma_f = C$ 的点线代表其值的大小,可见陶瓷及玻璃为 10^{-4} mm 量级;金属材料则大多在 100 mm 以上量级,那么自然当尺寸相同时 σ_f 升高则 K_{Ic} 值增大。如图中等高线所划分的领域一样,按照 ASTM 的求 K_{Ic} 之充要标准,大体可预测所需试样的板厚 B: $B \geqslant 2(K_{Ic}/\sigma_f)^2$。例如,对于压力容器类的设计等,人们希望在发生破坏之前结构整体发生屈服,这样可以避免导致灾难性的事故发生。对于 $K_{Ic} = \sigma\sqrt{\pi C}$ 中,使材料的承受应力与其屈服强度相等,即满足 $C < 1/\pi(K_{Ic}/\sigma_f)^2$ 便可防止在结构件发生屈服之前出现破坏。遗憾

的是到目前为止，对于大型压力容器很难做到这一点，但至少设计成在达到裂纹穿透容器板厚之后（此时可采用异常泄漏传感器来发现事故）再使断裂发生失稳传播的结构（称为 Leak before break 原则）。事实上，前者是以 $K_{Ic}/\sigma_f = C$ 为参考标准，后者则以 $K_{Ic}^2/\sigma_f = C$（均以线的左侧为安全区）为参考标准。因此，图 1-13 提供的信息对于材料的选择上是非常重要的。

为对三大材料的强韧化进行综合比较，在此欲从支配破坏的因素和强韧化的关系出发，简介如下。首先考察金属材料，图 8-10 给出了典型黑色金属材料的强度水平，从中可知，为达到各种各样的要求人们采用了与之相应的强化方法，如固溶强化、细晶强化、冷加工（形变）强化、弥散碳化物强化以及相变强化等。然而，几乎不含缺陷的具有近理想晶体结构的晶须可获得近似于理论强度值的高强度。对于金属材料可以获得强度和韧性兼备的最行之有效的手段为细晶强化，其原理已在 4.1.3 节中详述过。实际上，通过细化晶粒尺寸，按照 4.1.3 Hall-Petch 公式使材料的强度提高的同时，细化晶粒使碳化物在晶界上的分布得以改善所带来的强度增幅亦十分可观，故有时实验结果会偏离 Hall-Petch 公式。不过，金属材料的结晶晶粒中的位错数量随着晶粒尺寸的减小而降低，因此，细晶强化并未引起位错在晶界上造成的应力集中而使材料的延性降低（相反大多数材料的韧性值升高）。淬火钢材的马氏体组织在剪切应力的作用下瞬间完成相变过程，使得旧奥氏体晶粒被分割成多个方向各异的马氏体团，由此相变后的组织十分细小。如图 8-11 所示的是裂纹穿越马氏体板条时发生分叉，成为一种非常有效的强化方法。

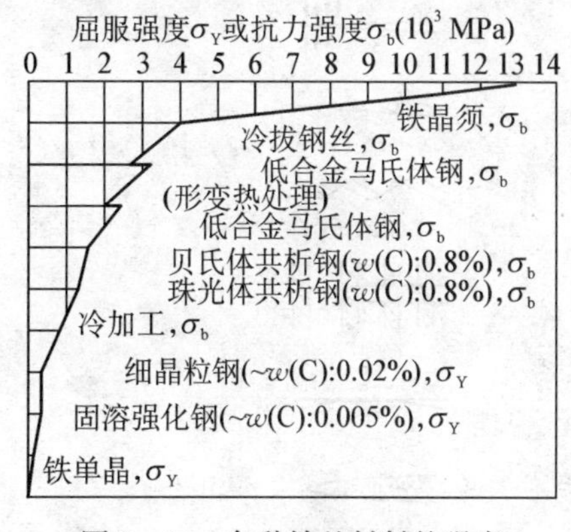

图 8-10　各种铁基材料的强度

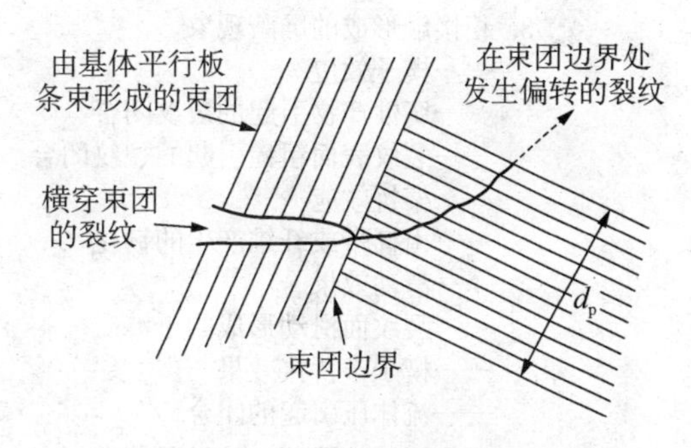

图 8-11　由分割原奥氏体晶粒束团引起的裂纹扩展方向的改变

对于陶瓷材料同样亦可考虑使用细晶强化方法，不过如图 8-12 所示，当晶粒尺寸较大时会发生晶内破坏，此时的断裂强度遵循 Orowan 原则，即 $\sigma_f = K_I d^{-1/2}$（此处 K_I 为与材料有关的常数）；当晶粒尺寸较小时则发生 Petch 型破坏。后者原则上断裂容易在晶界处发生，可实际上多是由表面缺陷所支配。不过，如果考虑到诸如利用应力诱发相变增韧，如 ZrO_2 陶瓷的正方晶系转变至单斜晶系以及显微裂纹增韧陶瓷，那么考虑到最有效的裂纹闭合效应与其周围弹性应力场的交互作用，则如图 8-13 所示的晶粒尺寸应该是最适宜的。图 8-14 给出了以陶瓷材料为代表的脆性材料的强韧化机理总概括图。除塑性诱发闭合及相变诱发韧性之外，对于脆性材料主要应由外生因素来考虑其强韧化问题。

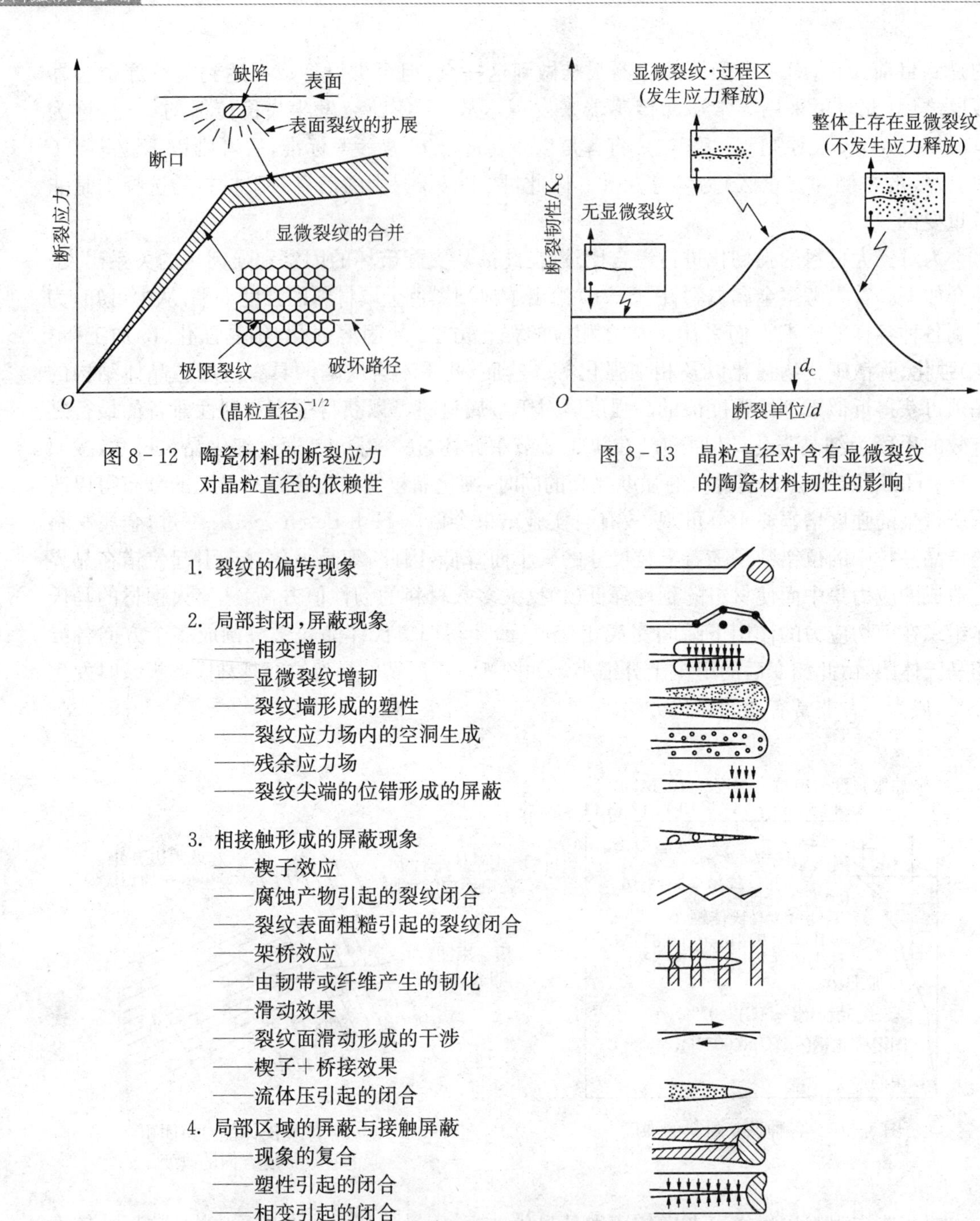

图 8-12　陶瓷材料的断裂应力对晶粒直径的依赖性

图 8-13　晶粒直径对含有显微裂纹的陶瓷材料韧性的影响

图 8-14　可用于强韧脆性材料的途径

对于高分子材料的强韧化问题，到目前为止尚未有如金属材料程度的成熟理论。百分之百结晶的高分子材料是难以实现的，总是或多或少有非晶部分存在，为此如何提高其晶化程度、细化结晶的尺度成为提高强度的首要途径。此外，随分子量的增大而强度增加，并且分子量的分布亦对材料的力学性能产生影响。另一方面，兼顾分子链结构的方向性对材料的力学性能的作用，可以考虑制作如冷轧金属材料的各向异性高分子材料。同时，为提高高分子材料的韧性，亦可考虑采用牺牲一些强度而增大延性的原则，适当添加增塑物质使高分

子材料的 T_g 降低，使分子链间的滑移来得更加容易。与合金固溶体相对应，高分子材料亦可划分为非溶性、半相溶性高分子。聚合物合金化(Polymer Alloying)是实现高分子材料高强、高韧的一种重要的手段。当然，借用铝合金时效强化的思路，对于硬质相分子中分散的如橡胶类的软性材料来提高高分子材料的韧性也许会成为行之有效的方法。

8.3　材料强韧学与强韧化

(Theories and methods for strengthening and toughening of materials)

至此就三大材料的强度及韧性的特点进行了系统的比较，由此了解了各种材料的特性。那么如何实现材料的强化与韧化，这是需要材料工作者解决的最根本的问题。为此，本节将由材料的设计与材料的显微组织控制两方面出发，介绍实现材料强韧化的最基本的强韧学基础理论，同时简介纳米技术与晶界控制相结合实现材料强韧化的最新成果。

8.3.1　材料设计 (Materials design)

现代材料的开发不仅仅是传统上的成分设计，而是要综合考虑材料的制备/加工技术以及材料与环境的相容性等一系列的问题。例如，近年来铝合金的重复利用成为热门话题，从节省资源和能源的立场出发，这是可喜之举。由材料开发的立场出发重复利用过程中会混入杂质，有必要考虑这些杂质对材料性能所产生的影响，为此应该添加一些必要的东西。另一方面，进入 21 世纪后，人们对材料的性能要求由传统的单一要求逐步向复合要求的多功能化转变，因此，材料的开发亦应考虑这方面的要求。如天然的竹子中，被称为显微管的纤维具有增强材质的功能，实际上其同时还具有传递水分、养分的功能。因此如何向自然界学习，开发具有各种功能兼备的新材料成为今后材料工作者的努力方向。换言之，现代材料开发/设计不能仅仅考虑材料的成分，应该兼顾材料多种使用性能的开发。为此，现代材料设计至少应该考虑如下的问题：

(1) 不能一味地强调传统的金属、半导体、陶瓷、高分子的类型，应从其共性的观点进行设计。这一点可以由传统上只有金属才可能出现的超导现象，当今氧化物中也发现同样现象的事实来说明，可以说现在已经到了打破在材料研究方面长期形成的思维屏障的时代了。

(2) 在当今的超级计算机时代，除传统的实验与理论两大材料开发方法外，应该更加重视作为第三类方法的计算机模拟方法，即在材料设计开发中的计算材料学研究工作。

(3) 如所周知，诸多材料的功能与其电子、原子尺度至纳米尺度以及介观尺度或与原始的显微结构密切相关。为了发现材料的各种功能有必要在澄清最小结构单元的基础上进行材料的设计开发。

为了获得符合实际的最佳结构，设计其制造/制备工艺十分重要，故希望能将材料设计与工艺设计有机结合。此外，应尽量对单元结构进行定量的评价。如对于陶瓷材料设计而言，最困难的晶界结构的评价问题，并非一件容易之事。令人欣慰的是近年来在此方面的研究有了突破性的进展。尽管如此，真正能够满足上述三条的材料设计方法，至今尚未能确立。不过对于第(1)条中的共性问题，如果说定义在电子尺度上应该没有问题。换言之，只要把问题上升至电子尺度的话，可能无论何种材料都可以做相同的处理。因此，最希望广泛开展以电子理论为基础的材料设计研究工作，可以预见，今后数年内物质电子状态的计算方法会有长足的进步。实际上,如果均进行电子状态的计算机模拟计算,那么满足条件(2)就不成问题了。至于说第(3)条,有关电子状态与各种功能之关系尚有诸多未清楚的问题。但相信只要努力由电子尺度开始探索,那么就能获得更多反映功能与单元结构关系的信息。比如在高分子领域,近年由电子尺度进行设计之重要性,越来越为人们所认知。作为代表,田中一義曾出版了《高分子电子论》的专著,感兴趣者可参考此书。在此,就金属与陶瓷材料的电子尺度的材料设计,以及可能性做如下的简介。

首先是电子结构的计算,传统上可以使用能带计算和分子轨道计算。在此简介一下称为 DV - X_α 集合的非经验分子轨道计算法在材料设计方面应用的实例。DV - X_α 分子轨道法克服了传统电子结构计算中,计算精度完全取决于电子间的相关性近似程度这一缺点。DV - X_α 分子轨道法是以 X_α 法为基础,选择三维实空间取样点、将各点在被积分函数值点处累积,之后取所有点的和进行积分。由于是以 X_α 势能为基的计算,计算时间可大大缩短,对于复杂体系也可以在有限的时间内完成计算。同时,由于以数值原子轨道为基本函数,所以可以对所有元素采用同样的方法进行相同精度的计算。又因为计算对象是全电子,那么无论是核内电子还是价电子均可同时予以评价。另一方面,因进行的是 DV 数值积分,由此可以简便地实现各种多中心积分、迁移几率以及各种物性值的第一原理计算。在这方面具体实例很多,如运用 DV - X_α 分子轨道法开发的称为 d 电子合金设计方法,在实用镍基高温合金高温强度及合金设计指南的应用如图 8 - 15 为实际开发的镍基高温合金的屈服强度与 $\overline{B}_0$ -

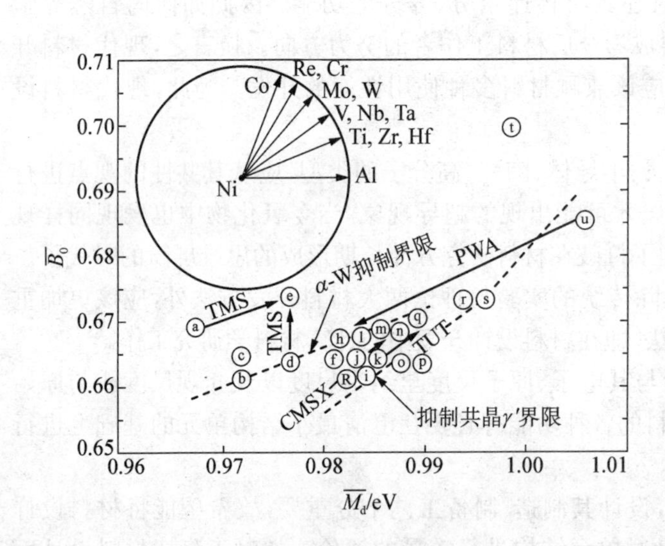

合金名称	蠕变寿命	腐蚀量
ⓐ TMS 12 1	10.4	0.52
ⓑ SC 53A	8.6	0.55
ⓒ SC 83	8.7	0.50
ⓓ TMS 12	6.5	0.56
ⓔ TMS 26	7.2	0.50
ⓕ SRR 99	1.7	0.17
ⓖ CMSX - 2	1.6	0.23
ⓗ PWA 1484	2.7	0
ⓘ CMSX - 3	—	—
ⓙ MXON	2.3	—
ⓚ TUT 92	4.3	0
ⓛ TUT 103	2.2	—
ⓜ CMSX - 4	3.7	0
ⓝ CMSX - 4G	3.1	0
ⓞ NASAIR 100	3.6	0.17
ⓟ CMSX - 6	—	—
ⓠ TUT 31D	7.2	0
ⓡ TUT 95	8.2	0
ⓢ RR 2000	—	—
ⓣ RR 2060	—	—
ⓤ PWA 1480	0.8	0.16

* 蠕变实验条件:1331K/137 MPa

图 8 - 15　铸造镍基高温合金 $\overline{B}_0$-$\overline{M}_d$ 图上的位置与屈服强度线

* 图中的箭头代表 Ni - 10 mol%M 二元合金的位置

$\overline{M}_d$ 图。图中同量级屈服强度用虚线表示，可见，凭借经验研发的合金，虽然经改良成为高强合金，但有趣的是这些合金的$\overline{M}_d$ 值均集中在 0.98 eV、$\overline{B}_0$ 值集中在 0.67 附近。由此可以看出合金设计目标锁定在$\overline{B}_0$ -$\overline{M}_d$ 图中的有限区域，不能不说 d 电子合金设计确实有其道理。顺便强调一下，实际上在这个目标区域的合金 γ' 相的体积分数的最佳值在 65%左右，并且不会出现 TCP 等脆性相。

其次，基于第一原理的合金相图计算。如果直接用第一原理进行合金设计，那么需要考虑诸多的因素，如原子尺寸差引起的局部应变、晶格振动自由能、电子状态引起的熵等，这种计算十分复杂、费时。尤其对于一些没有热力学数据的合金系，这种计算几乎不可能。而采用将第一原理计算结果变换成 CALPHAD 法的数据库，就可以实现对合金相图的预测。众所周知，Ir－Nb 系合金溶点很高，并且与镍基高温合金一样可以获得 FCC＋$L1_2$ 相的组成，被认为是下一代耐热材料中有力的候选材料。遗憾的是用于该合金设计、开发的相图数据缺乏，尤其是热力学计算必需的化合物形成熵等基本实验数据根本没有。为此，T・Abe 等将金属化合物相 $Ir_3Nb(L1_2)$，$IrNb(L1_0)$，$IrNb_3(L1_2)$的形成熵用第一原理计算的方法求得。这样，通过将各化合物相的自由能用 CALPHAD 方法进行描述，几乎再现了实验获得的相组成(见图 8－16)。

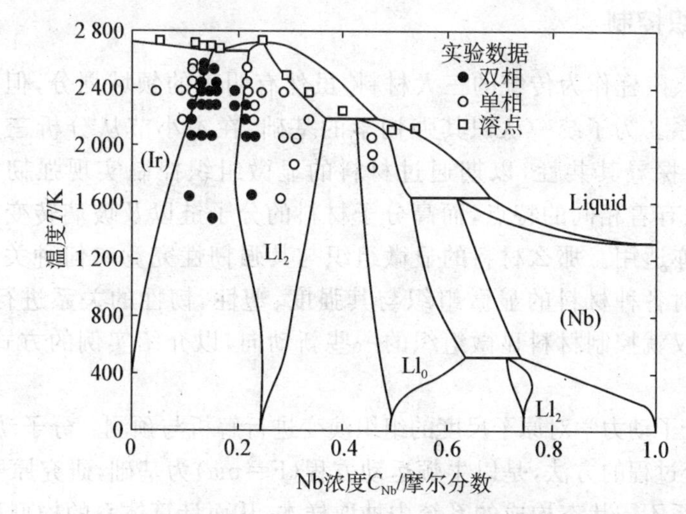

图 8－16　Ir－Nb 二元合金计算相图

相对金属材料，陶瓷材料的设计研究尚数量较少，但是近年这方面的报告逐渐增加。如作为非氧化物陶瓷材料的代表 β－Si_3N_4 倍受关注，可是在这种陶瓷中添加第三元素时，会发生什么变化还一直未知。I・Tanaka 等考虑到第三元素(M)添加后占据 Si 原子位置，计算出 N 原子与添加元素 M 原子的结合次数如图 8－17 所示。可见，随添加元素的周期序数的增加，其与 N 原子的结合次数增加，而对于 Ca、K 这些在 β－Si_3N_4 中根本不固溶的元素，M－N 之间的结合次数为负值。换言之，这些元素添加后不结合，将成为不稳定状态。一方面，已知的固溶元素 Li，Be，Ga 的结合次数基本上为零。而在固溶与不固溶中间位置的 Na，Mg 通常条件下不固溶，在特殊的制备条件下仅仅能极少量固溶。对于靠近 Si 元素的 C，B，Ge 元素，虽然没有实验数据，但由此图的结果不难断定其作为 Si 元素的置换元素在β－Si_3N_4 中具有相当的固溶能力。图 8－17 所示的结果虽然仅是定性的，但至少通过计算告知人们，置换元素周围局部化学结合的变化直接影响其固溶度的事实。

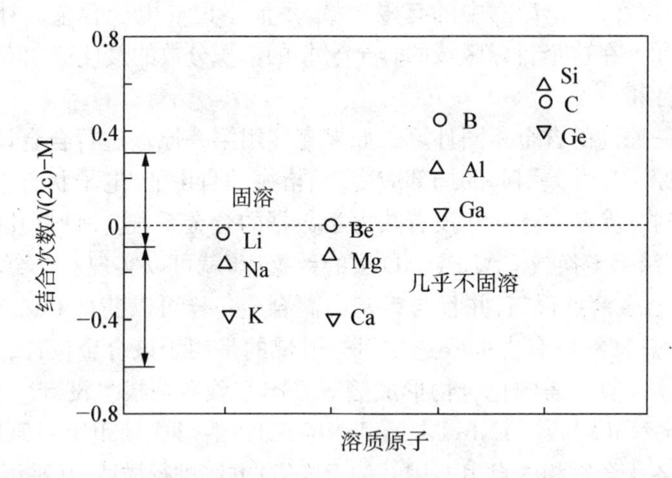

图 8－17 第三元素(M)在 β－Si_3N_4 中的固溶度与 N－M 结合次数的关系

8.3.2 显微组织控制

金属、高分子、陶瓷作为传统的三大材料，虽然有明确的领域划分，但在很多方面有着千丝万缕的联系。为了统一认识其强韧学的基础，在本小节从分析三大材料的显微组织的特点出发，探寻其共性，以期通过材料的显微组织控制实现强韧化。以晶界为例，金属与陶瓷就有着相同的特点，而高分子材料的分子链以及玻璃转变温度的概念对于某些陶瓷材料亦适用。那么材料的显微组织与其强韧性究竟有何种关系？其实在本书第 4 章中已经对各种材料的显微组织与其强度、塑性、韧性的关系进行了介绍，在此不再赘述。下面仅就控制材料显微组织的一些新动向，以介绍实例的方式给出，供读者参考。

首先是根据分子动力学对原子尺度的组织演变进行解析与预测。分子动力学作为预测原子尺度组织演变过程的方法，是以牛顿运动方程(F＝ma)为基础，研究原子、分子团的运动，以在由分子体系不同状态构成的系统中抽取样本，从而计算体系的构型积分，并以构型积分的结果为基础进一步计算体系的热力学量和其他宏观性质。众所周知，马氏体相变是常见的显微组织转变，由于其发生十分迅速，难以用直接观察的方法获得其组织演变过程的细节。为此，M·Shimono 等运用分子动力学方法模拟了不考虑周期边界条件的原子团簇的马氏体相变。以 8－4 型 Lennard-Lones 两物体势能，研究了 A－B 二元合金的 B_2(BCC 有序相)/$L1_0$(FCC 有序相)的相变过程(见图 8－18)。可见，随团簇尺寸(原子个数)的减少马氏体相变开始温度(M_s，A_s)以及溶点(T_m)温度均下降。分析表明，这是由于表面的出现使得各个相的焓及振动熵均发生变化，由此两相自由能差减小所致，获得了有关相变机理的新认知。而当采用 Embedded-Atom method 势能对铁团簇的 FCC→BCC 的马氏体相变过程进行模拟时，发现相变总是先由表面发生而后推进到内部的(见图 8－19)，并且表面出现漩涡状原子团运动，这种运动被认为是有助于相变形核的。

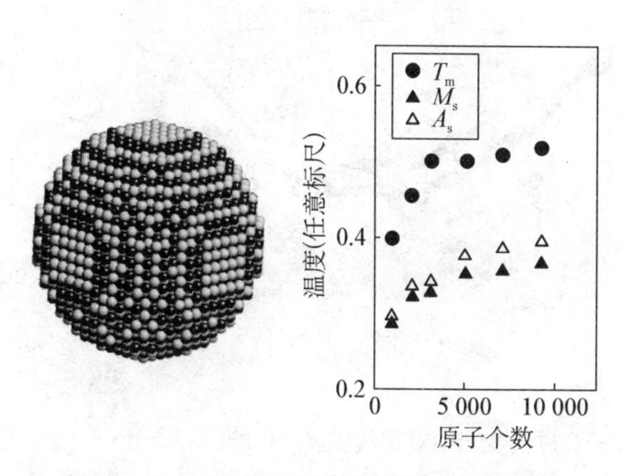

图 8-18　B2 团簇的外观与团簇原子数变化引起溶点及马氏体相变温度的变化

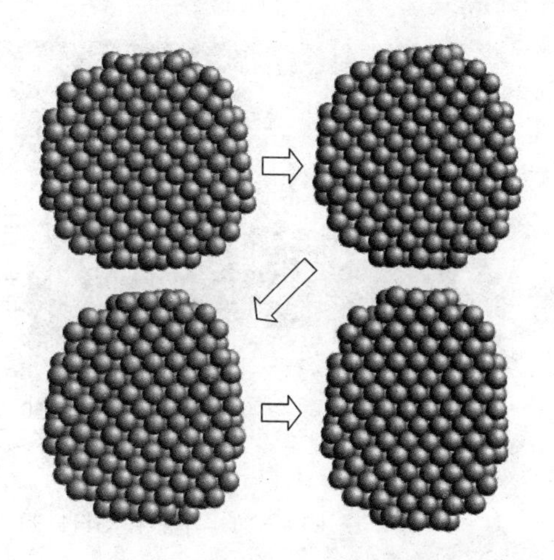

图 8-19　铁团簇由 FCC(100)面转变成 BCC(110)面过程的截面示意图

显微组织控制的另一个研究热点就是各种外场(包括强电场、强磁场、超声波、微波等)在材料制备、加工过程中的应用。这与分子动力学等在原子尺度上相比,应该属于微纳米尺度的控制。在第 4 章曾介绍了关于细晶强化与韧化的概念,并在常见的细化晶粒方法中介绍了在凝固过程中,通过施加电磁搅拌等可以有效地细化晶粒,从而达到材料强韧化之目的。这方面的研究报告很多,有兴趣的读者可参阅相关的文献。在此,简单介绍利用静电场处理改善镍基高温合金韧性的实例。图 8-20 为 GH4199 合金经不同时间静电场热处理后在 800℃时拉伸试验的典型应力—应变曲线。可见,在弹性变形后至最大载荷点的塑性变形阶段,静电场热处理对合金性能无明显影响。而在最大载荷点之后的塑性变形阶段,静电场热处理时间对合金应力-应变曲线影响明显。在相同载荷条件下,经静电场热处理的试样应变量增加,而且随处理时间的延长,应变量的增加幅度呈上升趋势。当处理时间超过 5 h后,应变量的增加幅度减小。

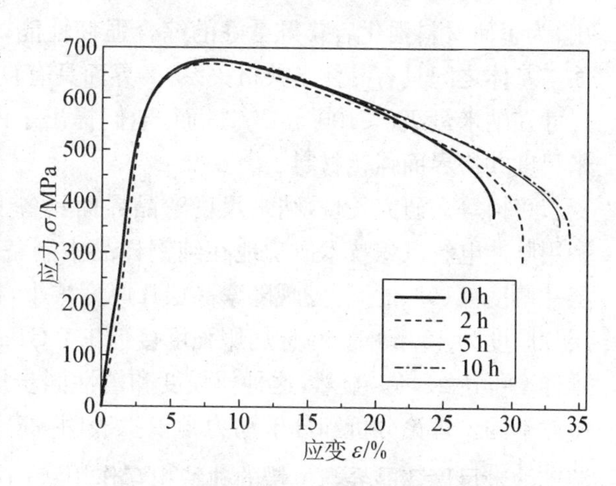

图 8-20　静电场热处理后 GH4199 合金于 800℃时拉伸的应力—应变曲线

电场处理使 GH4199 合金的高温塑性改善,分析发现,这是源于电场处理而使合金中的孪晶数量增加。拉伸变形过程中,孪晶阻碍位错运动,使位错在孪晶界处发生塞积,产生应力集中,随着变形程度的增大,位错塞积程度增加,当应力集中达到一定程度后,塞积的位错就会越过孪晶界继续向前运动。断口观察发现,裂纹扩展穿过孪晶界时,由于孪晶界两侧晶体取向的差异,滑移位错越过孪晶界时将发生滑移面及滑移方向的改变(见图 8-21(a)),裂纹穿过孪晶界时发生了偏转而改变扩展方向。合金中孪晶数量越多,裂纹扩展过程中遇到的存在取向差异的界面就越多,转向几率就越高(如图 8-21(b)所示)。裂纹扩展方向的改变使得合金变形过程中塑性变形功增加,推迟断裂时间,进而提高合金塑性。由此可见,采

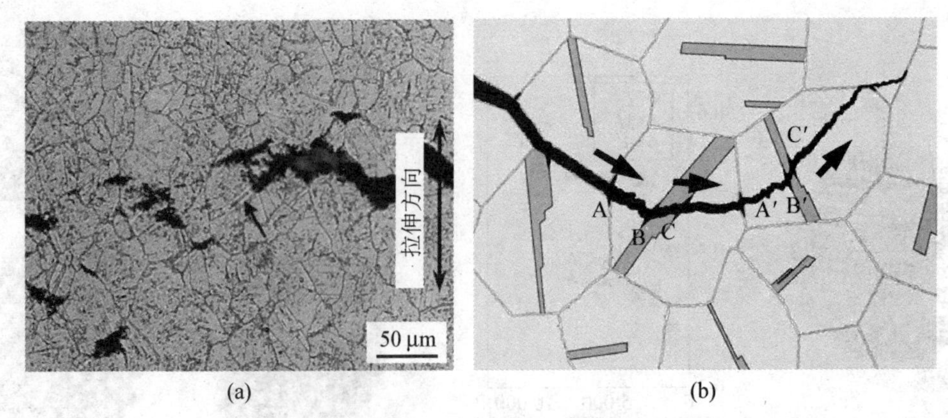

图 8-21　孪晶在 GH4199 合金 800℃拉伸变形中对裂纹扩展的影响

(a) SEM 照片；(b) 示意图

用电场处理可以获得常规处理难以获得的新性能，近年来此领域的研究非常活跃。建议有兴趣的读者，可以查阅相关最新论文。

8.3.3　纳米技术与晶界控制

中科院金属研究所卢柯研究员、卢磊研究员与美国麻省理工学院 S・Suresh 教授都提出，为了使材料强化后获得良好的综合强韧性能，强化界面应具备三个关键结构特征：①界面与基体之间具有晶体学共格关系；②界面具有良好的热稳定性和机械稳定性；③界面特征尺寸在纳米量级(<100 nm)。进而，他们提出了一种新的材料强化原理及途径——利用纳米尺度共格界面强化材料。

卢柯等人研究发现，纳米尺度孪晶界面具备上述强化界面的三个基本结构特征。他们利用脉冲电解沉积技术成功地在纯铜样品中制备出具有高密度纳米尺度的孪晶结构(孪晶层片厚度<100 nm)。发现随孪晶层片厚度减小，样品的强度和拉伸塑性同时显著提高。当层片厚度为 15 nm 时，拉伸屈服强度接近 1.0 GPa(是普通粗晶 Cu 的 10 倍以上)，拉伸均匀延伸率可达 13%。显然，这种使强度和塑性同步提高的纳米孪晶强化与其他传统强化技术截然不同。理论分析和分子动力学模拟表明，高密度孪晶材料表现出的超高强度和高塑性源于纳米尺度孪晶界与位错的独特相互作用。例如，当一个刃型位错与一 $\sum 3$ 孪晶界相遇时，位错与孪晶界反应可生成一个新刃型位错在孪晶层片内滑移，同时可在孪晶界上产生一个新的不全位错，该位错可在孪晶界上滑移。当孪晶层片在纳米尺度时，位错与大量孪晶相互作用，使强度不断提高。同时，在孪晶界上产生大量可动不全位错，他们的滑移和贮存为样品带来高塑性和高加工强化。由此可见，利用纳米尺度孪晶可使金属材料强化的同时也可提高韧塑性。

由此可见，利用纳米尺度共格界面强化材料已成为一种提高材料综合性能的新途径。尽管在纳米尺度共格界面的制备技术、控制生长，及各种理化性能、力学性能和服役行为探索等方面仍然存在诸多挑战，但这种新的强化途径在提高工程材料综合性能方面已表现出巨大的发展潜力和广阔的应用前景。这种新思路与传统材料强韧化理念的比较可用图 8-22 的示意图表示。其中，A 和 B 分别表示材料的传统强化途径。A(自左向右)：固溶强化、

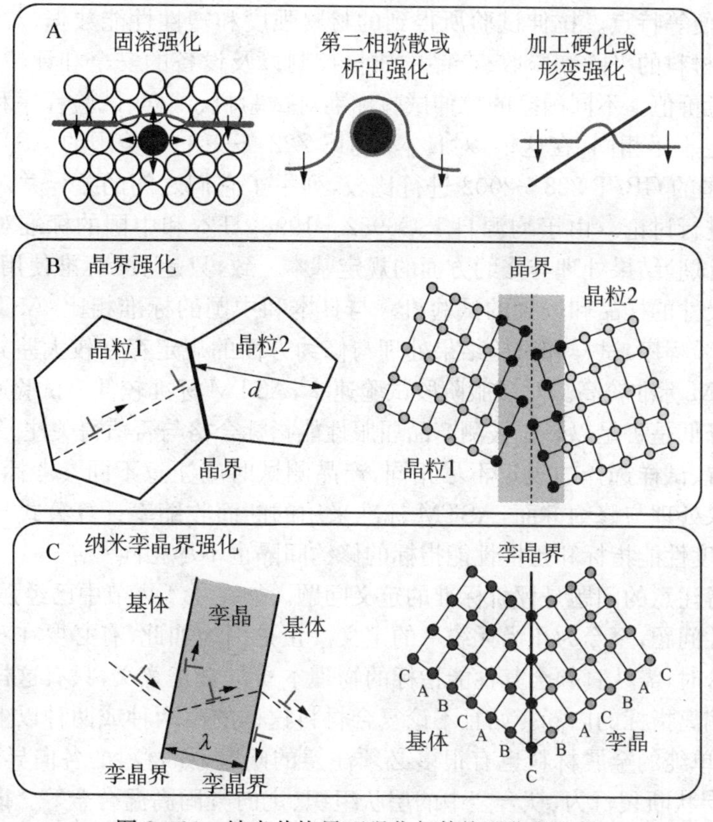

图 8-22　纳米共格界面强化与传统强化的比较

第二相弥散或折出强化、加工(或应变)强化。B:晶粒细化强化(或晶界强化)。C:为新提出的纳米尺度孪晶界强化示意图,右侧为一孪晶界示意图。

8.4　材料强韧性评价与标准问题

(Evaluation and standard of strength and toughness of materials)

材料力学性能的评价方法,有各种标准可以参照。如我国的国家标准(GuoBiao, GB 系列)、国际标准(International Organization for Standardization, ISO 系列)以及由国际试验材料协会(International Association for Testing Materials, IATM)演变而成的美国试验与材料协会(American Society for Testing and Materials, ASTM),(ASTM 系列)标准。当然大多数国家都有自己的评价标准,如日本就有自己的 JIS (Japanese Industrial Standards)标准系列。在此,建议读者尽量按照所需(一般按照用户的要求)选择适宜的标准。若评价的结果仅在国内使用,那么使用 GB 可能是上策;若数据在国际学术界交流,那么使用 ASTM 或 ISO 标准可能交流更方便。当然,前提是应该充分了解各个不同标准之间的异同点。下面以材料拉伸试验为例试说明各个标准的差异,涉及材料强度、塑性、韧性的其他标准也有类似的问题,敬请读者注意。

众所周知,材料拉伸试验是材料力学性能测试中最常见、最基本的试验方法。试验中的弹性变形、塑性变形、断裂等各阶段真实反映了材料抵抗外力作用的全过程。它具有简单易行、试样制备方便等特点。拉伸试验所得到的材料强度和塑性性能数据，对于设计和选材、新材料的研制、材料的采购和验收、产品的质量控制以及设备的安全和评估，都有很重要的应用价值和参考价值。不同国家的拉伸试验标准对试验机、试样、试验程序和试验结果的处理与修约的规定不尽相同，在这里，对日本的 JIS Z2241—1998、美国的 ASTM E 8/E8 M－08 等标准与中国的 GB/T 228—2002 进行比较，列举了它们之间的差异并对这些差异对试验结果的影响进行讨论。由于均源自 ISO6982－1998，日本和中国的标准对试验机及其附件、试验程序和试验结果处理与修约方面的规定基本一致，只是 JIS 标准使用非比例试样，因此要求用较大尺寸的样品和较大的试验机。与日本和中国的标准相比，ASTM 标准在试验机及其附件、试验程序、试样和试验结果处理与修约方面的规定存在较大差异。对拉伸计的精度要求，ASTM 标准较高。对屈服阶段试验速率，ASTM 标准较低。试验速率降低导致的强度性能指标降低是否足以影响被测产品屈服性能指标合格与否值得关注。不同 ASTM 标准中对取样位置、试样选择的规定不尽相同，产品测试时应注意不同参考标准的适用范围。在拉伸试验结果处理与修约方面，ASTM 标准采用的断面收缩率计算公式与日本和中国的标准不同；对强度性能指标和延性性能指标的修约间隔也不尽相同。

另一个值得注意的问题是评价标准的定义问题。如在 4.4.2 节中已经强调的那样，诸如复合材料的韧性问题，至今为止尚无统一的定义。正是因为如此，有必要在对材料的某个力学性能进行评价时，需认真领会其性能指标的物理本质与真正意义，只有这样才能在选择标准与评价中不偏离指标的内涵。姑且不论复合材料这样的由两种或两种以上材料组成的复杂材料，即使对单纯的金属材料也有很多必须注意的问题，如材料的各向异性问题，如 Al－Li 合金的低温层状断裂行为、钛合金中的层状组织、定向凝固高温合金等。即使不是如此明显的各向异性材料，如轧制、锻造、挤压等加工形成的加工流程，也是必须考虑的问题。这些必须在评价之前慎之又慎地逐一列入评价细则，以保证评价的客观与准确。有关各种力学性能评价试验要求，请读者参阅相应的标准。

在结束本节之前，作者想再强调两点。第一，材料的强韧性评价应尽量考虑其服役条件。结构材料是做结构件使用的，那么在对构成结构件的材料进行力学性能评价时，应该而且十分必要考虑该结构件的服役状态，如载荷状态（是拉压、还是弯曲、还是扭转等；是循环载荷还是单一载荷）、载荷速率（是静态载荷还是动态载荷）、温度（常温、低温、高温）、介质/环境和大气、腐蚀介质）等。只有充分考虑到这些，评价才能真正富有实用价值，如 3.5.8 节中讨论的载荷与环境对断裂韧性的影响等，如不考虑这些因素，即使做了安全系数设计的结构恐怕也难确保可靠。第二，材料的强韧性评价应与材料设计、制造/加工相结合。材料的强韧化不是仅仅做做评价就能实现的，当然也不是材料设计或者材料制备/加工的单个环节所能实现的。所以材料的力学性能评价结果，必须反馈给材料使用和开发部门。作为材料研发的科技工作者，除积极参与评价材料的强韧性的工作外，更重要的是将考虑了服役环境的评价信息与材料研发紧密结合，为材料的挖潜和研发新材料提供支撑。只有这样，材料强韧学的理论才能不断完善，材料强韧化水准才能步步提高。如果本书能对此有所参考价值，作者将不胜荣幸，就此搁笔。

参考文献

[1] B. S. Majumdar, S. J. burns. Push-pull fatigue of LiF at elevated temperatures—Ⅱ. Microstructures

[J]. Acta Mrtall. , 1981,30(29):pp. 1751 - 1760.

[2] D. J. Green, R. H. Janink, M. V. Swain. Transformation toughening of ceramics-Chapter 3[M]. Florida, CRC Press. 1989.

[3] B. R. Lawn, V. R. Howes. Elastic recovery at hardness indentations [J]. J. Mater. Sci. , 1981,16: pp. 2745 - 2752.

[4] M. Sasaki. Energy principle of the indentation-induced inelastic surface deformation and hardness of brittle [J]. Acta Metall. Mater, 1993,41(6):pp. 1751 - 1758.

[5] M. Sasaki, R. Noeak. Ceramics-Adding the Value [J]. Proceedings of Austeram 92, ed. M. J. Bannister, Australian Ceramic Society, 1995, Vol. 2, pp. 922 - 931.

[6] K. Matsui, Y. Murata, M. Morinaga, N. Yukawa. Realistic advancement for Nickel-based single crystal superalloys by the D-electrons concept [J]. Superalloys, 1992: pp. 307 - 316.

[7] T. Abe, Y. Chen, Y. Yamabe Mitarai, H. Numakura. Combined ab initio/CALPHAD modeling of fcc-based phase-equilibria in the Ir-Nb system [J]. Computer Coupling of phase Diagram and Thermochemistry, 2008,32:pp. 353 - 360.

[8] I. Tanaka, K. Nasu, H. Adchi, Y. Miyamoto, K. Niihar. Electronic structure behind the mechanical properties of β-sialons [J]. Acta Metall Mater. , 1992,40:pp. 1995 - 2001.

[9] T. Suzuki, M. Shimono, M. Wuttig. Martensitic transformation in micrometer crystals compared with that in nanocrystals [J]. Scripta Mater. , 2001,44:pp. 1979 - 1982.

[10] Lei Wang, Yang Liu, Tong Cui, et al. Effects of electric-field treatment on a Ni-base superalloy [J]. Rare metals, 2007,26(8):pp. 210 - 215.

[11] 刘杨,王磊,乔雪樱,王延庆. 应变速率对电场处理 GH4199 合金拉伸变形行为的影响[J]. 稀有金属材料与工程,2008,37(1):pp. 66 - 71.

[12] K. Lu, L. Lu, S. Suresh. Strengthening materials by engineering coherent internal boundaries at the nanoscale [J]. Science, 2009,324:pp. 349 - 352.

思考题

(1) 金属材料、陶瓷材料及高分材料的强化及韧化途径有哪些？是否相同？请简要说明其方法与本质。

(2) 试简述 M2 高速钢及 GCr15 高速钢的强韧化方式,并说明各工艺的目的。

(3) 为什么金属材料能够通过细化晶粒的方式实现强韧化？

(4) 泰坦尼克号这艘本称为“永不沉没”的 46 000 吨豪华游轮,撞上冰山触礁后,竟在不到 3 个小时的时间沉没。勘查发现所有船体钢板均散落在海底,连接钢板的铆钉中的矿渣含量是当今允许量的 3 倍。试说明这对沉没时间有何影响。

(5) 在 $MoSi_2$ 的晶界上形成的二氧化硅薄膜可能引发材料的脆化,请给出一些措施以避免这种问题的发生。

(6) 钢铁材料第一类及第二类回火脆性的本质是什么,如何消除？

(7) 请分别举出陶瓷材料和金属材料中的“相变增韧”实际例子,并说明两者的设计初衷与本质有何异同。

(8) 什么是自增韧陶瓷材料,它是如何实现“自增韧”的？

(9) 评价材料强韧性的指标有哪些？请简要说明其本质。

(10) 是否能够设计并制定出适合各种材料(包括金属、陶瓷、高分子材料)的“通用”的强韧性评价与表征标准？为什么？